海南岛海陆风

Sea-Land Breezes Over Hainan Island

蔡亲波 苗峻峰 郭冬艳 李 勋 吴 俞 等 著

内容简介

本书介绍了著者有关海南岛海陆风及其引发的强对流天气相关研究成果。内容涉及海陆风的基本知识、国内外相关研究进展、海南岛海陆风的分布特征、海南岛海陆风的发展机制和结构特征、海南岛地形对海陆风环流结构的影响、不同背景环流条件下海陆风对海南岛夏季降水的影响、海南岛海陆风对强对流的触发及传播机制、海陆风锋触发强对流天气的预报概念模型等。这些内容有利于读者系统地了解海南岛海陆风的发展机制和结构，以及海陆风对强对流天气的触发机制，可促进气象科技人员对海陆风的认识、指导对海陆风的预报业务实践，特别是为海南天气预报和气象防灾减灾工作提供参考。

本书适用于天气预报、气候变化、大气环境等专业领域，可为气象、环境、水文等相关业务人员、科技工作者、教学人员和研究生提供参考。

图书在版编目（CIP）数据

海南岛海陆风 / 蔡亲波等著. -- 北京 : 气象出版社, 2023.12
ISBN 978-7-5029-8127-3

Ⅰ. ①海… Ⅱ. ①蔡… Ⅲ. ①海陆风－研究－海南 Ⅳ. ①P425.4

中国国家版本馆CIP数据核字(2024)第005206号

审图号：琼 S(2023)292 号

海南岛海陆风
Hainandao Hailufeng

出版发行：气象出版社
地　　址：北京市海淀区中关村南大街 46 号　**邮政编码**：100081
电　　话：010-68407112(总编室)　010-68408042(发行部)
网　　址：http://www.qxcbs.com　**E-mail**：qxcbs@cma.gov.cn
责任编辑：王鸿雁　**终　　审**：吴晓鹏
责任校对：张硕杰　**责任技编**：赵相宁
封面设计：艺点设计
印　　刷：北京建宏印刷有限公司
开　　本：880 mm×1230 mm　1/16　**印　　张**：13
字　　数：406 千字
版　　次：2023 年 12 月第 1 版　**印　　次**：2023 年 12 月第 1 次印刷
定　　价：180.00 元

前 言

海陆风是一种在沿海地区普遍存在的局地环流，具有明显的日变化特征，即白天风由海洋吹向陆地，而夜间风由陆地吹向海洋。其发生的原因是由于海陆热容量差异导致的受热不均匀，白天在太阳的加热下，陆地由于比热小而升温比海洋快，在近地面陆地上形成低压，而海洋上形成高压，风从海洋吹向陆地，称为“海风”；晚上，陆地比海洋冷却得快，出现与白天相反的过程，形成“陆风”。海陆风对沿海地区的天气、气候和空气质量产生重要影响，它可缓解高温天气，改变沿海城市的热岛效应，改善或恶化沿海地区的空气质量，为雾的形成提供水汽，在一定的条件下，甚至触发雷暴。海陆风与大尺度背景环流的相互作用使得局地性天气变得更加复杂，最典型的就是海陆风与背景环流辐合，形成海风锋或陆风锋，在合适的条件下，触发强对流天气。海南岛位于热带地区，四周环海的特殊地形使得海陆风成为岛上最显著的中尺度环流，无论是哪个季节，在何种背景环流控制下，总能在岛的某一侧观测到海陆风环流，有时甚至出现多条海风锋从岛的不同方向深入陆地，产生碰撞并触发复杂的天气过程。在夏季，海陆风和西南季风环流辐合所形成的海陆风锋是海南岛强对流最主要的触发机制，它使海南岛西北部内陆成为中国雷暴发生频率最高的地区。此外，海南岛中部高山、四周平原的复杂地形所驱生的山谷风环流对海陆风产生的叠加影响，使得海陆风的发生发展变得非常复杂。可以说，海南岛是观测和研究分析海陆风环流最理想的区域。然而，长期以来，由于岛上气象观测站点稀疏，制约了气象科技人员对海陆风的认识，关于影响海南岛的海陆风方面的研究几近空白，直到 21 世纪 10 年代，笔者仅能检索到两篇相关研究文献。在预报业务实践层面，早期的预报业务人员完全没有意识到海陆风这一影响海南岛最频繁、对天气作用最重要的局地环流的存在，无论在日常的预报，还是在过程技术总结中，都从来没有提及海陆风的作用。直到 2010 年左右，全省初步建成了中尺度气象观测站网和覆盖整个海南岛的多普勒雷达探测网，预报人员才开始关注到风场的日变化与海南岛北部夏天频繁出现的雷阵雨有着密切的关系，对海陆风的研究分析才逐渐引起气象科技人员的重视。

尽管国内外在海陆风形成机理方面，已经取得相对丰富的成果，但由于海陆风环流影响范围小，发展深度浅，局地性非常显著，在不同地区呈现不同的活动规律及特征，现有的理论成果，尚不足以指导我省对海陆风的预报业务实践。2013 年，在公益性行业（气象）科研专项项目（名称：海南岛海陆风演变特征及其引发的中尺度对流天气预报技术研究；编号：GYHY201306009）的支持下，我们首次对海南岛的海陆风及其引发的强对流天气开展比较全面、系统、深入的研究。通过理论研究、诊断分析和数值模拟，总结分析了海南岛地区海风的时空分布特征和降水特征，揭示了海南岛海陆风、环境和地形对降水分布的综合作用机理，以及海陆风对强对流天气的触发作用机制，建立海陆风锋触发强对流天气的预报概念模型。本书总结了该项目的研究成果，以期为海南天气预报和气象防灾减灾工作提供参考。

本书共分 6 章，第 1 章介绍了海陆风的基本知识并回顾了国内外的相关研究，由蔡亲波、李勋主笔；第 2 章利用观测资料，统计分析了海南岛海陆风的分布特征，由苗峻峰、王静、郝丽清、吴俞主笔；第 3 章介绍了海陆风的发展机制和结构特征，由苗峻峰、王语卉、韩芙蓉主笔；第 4 章分析了海南岛地形对海陆风环流结构的影响，由苗峻峰、杨秋彦、王莹主笔；第 5 章分析了不同背景环流条件下，海陆风对海南夏季降水的影响，由郭冬艳、冯箫、王东海、梁钊明主笔；第 6 章分析了海南岛海陆风对强对流的触发及传播机制，由蔡亲波、苏涛、王东海、梁钊明、郑艳主笔。

本书的内容安排和统一定稿由蔡亲波和郭冬艳负责，全书校对和修改由郭冬艳完成。

由于认识水平有限，加上时间仓促，书中不足或错误在所难免，恳请广大读者不吝赐教，不胜感激！

蔡亲波

2023 年 12 月

目　录

第1章 引言

海陆风是由于海陆温度差异引发的中尺度天气环流，在一定条件下，它与背景环流相互作用可触发暴雨、雷暴、冰雹、龙卷等强对流天气，造成重大自然灾害。海南岛地处热带地区，四面环海，海陆热力差异造成的海陆风环流是影响海南岛最突出的中尺度天气系统。海陆风与大尺度背景环流的相互作用使得局地性天气变得更加复杂，最典型的就是海陆风与背景环流辐合，形成海风锋或陆风锋，在合适的条件下，触发强对流天气。由于海南岛四周环海的特殊地形，在夏季的午后，常出现从四方而来的海风深入岛内陆，而在夜间，又有从陆地吹向海洋的不同方向的陆风，因此，无论在何种背景环流影响下，总有可能在白天观测到海风与背景风辐合而生成海风锋，在夜间出现陆风与背景风辐合而形成的陆风锋。可以说，海陆风和背景环流辐合所形成的海陆风锋是海南岛夏季强对流最主要的触发天气系统。长期以来，受观测资料的限制，对影响海南岛海陆风方面的研究一直处于空白，严重制约海南省强对流天气预报预警能力的提高，尽管国内外在海陆风形成机理方面，已经取得相对丰富的成果，但由于海陆风环流影响范围小，发展深度浅，局地性非常显著，在不同地区呈现不同的活动规律及特征，现有的理论成果，尚不足以指导海南省对海陆风的预报业务实践，因此，有必要根据海南本地的观测资料，对当地海陆风的形成与活动进行全面深入的专门研究。

从基础理论研究的角度看，海陆风与背景环流的相互作用机理，复杂地形对海陆风作用机理与规律，海陆风锋的演变规律，海陆风锋触发强对流的机制、条件等，尚有待于科学家们开展更加深入研究，加以完善。因此，针对海陆风和海陆风锋形成机理与活动规律，以及海陆风锋触发强对流的机制开展研究，是一项非常必要的基础性工作。

1.1 关于海陆风的基础知识

海陆风现象早就引起人们的注意，但在国际范围从理论上对许多问题的解决还是近几十年的事情。研究的问题包括：海陆温差、科里奥利力（简称科氏力）、摩擦、涡度扩散率的垂直分布、垂直稳定度、地转风和地形对海陆风的影响等（Abbs et al.，1992；Miller et al.，2003）。

1922 年 Jeffreys 把海陆风看成是由海陆温差而引起的气压梯度力同摩擦力平衡的摩擦风，从而奠定了海陆风定量理论研究的基础。20 世纪 50 年代以前对观测资料的分析主要是从海陆温差入手，研究海陆风环流形成的压力场和运动场。这期间，Haurwitz（1947）首次提出了海陆风的理论模式，Pierson（1950）和 Defant（1951）等用线性模式对海陆风进行研究。随着非线性模式的发展，Pearce（1955）采用非线性方程计算海陆风的变化，模拟出的海陆风环流与实际较为一致。随着研究的不断深入，海陆风与各种尺度系统相互作用的复杂现象逐渐得到揭示，包括海风行进过程中头部抬升（Craig，1945；Simpson，1997）；海风或海风锋与天气尺度或其他中尺度环流之间的相互作用（zhong et al.，1992；Atkins et al.，1995；Brummer，1995）；多个海风锋之间的相互作用（Clarke，1984）；海风锋向海一侧在浅海层由 Kelvin-Helmholtz 不稳定触发的湍流尾流（Chiba et al.，1999）；以及海风移过较热的陆面时形成的对流内边界层（Hsu，1988）。

（1）强迫机制

海陆风是由于陆地和海洋的热力差异造成的，白天陆地增温快，陆面气温高于海面，在大气近地面层形成中尺度气压梯度，驱使气流从海洋流向陆地，形成海风；夜间发展过程与白天则相反，形成陆风。常见有三种理论用于进一步解释海陆风环流的形成机制。第一种是“上升”理论（Tijm et al.，1999）：由于陆地上的暖空气上升，流行海洋的气流（也称“回流”）在高空首先发展，作为对回流的响应，从海洋流向陆地的气流在近地层紧接着发展；第二种是“侧向”理论（Simpson，1997）：陆地上暖空气水平方向膨胀导致近地层向岸气流首先发展，高空回流紧接着发展；第三种是“混合”理论（Godske et al.，1957）：陆地上暖空气垂直和水平方向膨胀，引起近地层向岸的海风和高空回流的同时发展。

海风发展高度可达到 1000 m，陆风高度一般只有 100～300 m。海风深入内陆的距离随地域的不同而有所差异，在中纬度地区一般为 20～50 km，热带地区可达 50～60 km，有时甚至达到 100 km。

除了太阳对地表的加热，下列因素也对海陆风的发展与演变产生重要影响：①地表温度的日变化；②热量扩散；③静力稳定度；④科氏力；⑤动量扩散；⑥地形；⑦盛行风。前两个是海陆风生成的重要因子，第三个影响海风在陆地上的运动(Simpson，1987)。科氏力在海风生成的最初 6 h 内作用并不明显，随着时间的推移，它对海风在陆地上的偏转及深入距离产生重要影响(Pearce，1955；Neumann，1977；Anthes，1978；Simpson，1997)。动量扩散是环流发展过程中最重要的制动机制，它制约了风速的大幅增强。

(2)地形影响

地形作用因地形本身的高度、坡度、形状不同而差异较大，沿海坡地有增强海风的作用，地形不同高度上下垫面的加热差异不仅能影响海风的形成和发展，还可形成山谷风环流与海风环流相互影响；地形热源作用可增强海风并使海风向内陆的传播速度加快，但陡峭地形的存在也阻挡了海风向内陆更远地区的深入；Barthlott 等(2013)在地中海西岸多山岛屿地区进行了一系列与地形高度有关的敏感性试验，指出地形增高对海风的发展存在双重影响，一方面可使对流发生时间提前、海风锋传播速度加快、低层强迫抬升作用增强，但另一方面也因地形高度及坡度太大而阻碍了海风锋向岛屿内陆的深入，同时山脉的阻隔作用也使得水汽不能到达主要的对流抬升区，从而不利于对流的发生。

海湾对海陆风也有较大影响。当海湾位于一条相对平直的东西海岸线上，南面是海洋时，相对于两侧平直的海岸线，海湾会导致海风向陆地弯曲，海风与吹向海洋的大尺度风场辐合区带内，存在相对于海湾位置的、分布不对称的向上和向下运动区域，对北半球来讲，在海湾西侧，气压梯度力和科氏力作用方向相反，使得辐合与垂直上升加强，在东侧，由于两个力的作用方向一致，辐合和上升减弱(McPherson，1970)。

狭窄的陆地会在其两侧分别诱发相反的海陆风环流，海风在陆地中间的辐合作用取决于陆地的宽度。宽度不足 100 km 的狭窄半岛或岛屿上的热强迫不足以形成深厚、组织良好的中尺度环流，而且两个海风系统都很弱；对于宽度在 100～150 km 之间的陆块，热强迫足以激发深厚的海陆风系统，由于陆块足够窄，两个相对的系统在陆地中间辐合激发出深对流；当陆块宽于 150 km 时，两个相对运动的海风无法在日落前相遇，陆地中心的辐合区域被削弱(Xian et al.，1991)。

复杂的地形下，不管是静风还是存在明显的背景环流，沿着不同的海岸线，有可能发展出几个独立的海陆风系统，这些独立系统不一定是同时出现的，也不一定最终达到相同的强度。复杂的地形引导气流在某些区域汇聚，使得辐合与上升运动进一步增强(Melas et al.，1998，2000)

沿岸地区的海水上升流也会影响海陆风的强弱。上升流将冷海水带到海表面，加大了跨岸温度梯度，海陆风因此得到加强。

(3)海陆风结构

图 1.1 为海风环流(SBC)结构图，可以看出，一个发展成熟的海风环流包含以下 5 部分：

① 海风重力流(SBG)。海风重力流是海风环流中海洋一侧密度较大的湿冷空气在低层水平向岸流动的气流。

② 海风锋(SBF)。海风锋是海风从海面向陆地推进的过程中遇到陆地上较热的空气层而形成的锋面。海风锋通过的地区，温度降低，露点升高，在很短时间内可达到 10 ℃的差别。锋过境前后，风向转变可达 180°。海风锋附近常有云系出现。当锋比海风移动慢时，海洋空气在海风前缘上升，若达到凝结高度，可形成清晰的云线。当锋向内陆入侵，陆上空气被强迫抬升，沿海风锋可形成密实的积云线。

③ 海风头(SBH)。海风头是在海风锋上方和紧随其后的抬升头，由陆地和海洋气团内部上升运动产生。

④ 开尔文-亥姆霍兹波 (KHBs)。开尔文-亥姆霍兹波是在大气低静态稳定度期间(中午)沿海风重力流上边界发展起来的波动。

⑤ 对流内边界层(CIBL)。是海洋气团内的一个不稳定区域，出现在沿岸，并随着向内陆推进而加深，低层污染物可能在其内汇聚。

(4)背景风的影响

天气尺度的背景环流影响着海陆风的强度及其向内陆推进的距离，当离岸的背景风足够强时，甚至可

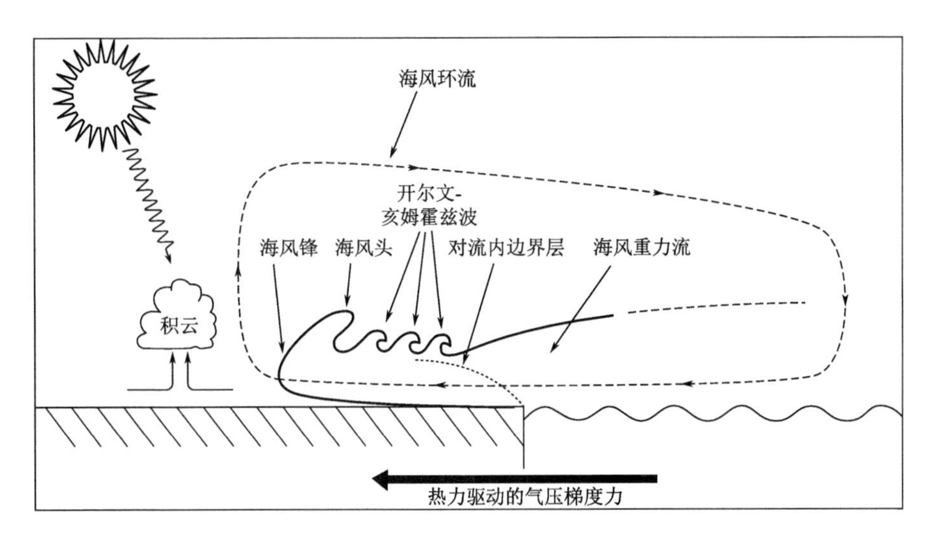

图 1.1　海风环流结构图(引自 Miller et al. ,2003)

以阻挡海风靠近沿岸。根据背景风的方向与强度,海陆风可一般分为四种类型:纯海风(Pure Sea Breeze),螺旋式海风(Corkscrew Sea Breeze),“后门”式海风(Backdoor Sea Breeze),背景风一致型(Synoptic Sea Breeze)(Adams,1997)。第四种将海风的定义从局地驱动的环流延伸到从海吹到陆地的任何风,因此这里专门讨论这一类别。其余三种类型将假设发生在北半球大陆东部海岸的情景下进行描述。

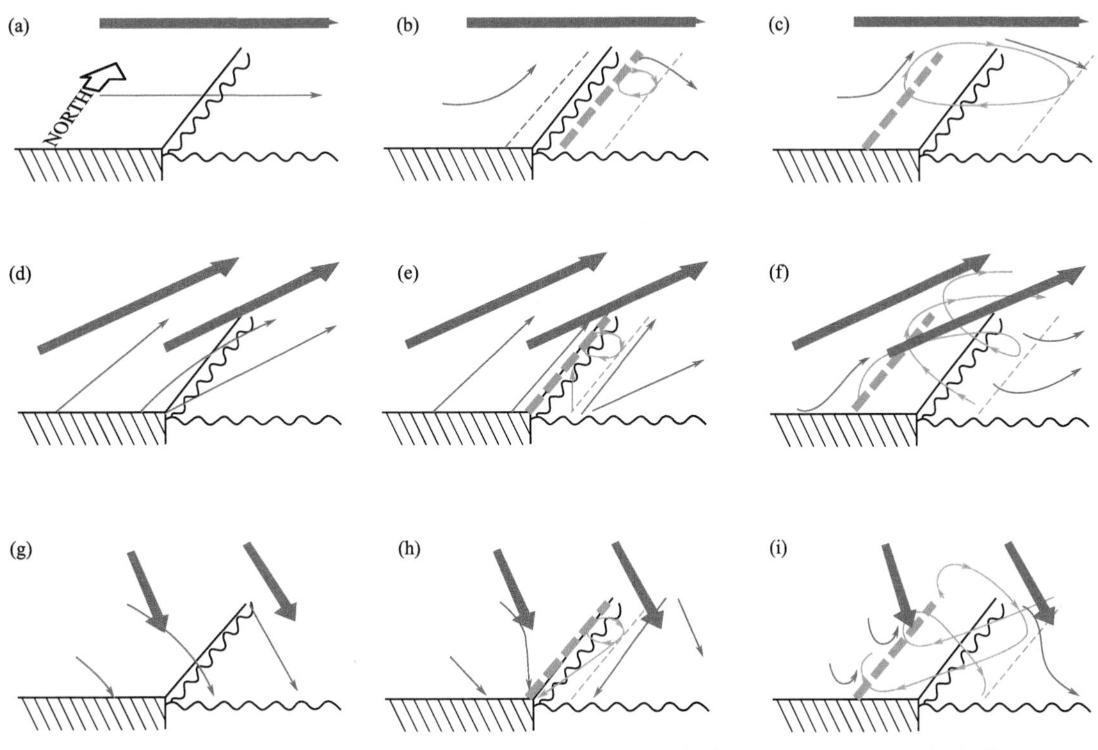

图 1.2　三种类型海陆风发展示意图:a,b,c. 纯海风型;d,e,f. 螺旋式海风型;g,h,i.“后门式”海风型(引自 Adams ,1997)

图 1.2 中,陆地在左,海洋在右。红色粗箭头代表行星边界层高层风,红色细箭头代表与海陆风无关的近地面风,蓝色箭头代表与海陆风相关的近地面风,蓝色粗虚线代表海风环流在陆地上推进距离,蓝色细虚线代表海陆风在海洋一侧的范围。图 1.2 中,a,b,c 为纯海风型发展过程,红色虚线表示静风区域在陆地上的范围;d,e,f 为螺旋式海风型发展过程,g,h,i 为顺时针型发展过程

纯海风发生在背景风接近静风的条件下,海风的方向与海岸线垂直(见图 1.2a～c)。Ohashi 等(2002b)在日本观测到纯海风环流出现在海风重力流前头,高度低于 800m,Chiba 等(1999)使用一架装有仪表的直升机,观测到静风区域可扩展到近海 10 km 处,海风向陆地最大可推进 130 km(Adams,

1997)。

螺旋式海风出现在背景风同时具有平行于和垂直于海岸线的分量,且平行于海岸线的分量为南风(见图 1.2d~f),根据风压定律,南风分量意味着低压位于陆地上,高压在海洋上(Lutgens et al.,2001),考虑到海陆表面摩擦系数的差异,南风分量和陆地一侧的低压意味着海岸附近存在一个低层辐散区,高空空气下沉到辐散区,继而驱动海风发展。由于局地热力气压梯度力和天气尺度的气压梯度力的方向不一致,前者没有完全抵消后者,因此在海风开始之前没有出现静风期。相对于纯海风型,较弱的热力气压梯度力即可推进海风抵达海岸。海风的出现标志着风向从西南风逆时针逐渐地转向东南风。与纯海风型一样,螺旋式海风也是垂直环流,只不过具有偏南风分量的背景风使其环流呈螺旋状,而不是一个简单的闭合环流(Adams,1997)。

"后门"式海风同样出现在背景风同时具有平行于和垂直于海岸线的分量,但平行于海岸线的分量为北风(见图 1.2g~i),根据风压定律,低压位于海洋一侧,高压在陆地上(Lutgens et al.,2001),海陆摩擦系数的差异导致海岸附近的低层出现辐合区,地面辐合区抑制了高层空气下沉,因此阻挡了海风向陆地推进,这也意味着相对于纯海风型,只有很强的热力气压梯度力才能推动海风到达岸边。与螺旋式海风一样,"后门"式海风的出现标志着风向由西北逐渐向东北顺时针偏转。与螺旋式海风相比,"后门"式海风要更弱,到达陆地更晚,而且以脉动的形式出现,而不是强大、稳定的环流(Adams,1997)。

(5)与其他天气系统相互作用

海陆风在其生命周期的各个阶段都可能与其他天气系统相互作用。在日出不久,由于地面加热和低层不稳定,对流单体开始在陆地上发展,由于对流的作用,在陆地上的低层形成均匀厚度的混合层,较小的对流单体合并成较大的对流单体(Mitsumoto et al.,1983)。海风重力流移动到混合混合层并与陆上对流扰动相互作用,进而影响到海风锋的形状和速度 (Stephan et al.,1999)。

海风环流也与水平对流云卷(HCR)相互作用。当背景风为离岸风时,水平对流云卷的旋转轴几乎垂直于海风锋,当对流云卷与海风锋发生碰撞,锋区的上升运动将其的旋转轴抬升;当背景风向岸风时,对流云卷的旋转轴与海风锋平行。这种情况下,对流云卷和海风锋之间的碰撞使得两个涡旋合并,导致海风锋的加强。这两种情况都会导致积云的增强(Atkins et al.,1997)。

如果海陆风在沿海城市附近发展,它将与城市的城市热岛效应(UHI)相互作用。热带效应使海风速度增加(Yoshikado,1992),热岛效应还导致海风环流持续更长时间 (Ohashi et al.,2002),相互作用可能导致出现非常规则和持久的云线。

海陆风还与陆地上其他热力驱动的中尺度环流相互作用。靠近海岸线的河流或湖泊会产生小尺度的环流,它们与海风相互作用,增强低层辐合,并加速海风锋的向内陆推进 (Zhong et al.,1992)。海风锋还可与对流活动产生的冷池相互作用,激发出新的对流。

海陆风对近海大气逆温层产生影响。在以色列特拉维夫以南的一个港口进行的实地研究发现,当白天海风发展时,近海逆温层以近似绝热状态向下移动,而当夜间陆风出现时,逆温层上移动(Barkan et al.,1993)。

(6)生命周期

海陆风的生命周期可分为五个阶段:未成熟、早熟、晚熟、早退化和晚退化(Clarke, 1984; Buckley et al. 1997)。这五个阶段适用于上述所有三个海风类别。

1.2 国内海陆风的研究进展

国内对海陆风的观测和研究开始较晚,首先是朱抱真(1955)对"台湾的海陆风"分析研究,该文从海陆风的年、日变化和海陆风所及高度、海陆风出现时的天气形势以及海陆风影响下的气象要素等方面进行了分析,开创了我国对海陆风的研究。

1976 年,北京大学地球物理系在锦西沿海开展关于海陆风的首次观测,利用观测数据,分析了该地区海风环流出现的频率、强度及转换高度。陶诗言(1980)指出,海陆风可能对沿海的暴雨有触发作用。20 世纪 80 年代初,天津市气象局曾在渤海湾进行五次较大规模的海陆风观测与试验,根据观测资料,分析了海陆风与西风带的天气尺度的叠加、海陆风与降水、海陆风与空气污染等多方面的关系。

20 世纪 80 年代末，国内学者开始采用数值模拟方法对海陆风进行研究。付秀华等(1991)在浙江开展海陆风的观测试验，并用数值模拟方法研究分析了复杂地形下海陆风与山谷风的作用；曾旭斌(1989)对斜坡地形下的城市热岛和陆风相互作用进行了模拟，得出在盛行风、坡风和陆风的影响下，热岛环流的形成、发展及辐合带轴线方向等，都会发生相应改变；金皓等(1991)进行了“三维海陆风数值模拟”，结果表明，海陆风主要受海陆温差影响；翟武全等(1997)采用一层 σ 坐标原始方程数值诊断模式研究海南岛、雷州半岛及其四周海域的地面风场特征，研究表明，区域内的复杂地形和海陆分布是形成各种中尺度环流的重要原因，同时，揭示出本地气候分布的特征与中尺度环流间存在密切的关系。

20 世纪 90 年代之后，越来越多的学者开始重视海陆风与强对流天气系统关系的研究。王树芬(1990)对天津市出现的一次强雹暴天气个例进行研究，分析了这雹暴天气过程出现前的环流背景，指出海风锋对这次强对流天气的触发作用；李嘉鹏等(2009)利用 WRF 模式对澳大利亚北部 Tiwi 岛上的一次热带深对流个例进行了数值模拟，结果显示：早期降水由沿岸的海风锋初始对流形成，之后出现单体合并现象并最终形成成熟的深对流系统；尹东屏等(2010)利用 WRF 模式对 2009 年 6 月江苏出现的罕见大范围强对流天气进行了模拟。结果表明，由于地面加热不均和海陆温湿差异导致的变形场锋生所形成的海风锋，是造成这次强对流天气过程的主要中尺度激发和强化系统；董海鹰等(2008)根据自动气象站、多普勒天气雷达、卫星云图、风廓线、NCEP 资料等多种资料，对 2008 年青岛奥帆赛期间(8 月 12—14 日)，在不同环流形势下海风锋触发的对流性降水特征 进行分析。结果表明：海风锋与中低空切变线叠加易使局地辐合加强，出现对流天气；当同时有地面静止锋南压时，海风锋则缓慢向内陆推进，在交汇地区产生对流天气；当有大尺度天气系统过境时，前期海风锋触发对流，北推发展与系统性天气相结合，后期若高空槽发展较强则是一次典型的系统过境过程，易出现强对流天气。

在沿海地区，由于经济繁荣，城市化水平较高，越来越多的人在关注城市热岛效应以及城市化进程对海风雷暴的影响，海风雷暴对沿海污染物传播和扩散的作用都将会成为今后研究的热点。研究海风雷暴与地形、海岸线曲率、土壤湿度以及植被类型等因素的关系具有重要的意义(洪雯 等，2010；Wang et al.，2013；汪雅 等，2015)。开展不同季节，不同季风环流，不同天气背景下海风雷暴的研究也是相当重要的。探讨沿海雷暴对海风和海风锋的影响，揭示雷暴与海风之间的相互作用是今后海风雷暴研究工作中不可或缺的部分。

有关海风雷暴的工作在过去的半个世纪中已经取得了丰富的研究成果，为海风雷暴的深入研究打下了很好的基础。对海风雷暴的探测已经发展了自动气象站、多普勒天气雷达、卫星、探空、闪电定位等技术手段。地面加密网的观测揭示了海风雷暴的各种气象要素特征；无线电探空观测给出了有利于雷暴发生发展的热力和动力学条件，并提出了一些有预报意义的对流参数；地面多普勒天气雷达能够清晰地捕捉海风雷暴并探测其降水的演变特征。随着计算机的发展和模式的不断改进，海风雷暴的模拟能很好地反映出其结构特征和触发机制。虽然海风雷暴的研究工作在过去的几十年里取得了很大的进步，但研究的深度和广度还远远不够，仍然有很多问题值得进一步思考和探讨。

由于海风雷暴发生的时空尺度比较小，目前的常规气象探测网和卫星遥感还难以跟踪监测，描述其完整生命史及精细结构的探测资料的缺乏使得海风雷暴的短临预报能力比较低，虽然有许多的对流和雷暴临近预报系统正在业务上运行，包括中国香港天文台的 SWIRLS(Li et al.，2004)以 及 中国气象局的 SWAN(灾害天气短时临近预报系统)，但是海风雷暴及其带来的灾害天气的漏报、虚报率仍然很高。为了提高雷暴的监测与预报预警水平，应该加快相控阵多普勒天气雷达、静止气象卫星重点区域快速成像探测技术、密集小功率 X 波段多普勒天气雷达网络技术等高时空分辨率探测技术的发展和应用。

海风雷暴的数值模拟工作也存在较大的进步空间，重点关注和改进模式的辐射方案、近地面方案、积云方案以及陆面过程，发展出适合于包括海风雷暴在内的中尺度强对流的模式。以往的研究工作并没有将资料和模式充分的结合起来，在新型探测技术和资料在模式中的融合，个例模拟之间的比较和综合分析以及模式的评估和改进，个例新特征概念模型的建立等方面还可以开展大量的研究。

另外，如何选取有效的识别方法，从大尺度背景风场中辨别出海风、陆风的建立，是研究海陆风环流的关键。随着我国沿海地区的快速发展，对海陆风的研究也越来越受气象学者们的关注。因纬度、海岸线形状以及沿海地形的不同，使得不同地区的海陆风除具有共性的一面外，还有局地个性的一面。海陆风环流对沿海地区的天气、气候以及大气污染物的传播和扩散等都具有很重要的影响。并且海陆风虽然是由海陆温差引起的，但反过来又影响沿海地区的温度场、湿度场和风场的分布(陈焱源等，1985)。因此，研究沿海地区海陆风的影响范围及其变化规律，对开发气候资源、评估大气环境质量和边界层大气污染，具有重要意义。在今后的研究中，我们应该有效地利用现有资料，选择适合的识别标准，对海风的建立进行准确判定，这是研究海陆风环流的基础。与国外相关研究相比，国内对海风建立的判定标准较为单一，这会给海陆风研究带来诸多不确定性。

第2章　海南岛海陆风分布特征

海陆风是局地中尺度环流，其发生发展不仅受到气候条件的限制，还受到天气、地形等因素的影响。本章给出了海南岛海陆风演变特征的统计分析结果，探讨了不同季节以及不同天气条件下海陆风的发生和发展特征，最后针对海南岛北部地区春夏季海陆风特征进行分析。

2.1　海南岛海风统计特征

本章研究选取2012年海南岛的海陆风作为研究对象，利用海南岛17个地面气象站常规气象要素资料，对海南岛海陆风演变特征进行统计分析。分析中采用常规的四季划分方法，将2011年12月和2012年1月、2月定义为该年的冬季、3—5月为春季、6—8月为夏季、9—11月为秋季，对不同季节海风进行分类，探讨海风发生、发展特征。同时，为进一步分析海南岛海风日的特征，本研究还将海风日分为4种类型：少云型、多云型、阴天无降水型以及阴天有降水型，分类标准如下：

① 少云型：当日08—14时平均云量小于或者等于3；

② 多云型：当日08—14时平均云量大于3并小于8；

③ 阴天无降水型：当日08—14时平均云量大于8且24 h内(当日08时至次日08时)累计降水量小于或等于0.1 mm；

④ 阴天有降水型：当日08—14时平均云量大于8且24 h内(当日08时至次日08时)累计降水量大于0.1 mm；

根据上述标准将2012年海南岛的海风日进行分类，下文将对不同季节里以及这4种类型下的海风特征进行分析。

2.1.1　海风发生频率

海陆风在海南岛是一个很常见的现象，表2.1给出了海南岛17个测站各季节内海风的发生日数。从季节变化来看，春、秋季海风发生频率较高，其平均频率分别为40%以及33%，其中5月海风发生最多，其频率高达53%；夏季次之，约占观测日数的28%，其中6月海风最少；冬季海风日出现得最少，尤其是1月，大部分站点都不足10%。这与南海海岸区海陆风频率最多出现在秋季的结果较为吻合。海南岛地处热带，4—10月岛上气温均较高，有利于海风的发生，再者，春、秋季处于南海季风的减弱期和间歇期，背景风场较弱且变化缓慢，季风环流的强度小于海陆风环流，有利于海风的发展，导致监测到的海陆风较多；而夏、冬季则是相反，较强的季风环流覆盖了相对较弱的、由热力作用产生的海陆风。Bajamgnigni等(2013)在研究中也指出当季风强度达到最强的时候，在陆地上较难监测到海风的发生，从而统计出的海风发生频率较低。

表2.1　海南岛各测站四季海风日的统计结果(单位:d)

站点	春	夏	秋	冬	全年
琼山	31	26	39	21	117
海口	36	27	41	19	123
东方	49	24	39	17	129
琼海	46	33	46	23	148
三亚	38	33	22	12	105
万宁	52	34	38	14	138

续表

站点	春	夏	秋	冬	全年
陵水	49	39	43	19	150
文昌	43	29	39	20	131
儋州	33	26	31	20	110
昌江	27	21	14	12	74
保亭	35	25	22	13	95
定安	18	13	28	13	72
乐东	21	22	10	3	56
五指山	37	22	16	9	84
屯昌	34	25	37	16	112
白沙	28	16	21	19	84
琼中	35	21	28	10	94

从全岛不同测站的情况来看，沿海站中陵水站的海风发生日数最多，其发生频率达41%，其次是琼海站和万宁站，三亚站的海风发生日数最少，其频率约为29%，三亚本站在海拔高度419 m的六道岭山区，温度较市区偏低3～5 ℃，云量较市区多，导致海陆风不明显；就沿海地区的海风日发生日数而言，北部沿海（琼山站、海口站）少于南部沿海（陵水站、万宁站），西部沿海（东方站）少于东部沿海（琼海站、文昌站）。随着距海岸线距离的增加，海风发生频率逐渐减少，大部分内陆站海风发生天数都不足100 d，其中屯昌站海风发生频率较高，约为31%，其次为儋州站，约为30%；定安站海风发生频率最低，不足21%，这可能是因为其位于海南岛北部平原，地势平坦，无其他局地环流与之相互作用，还可能受到北部琼州海峡“狭管效应”的影响（张振洲 等，2014），“狭管效应”使得其沿海附近区域产生大风，受大风影响，该地区难以生成海风。较为特别的是，五指山站、屯昌站、白沙站和琼中站虽位于海南岛中部，距海岸线距离较远，但海风日发生频率却不低，这是因为这4个站都位于山地附近，海南岛中间高拱四周低平的地形特征使得海风与谷风存在同相叠加关系，观测到的海风实际包含了局地谷风环流的贡献，谷风对海风的发展具有明显的加强作用，因而导致了这4个站海风发生频率也较高。同样，儋州站也位于从海面到山地地形梯度较大的区域，由于受到谷风的叠加使得海风在此地相对容易发生。

不同天气条件下各站的海风发生日数也具有不同的特征，阴天无雨时各站海风发生次数最多（表2.2），大部分站均达30%以上，其中三亚站频率高达61.9%，五指山站、保亭站和白沙站的海风日数也较多，均占海风发生总日数的50%以上，三亚站、五指山站和保亭站均处于森林之中，森林的蒸腾作用使得局地湿度增加，难以产生晴朗天气；多云时海风发生频率次之，其中陵水站频率最高（52.7%）；少云时海风日相对较少，均不足10%，其中三亚站、五指山站和白沙站少云时均无海风发生，这与阴天无雨时相对应。综上所述，海南岛多云和阴天时海风发生较多，少云时则很少，这可能是因为海南岛地处热带，四面环水，水汽较为充足，海风发生时海陆差异明显，再加上地形的抬升作用，在海南岛上空极易形成多云和阴天天气。

表2.2　海南岛各测站不同天气条件下海风日的统计结果（单位：d）

	少云	多云	阴天无雨	阴天有雨
琼山	2	38	36	41
海口	4	32	44	43
东方	18	47	57	7
琼海	8	56	44	39
三亚	0	13	65	27
万宁	2	38	57	37
陵水	10	79	47	14

续表

	少云	多云	阴天无雨	阴天有雨
文昌	9	58	32	32
儋州	8	35	37	30
昌江	6	35	28	5
保亭	1	31	49	14
定安	7	27	21	17
乐东	4	23	27	2
五指山	0	22	52	10
屯昌	11	38	28	27
白沙	0	17	52	15
琼中	9	42	26	17

对比内陆站和沿海站，可以看到沿海站多云和阴天时的海风频率都大于内陆站，特别是阴天有雨时大部分内陆站的海风发生频率均不足 20%，大量的水汽容易在沿海附近凝结成云，造成多云和阴天天气，而对于内陆站来说，水汽在向内陆传输的过程中，由于山体遮挡、绕流等导致水汽损失，因而内陆站多云、阴天天气相对较少。

2.1.2　海风的开始和结束时间

在讨论过海南岛海风的频率分布之后，海风的时间尺度也是一个值得探讨的问题。本研究参考苗世光 等（2009）定义的海风开始和结束时刻，对海南岛 17 个站点不同季节里海风的开始和结束的平均时间总结见表 2.3。从全年平均来看，沿海站海风开始时间集中在 10—12 时，其中琼海站海风开始的最早，三亚站最晚，结束时间集中在 19—21 时；内陆站海风开始时间集中在 11—13 时，比沿海站推迟了 1～2 h，结束时间在 19—21 时。值得注意的是，在内陆站中，五指山站海风开始的最早，其次为屯昌站、白沙站和琼中站，这 4 个站都位于山地附近，而且五指山站还位于森林之中，海风与森林风、谷风等局地环流的叠加可能使得白天海风开始时刻提前，Prtenjak 等（2007）在研究亚得里亚海附近的海风时也指出，山地附近的站点白天向岸流开始得早。

表 2.3　海南岛各测站海风开始和结束时刻

	春季		夏季		秋季		冬季		全年	
	τ_s	τ_e	τ_s	τ_e	τ_s	τ_e	τ_s	τ_e	τ_s	τ_e
琼山	11:54	19:06	11:24	19:36	10:36	19:48	12:24	19:54	11:36	19:36
海口	11:48	18:18	10:48	18:54	11:00	20:12	10:30	20:06	11:00	19:24
东方	10:36	19:18	9:24	19:30	11:00	19:12	11:24	19:30	10:36	19:24
琼海	10:00	20:18	9:18	19:54	10:06	20:30	11:06	20:06	10:06	20:12
三亚	11:18	19:42	10:36	20:48	12:24	20:18	12:42	20:18	11:42	20:18
万宁	10:12	19:54	10:18	20:12	11:30	19:06	11:06	18:54	10:42	19:30
陵水	11:00	20:00	10:36	20:30	11:18	19:18	11:36	20:12	11:06	20:00
文昌	10:30	20:12	9:42	19:12	9:54	19:36	10:54	19:18	10:12	19:36
儋州	11:12	19:18	11:00	19:54	11:54	19:36	12:36	20:06	11:42	19:42
昌江	12:42	19:30	11:24	19:18	12:48	19:00	12:30	18:54	12:24	19:12
保亭	12:24	20:12	11:30	19:30	12:12	18:54	13:06	19:36	12:18	19:30
定安	12:24	20:06	12:18	19:30	11:30	20:30	11:30	19:30	11:54	19:54
乐东	12:48	19:36	11:00	18:54	12:36	19:24	14:00	19:00	12:30	19:12
五指山	10:30	20:36	10:18	20:06	12:06	20:30	11:06	20:42	11:00	20:30

续表

	春季		夏季		秋季		冬季		全年	
	τ_s	τ_e	τ_s	τ_e	τ_s	τ_e	τ_s	τ_e	τ_s	τ_e
屯昌	11:30	20:18	11:00	18:48	11:24	20:42	12:00	20:12	11:30	20:00
白沙	11:54	19:54	10:54	19:54	11:54	19:36	11:54	20:30	11:42	20:00
琼中	11:54	19:48	11:06	18:42	11:24	19:48	12:30	19:24	11:36	19:24

注：τ_s：海风开始时刻；τ_e：海风结束时刻

从季节变化来看，各季海风平均开始时刻都大约在日出后 4～5 h，也就是说，海风发生相对于太阳辐射加热是一种滞后现象；各季海风基本都在日落后 2 h 内停止。海南岛春季日出平均时间大约在早上 07 时，之后日出时间逐渐提早，到夏季大约在 06 时左右，紧接着到秋季日出时间慢慢延迟到 06 时 30 分左右，而冬季日出则是推迟到了 07 时 20 分左右。统计结果显示，海南岛夏季海风开始的最早，冬季开始的最晚，这是因为夏季日出时间早，太阳辐射强，海风环流启动所需要的海陆温差条件便可提前达到；夏季琼山站、海口站海风开始的较晚，结束的也较早，这两个站位于海南岛北部，夏季盛行偏南风，离岸的背景风阻碍了这两个站海风的发展，因而导致其开始时刻稍有延迟，相反地，受盛行向岸风的位相影响，南部沿海（万宁站、陵水站）海风结束的较晚，Azorin 等（2009）在研究背景大尺度风对海风演变过程的影响中也曾指出，向岸的背景风有利于海风持续较长的时间。与夏季相反，冬季南部沿海海风结束较早，北部结束的较晚，同样是因为受到冬季偏北风影响的缘故。

沿海站海风的平均持续时间约为 8.8 h，其中琼海站持续时间最长（10.1 h）；内陆站则是平均 7.9 h，其中五指山站海风持续时间最长（9.5 h）。夏季海风持续时间长达 9～10 h，这与周伯生等（2002）研究广东阳江沿海地区海风时得出的结果相一致；冬季只有 8～9 h，这是因为冬季日照时间缩短，随着蒙古高压的建立，陆地温度急剧降低，海陆之间的温度梯度减小，导致海风的持续时间缩短。

表 2.4　海南岛各测站不同天气条件下海风开始和结束时刻

	少云		多云		阴天无雨		阴天有雨	
	τ_s	τ_e	τ_s	τ_e	τ_s	τ_e	τ_s	τ_e
琼山	12:30	20:30	10:42	19:48	12:06	19:42	11:18	19:18
海口	12:18	20:00	11:12	19:36	11:24	19:24	10:36	19:12
东方	10:00	19:36	10:42	19:18	10:36	19:36	11:06	18:06
琼海	8:54	19:48	9:54	20:30	10:00	20:12	10:18	20:12
三亚			11:42	20:12	11:18	20:00	11:18	20:36
万宁	11:00	21:00	10:36	19:54	10:48	19:36	10:24	19:36
陵水	11:30	19:30	10:54	19:48	11:12	20:12	10:48	19:54
文昌	10:12	20:06	9:48	19:54	10:42	19:12	10:24	19:36
儋州	12:30	19:30	11:18	19:42	11:42	19:24	11:30	19:42
昌江	13:00	18:30	12:48	19:12	11:30	19:24	12:24	19:24
保亭	14:00	20:00	12:00	19:12	12:12	20:00	12:30	19:24
定安	12:00	21:06	11:30	20:18	12:30	19:42	11:48	19:30
乐东	12:48	18:48	12:42	19:42	11:42	19:00	11:00	19:00
五指山			11:00	20:48	10:36	20:06	11:30	21:12
屯昌	10:48	20:12	11:36	20:06	11:00	19:48	11:42	20:24
白沙			11:36	19:18	11:36	19:48	12:12	20:18
琼中	10:48	19:18	11:06	19:18	12:12	19:30	12:12	19:48

注：τ_s：海风开始时刻；τ_e：海风结束时刻

不同天气条件下海风的开始和结束时间也呈现不同的特点（表 2.4），如前所述，4—10 月海南岛为雨季，少云天气多出现于冬季，这也就导致了统计出来的少云时海风的开始时间较晚，而阴天有雨时海风开始时间较早；大部分站点阴天无雨时海风的开始时间都滞后多云天气下的海风，这是因为阴天时太阳辐射较少，陆地增温较慢，从而达到海风建立时的海陆温差条件所需时间较长，导致阴天无雨时海风开始时刻较晚。

不同天气条件下，沿海各站的特征基本相似，均表现为琼山站海风开始的较晚，琼海站较早的特征；而内陆各站海风的开始时刻却呈现不同的特征，少云时处在高山附近的屯昌站和琼中站开始的最早(10:48)，而其他非高山站海风开始时刻集中在 12—13 时，滞后 2 h 左右，这说明少云时谷风对海风开始时间的影响较大，而随着云量的增加，这种影响逐渐减弱，比如阴天无雨时琼中站的海风开始时刻也推迟到了 12:12，但是随着降水量的增加，内陆站海风基本呈现随着距海岸线距离的增加开始时刻逐渐延迟的特点，这说明在降水时谷风难以发生或者是谷风与海风之间的相互作用较小。

2.1.3　海风强度

海风强度是海风最重要的特征之一，表 2.5 给出了海南岛各站海风强度的季节平均和年平均，由表可知：沿海站平均海风强度约为 4.6 $m \cdot s^{-1}$，随着海风向内陆传播，海风强度逐渐减弱，因此内陆站海风强度只有 3.4 $m \cdot s^{-1}$。从全年来看，大多数沿海站海风强度都远大于内陆站，其中三亚站海风强度最大，高达 6.2 $m \cdot s^{-1}$，其次位于西部的东方站也较大(5.9 $m \cdot s^{-1}$)，高素华等(1988)也指出海南岛西部地区风速较大，而位于东部的琼海站、文昌站的海风强度则相对较小(表 2.5)。琼山站和海口站均位于海南岛北部沿海，但海口站的海风强度远大于琼山站，这是因为海口站距海岸线更近，海风在传播到琼山站的过程中由于地面摩擦等作用导致能量损失、风速减小。内陆站中乐东站的海风强度最大，约为 4.2 $m \cdot s^{-1}$，而位于海南岛中部的五指山站、屯昌站、白沙站和琼中站的海风强度也较大，这 5 个站海拔高度均在 100 m 以上，一方面与局地环流的相互作用使得观测到的海风强度较大，另一方面，可能与其周围地形形成的“狭管效应”有关，白天不同方向的风在此处辐合，有利于该地风速的增强。

表 2.5　海风强度(单位：$m \cdot s^{-1}$)及其出现时间

	春季	夏季	秋季	冬季	全年
琼山	3.5	3.5	3.6	3.2	3.5
海口	5.3	4.8	5.6	5.9	5.4
东方	7.0	6.4	5.3	4.7	5.9
琼海	4.1	3.8	3.6	3.2	3.6
三亚	5.5	6.2	6.2	7.0	6.2
万宁	5.3	4.7	4.3	4.3	4.7
陵水	4.6	4.7	5.1	5.6	5.0
文昌	3.7	3.1	2.6	2.5	2.9
儋州	3.4	3.8	3.1	3.1	3.2
昌江	3.2	3.3	2.9	2.3	3.0
保亭	3.7	3.6	3.0	2.9	3.2
定安	3.7	3.3	3.7	3.2	3.5
乐东	4.2	4.3	3.6	5.3	4.2
五指山	3.7	3.5	3.1	3.3	3.4
屯昌	3.7	3.4	3.1	2.7	3.2
白沙	3.6	3.5	3.1	3.0	3.3
琼中	4.1	3.6	3.0	3.0	3.5

海风强度也存在较明显的季节差异，大部分站点春季海风最强，夏季次之，冬季最弱，尤其是东方站，其春季海风强度高达 7 $m \cdot s^{-1}$，而冬季只有 4.7 $m \cdot s^{-1}$。比较例外的是琼山站和海口站，海南岛冬季盛

行东北风，夏季盛行西南风，冬季受到盛行向岸风的影响，海风较强，而夏季离岸风阻碍了海风的发展，因此海风呈现冬季较强、夏季较弱的特征，反之，琼海、万宁和文昌这3个站的海风则呈现夏季较强、冬季较弱的特征，这说明了背景风对海风强度存在一定的影响，Bajamgnigni 等(2013)在研究中也指出，向岸风有利于加强海风强度。

最大海风强度出现时刻主要集中在14—16时，全年而言，三亚站出现的最晚(16时)，文昌站出现的最早(13:36)，内陆站出现时刻滞后于沿海站，这是因为海风从沿海推进到内陆需要一定的时间。就四季变化而言，夏季出现时刻较早，冬季较晚，但各季节最大海风强度出现时刻都滞后于日最高气温出现时刻(表略)，这可能是因为海风的出现引起局地气温低、湿度升高，随着海风的不断发展，来自海洋上的湿冷空气有效地抑制了局地最高温度的升高。

就不同天气情况而言，大部分沿海站海风强度满足少云时最强，多云时次之，阴天时最弱的规律，沿海站受海陆温度差异影响较大，少云时太阳辐射强，地表温度上升得较快，海陆温度差异也明显增大，从而导致海风强度较大；而内陆站海风在传播过程中容易受到地形、植被的影响，其强度变化并无明显的规律(表2.6)。就不同站点而言，无论是少云、多云还是阴天天气下，沿海站中东方站的海风强度最强，文昌站最弱；内陆站中乐东站最强，昌江站最弱。与开始时刻一致，随着云量的增加，谷风对海风强度的影响也逐渐减弱，而降水时大部分内陆站的海风强度反而有所增加，海风只有发展达到某种强度才能产生对流进而引发降水。

表2.6 海南岛各测站不同天气条件下的海风强度(单位：$m \cdot s^{-1}$)

	少云	多云	阴天无雨	阴天有雨
琼山	3.4	3.8	3.3	3.5
海口	4.4	5.1	5.3	5.7
东方	6.5	6.2	6.2	5.7
琼海	4.6	3.8	3.5	3.7
三亚		6.2	5.7	6.5
万宁	6.3	5.0	4.7	4.6
陵水	5.5	4.9	4.8	4.4
文昌	3.5	3.1	3.0	2.9
儋州	3.3	3.4	3.2	3.3
昌江	2.5	3.1	3.1	2.9
保亭	2.5	3.5	3.4	3.3
定安	3.0	3.9	3.5	3.5
乐东	3.7	4.2	4.0	5.1
五指山		3.8	3.4	3.5
屯昌	3.4	3.4	3.1	3.4
白沙		3.3	3.4	3.2
琼中	4.0	3.7	3.3	3.5

2.1.4 海风风速分布

有研究曾指出，如果近地层风速大于10 $m \cdot s^{-1}$，则难以生成海风(周伯生 等，2002)，这是因为过强的风速会破坏触发海风形成的温度梯度，因此，当有海风发生时，近地面风速不会太大。

本研究对2012年海南岛17个气象站海风日里24 h时间段内的风速进行了统计，得到各个站点四季海风日里风速的频率分布情况。所有站点风速的最大值均不超过10 $m \cdot s^{-1}$，大部分站点均呈现低风速(1.0～2.9 $m \cdot s^{-1}$)频率较高，中等风速(3.0～5.9 $m \cdot s^{-1}$)频率次之，高风速(6.0～9.9 $m \cdot s^{-1}$)频率最低的分布情况；就沿海站而言，风速主要集中在1.0～7.0 $m \cdot s^{-1}$，其中东方站、三亚站和海口站的风速主要集中在3.0～7.0 $m \cdot s^{-1}$，且分布较为均匀，最大风速均达到了9.0 $m \cdot s^{-1}$，而其余站点主要集中在1.0～4.0 $m \cdot s^{-1}$；内陆站风速相对较小，基本集中在1.0～4.0 $m \cdot s^{-1}$，其中五指山站和乐东站的风速较大，最大风速为5.0 $m \cdot s^{-1}$，大部分内陆站风速最高值都出现在1.0 $m \cdot s^{-1}$，其各季频率均达到了30%以上。

就四季变化而言，沿海站和内陆站变化趋势较为一致，春夏季风速较大，且大部分站点均在春季出现风速最大值；秋冬季风速较小，低风速频率较高。

2.1.5　海风风向分布

除了风速以外，风向也是海陆风较为重要的特征之一，由于每个站点的主导风向不一样，因此本研究以海南岛各个站点海风风向频率的年平均分布进行分析。沿海站海风日里，垂直于海岸线方向的向岸风频率明显高于离岸风频率，大部分站点的风向频率都存在两个较高值，并且这两个较高值所代表的方向并不相邻，这说明这些站点的海风可能是由两个方向吹来的，比如万宁站，由于海岸线曲折的缘故，其海风主要方向为 NNE 以及 SSE。内陆站的大部分站点海风风向频率都只有一个最大值，而且与相对应的沿海站主导风向分布相一致，这说明大部分的海风都能推进到海南岛的中部，并且在推进的过程中沿海站两个不同方向的海风可能相互作用、相互叠加成一个方向的海风，因此内陆站所观测的海风风向都集中于一个方向，另外这里所说的风向一致并不要求两者完全是同一个方向，如果两者的主导风向相差不大，我们认为两者仍具有一致性，比如定安站和琼山站，定安站的海风主要是琼山站海风推进的结果，琼山站的海风风向集中在 ENE，定安站的风向集中于 E，这两者之间相差 22.5°，这是因为海风在推进过程可能由于地形或者植被的作用使得风向发生偏移，但偏移量较小，海风仍保持着主导风向继续向内陆推进。综上所述，各个站点海风风向的分布主要与当地的地形有关，而与其所处的植被环境并没有太大的联系。

2.1.6　海风向内陆的传播距离

由于海南岛四周环海的特殊地形，根据表 2.1 中各站的海风发生日数，对海风的传播距离进行分析。由表 2.1 可知：大部分沿海站的海风都能推进到内陆站，其中白沙站、琼中站、屯昌站和五指山站的海风发生频率相对较小，这几个站距海岸线的距离较远，平均距离大约有 70 km，这说明海南岛海风向内陆的传播距离至少为 70 km。相对于中国其他沿海地区的海风传播距离而言，比如：浙江沿海海风传播距离一般为 30 km(李慧丰 等，1985)、山东半岛北部海风的传播距离可达 60 km(王赐震 等，1988)，海南岛海风向内陆传播的距离更远，这是因为海南岛特殊的岛屿地形，相对于一般的海岸线地区，岛屿型地区的海风能传播到更远的内陆地区。从不同季节海风的发生频率来看，夏季内陆站海风发生总日数大约为沿海站海风发生总日数的 80%，这表明在夏季海风更容易向内陆传播；冬季各站海风的发生频率明显减少，在 1 月份达到最小值。

海风向内陆传播需要一定的时间，并且在传播的过程中，会因内陆下垫面地形或者植被的改变而使得海风的强度有所变化，所以不同内陆站海风的盛行时间也存在差异。图 2.1 给出了 2012 年全年各站海风日里海风出现时刻的统计结果，各内陆站的海风发生时间都集中在 9—15 时，对于距离海岸线较近的内陆站(保亭、乐东、昌江、儋州和定安)，海风出现时刻相对较早，出现在 9—11 时，其中保亭站海风发生频率最多的时刻出现在 10 时，10 时过后其频率就逐渐减少了；对于距离海岸线较远的内陆站(五指山、屯昌、琼中和白沙)，海风出现时刻理应出现的较晚，但事实却有所差异，五指山站、屯昌站和琼中站海风发生频率最多的时刻出现在 10 时，白沙站则是出现在 11 时，这可能是受海南岛四周低中间高的地形作用影响，这四个站都是高山站，其中五指山站和屯昌站都是森林站，海风在推进到这些站点的过程中，可能与当地的山谷风、森林风等局地环流相叠加，从而导致海风发生时刻相对提早一点；另外，在 20 时至次日 05 时各站的海风频率几乎为零，这段时间内，几乎都是陆风。

在海风推进到内陆时，由于下垫面性质的改变，海风的强度也会相应的发生变化。一般来说，随着传播距离的增加，由于下垫面的摩擦作用海风的强度应减弱，但有的测站风速反而会有所增加，比如，当内陆存在高山时，产生的谷风与海风相叠加会使得向内陆传播的海风强度增加(Furberg et al.，2002)；或者当内陆存在较大水体时，产生的湖风与海风相叠加使得向内陆推进的海风强度增加(许启慧 等，2013a，2013b)。图 2.2 给出了 2012 年全年各站海风日里海风强度的分布情况，站点按照距离海岸线从近到远的顺序排列(X 轴从左到右)，除了琼山站、琼海站和文昌站，其余沿海站的海风强度的在 5～6 $m \cdot s^{-1}$，远大于内陆站，琼海站和文昌站的强度较低可能是因为这两个站点位于岛屿东部，南海夏季风抑制了这两个地区海风的发展。一开始随着各站距海岸线距离的增加，海风强度基本呈现逐渐减小的趋势，而当海风继续

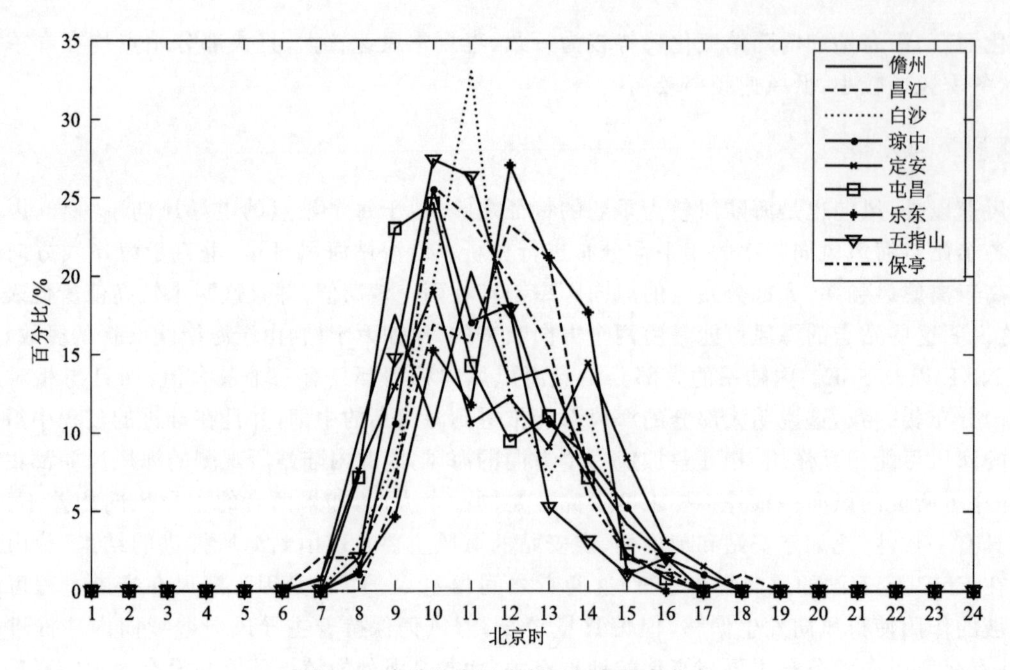

图 2.1　内陆站海风盛行时间的频率分布

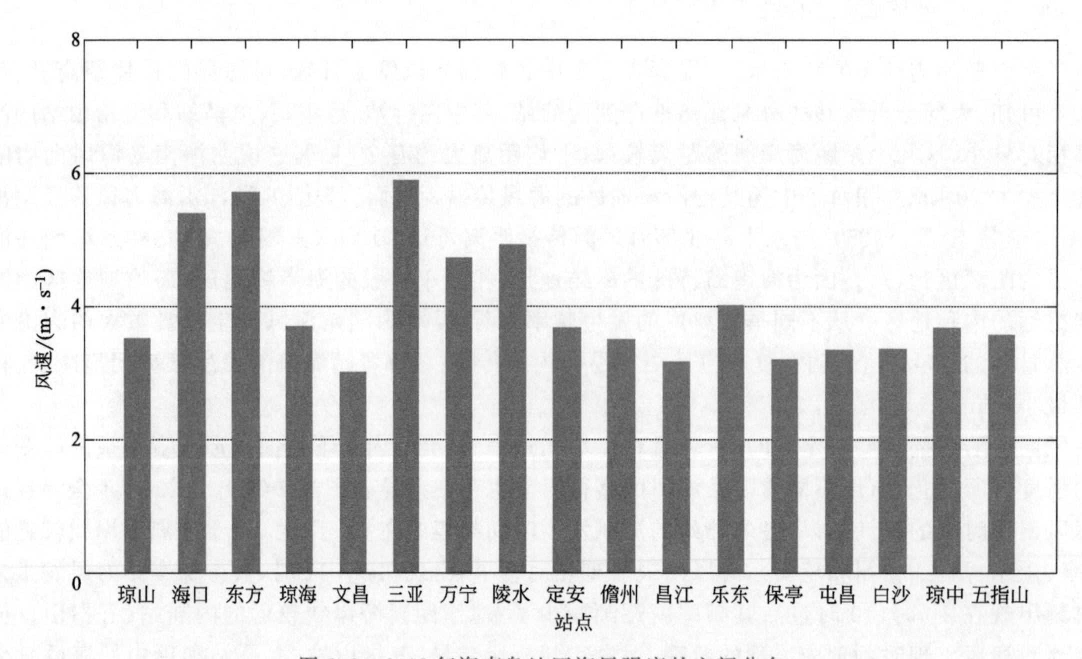

图 2.2　2012 年海南岛地区海风强度的空间分布

向内陆推进到岛的中部地区时，因中部多高山，海风强度反而呈现缓慢增加的趋势，这与前文中提到的谷风与海风叠加使得海风强度增大的结论相一致；另外乐东站海风的强度大于一般内陆站的海风强度，这可能是因为该地区地形比较平缓或者是受局地环流的影响。

2.1.7　海陆风与气压

研究海陆风与气压时，通过去除很强的气压梯度存在的日子，来消除大尺度背景对海风形成的影响，表 2.7 给出了各测站 24 h 气压差的分布以及海风日中最大地面气压的极大值和极小值。各测站海风日里 24 h 气压差均小于 6 hPa，且主要集中在 3～5 hPa，平均约占全年海风日的 81.1%，其中陵水站的百分率最高(92%)，东方站最低(73.2%)。Azorin 等(2009)在研究阿利坎特(Alicante)海风时规定昼夜气压差要小于 5 hPa，与本文所得结论略有差异，这可能是因为两者研究区域所处纬度不同，阿利坎特位于中纬度，而海南岛则是位于低纬度。

表 2.7　各测站海风日里的 24 h 平均变压(单位:hPa)范围

	$1\leqslant\Delta P<3$	$3\leqslant\Delta P<5$	$5\leqslant\Delta P<6$	P_{max}/hPa	P_{min}/hPa
琼山	8.5	81.2	9.4	1025.4	999.3
海口	9.8	73.2	15.4	1018.8	993.8
东方	6.2	79.1	14.7	1019.2	1000.9
琼海	6.8	84.5	8.8	1020.5	998.1
三亚	16.2	81.9	1.9	971.6	955.3
万宁	9.4	87.7	1.4	1064.8	996.0
陵水	2.7	92.0	5.3	1020.0	997.2
文昌	11.5	80.9	6.9	1023.0	997.7
儋州	7.3	77.3	14.5	1006.4	982.4
昌江	6.8	79.7	13.5	1007.7	990.2
保亭	3.2	86.3	10.5	1016.5	994.5
定安	5.6	76.4	18.1	1023.9	998.6
乐东	3.6	78.6	17.9	1000.2	985.3
五指山	1.2	90.5	8.3	982.4	966.0
屯昌	4.5	79.5	16.1	1010.5	988.8
白沙	3.6	75.0	20.2	1000.3	977.1
琼中	5.3	74.5	20.2	990.9	973.7

注:ΔP,24 小时内气压差;P_{max},最大地面气压的极大值;P_{min},最大地面气压的极小值

除三亚站、琼中站和五指山站外,其余测站的最大地面气压的极大值都在 1000 hPa 以上,这是因为这三个站的海拔高度均在 300 m 以上,其中三亚站最高(419 m),山上空气稀薄,导致所观测到的气压较低。就最大地面气压的极小值而言,大部分测站都在 990 hPa(±10 hPa)左右,同样,也是三亚站、琼中站和五指山站的气压较低。

2.1.8　2012 年典型海风日的变化特征

海风是以日变化为周期的地方性风系,分析海风发生前后各主要气象要素的变化,对预测当地海风的建立和天气状况具有十分重要的意义。在选取典型海风日时,按尽量选取海南岛几乎所有站点都同时有海风发生的海风日原则,本节选取 2012 年 5 月 10 日这一典型海风日进行分析。由海口站的探空资料可知,5 月 10 日海南岛 700 hPa 背景风速小于 6 $m\cdot s^{-1}$,风向为西南风(图 2.3)且变化较小,满足了海风发生的条件。

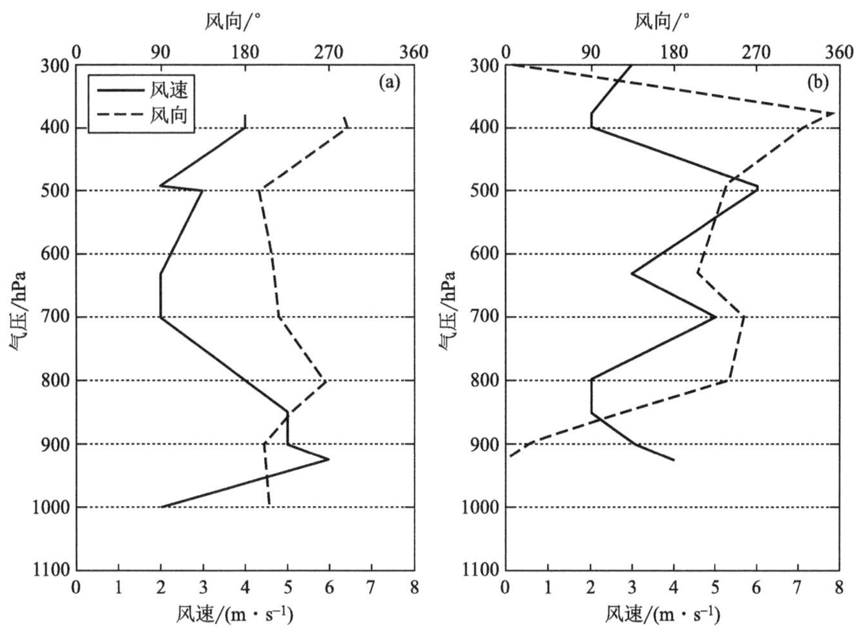

图 2.3　2012 年 5 月 10 日海口站 08 时(a)以及 20 时(b)探空风速、风向随高度变化图

图 2.4 为 2012 年 5 月 10 日 19 个站点各站风向风速图，沿海站风向发生转变时刻早于内陆站，09 时东方站的风向首先发生转变，紧接着 10 时临高站、琼山站和海口站的风向也由离岸风转变成向岸风，风向突变明显，三亚站、万宁站、陵水站和琼海站虽然全天 24 h 都是向岸风，但是在 10 时左右风速突然增大，根据 2.1.2 节的定义，可认为此时海风开始建立，海风建立之后，沿海各站的海风风向基本稳定，17 时临高站、琼山站和海口站的海风逐渐减弱，19 时这三个站的海风基本消亡之后逐渐转变成陆风，而其余沿海站海风结束时刻都在 20 时左右，总的来说，海南岛北部海风的开始时间较晚，结束时间较早，当天海南岛盛行西南风，对北部的海风建立具有阻挡作用，因此北部海风的建立较为滞后；内陆站的风向转变时刻基本上都发生在 12 时左右，且转变之后海风的风速远小于沿海站，说明海风在推进过程中强度逐渐减弱，当

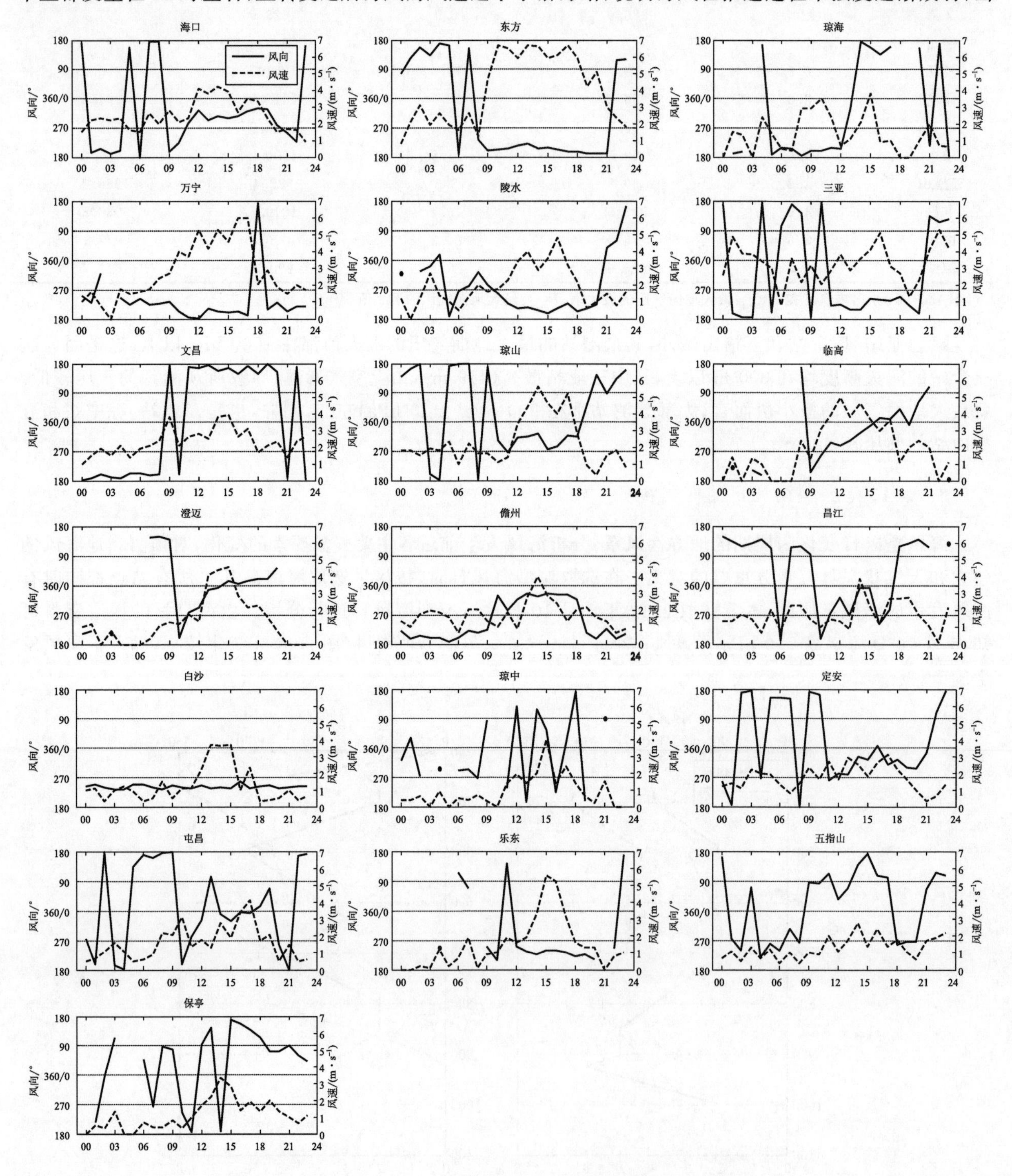

图 2.4　2012 年 5 月 10 日海南岛 19 个常规气象站风矢量图

（图中实线为风向，虚线为风速）

推进到海南岛最内部的琼中站和五指山站时，海风强度更为弱小，这是因为琼中站和五指山站都为高山站，海风传播到这里后损失的能量较多，海风建立之后，风向基本稳定且风速逐渐增加，但是很快从 15 时海风强度开始减弱，到 18 时左右海风完全消亡，另外内陆站海风开始之前以及海风结束之后，风速都很小甚至有些时刻风速几乎接近于零。

除了风速风向的变化，海风开始前后，温度和相对湿度也都有明显的变化。图 2.5 为 2012 年 5 月 10 日温度、相对湿度的日变化图，这里选取温度、相对湿度具有明显变化特征的站点为代表。整体来看，除了昌江站和琼中站以外，各站温度、湿度的日变化呈现良好的反位相波动、均表现为“一峰一谷”的变化形势。沿海各站的温度、湿度的变化振幅要小于各内陆站，其中三亚站振幅变化最小，这是因为沿海站受海洋空气影响较大，来自于海洋上冷而湿的气流有效地抑制了沿海站日最高气温的上升，到了夜晚，海洋降温弱，沿海站点气温不会降的过低；由于受到太阳辐射的影响，沿海各站气温几乎都在 08 时开始急剧上升，12 时琼海站气温开始骤降，湿度也突然增大，这比局地海风开始的时间滞后了 3 h，15 时其他沿海站的气温、湿度也相应开始减小和增大，比海风的建立时间滞后了 5 h，总的来说，海南岛西部沿海海风引起温湿度的变化所需时间较短，变化振幅相对较大；内陆站温湿度的变化振幅较大，昌江站温湿度发生转变时刻最早(12 时)，紧接着在 14、15 时其他各内陆站温湿度也发生了相应的转变。

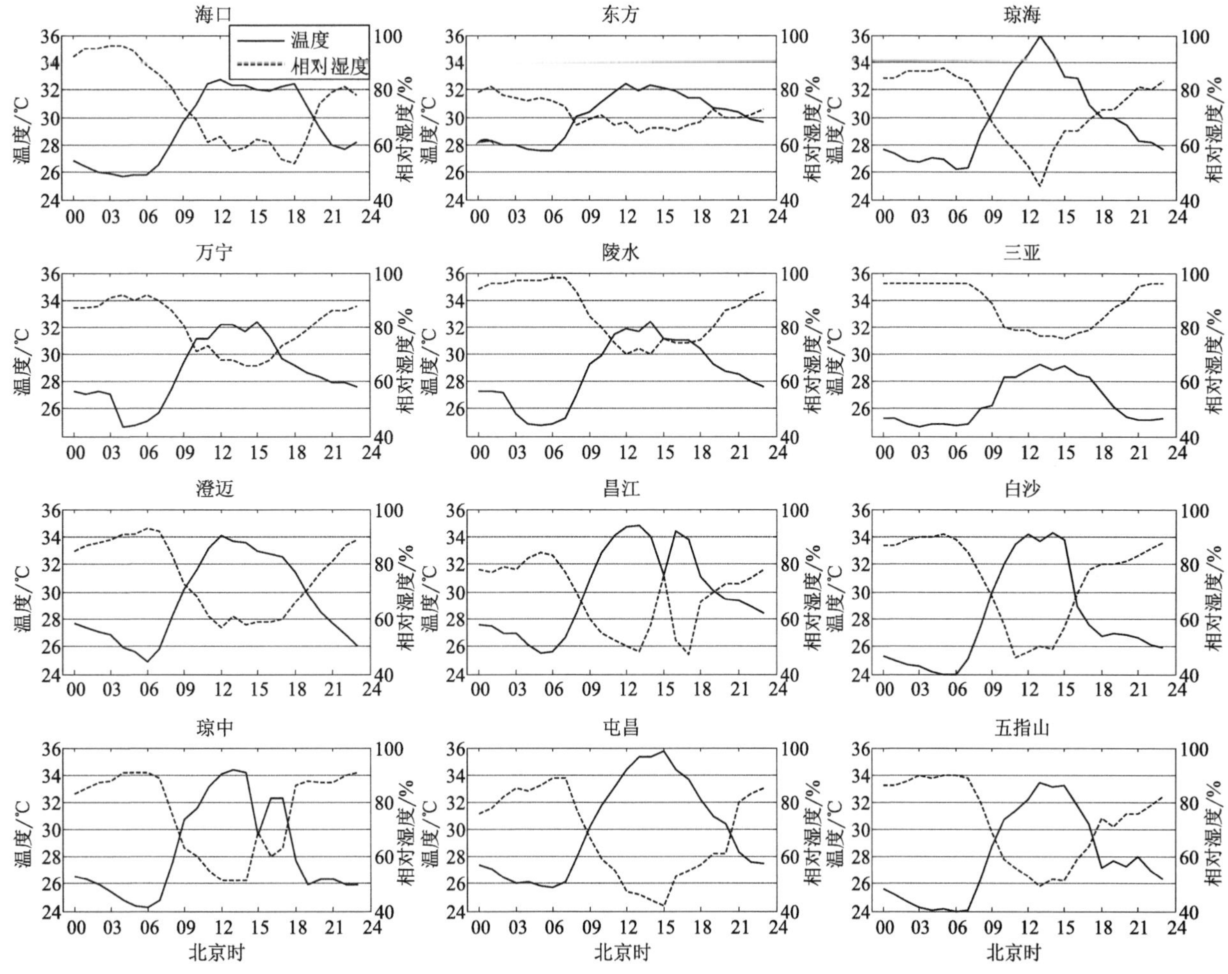

图 2.5　2012 年 5 月 10 日海南岛 12 个测站气温(℃)和相对湿度(%)的日变化图

(图中实线为气温；虚线为相对湿度)

对于各站云量，国家基础站(海口、东方、万宁、儋州和定安)，云量是每 3 h 观测一次，而其余站的观测时间固定为 08 时、14 时、20 时，从表 2.8 可以看出，5 月 10 日海南岛上空基本呈现从晴朗到多云的天气情况，08 时之前，各站上空基本为晴朗天气，08 时随着太阳辐射增加，水汽开始增多，到了 11 时沿海站(海口、东方)云量达到了 6～8 成，呈现多云状态，而大部分内陆站云量均在 3 成以内，这是因为海南岛四面环海，地处热带，日出时间早，随着地面增温的加快，水汽蒸发也相对较快，在沿海站上空极易形成云，而内陆站虽然增温也快，但内陆水体较少，产生云量较少。11时开始，沿海各站海风基本都开始形成，在14时强度逐渐升高，海风向内陆传播，内陆站云量也逐渐增多，增加到7～8成，上空多为多云、阴天天气，到了20时，海风基本开始消亡，陆风开始，内陆站云量减少，沿海站云量增多。综上所述，沿海站呈现上午云量较多，午后云量较少的特征，内陆站则呈现相反的趋势。

表2.8 海南岛各测站云量(成)的统计结果

站点	02时	05时	08时	11时	14时	17时	20时	23时
琼山	-	-	-	-	2	-	-	-
海口	-	2	6	6	4	4	8	6
东方	0	0	8	9	2	4	-	4
临高	-	-	0	-	0	-	5	-
澄迈	-	-	2	-	2	-	5	-
儋州	0	1	0	1	7	6	-	9
昌江	-	-	3	-	7	-	-	-
白沙	-	-	3	-	-	-	-	-
琼中	1	3	0	4	8	-	-	8
定安	-	-	1	-	2	-	5	-
屯昌	-	-	1	-	7	-	-	-
琼海	3	1	2	5	7	9	7	6
文昌	-	-	2	-	3	-	4	-
乐东	-	-	2	-	5	-	5	-
五指山	-	-	7	-	8	-	-	-
保亭	-	-	6	-	3	-	8	-
三亚	-	-	-	-	-	-	-	-
万宁	-	-	4	-	3	-	9	-
陵水	10	4	4	7	2	3	7	3

注："-"代表缺测

对降水而言，纵观5月10日海南岛全岛，发现基本没有降水，个别站点(琼中、昌江)有少量降水，且这些局地降水也是产生在午后(表略)。由上述云量表可知，5月10日这天以少云、多云天气为主，而午后的部分局地降水可能是由海风发展到强盛时期所触发的。

2.2 海南岛海陆风辐合线演变特征

本节主要针对海南岛不同背景环流影响下海陆风辐合线演变特征进行统计分析。

2.2.1 环境风场分类与研究个例选取

将2010—2012年海陆风影响日按夏季主要大尺度环境风场(弱风、南风、西南风)分为三类，每类筛选10个例进行研究。对于本岛北半部地区，我们分析的是日间(主要是午后)地面海风辐合线，因此以当天08时地面天气图及925 hPa高空天气图为参考资料，对大尺度背景风场进行分类。

(1)大尺度环境风为弱风的判别条件

弱风条件包括均压场特征和风速条件。均压场条件：在08时地面天气图上，越南东兴(48838)(21.5 °N,107.97°E)、同海(48848)(17.52°N,106.58°E)、广东阳江(59663)(21.87°N.111.97°E)、西沙站(16.83°N,112.33°E)四站围成的区域内最多只有一根等压线穿过，本岛的海口、琼海、东方三站气压差小于1 hPa。风速条件：海口、东方、琼海三站平均风速不超过3 $m \cdot s^{-1}$

(2)大尺度环境风为南风的判别条件

环境风场为南风的条件是:当天 08 时地面图上,海南岛及其附近等压线呈南北走向,海口、琼海、东方三站平均风向为偏南风,平均风速达到 4 $m \cdot s^{-1}$ 或以上,东方站南风超过 6 $m \cdot s^{-1}$。

(3)大尺度环境风为西南风的判别条件

环境风场为西南风的条件是:近地层(925 hPa 或以下)吹西到西南风,08 时海口、琼海地面吹西南风或风速小于 3 $m \cdot s^{-1}$。

(4)个例选取

首先排除了有热带气旋靠近、有明显冷空气过程或有强季风槽影响下的日期,逐日普查 08 时地面天气图,在满足上述风场分类条件的基础上,根据实况挑选本岛陆地最高温度达到 33 ℃以上,白天华南南部无大范围中雨以上降水,而本岛有降水或相比之下降水强的个例,再进行逐一挑选,最终选取出 30 个典型个例作详细分析。个例日期和对应的天气型见表 2.9。天气型以《海南省预报员手册》中的相关内容为标准划分。从环境风场分类看,弱风个例主要在 4 月和 8 月,天气型以高压脊或西南低压发展初期,南风个例大多在 5 月,以西南低压槽为主,西南风背景主要考虑 6—7 月,天气型是西南低压槽或华南沿海槽。

表 2.9　三类大尺度背景风场的典型个例

序号	弱风		南风		西南风	
	日期	天气型	日期	天气型	日期	天气型
1	2010-4-4	swt(1)	2010-4-20	swt(2)	2010-6-16	swt(4)
2	2010-4-18	G2(1)	2010-4-21	swt(3)	2010-7-3	swt(7)
3	2010-4-29	G2(3)	2010-5-6	swt(3)	2010-7-4	swt(8)
4	2010-5-3	G2(7)	2010-5-9	swt(6)	2010-7-29	swt(2)
5	2010-8-18	G1(1)	2010-5-20	swt(8)	2011-6-10	swt(7)
6	2011-4-16	swt(2)	2010-5-21	swt(9)	2011-6-11	swt(8)
7	2011-4-28	G2(4)	2011-5-9	swt(4)	2011-7-9	swt(4)
8	2011-5-30	G2(4)	2011-5-10	swt(5)	2011-7-11	st2(2)
9	2011-7-24	G1(2)	2011-5-11	swt(6)	2011-7-18	st2(9)
10	2011-8-14	G1(3)	2011-5-12	swt(7)	2011-7-26	G1(4)

注:swt 表示西南低压槽,st2 表示华南沿海槽,G1 表示副热带高压,G2 表示变暖高压脊,括号内的数字代表该日在天气过程中第几天,如 swt(6)代表西南低压槽开始控制本岛后的第 6 天

2.2.2　弱风背景下地面辐合线特征

(1)弱风背景的天气形势

弱环境风个例主要出现在季风爆发之前的 4 月和副热带高压(简称副高)高第二次北跳后的 8 月,季风中断时 5 月和 7 月也有弱环境流场日,如图 2.6。

春末初夏弱风背景的天气形势是:地面弱高压脊东移,海南岛处于变性脊后,西南热低压尚未发展或范围小,闭合等压线范围没有到达华南南部,海南岛附近至多有一条等压线。此时 500 hPa 多半处于副高北侧,华南南部无南支槽活动,850 hPa 切变线在华南以北,若存在西南急流,则海南处于急流轴入口或右侧反气旋切变区。

盛夏季节弱风背景的天气形势是:地面和低空都在副高反气旋流场中,气压梯度小。500 hPa 副高脊线偏北,海南岛多半位于副高南部,850 hPa 西南急流沿副高西北缘向北推进到江北,远离本岛。

(2)弱风背景下的地面辐合线特征

1)无降水地面辐合线的发展过程

以 2010 年 4 月 4 日为例,对无降水情况下,弱背景风的地面辐合线特征进行分析。如图 2.7,早晨 8 时是典型的弱风形势,绝大部分测站风速小于 3 $m \cdot s^{-1}$,西部和东北部吹陆风,东部陆风效应不明显,以

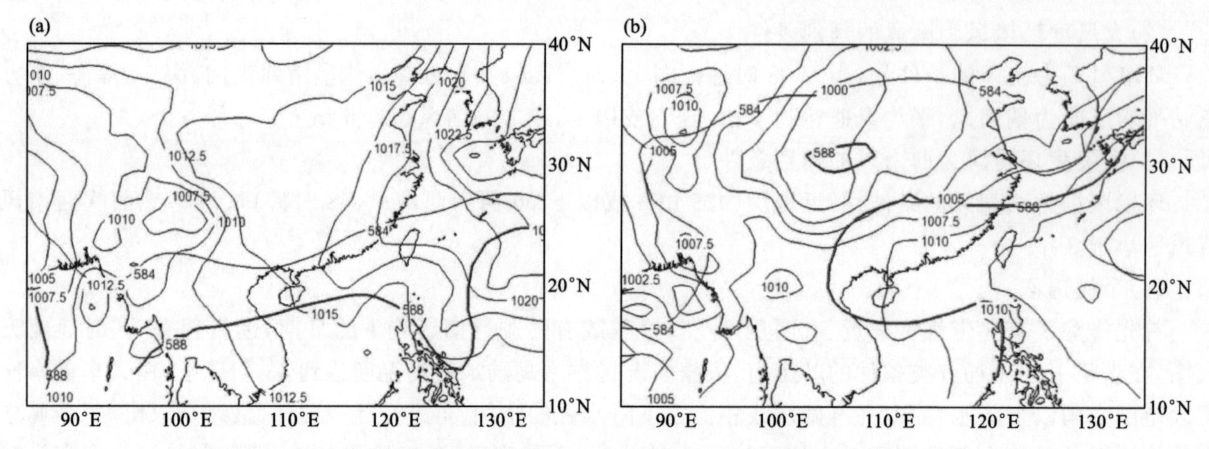

图 2.6　弱风背景的典型天气形势;(a)2010 年 4 月 18 日,(b)2011 年 8 月 14 日,
棕线为 500hPa 等高线,紫细线为地面气压场

偏南风为主,中南部有大片的静风地带;11 时,东部海风增多,西、北部陆风减小,沿海出现海风,中部风速增大,风向不一;11—13 时,西、北部海风风速和范围快速增大,东、西部之间有风向切变,但两侧风速大多小于 3 m·s^{-1} 且连续辐合线尚未形成;14—16 时,清晰的东北-西南向辐合线逐渐形成于海口到临高、儋州之间,西段内陆一侧风速较小,并持续缓慢向东推进;16—18 时,切变线大体仍向东南移动,其中北端的海口段略微西退,辐合线走向呈小角度逆时针旋转,两侧风速趋于平衡;18 时之后测站风速逐渐减小,辐合线在原地趋于减弱,20 时前后消失。

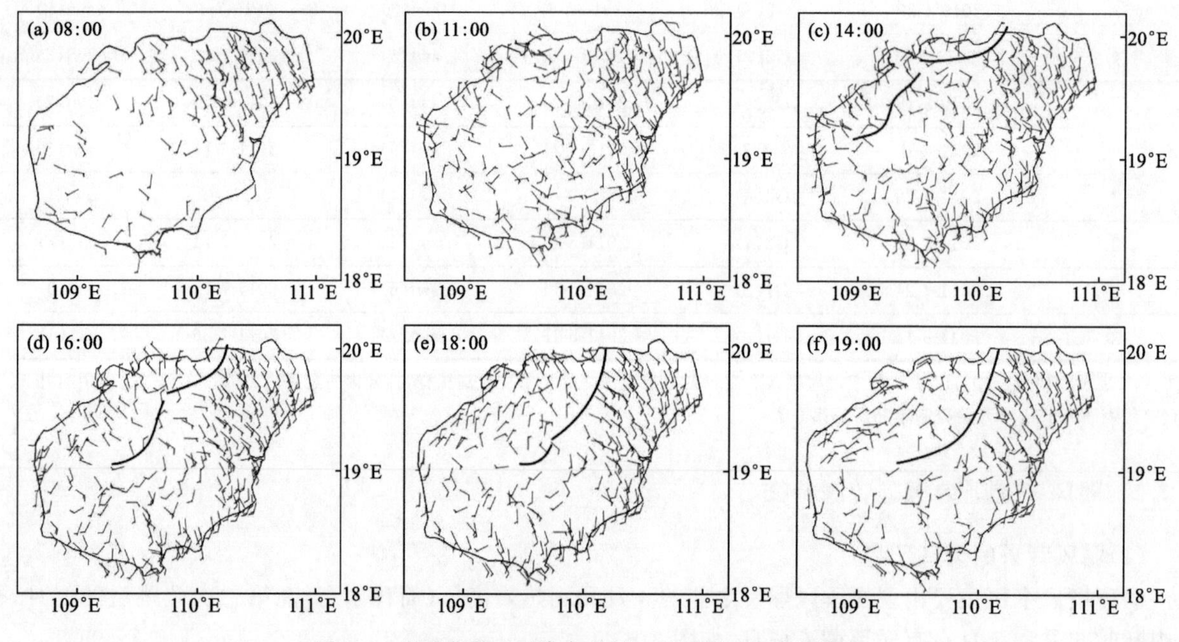

图 2.7　弱风背景下无降水个例 1 的风场及辐合线演变

一般说来,弱背景风场情况下,白天岛上风场变化有几个阶段:陆风减小—海风出现—东、西部大致风向切变形成—清晰切变线出现—两侧风速减小—切变线消失。初夏时节,同等日照条件下,西部昼夜温差大,风向日变化更为明显,因此辐合线的形成时间大多决定于西北半部海风何时能快速增强。

2)弱风背景地面辐合线的空间分布

对 10 个个例的地面风场逐时分析,并结合降水、天气状况、天气系统等,得到弱风背景午后地面辐合线空间分布的三种类型(图 2.8)。第一种是在大气非常稳定、无降水、各站上午天空状况差异不大的理想情况下(个例 1、6),北半部有一条较长的东北、西南向辐合线生成,生成后比较稳定,其移向和维持时间可根据切变线两侧风向风速的相对变化外推得出。第二种是大气弱不稳定、中午前后个别自动站有雨量记录,北部、西部有两条较短的辐合线活动(个例 2、4、7、8、9、10),北部一条在海口内陆到澄迈中部生成,东

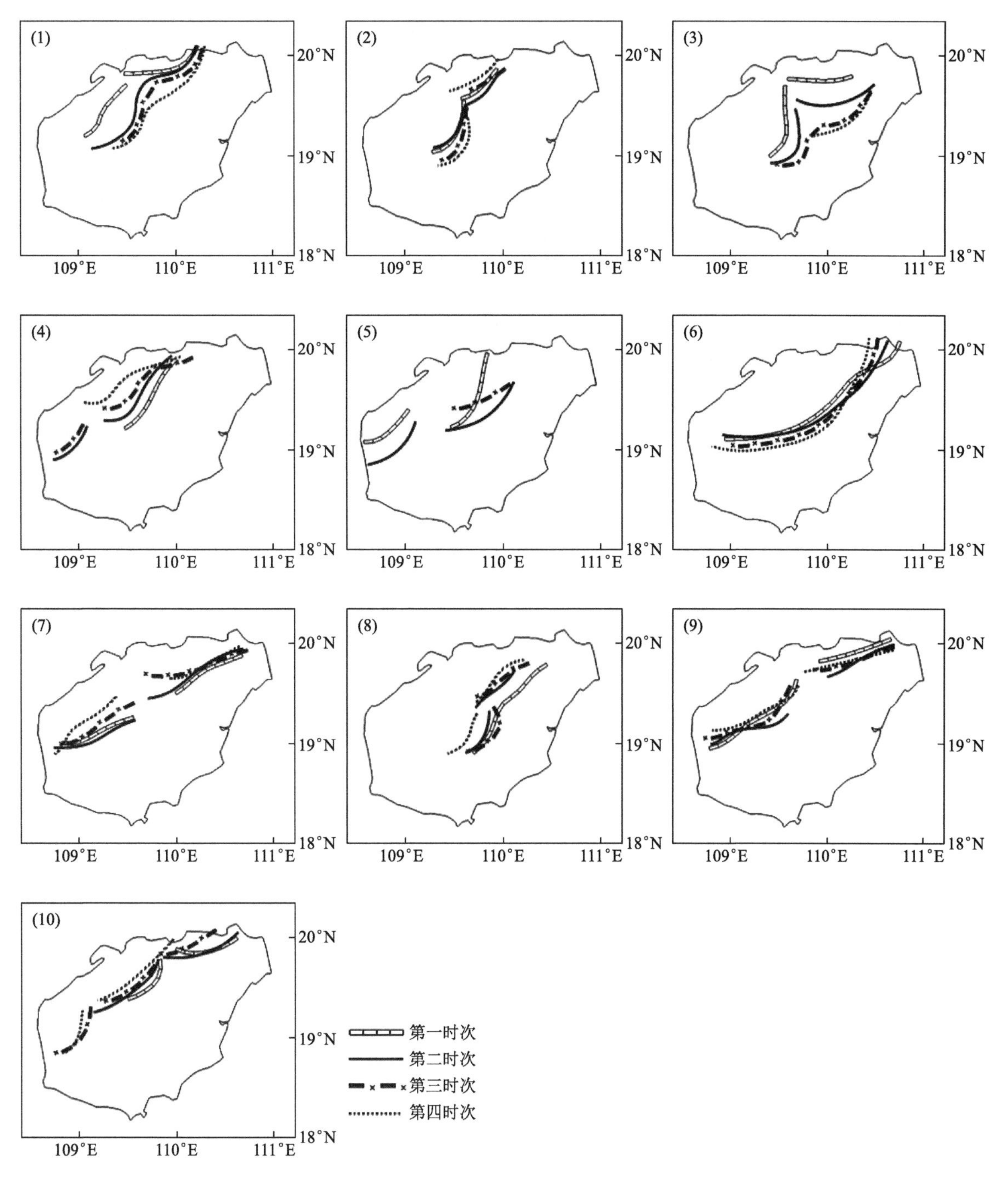

图 2.8　弱风背景下典型个例辐合线逐时演变(个例序号同表 2.9)

东北-西西南走向，西部在东方、昌江东部的地形迎风坡或内陆的白沙、儋州东部生成，接近南北向。这类辐合线生成后少动，傍晚消失。第三种是大气不稳定度大，中午之前有较多分散小阵雨，陆地升温慢，海风风速偏小，辐合线不易分析(个例 3、5)。如有辐合线形成，降水移到辐合线附近会明显增大，增强的降水区外围又会形成新辐合/切变线，因此会出现辐合线圆弧状扩散或新生辐合线与原辐合线交角很大的个例，这时的辐合/切变线是风暴周边环流与海风相互作用的结果。

3)弱风背景地面辐合线的活动时段(表 2.10)

表 2.10　弱风背景午后典型个例辐合线活动时段

序号	日期	辐合线初生时次	辐合线减弱时段
1	2010-4-4	14 时	18—19 时
2	2010-4-18	16 时	19—20 时

续表

序号	日期	辐合线初生时次	辐合线减弱时段
3	2010-4-29	15 时	17—18 时
4	2010-5-3	13 时	16—17 时
5	2010-8-18	14 时	16—17 时
6	2011-4-16	16 时	19—20 时
7	2011-4-28	13 时	16—17 时
8	2011-5-30	14 时	15—16 时
9	2011-7-24	16 时	18—19 时
10	2011-8-14	15 时	18—19 时

弱风环境下，东西部风向切变形成早，但 1～2 h 后才能分析出清晰地面辐合线，通常是 13—16 时，大范围降水或强降水产生时辐合线维持 1～2 个时次后减弱消失，无降水或弱降水的情况下，辐合线维持时间在 4 h 以上。

2.2.3 偏南风背景下地面辐合线特征

(1)偏南背景风的典型天气形势

选取的 10 个偏南背景风个例大多具有以下环流特征：500 hPa 上，南海中北部受副高控制，588 dagpm 线在海南岛附近；850 hPa 西南风北界大致在湖南；地面西南热低压发展成熟，在当天或前后有偏东冷空气影响 30°N 附近地区(或锋面到达南岭附近停滞减弱或消失，对华南南部无影响)，此时西南热低压东部受到冷空气影响减弱，低压形状被向西“挤压”，中心西退到云南西北部，中心强度约 1000 hPa，海南岛在低压环流的东南侧，等压线大体呈南北走向，如图 2.9。

在这种配置下，低空强西南风有明显的平流增温作用，同时海南岛在副高环流控制下，上午云量少，日照强烈，白天西部内陆地区的近地面温度能达到 35～38 ℃，而此时海温仍较低，海陆温差大，十分有利于午后海风的发展。

(2)南风背景下地面辐合线的特征

1)辐合线生成、减弱位置与移向

在偏南风背景下，有两个地段海风辐合线生成最多：儋州、临高到澄迈西北部和海口北部偏东地区。据第 2 章分析结果，在偏南风场下，西北部内陆地区处于五指山脉背风坡，风速小，大气升温快，沿岸海风频率最高、出现时间早，因此这个区域海风辐合线活动频繁，另外海口北部偏东地区受到两个方向海风影响，在晚些时候也会出现东到东北风与东南风的辐合。初生辐合线走向与海岸线走向相似，中段略向内陆弯曲，两端离海岸线 10 km 左右。

海风辐合线开始减弱的位置差异较大，有 4 条辐合线只影响到了西部和北部偏西的临高县，其余辐合线都在影响海口市后东移消失，基本没有辐合线维持到进入东部沿海市县。

辐合线的移向移速比较复杂，它决定于两侧风向风速的变化，与两侧的温度分布有较大关系，尤其是辐合线的某一段有积云发展、出现降水时，会对辐合线的形态产生较大影响。南风背景下的地面辐合线形成初期，海风随时间加大，辐合线在原地加强，后向东、南内陆缓慢推进，在离海岸线一定距离或时间偏晚(17 时之后)的情况下，如两侧无积云发展、无降水、海风一侧温度变化不大，则辐合线稳定少动，逐渐减弱消失。图 2.11 给出所有个例的辐合线生成到减弱的逐时变化，实线为第一时次，虚线为第二时次，点划线为第三时次，点线为第四时次。

2)辐合线的活动时段

由表 2.11 可见，辐合线多数在 13—15 时生成，维持时间约 3 个时次，17 时左右减弱消失(2010 年 4 月 21 日例外)。如图 2.10，4 个典型个例(序号 4、5、9、10)有 2 条辐合线活动，其中海口北部辐合线比岛西北辐合线生成得晚，维持时间短。

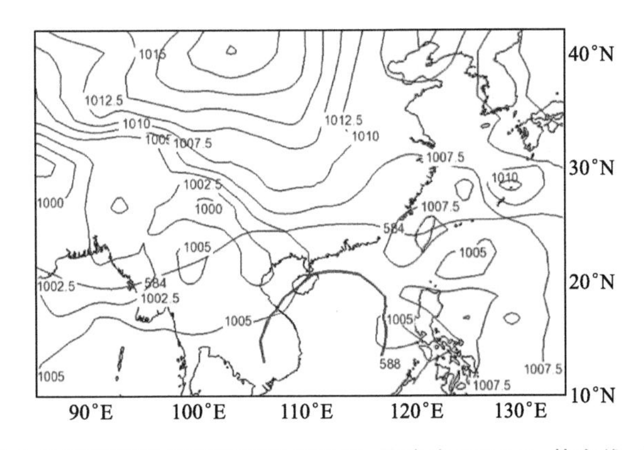

图 2.9　2010 年 5 月 9 日偏南背景风的典型天气形势，棕线为 500 hPa 等高线，紫细线为地面气压场

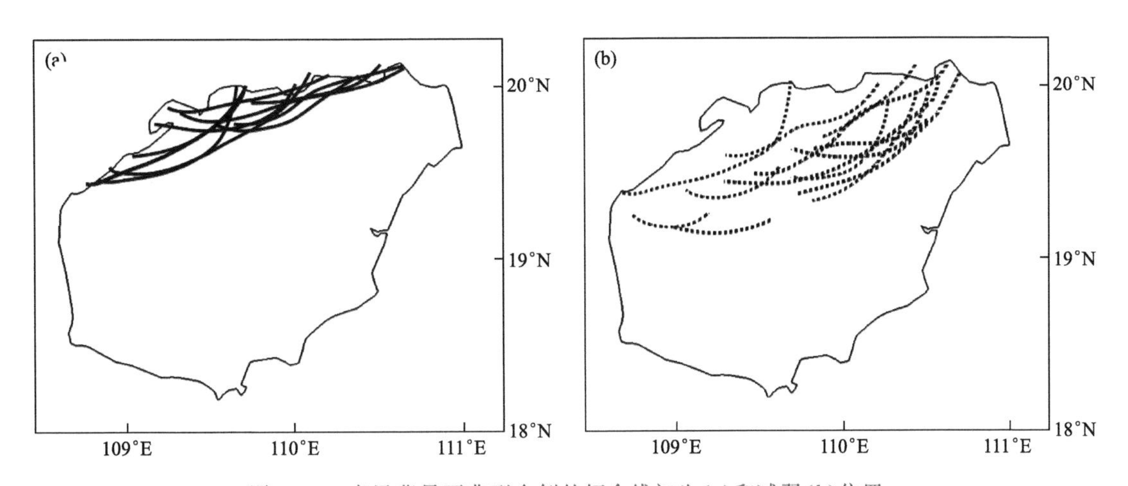

图 2.10　南风背景下典型个例的辐合线初生(a)和减弱(b)位置

表 2.11　南风背景下典型个例辐合线活动时段

序号	日期	辐合线初生时次	辐合线减弱时段
1	2010-4-20	13 时	15—16 时
2	2010-4-21	11 时	13—14 时
3	2010-5-6	15 时	17—18 时
4	2010-5-9	14 时	16—17 时
5	2010-5-20	16 时	17—18 时
6	2010-5-21	15 时	17—18 时
7	2011-5-9	13 时	16—17 时
8	2011-5-10	14 时	17—18 时
9	2011-5-11	13 时	16—17 时
10	2011-5-12	13 时	16—17 时

3)伴有降水的辐合线特征

以 2010 年 5 月 21 日为例(图 2.12)观察降水出现前后的变化辐合线。辐合线刚生成时，位置偏西北，西北侧海风风速在 4 $m \cdot s^{-1}$ 以下，其东南侧为 2～4 $m \cdot s^{-1}$ 的南到东南风，西段偏南风比较弱，因此东段辐合相对较强，1 h 后，随着辐合线缓慢东移，其东侧的南到东南风逐渐增大(受岛东部的海风影响)，风速达到 4 $m \cdot s^{-1}$ 以上，切变线附近辐合增强，积云发展，而此时高空多为西南风，积雨云产生的降水通常偏向高空风下风方，即辐合切变线东侧，降水发生后，部分个例中辐合线会减弱或断裂，但包括本个例在内的多数雷暴云的会出现外流，尤其是超过 10 mm/h 的降水云下中都有风速较大的雷暴出流，它与原有的背

景风或海风形成新的辐合线。因此，辐合线中产生降水的一段通常是前期后部海风较大，向前凸出的部位。降水产生的下沉出流又会使辐合线“跳跃”发展，如图 2.12b，在降水区附近风速加大到 6 m·s^{-1} 后，与原有海风形成新辐合抬升，下一时次雨区外扩，可能再形成新的出流（或辐合线）。原有的海风越强意味着水汽条件、不稳定条件可能越有利于对流降水发生，降水雷暴出流与海风之间再次形成辐合线的可能性越大。因此海风强度大时，降水可能使辐合线的位置发生“跳跃”，但不会使辐合线快速减弱消失；而海风强度弱，伴有零星弱降水，反而可能使辐合线中断、减弱。

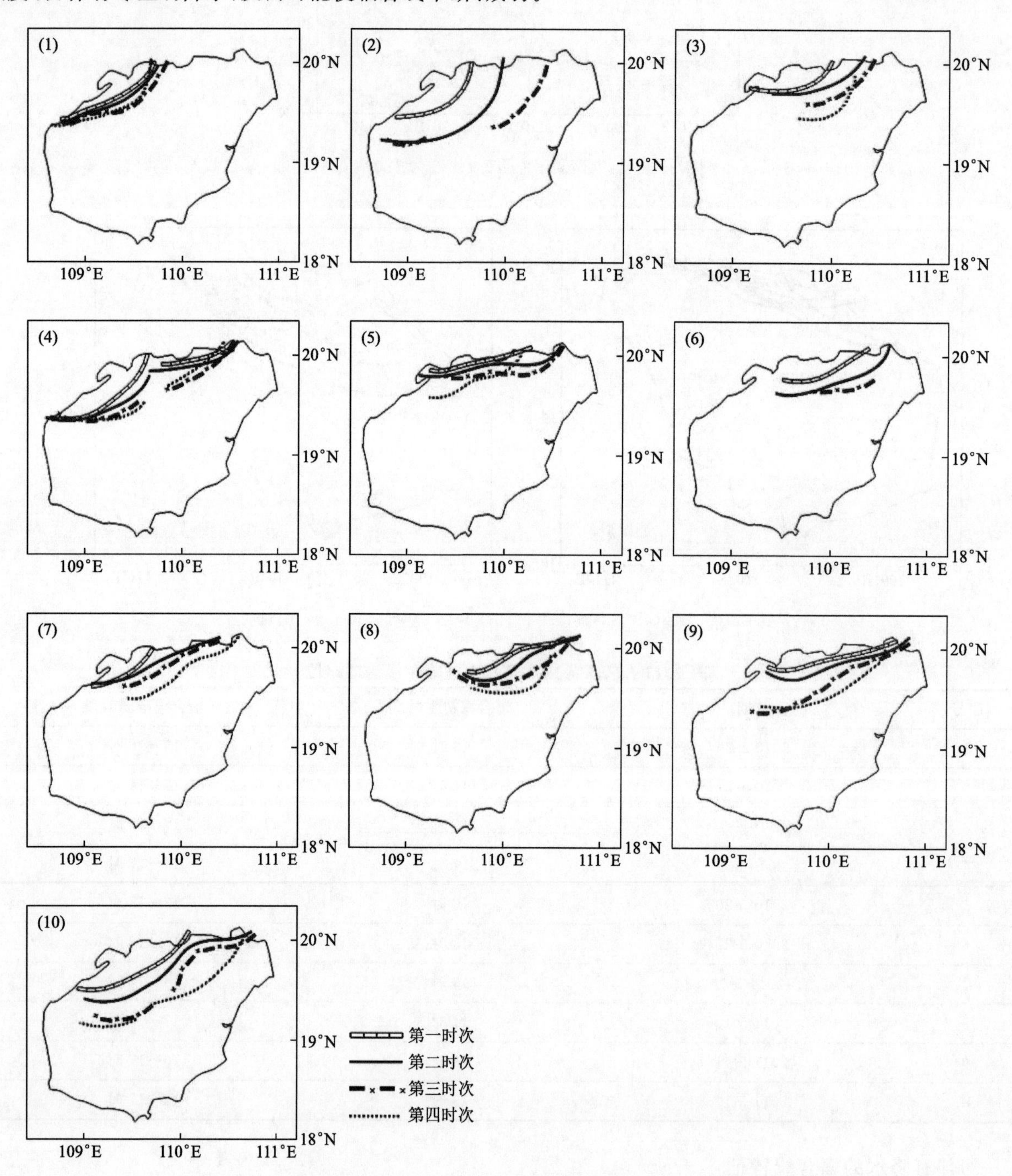

图 2.11　南风背景下典型个例的辐合线逐时演变（个例序号同表 2.11）

2.2.4　西南风背景下地面辐合线特征

（1）西南风背景的天气形势

进入 6 月以后，随着副高北抬和夏季风的推进，地面低压系统也较多地出现在 30°N 附近或以北的地区。海南岛近地层在西南背景风下的地面气压场有两类。

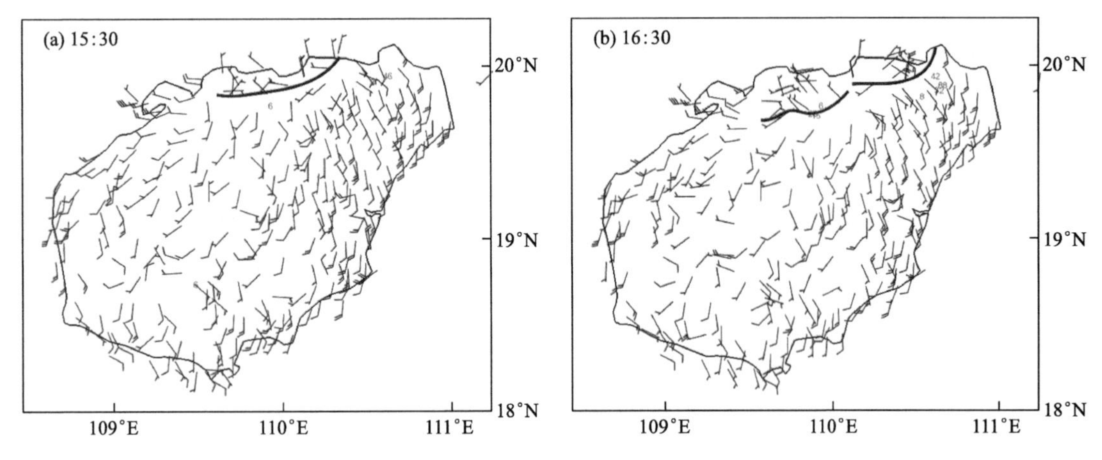

图2.12 2010年5月21日降水出现前(a)后(b)辐合线变化

其一是西南热低压仍然较强，但25°N以北、110°E以东的地区也有低压中心出现，我国长江流域或以北有宽广的低压区，气压场南高北低，海南岛附近等压线走向为ENE-WSW(如图2.13b)，此时本岛天气型仍可能是西南低压槽(swt)。这种气压场对应的高空500 hPa上，海南处于副高588 dagpm位势线内部，低空850 hPa西南风范围达到30°N附近地区。

另一类形势是受到弱冷空气的影响，中纬度的低压强度减弱，位置南落，在华南中部到沿海形成东西向低压槽，海南处于低槽南侧的西到西南气流中(图2.13a)，本岛天气型多数为华南沿海槽。此时如果季风偏强，会带来大范围降水，我们分析的是低槽南侧西南风较小，或低槽离海南较远的情况。依据地面温度场和云图，即雷州半岛白天最高温保持在33 ℃以上，云图上低槽云系远离本岛，可认为海南岛处于西南背景风中，且没有降水系统直接影响。第二类气压场对应的高空500 hPa上，海南岛多数仍处于副热带高压的反气旋环流中，低空850 hPa西南风前缘位于华南中部。

进行详细分析的10个个例中(表2.9)，个例1、2、3、4、10是第一类气压场，个例5、6、7、8、9是第二类。

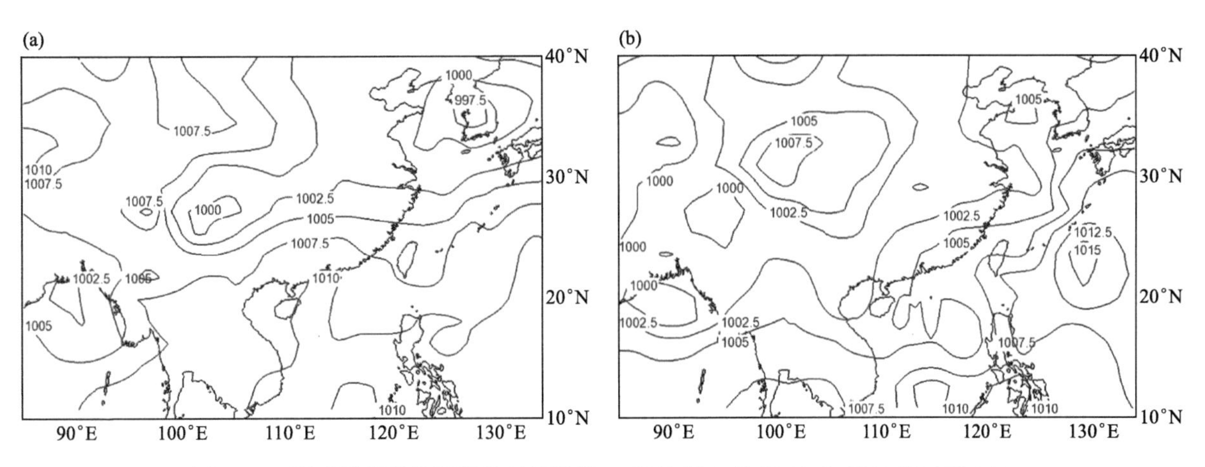

图2.13 西南风背景的两类地面气压场：a. 2011年6月10日；b. 2010年7月3日

(2) 西南风背景下地面辐合线特征

1)辐合线生成、减弱位置与移向

由于西南风背景下个例的环流背景有一定差异，大尺度风场的风向允许有偏差，风速大小不一，因此地面辐合线生成的位置不若南风背景下的一致。在西南风背景的通常情况下，岛东部万宁、琼海到文昌南部沿海地区午后逐渐转东南风，海口、定安、屯昌一线的西侧转北风或西北风，文昌北部以东风为主，因此初始辐合线走向应为东北-西南向，两侧海风强度差异导致辐合线离海岸线相对位置的差异。所选个例中，大部分地面辐合线生成在海口东南部-定安中部、屯昌东南部一线以东的位置，离海岸线10～50 km。当背景风的西南风风速较大时，东部沿岸海风发展较晚，切变线也有可能先在西北部内陆生成(个例1、4)，此外，个例6的西南风风速偏小，同时在西部内陆和东部生成了两条较弱的辐合线(图2.14a)。

由图可见，辐合线减弱的位置不如生成位置集中(图 2.14b)，均匀分布在澄迈南部到东部市县的内陆地区。这是由于在偏东位置生成的辐合线，会随着东南风加大缓慢往内陆推进，至少一侧风力加大到 4 $m \cdot s^{-1}$ 左右时，才开始出现降水，而西北部内陆生成的辐合线一般也要向东南推进到与大范围东南风汇合的地区才有降水，根据前面的天气形势分析，500 hPa 在副高或反气旋环流控制下，中低空的西南风较小，切变线附近降水云的移向不定，移速慢，其下方温度降低改变了原先切变线两侧的温度分布，对辐合线形态的维持不利，因此部分辐合线在降水后很快减弱，部分强降水会在附近激发出新的辐合线。仅在个例 6 中，西部内陆的辐合线生成后原地出现强降水，又往北激发出新的辐合线，是比较特殊的例子。个例 7 中辐合线维持 4 个小时，但强度弱无降水，直到 18 时切变线南端出现气旋性流场后降水才开始，切变线同时减弱。(图 2.14 给出所有个例的辐合线逐时变化，实线为第一时次，虚线为第二时次，点划线为第三时次，点线为第四时次。)

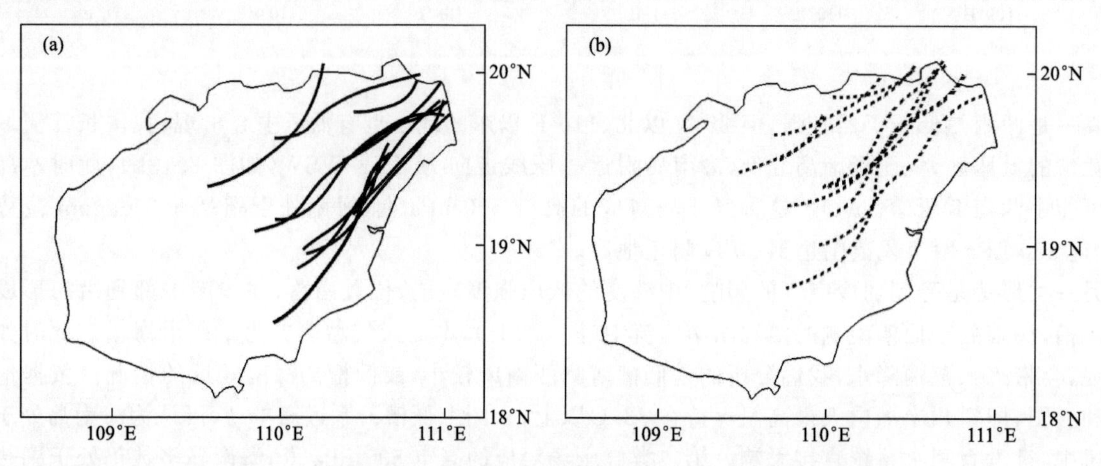

图 2.14　西南风背景下典型个例的辐合线初生(a)和减弱(b)位置

2)辐合线的活动时段

西南风背景下辐合线生成时间偏晚(表 2.12)，热低压位置偏北时 15—17 时出现辐合线，低压槽在华南时辐合线 14—16 时形成(图 2.15)。辐合线生命史 3～4 h。

表 2.12　西南风背景下典型个例辐合线生成、减弱时间

序号	日期	辐合线初生时次	辐合线减弱时段
1	2010-6-16	17 时	19—20 时
2	2010-7-03	16 时	19—20 时
3	2010-7-04	16 时	18—19 时
4	2010-7-29	16 时	18—19 时
5	2011-6-10	15 时	18—19 时
6	2011-6-11	14 时	16—17 时
7	2011-7-09	14 时	18—19 时
8	2011-7-11	15 时	16—17 时
9	2011-7-18	16 时	18—19 时
10	2011-7-26	15 时	17—18 时

3)降水发生前后辐合线的变化

降水发生前，辐合线通常两侧风速有所加大，而位置变化不大。在华南有低空低槽或副高北侧对流云带时，地面辐合线形成之前附近也会有零星降水，预示着不稳定的天气，往往辐合线生成初期风速就比较大，之后的降水强度和范围也会比较大。西南风背景下强降水区多集中在辐合线附近，主要为带状降水，降水范围越大，降水越强，风暴及其环境气流对辐合线的影响越大，有时风暴出流会使得辐合线的形态改变、传播速度与方向快速变化，有时还会在原辐合线两侧平行生成两条新的辐合线(个例 3、10)。

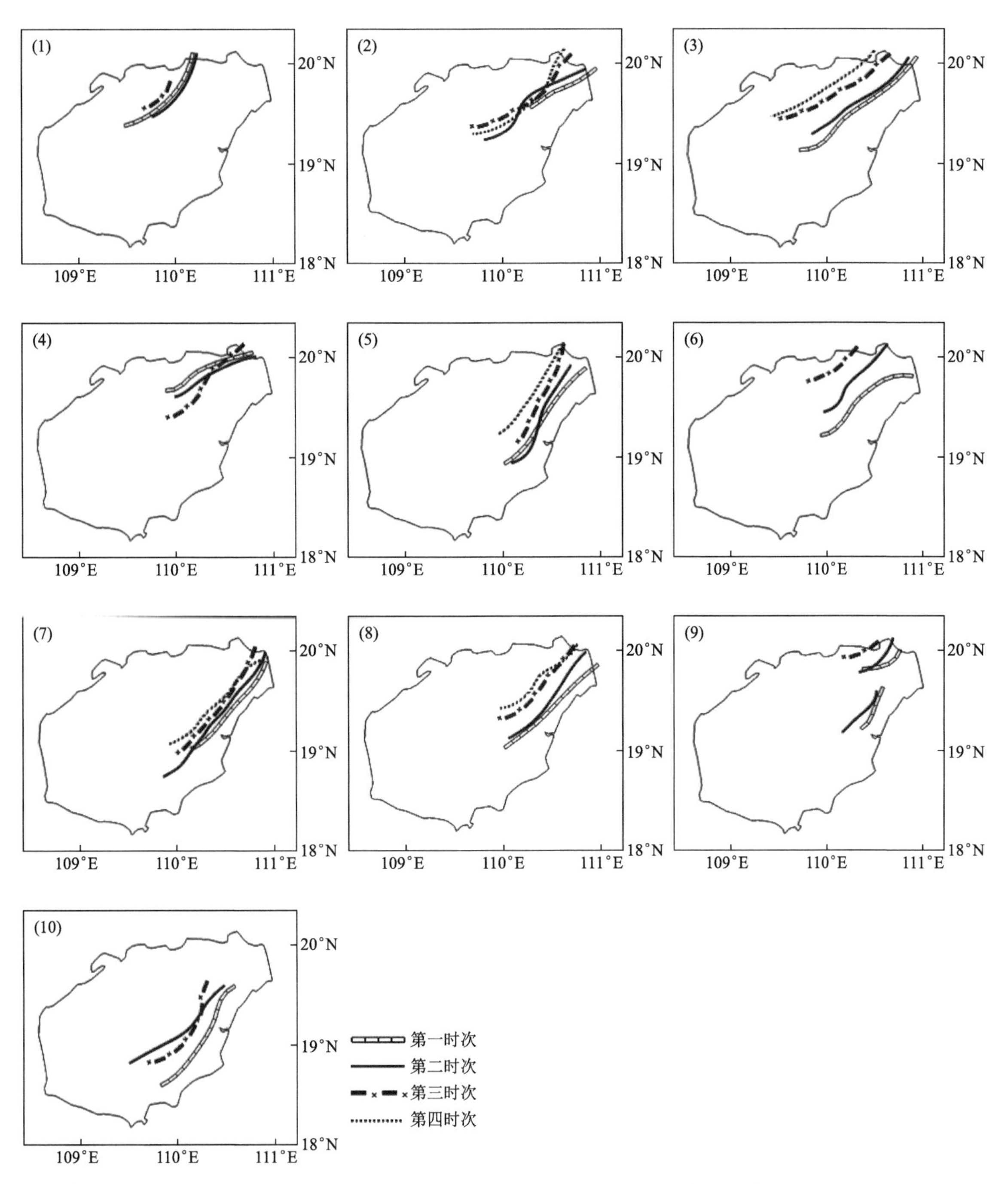

图 2.15　西南风背景下典型个例的辐合线逐时演变(个例序号同表 2.12)

(3) 副高北部的地面辐合线个例

当热低压控制我国南方大部地区,海南岛完全在 500 hPa 副高 588 dagpm 位势线范围内时,一般中午前天气晴热,海风辐合线在 15 时以后才逐渐生成,如副高非常稳定,辐合线产生的降水以分散小阵雨为主,而如果副高北界有冷平流侵入,不稳定度增大,在云图上观察到华南上空云量增多(图 2.16),甚至有 MCS 生成(对流云团距离海南岛较远,无直接影响),则在午后海风辐合线的触发下,海南岛可能会出现局地强降水,这种局地暴雨的漏报率极高。我们取 2010 年 7 月的典型个例进行分析。

2010 年 7 月 29 日,500 hPa 海南岛在副高反气旋环流控制下(588 dagpm 线范围内),广东北部到湖南南部有东西向切变线,12 h 内切变线少动,副高位置也比较稳定,但从单站探空分析,海口的 T_{850}-T_{500} 增大到 26 ℃,大气的各类不稳定指数均增强,此外海南岛低层处于西南风背景下,水汽条件好,有利于对流降水的发生。

上午海南北半部地区的天空状况以少云为主,气温稳步上升,14 时前后气温普遍达到 35 ℃,15 时前

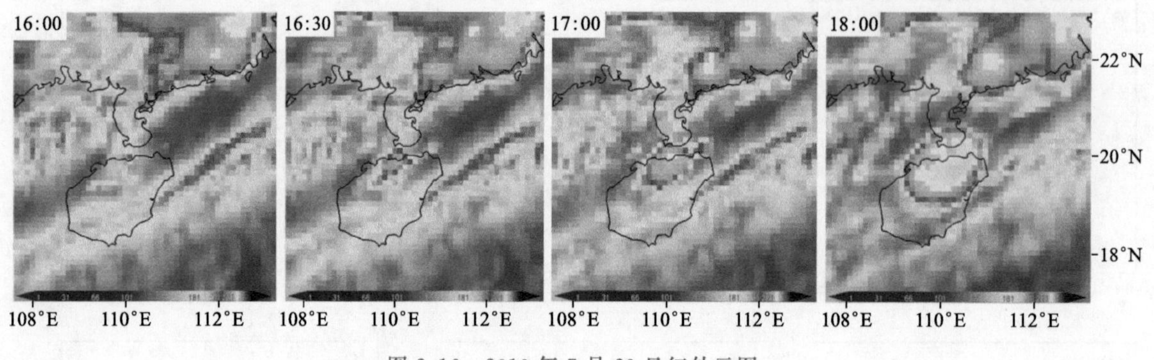

图 2.16　2010 年 7 月 29 日红外云图

后西北部沿海海风发展，北半部开始有零星小阵雨，清晰的东西向辐合线 16 时在海口南部生成，辐合线南侧有降水，风场较弱，其南侧出现另外一条较短的辐合线，预示着主辐合线将加速向南移动(或在南部重新形成)。17 时，辐合线呈东北-西南向，两侧风向切变大且均有测站风速达 6 $m \cdot s^{-1}$ 以上，这是十分有利于降水的辐合形态，随后 1 h 切变线附近的最大雨量达到 50.9 mm。18 时，原切变线减弱，在强降水区的东北方和东南方新生两条切变线。东南方重新生成的辐合切变线较长，一侧的北风也达到 4 $m \cdot s^{-1}$ 以上，但逐渐远离强降水区，与雷达探测中"回波减弱阶段阵风锋远离回波主体"相对应，这条切变线附近降水趋于减弱。东北方较弱的切变线是最强雷暴云的地面出流与环境风场形成，紧贴强降水中心(自动站雨量 50.9 $mm \cdot h^{-1}$，风速达到 7 $m \cdot s^{-1}$)，这条辐合线周围测站的降水维持到 20 时后，如图 2.17。

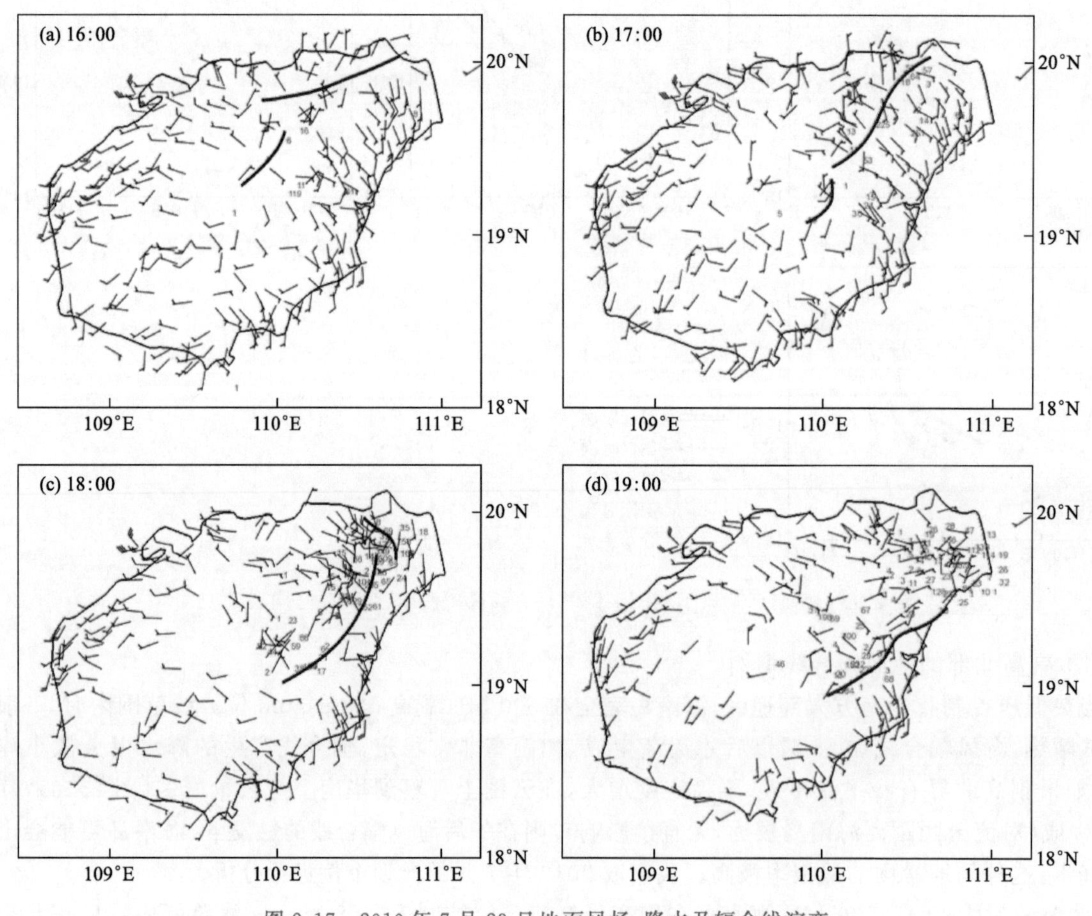

图 2.17　2010 年 7 月 29 日地面风场、降水及辐合线演变

这次过程的特点是东部海风相对偏弱，辐合线东移；强降水出现后，风暴出流与前侧的海风重新形成新的辐合切变线，新辐合线的发展与维持取决于其后侧阵风锋垂直于辐合线的风速与前侧海风的相对强度。

2.2.5　低槽南侧的地面辐合线个例

华南低空有季风槽或切变线维持时，云系通常呈东西带状，当云系中对流发展旺盛，即使云系主体离海南岛很远，午后岛上地面辐合线仍可触发强降水过程。

2011 年 6 月 10 日，500 hPa 副高主体在西太平洋，海南上空有与 586 dagpm 位势线匹配的较小反气旋环流。850 hPa 切变线在华南西北部到长江流域，切变线南侧有西南风急流和对流云系，海南岛在西南急流的右(南)侧，离云系南边界 250 km 以上，14 时前晴热少云，北半部温度上升到 36～38 ℃。

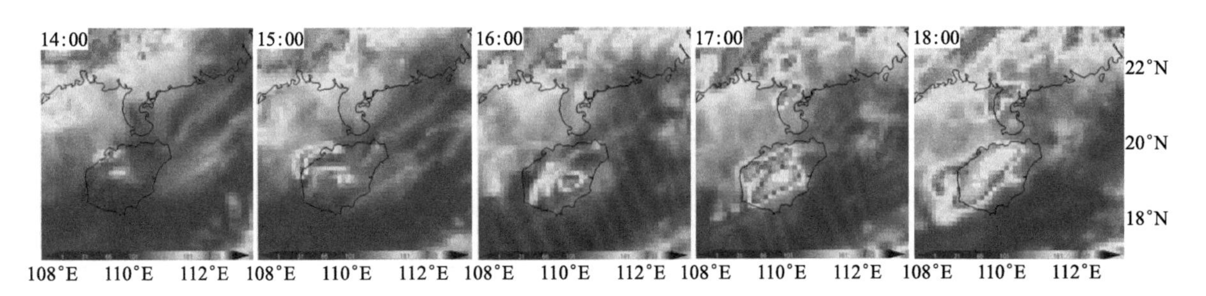

图 2.18　2011 年 6 月 10 日红外云图

清晨地面风向为西南风，午后东方到海口沿海地区风向逐渐逆转为西到北风，东部沿岸转东南风。14—15 时地面辐合线在东部沿海内陆地区生成，切变线西侧风速较小，可以判断切变线短时内将向西推进。17 时切变线位置在海口、定安一带，值得注意的是在定安北部地区有东北、东南、西北三个方向的流入，形成半闭合的气旋式环流，流入风速达到 6 $m \cdot s^{-1}$ 以上(图 2.19)，之后的 1 h 这个地区成为降水中心，小时雨量达 48.9 mm。18 时，强降水中心较近的地方新生一条与原辐合线走向接近的辐合线，同时海口东南部形成新辐合线。随后在两条辐合线的结合地带，最大小时雨量达到 70.9 mm。

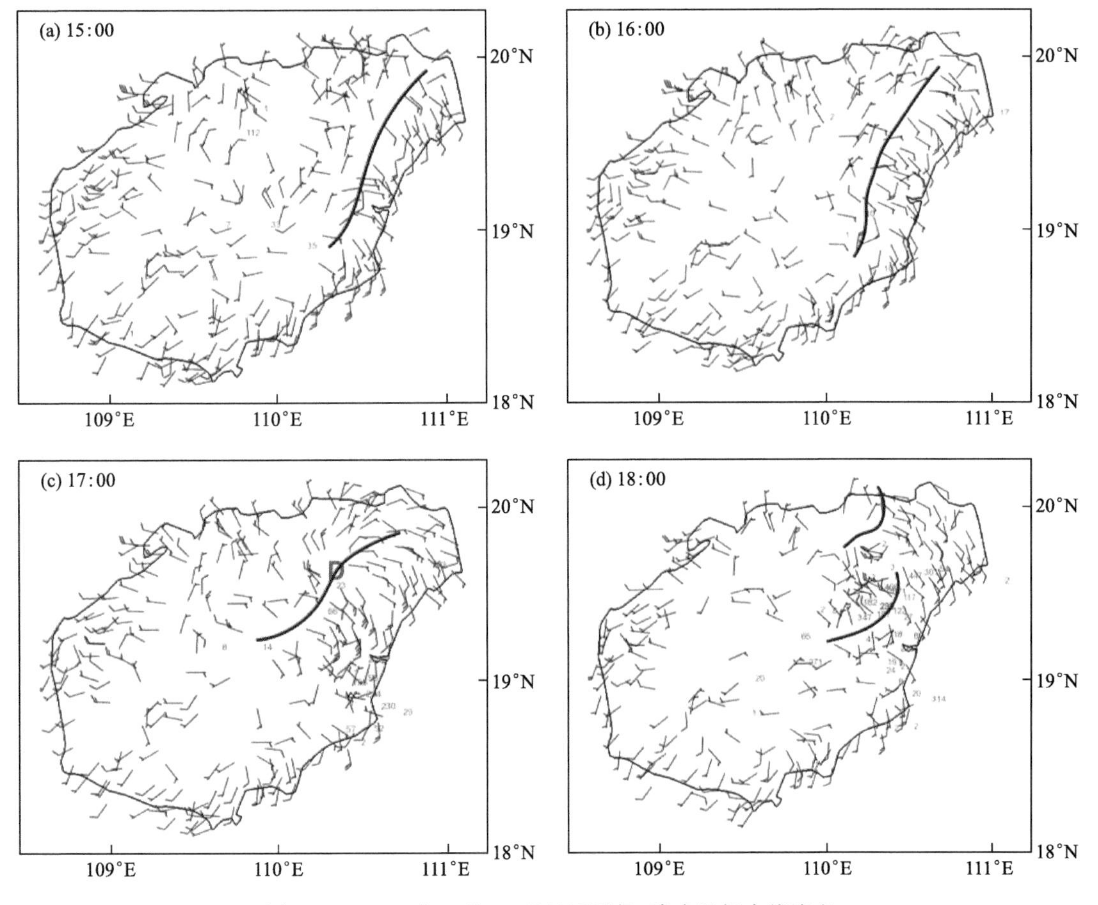

图 2.19　2011 年 6 月 10 日地面风场、降水及辐合线演变

2.3 海南岛北半部地区春夏季节海陆风统计特征

在春夏季节(4—8 月),海南岛北半部地区受海陆风影响产生的对流天气更为强烈,故本小节针对北半部地区春夏季海陆风特征做统计分析。剔除期间热带气旋严重影响或登陆日(共 34 d)和个别资料缺测日,2009—2011 年 4—8 月实际统计日数 420~425 d。

在海南岛北半部沿海区域内,统计 3 个国家一级站(海口、东方、琼海)和 3 个区域自动站的海风(向岸风)、陆风(离岸风)时间变化特征。综合考虑了自动站地理位置、该站资料的代表性和连续性,最终选定了海拔高度在 20m 以下、离海岸线距离较近、资料较完整的 3 个区域自动站,见表 2.13。

表 2.13 自动站参数

县/区	站名	观测场海拔高度
昌江县	海尾镇新港村	8m
临高县	博厚镇马袅	12m
琼海市	潭门镇中学	17m

6 个站点均以垂直于海岸线走向的方向左右各扩展 60°,各确定出 120°范围的向岸风和离岸风,其余风向为沿岸流。

2.3.1 海口站统计特征

如图 2.20 海口站向岸风、离岸风统计,海口站 4 月已有近一半的日数午后吹向岸风,与上午相比多 20 d,但夜间离岸风增多不明显,说明这时的海陆温差及其造成的风向变化主要在白天。5—8 月全天风向变化显著,午后海风出现总日数均达到 40 d 以上,超过 50%,夜间到上午出现陆风的日数超过 50 d(约 60%)。4—6 月,夜间到上午的向岸风逐渐减少,离岸风明显增多,反映了偏北风减少和偏南风增多的环境风趋势,7—8 月,夏季风影响趋弱,使得海陆风转换更明显。各月主要海风时段为 11—18 时, 14 时海风平均风速 3.6~4.6 m·s^{-1},8 时离岸风速 2.0~4.0 m·s^{-1}, 4 月风速最大。

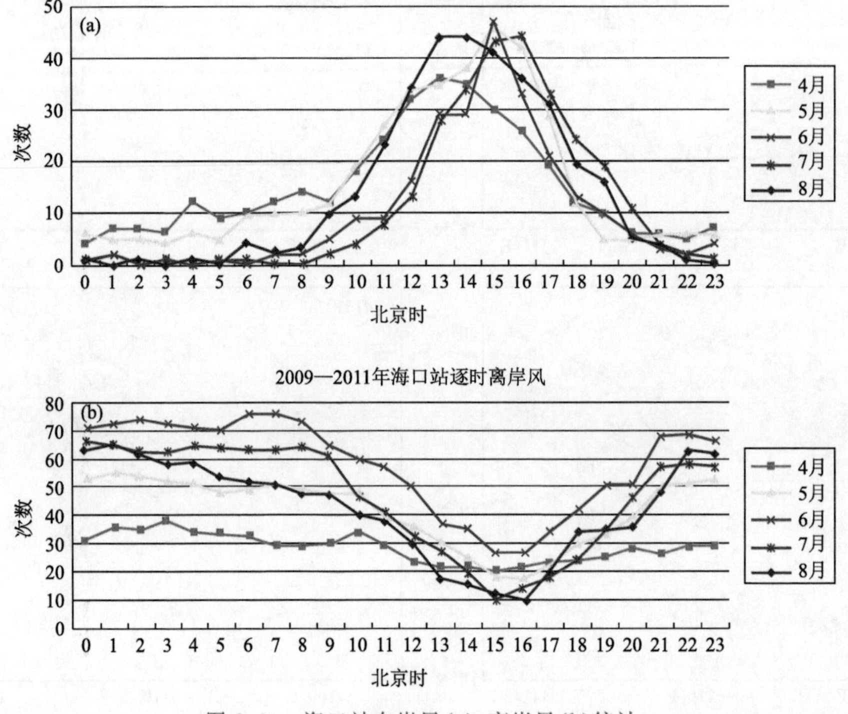

图 2.20 海口站向岸风(a)、离岸风(b)统计

2.3.2　临高县博厚镇马袅自动站统计特征

博厚镇马袅站的海陆风变化特征与海口站相似(图 2.21),但午后海风出现频率更高(60%～90%),主要是 4、5、8 月,海风比海口站平均多 5 d/月,可能原因之一是它离海岸线更近,其次是夏季西北部内陆升温比东北部内陆快,此外临高北部海域比海口北部海域宽广,更有利于沿海海陆风的形成。海陆风平均风速均是逐月递减,4 月最大,8 月最小。白天海风风速呈线性变化,8 时起逐时增大,14 时达 1.7～2.8 $m \cdot s^{-1}$ 后减小,8 时离岸风约 1.0 $m \cdot s^{-1}$。

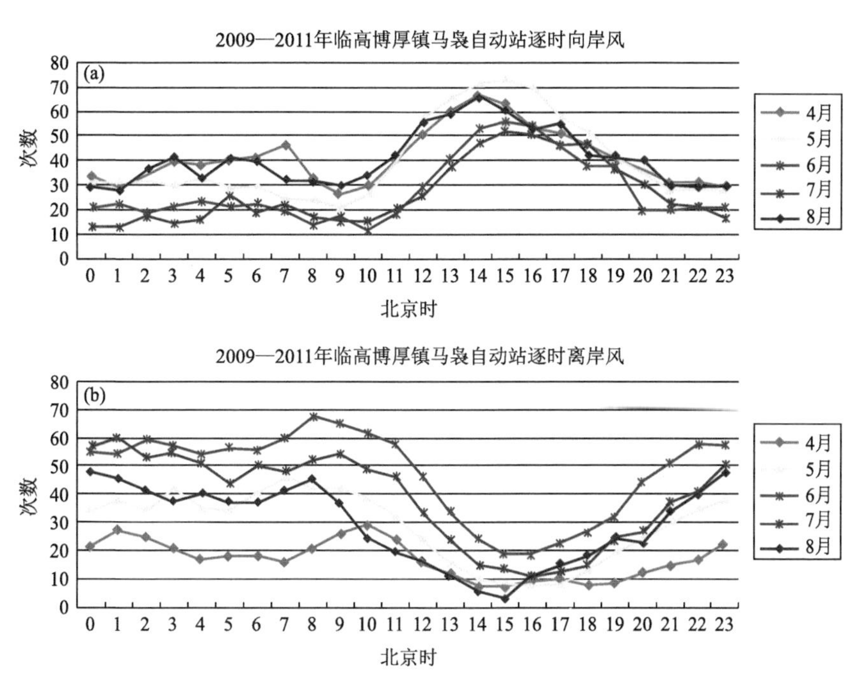

图 2.21　临高县博厚镇马袅自动站向岸风(a)、离岸风(b)统计

2.3.3　琼海站统计特征

由图 2.22 可见,与海口站不同,夏季背景风使琼海离岸流减少,而向岸风增多。午后海风出现频率 70%～90%,且持续时间长,这与夏季大尺度风场有较多东南风有关。4—7 月离岸风较少,月平均小于 7 次,尤其 6—7 月,每月仅有 3 d 左右出现离岸风,平均风速约 1 $m \cdot s^{-1}$,说明此间大尺度风对陆风有明显削弱作用,造成夜间到上午该站风速小,这也是夏季五指山以北的东部沿海夜雨较少的原因之一。8 月海陆风变化最清楚。主要海风时段为 12—21 时,14 时平均海风风速 2.5～3.3 $m \cdot s^{-1}$,8 时离岸平均风速 0.7～1.2 $m \cdot s^{-1}$。

2.3.4　琼海市潭门镇中学自动站统计特征

潭门镇中学站的风场特征与琼海站相似(图 2.23),海风频率略低(60%～85%),8 月早晨陆风频率比琼海站高。上午 11 时海风明显增多,比琼海站提前,持续到 15 时后逐渐减少。午后 15 时海风最大,平均风速 1.9～2.6 $m \cdot s^{-1}$,8 时离岸风速均不足 1 $m \cdot s^{-1}$,风速总体比琼海站小。

2.3.5　东方站统计特征

东方站 8 月海陆风日变化最为显著(图 2.24),海、陆风频率均超过 60%;4—5 月夜间离岸风较多,12—15 时海风出现频率约 40%;6—7 月大尺度风场强,且以沿岸流为主,平均月海、陆风日不足 7 d(约 25%)。一天中主要的海风时段 11—16 时,此时离岸风极少(6—8 月几乎为零),除海风外为沿岸的偏南风。14 时海风平均风速 3.7～4.9 $m \cdot s^{-1}$,8 时平均离岸风速 1.6～3.1 $m \cdot s^{-1}$。

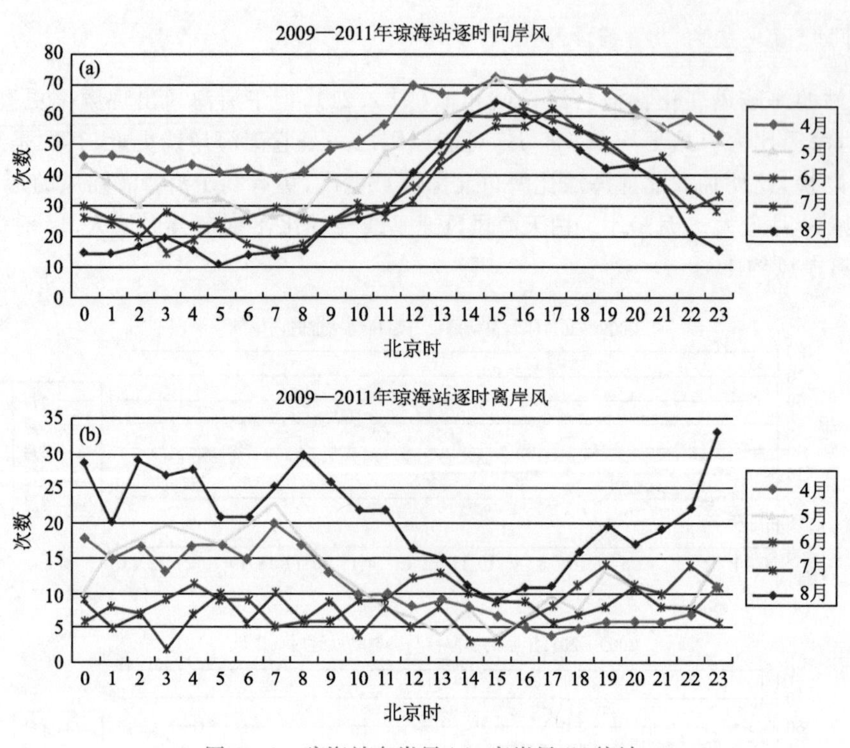

图 2.22 琼海站向岸风(a)、离岸风(b)统计

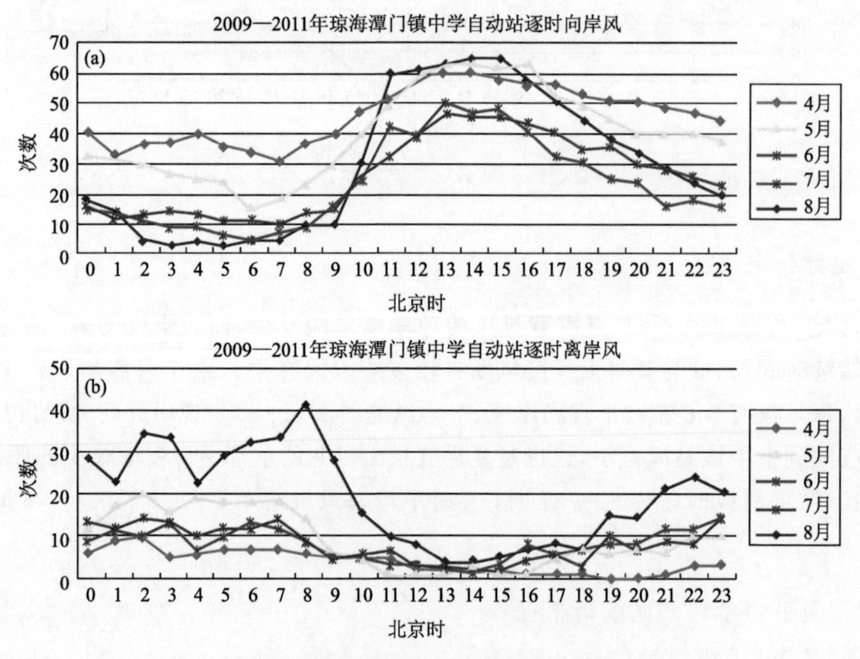

图 2.23 琼海市潭门镇自动站向岸风(a)、离岸风(b)统计

2.3.6 昌江县海尾镇新港村自动站统计特征

海尾镇新港村站各月差异不大(图 2.25)，午后海风频率达到 75%左右，且上午 8 时前海风极少，中午时分陆风极少，4-8 月内海陆风日变化都十分清晰，原因可能是夏季大多数情况下，大尺度流场为偏南风时，由于地形阻挡，昌江到儋州沿海风力有所减弱，海陆热力差异能成为气流加速的主要原因。主要海风时段 10—17 时，14 时海风平均风速 3.6～5.3 $m \cdot s^{-1}$(6—7 月最大)，8 时平均离岸风速 1.4～2.8 $m \cdot s^{-1}$。

就各站所代表的区域而言，我们可以得出比较可靠的结论：

4—8 月北半部沿海大部分地区午后出现海风的概率超过 60%，琼州海峡南岸海风略少(35%～50%)；

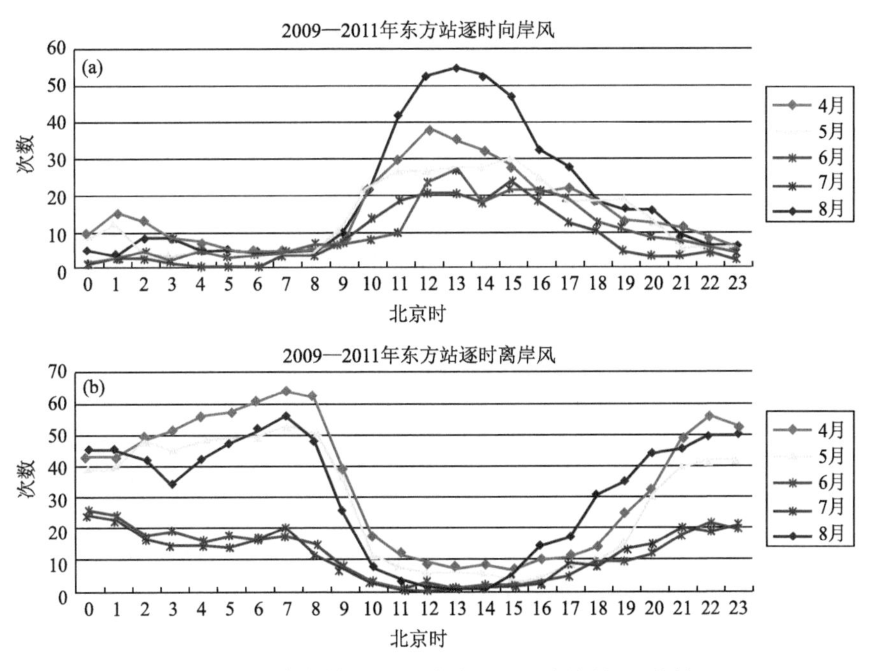

图 2.24　东方站(59833)向岸风(a)、离岸风(b)统计

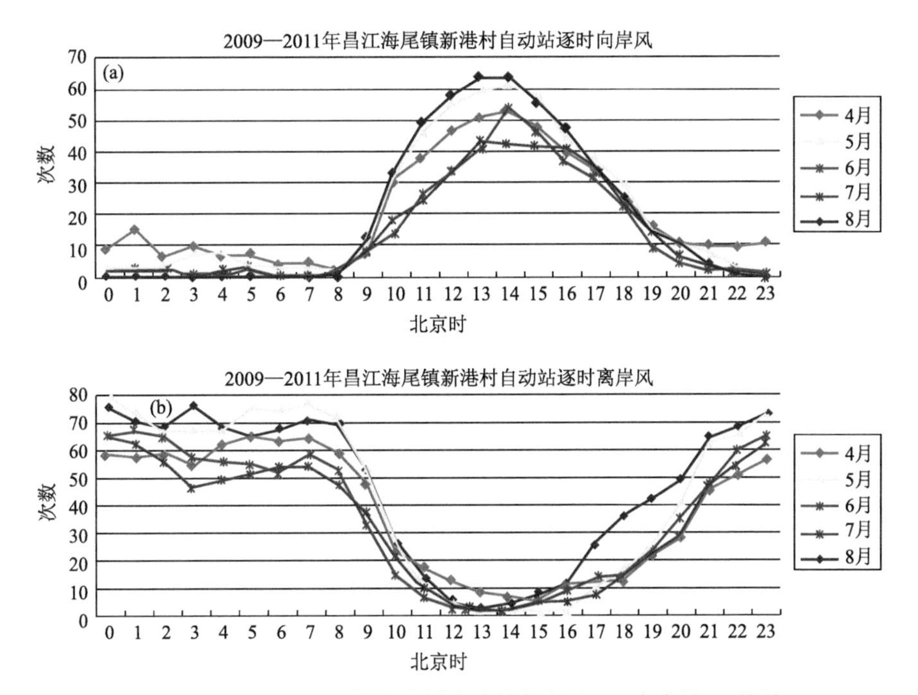

图 2.25　昌江县海尾镇新港村自动站向岸风(a)、离岸风(b)统计

比较而言，东部沿海海风持续时间较西部长，风速偏小；西部昌江到儋州沿海地区海陆风日变化最典型，海风出现前平均风速较小。

2.4　小结

2.4.1　海南岛总体海风特征

本章 2.1 小节利用 2012 年海南岛 17 个常规气象站、5 个海岛站的观测资料以及海口站的探空资料，分别对不同季节内海风频数、开始时间、结束时间、强度、风速分布、风向分布以及向内陆传播距离等进行了统计分析，对比了不同天气条件下海风开始时间、强度等的变化，探讨了海风与气压的关系。主要结论如下：

① 2012年海南岛海风发生频率存在明显的季节差异和地区差异，春、秋季海风发生频率较高，其平均频率分别为40%以及33%，夏季次之，约占观测日数的28%，冬季海风日出现的最少，大部分站点都不足10%；北部沿海（琼山站、海口站）少于南部沿海（陵水站、万宁站），西部沿海（东方站）少于东部沿海（琼海站、文昌站）。

② 各季海风的开始、结束和持续时间不同，夏季海风开始的最早，持续时间长达9～10 h，冬季海风开始的较晚，持续时间也只有8～9 h；受背景风的影响，夏季南部海风结束较晚，北部较早，冬季则反之。

③ 海南岛沿海站海风强度集中在3.0～6.9 $m \cdot s^{-1}$，其中三亚站海风强度最大，其次，东方站的海风强度也较大，大部分内陆站的海风强度弱于沿海站，其中中部站点海风较强；大部分站点均呈现低风速（1.0～2.9 $m \cdot s^{-1}$）频率较高，中等风速（3.0～5.9 $m \cdot s^{-1}$）频率次之，高风速（6.0～9.9 $m \cdot s^{-1}$）频率最低的分布情况，春夏季风速较大，且大部分站点均在春季风速出现最大值；秋冬季风速较小，低风速频率较高。

④ 海风日里24 h气压差主要集中在3～5 hPa；海南岛海风向内陆的传播距离至少为70 km，随着距海岸线距离的增加，海风开始时间逐渐推迟，强度逐渐减弱；但由于受到森林风、山谷风等局地环流以及“狭管效应”的影响，中部的五指山、屯昌和琼中等站海风开始的较早，持续时间较长，强度也较强。

⑤ 大部分海风都发生在阴天时，其次为多云，少云时的海风日最少，其中三亚站、五指山站和白沙站少云时均无海风发生；阴天降水时基本呈现随着距海岸线距离的增加，海风开始时间逐渐延迟、海风强度逐渐减弱的特征。

2.4.2 海南岛海陆风辐合线演变特征

本节主要针对海南岛不同背景环流影响下海陆风辐合线演变特征进行统计分析。分析时将2010—2012年海陆风影响日按夏季主要大尺度环境风场（弱风、南风、西南风）分为三类，定义每类的判别条件，并针对每类筛选10个例进行研究。

2.4.3 海南岛北半部地区海陆风特征

海南岛春夏季北半部地区各站海陆风特征各不相同，但有2个共同特征：白天海风平均风速逐渐增大，14—15时达到最大，夜间到上午陆风平均风速差别不大，且海风明显大于陆风，或者说夏季白天风力总是大于夜间；8月是午后海风略多的月份（琼海站4月受环境风影响海风也较多），也是海、陆风日变化最明显的月份。东部沿海海风持续时间较西部长，风速偏小；西部昌江到儋州沿海地区海陆风日变化最典型，海风出现前平均风速较小。

第3章 海南岛海风发展机制和结构特征研究

随着数值模式的广泛应用，为了能够更好地解释海陆风的物理机制、分析其三维结构，数值模拟已经成为研究海陆风的重要手段之一（Tijm et al.，1999；Fovell，2005；Zhang et al.，2005）。海南是我国唯一的热带省份，这点对于研究海陆风十分重要。由于海南岛为环状岛屿、地形呈中间高四周低、岛上森林覆盖率高达60%的特点，使得研究海南岛海陆风的三维结构以及不同地形、植被对海陆风的影响更全面更系统化。

3.1 海南岛海风环流三维结构的数值模拟研究

本节中介绍的模拟选取整个海南岛的海陆风系统作为研究对象，模拟使用先进的 WRF（Weather Research and Forecasting model）V3.5 模式并定制了包含完全物理过程、使用真实下垫面的水平分辨率为1 km的方案，旨在更好地揭示在考虑实际地形、非均匀下垫面影响下的海南岛海陆风环流的三维结构。此外，通过对比不同水平分辨率（9 km、3 km、1 km）与不同边界层参数化方案（YSU 和 MYJ）的组合试验，探讨了水平分辨率和边界层参数化方案对海风环流结构的影响。模式最里层是约为1：1分布的水域和岛屿，可以从宏观上观察海南岛整个海陆风环流体系（包括不同海岸线激发的海陆风、由于地形和植被作用产生的局地环流）。

3.1.1 资料和方法

（1）资料说明

本研究采用资料主要包括：

① 使用每6小时一次的1°×1°NCEP FNL 资料作为模拟的初始场和边界条件，采用由 NCEP（美国国家环境预测中心）提供的2001年 MODIS 30 s 全球陆面遥感数据替换了 WRF 模式中默认使用的土地利用类型资料（USGS）。

② 海南岛19个自动气象站每小时地面观测资料：主要使用海南岛四面以及中部两个测站（海口、琼海、三亚、东方、琼山、五指山）的每小时平均观测资料（风速、风向）与模式模拟结果进行对比，对模式进行评估。

③ 海口站和三亚站每12小时一次的探空资料，对比了模拟结果与观测结果08时和20时的风向、风速垂直廓线，对模式垂直方向的模拟结果进行评估。

④ 海口站和三亚站每小时地面辐射资料，与模拟结果的地表总辐射进行比较，评估了模式模拟的地表热量变化。

（2）研究个例选取

本研究选取2012年4月12日少云条件下的典型海陆风个例进行数值模拟研究，图3.1a、b分别给出了2012年4月12日08时（北京时，下同）NCEP FNL 1°×1°再分析资料500 hPa和850 hPa等压面上的环流形势。如图所示，当天海南岛并没有受到明显的天气系统的影响，天气较稳定。结合500 hPa和850 hPa高低空环流场，海南岛背景风场较弱，高低空都受到了西南气流的控制；并且根据温度、湿度场的分布得到此时的西南气流主要向海南岛输送了暖、干的空气。根据卫星云图，海南当天大部分时间为少云。由12日的探空资料可知，700 hPa以下关键区处于西南气流控制下，无明显切变线系统。此外，依据海南岛19个自动气象站的观测资料，当天海南为少降水的情况；地面风风速基本小于4 $m \cdot s^{-1}$，在午后多数自动气象站观测到的风速发生了明显的增加，部分测站的风向发生了大于30°的突变。

综上所述，2012年4月12日海南岛为无明显的天气系统强迫、基本为晴天的情况，这更利于显现出海南岛海风环流的三维结构(Lin et al.,2001)。

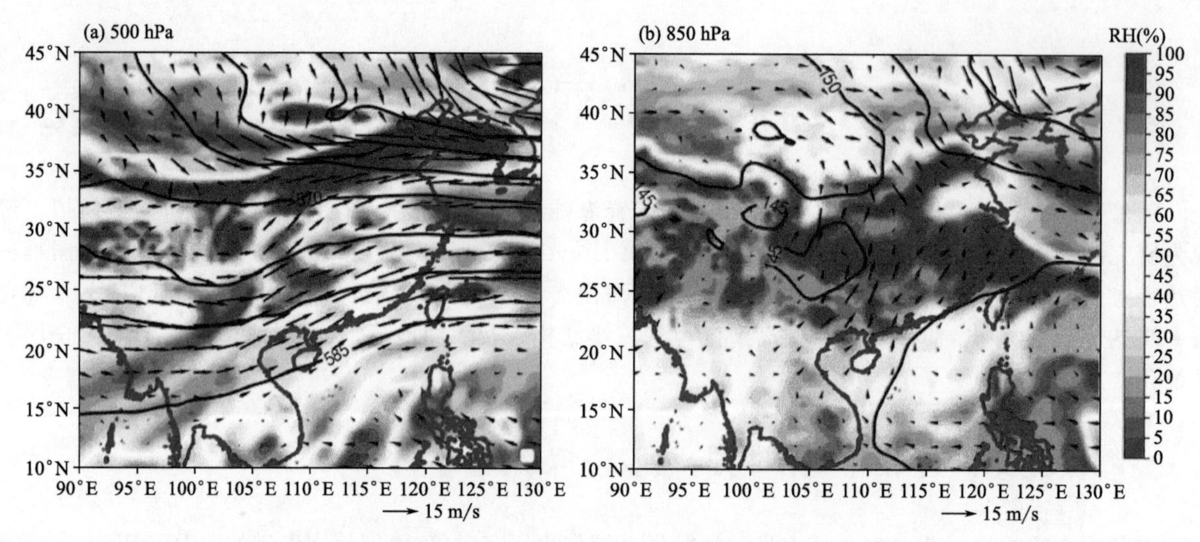

图 3.1 NCEP FNL 1°×1°资料 2012 年 4 月 12 日 08 时(地方时)的风场(矢量,单位:m·s^{-1})、位势高度场(黑色等值线,单位:dagpm)和相对湿度场(阴影,单位:%):a. 500 hPa;b. 850 hPa

(3)模式的定制和初始化

WRF(Weather Research and Forecasting model)是由美国国家大气研究中心(NCAR)、美国国家环境预测中心(NCEP)和俄克拉何马大学暴雨分析预报中心等多家单位联合开发的新一代高分辨率中尺度预报模式和资料同化系统,分为 ARW 和 NMM 两个动力核。与以前的中尺度模式相比,重点解决水平分辨率为 1～10km、时效为 60h 以内的有限区域天气预报和模拟问题。WRF-ARW 是可压缩、非静力平衡模式,控制方程组为通量形式。为了提高有限差分近似的准确性,水平网格采用 Arakawa-C 交错格式,并采用 Runge-Kutta 时间积分方案,使模式对陡峭地形的处理更加合理。本研究应用的是 WRF-ARWV3.5 版本,该模式在海陆风模拟研究中已经得到了广泛应用(苗世光 等,2009;汪雅 等,2013)。

本次模拟的初始场和边界条件采用的是每 6 h 一次的 1°×1°的 NCEP FNL 资料,设计了双向反馈的四重嵌套,嵌套网格示意见图 3.2a 以及最里层区域的地形分布如图 3.2b。模拟区域的中心位于(21.029°N,109.927°E),四重嵌套区域(D1、D2、D3、D4)的水平分辨率分别为 27 km(200×200)、9 km(208×202)、3 km(238×226)、1 km(373×376)。最外层嵌套区域包括了整个中国,提供了足够大的背景强迫;最里层为覆盖了整个海南岛的 1∶1 分布的陆地和海域,这有利于充分地激发海陆风。所有四重嵌套区域的垂直方向都为 36 个不等间距的 σ 层,模式层顶气压值为 100 hPa。此外,本节采用由 NCEP 提供的 2001 年 MODIS 30 s 全球陆面遥感数据替换了 WRF 模式中默认使用的土地利用类型资料(USGS),共 20 种植被类型。图 3.2c 为最里层嵌套区域的土地利用类型分布,如图农作物或农田(黄色)分布最广,岛屿西南部有大面积的森林覆盖(绿色),北部则零散地分布了较多的草地,城市(红色)多分布在岛屿北部和南部的沿海地区。

模式积分时间为 2012 年 4 月 11 日 08 时至 13 日 0 时,共 40 h,将前 16 h 作为模式积分的起转调整(spin-up)时间。因 D3、D4 水平分辨高,所以积云对流参数化仅在 D1、D2 使用了 Kain-Fritsch 方案,而 D3、D4 未使用。其他的物理参数化都是针对全部四重嵌套区域,其中微物理过程选用 Lin 等方案,长波辐射采用 RRTM 方案,短波辐射采用 Dudhia 方案,近地面层选用基于 Monin-Obukhov 方案的 MM5 近似方案,陆面过程选用 Noah 方案,边界层选用 YSU 方案。

3.1.2 模拟结果与观测的比较

为了评估模拟的结果,本节使用海南岛 19 个自动气象站的观测资料,图 3.3 主要给出了模拟的风速和风向与岛屿 4 个沿海自动站(琼山、海口、昌江和陵水)的观测值的对比。

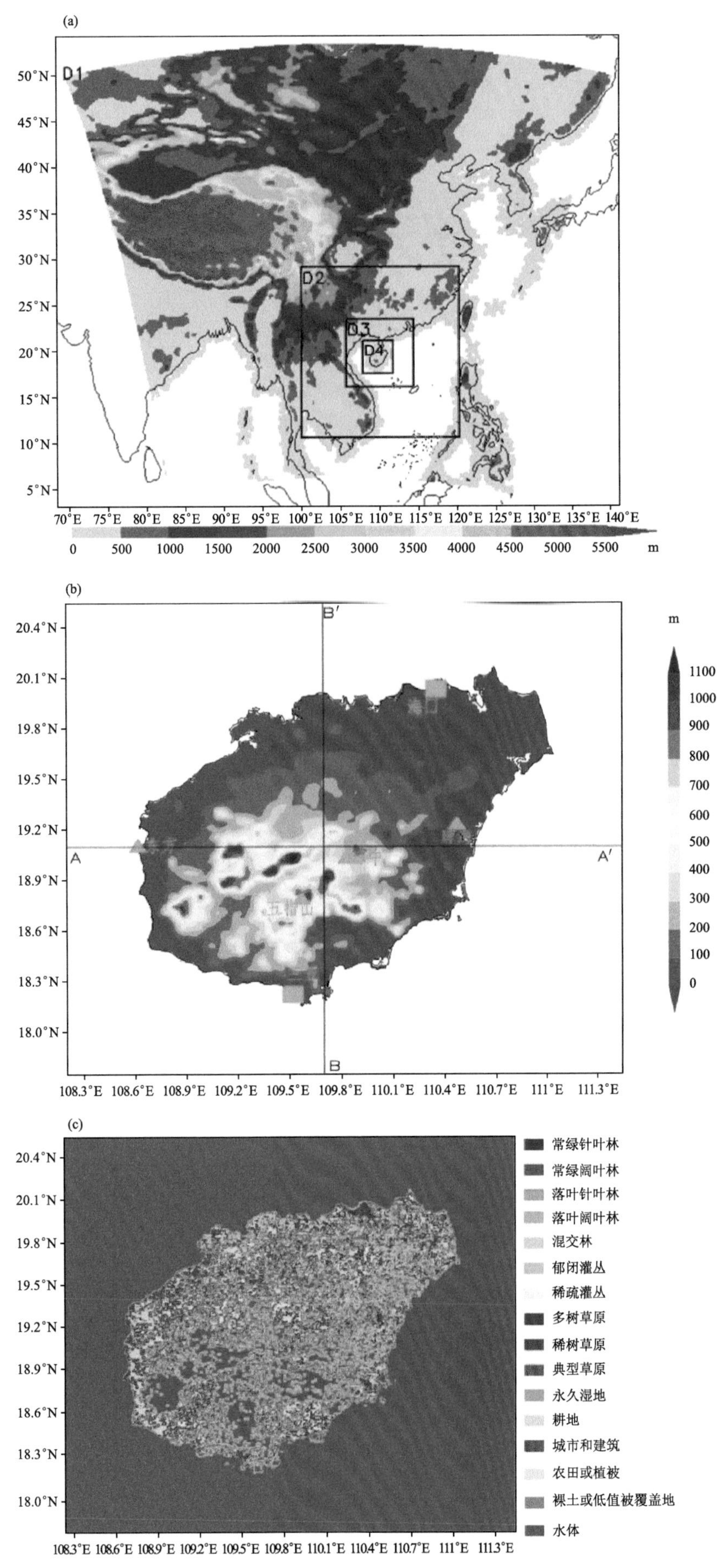

图 3.2　模拟区域示意：a. 模式地形(单位：m)及嵌套区域；b. D4 区域地形高度(单位：m)；c. D4 区域土地利用类型

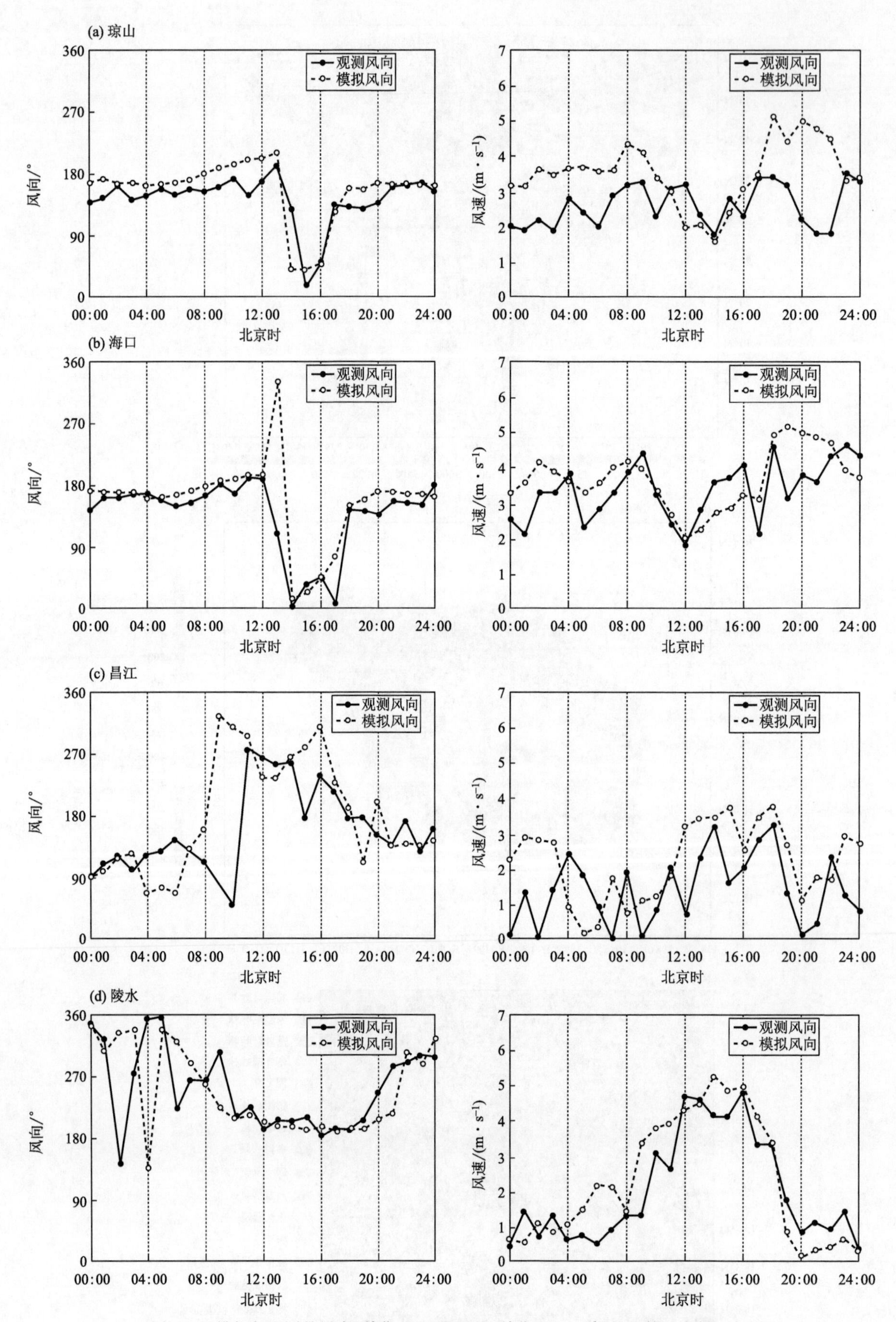

图 3.3 模拟与观测的风向(单位:deg)和风速(单位:m · s^{-1})的比较:a. 琼山站;b. 海口站;c. 昌江站;d. 陵水站

图 3.3 左列为风向的对比，四个站点风向的变化趋势、转向时间和值域大小都十分吻合，也能够清晰地反映当天海南岛地面风场的转向。而西部的昌江站(图 3.3c)模拟的风向相对观测值略滞后，经对比发现该测站位于山地附近，经模式平滑后的地形高度与实际的有一定差异，因此对模拟的风向有一定的影响;但随着模拟水平分辨率的提高，D4 区域山地附近昌江站的模拟地形高度更接近实际值，其模拟的地面风场的数值和变化趋势也更加贴近真实变化。从图 3.3 右列风速的对比看来，模拟的风速的整体变化趋势和最值的分布都比较一致，只有北部琼山站(图 3.3a)模拟的风速比观测值偏大，这主要是由于琼山站十分贴近海岸线、经模式处理后下垫面情况与真实地表覆盖类型相差较大造成的。总体而言，岛屿 4 个沿海站模拟的风向风速与实际观测值的整体变化是一致的，存在的误差是可以接受的，模拟结果能够较合理地表现出地面风场的演变。

3.1.3　海风环流的三维结构

由于海南的岛屿形状，岛屿西面向岸的海风即西风(在图 3.4a 为正值)、东面则相反，南面向岸的海风即南风(在图 3.4b 为正值)、北面则相反。图 3.4a 的纬向-时间剖面图中，西部海岸附近 12 时至 18 时期间出现了明显的辐散区，这是局地由热力差异引起的气压梯度力作用产生的，也说明了海风的发生。由 10 m 风场可见，山脉引起的下坡风风速较大，在西岸对海风向内陆的传播起到了很强的阻挡作用。图 3.4b 的经向-时间剖面图中，南部 11—19 时南风骤增，由之前的下坡风转为向岸的海风；而北部 02—09 时离岸的陆风较强，11　19 时转为显著的向岸的海风(北风)，夜间 20 时后又转为陆风。

图 3.4 示意了岛屿四面向岸的海风、离岸的陆风及其随时间的演变，但为了更好地揭示海风环流的三维结构，根据对图 3.4 的讨论，重点分析了 06 时、09 时、12 时、15 时、18 时、21 时 6 个时刻的海风环流的水平和垂直结构，见下文图 3.5、图 3.6、图 3.7。

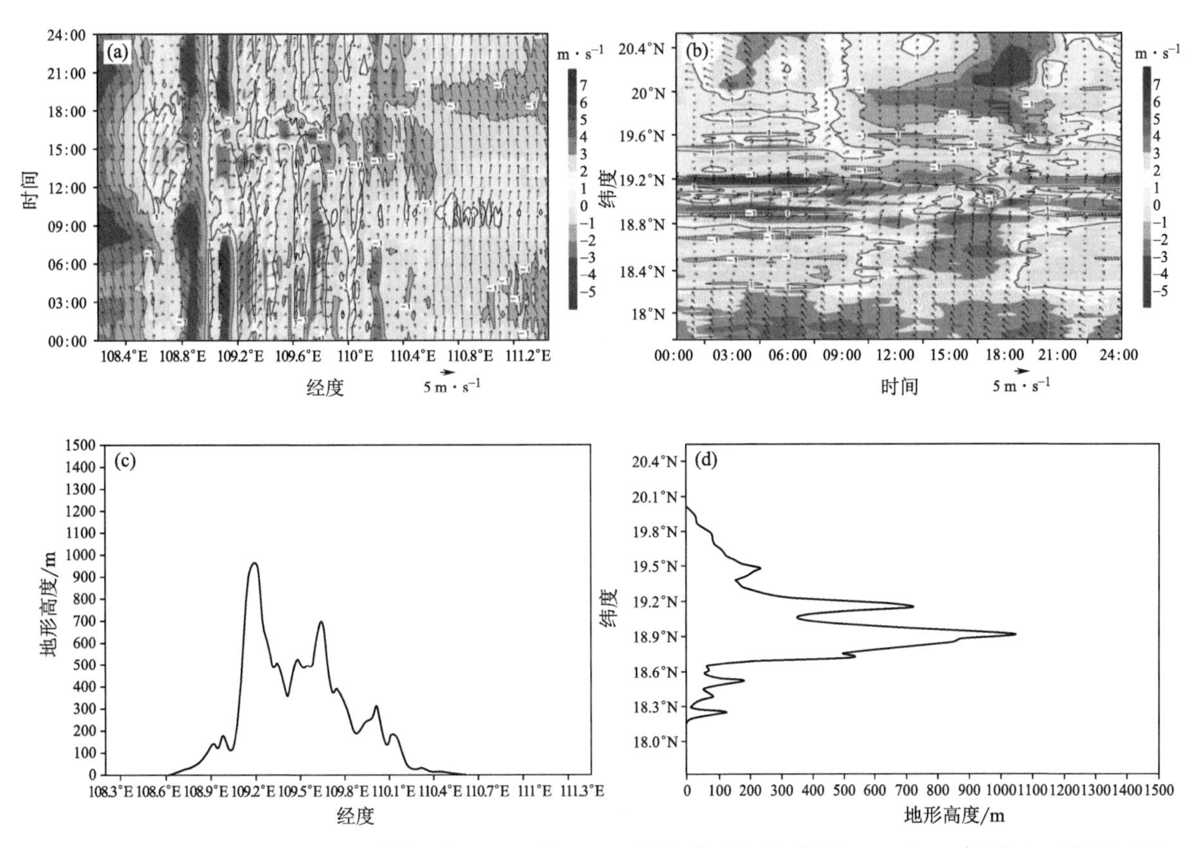

图 3.4　2012 年 4 月 12 日 D4 区域模拟的 10 m 风场(U-V 分量，箭头矢量)沿图 3.2b 中 AA′的纬向-时间剖面图(a，U-V 矢量、U 为−1、1 m · s⁻¹ 的黑色等值线和 U 分量的阴影图)和地形高度分布(c)；沿图 3.2b 中 BB′的经向-时间剖面图(b，U-V 矢量、V 为−1、1 m · s⁻¹ 的黑色等值线和 V 分量的阴影图)和地形高度分布(d)

(1) 海陆风水平结构及其演变

从06时开始，岛屿西北部已开始出现由海洋吹向陆地的海风，此时的海风主要是由于岛屿东北侧琼州海峡处的偏东气流与岛屿西南部山脉绕流的西南分支相互作用，在岛屿西北侧海域产生辐合、形成海风，此时的海风并非是由于海陆热力差异引起的。日出之后随着太阳对下垫面产生的辐射加热增多，12—15时在岛屿沿海地区等位温线分布密集，海陆热力差异激增。12时(图3.5c)热力驱动作用使得岛屿四面都出现了海风，北面风向转为由海洋吹向陆地的偏北风，东西两侧的偏南风也发生了向陆地的转向。15时至18时海风环流强盛，尤其是岛屿南北部的海风；夜间21时，随着海陆热力差异的减小，东西部的海风最先转为平行于海岸线的方向，北部的海风也有了转为陆风的趋势。相较我国其他地区，京津冀、长三角以及珠三角地区的海风大多在08—09时日出后开始，14—15时达到强盛；而海南岛由海陆热力差异引起的海风开始的时间相对较晚，午后开始至15—18时达强盛。比较岛屿的四面，西北侧的海风最先发生，但这主要是由于岛屿形状和海峡作用产生的，而非热力作用；南北向的海风维持时间和强度明显大于东西向的海风环流，而对比东西部的海风环流，两者开始时间、维持时间和强度都相差不大，这可能主要是受到了海南岛地形以及偏南风的背景风场的影响。

根据图3.5b，15时海风的强度最大、范围最广，此时内陆大部分地区都受到了海风的影响。但岛屿四面的海风向内陆传播距离不等，西南部由于大地形的阻挡作用使得传播距离较短。海南岛西南部存在两个海拔高于1100 m的山岭，由西到东分别为鹦哥岭和五指山，山岭之间相应存在一个较深的峡谷(图3.5阴影部分)。结合风场和地形的分布可知，海风传播过程中有爬坡的运动，但当海风向内陆传播遇到鹦哥岭和五指山两座山岭时，无法越过而是产生了绕流，继而汇合于它们之间的峡谷并且穿过峡谷，在海南岛中心西南部形成局地的较强的西南气流。

海风环流开始前(06—09时)，辐合区多分布在大地形的周围，这多是因为存在局地的上坡风引起了气流的辐合。12时海风开始时，岛屿北部出现了沿海岸线分布的辐合线；15时整个岛屿中心东北部较大范围地集中成为了辐合带，且与高层云带的分布接近(云图略)。午后这些辐合带里常常引起污染物的聚集，由于岛屿北部分布着大量城市(图3.2b)，海风环流在此辐合，使得城市污染空气不易扩散、污染物浓度增加、产生高污染或灰霾天气，影响人们健康。傍晚18时，岛屿北部和西北部沿海地区出现了两条较长的辐合线：西北部的辐合线主要是背景偏南风绕岛屿运动产生的西南气流和偏北的海风之间的相互作用产生的辐合，而北部则是由于背景风在琼州海峡处形成的偏东风与偏北的海风产生了辐合，这两条显著的辐合线常常使得傍晚海南岛西北部出现较大的降水。夜间21时海风环流逐渐消失，中心东北部的大片辐合带也随之逐渐消失。对比我国山东半岛，南部的海风环流与北部相向的风场相互作用，辐合上升区多位于半岛的中心(孙贞 等，2009)；而海南岛的辐合线则主要分布在岛屿的北部和西北部，这与岛屿的形状及其西南部的山地作用密切相关(Ramis et al.，1990)。

(2) 海风垂直结构及其演变

为了最大范围地显示海南岛海风环流的垂直结构，本研究选取海南岛较中心的位置(19.1°N，109.7°E)做纬向和经向剖面，图3.6为沿(19.1°N，108.2～111°E)的纬向剖面图，图3.7为沿(109.7°E，17.75～20.54°N)的经向剖面图。由于垂直速度远小于水平风速，在表示垂直风矢量时选取水平风 u、v 与扩大了20倍的垂直风 w 合成以便显示。图中的蓝色条代表海洋，棕色条代表陆地。

由图3.6，19.1°N纬度上09时由冷陆面吹向暖洋面的陆风显著；12时海风开始在近地面发生发展，而高空回流和垂直环流尚未形成；海风环流15时发展到强盛阶段，垂直环流清晰可见。太阳完全落山后海风消亡，其在低层最先发展也最先消亡转为陆风，而高层的回流和垂直环流维持了一段时间才消失。

15时海风环流发展强盛时期(图3.6d)，岛屿西侧低层海洋上出现了较弱的辐散区，这是局地由热力差异引起的气压梯度力作用产生的，也说明了此时的海风是局地环流、而非大尺度的向岸风。随着海风向内陆的传播，大地形作用显著，气流出现了明显的爬坡，海风向内陆传播了55 km，在109.25°E附近出现了海风锋。海风锋面附近的垂直上升气流最大值约为2 $m \cdot s^{-1}$，但并没有出现高空回流。海风在爬行的过程中产生了波动，这可能是由于Kelvin-Helmholtz(KH)不稳定造成的，波动中存在的湍流混合可导致能量积聚、传播(Miller et al.，2003)。背风坡海风锋前的静风区有强烈的下沉气流，与109.4°E的峡谷处由于峡谷地形作用产生的下沉气流相互加强，在海风锋前出现了几个对流单体，对流活动明显。对于岛屿

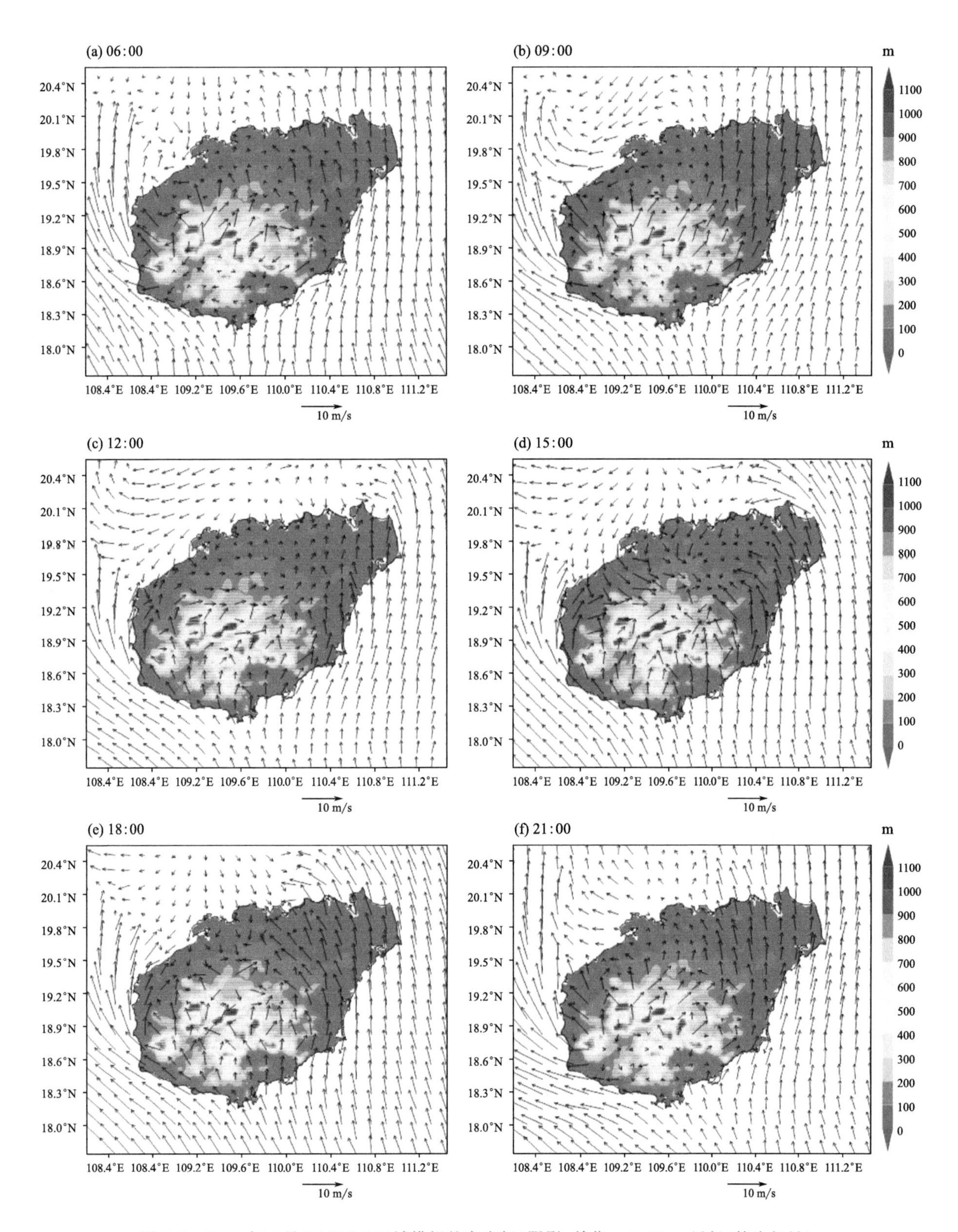

图 3.5　2012 年 4 月 12 日 D4 区域模拟的高度场(阴影,单位:m),10 m 风场(箭头矢量):
a. 06:00;b. 09:00;c. 12:00;d. 15:00;e. 18:00;f. 21:00

东部,海风不受山脉影响,15 时向内陆传播距离为 58 km 左右,海风锋位于 110.15°E 附近。海风锋附近垂直运动较强,最大垂直风速出现在海风锋上空,整个海风环流垂直方向可伸展到 1.8 km 左右。夜间低层沿海地区转为陆风,但西部的陆风相较东部的更加显著,这是由于太阳辐射加热消失后,山岭的动力作用对陆风起到了加强的效果。

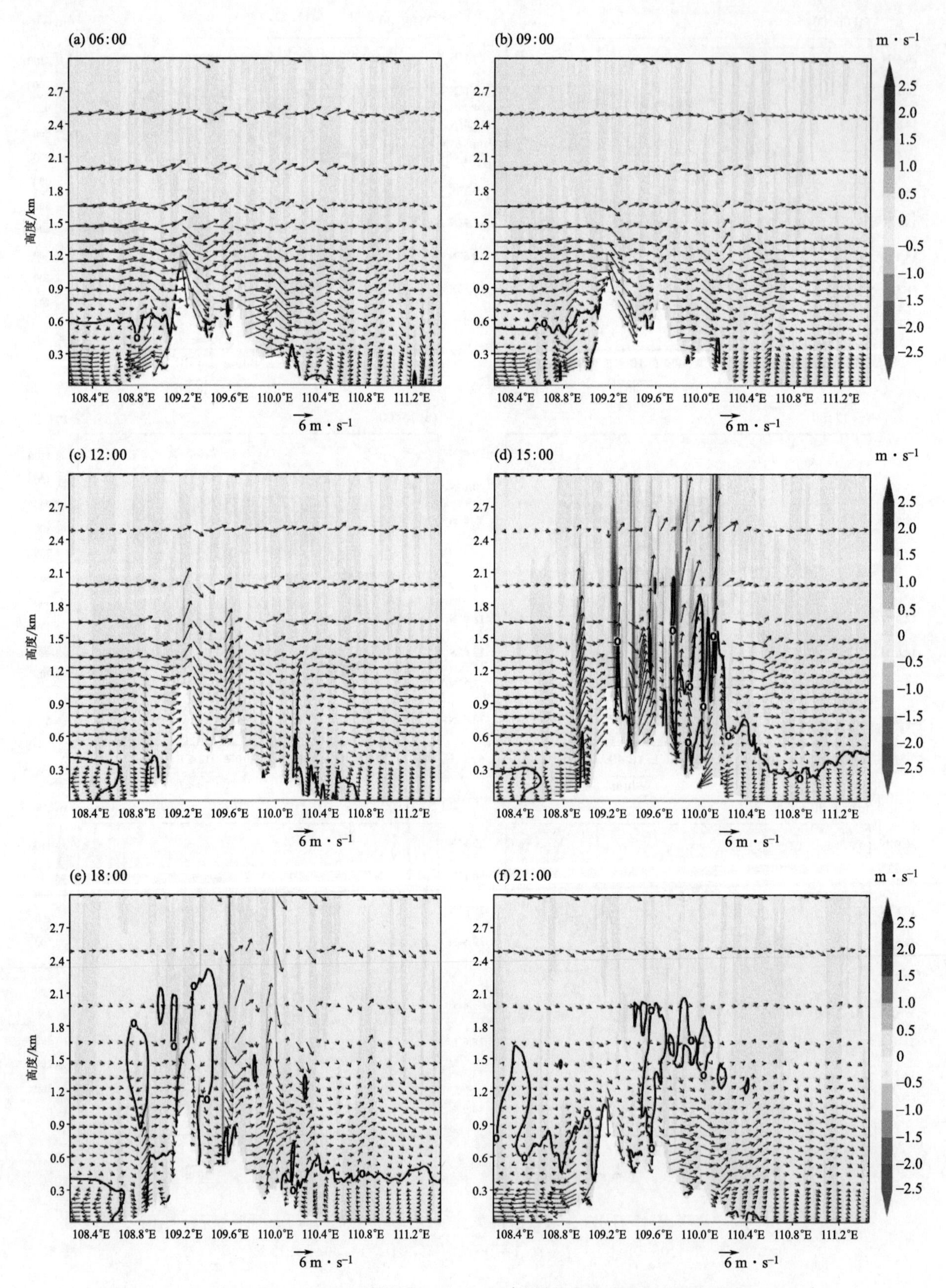

图 3.6　2012 年 4 月 12 日 D4 区域沿图 3.2b 中 AA′线模拟的垂直风速(阴影,单位:$m \cdot s^{-1}$),东西环流(箭头矢量,W 扩大了 20 倍),U 风速零线(黑色等值线)的垂直剖面图(横坐标上蓝色条代表海洋,棕色条代表陆地):a. 06:00;b. 09:00;c. 12:00;d. 15:00;e. 18:00;f. 21:00

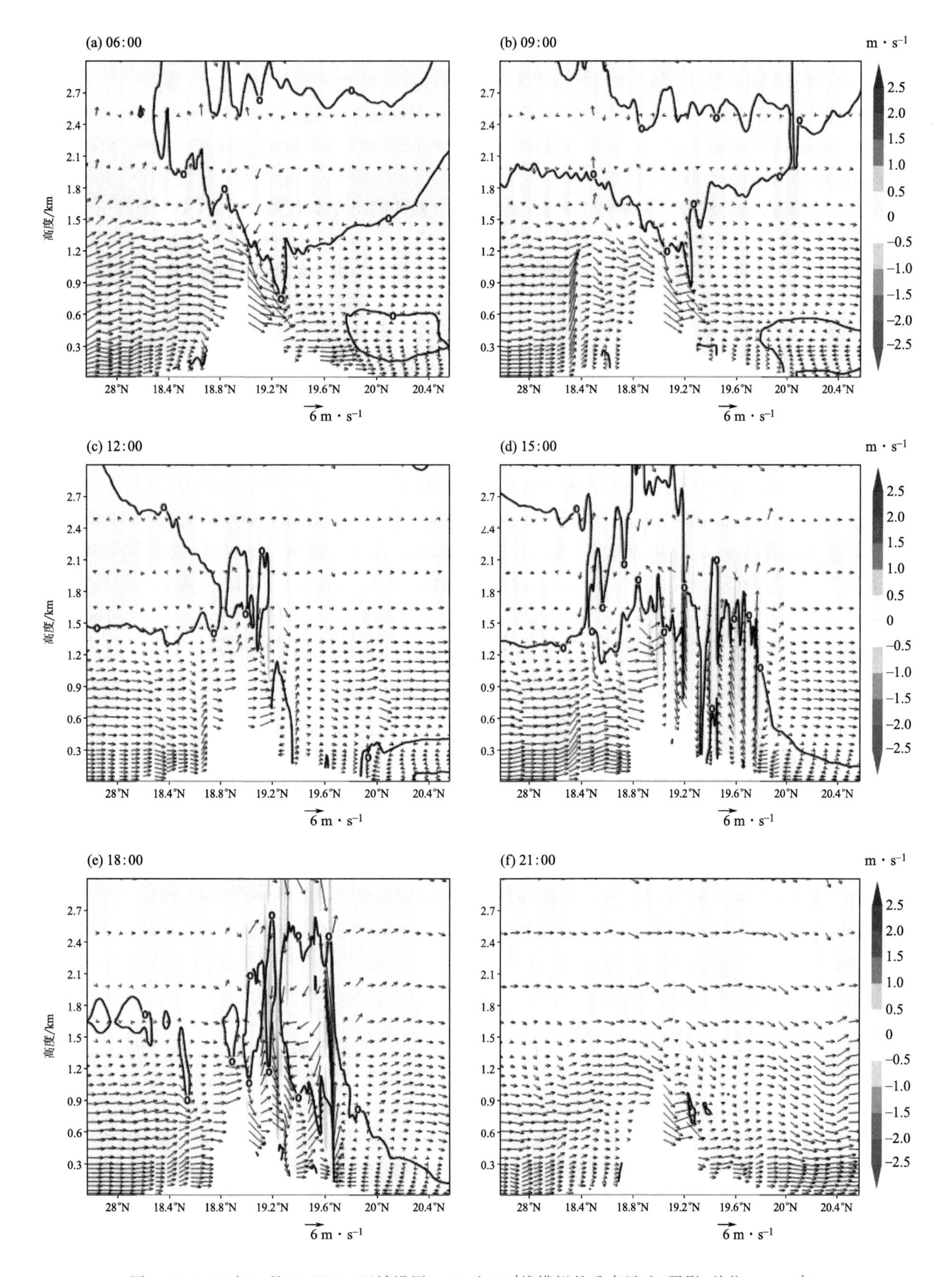

图 3.7　2012 年 4 月 12 日 D4 区域沿图 3.2b 中 BB′线模拟的垂直风速(阴影，单位：$m \cdot s^{-1}$)，南北环流(箭头矢量，w 扩大了 20 倍)，V 风速零线(黑色等值线)的垂直剖面图(横坐标上蓝色条代表海洋，棕色条代表陆地)：a. 06:00；b. 09:00；c. 12:00；d. 15:00；e. 18:00；f. 21:00

如图 3.7 所示，由于海风风向与背景风都为南风，故经向剖面图中岛屿南部低层始终为海风控制，风向上无法显示明显的转向。南部海风向内陆推进的过程中遇到了山脉，在海风传播过程中山脉地形起到了抬升作用，并且加强了其垂直运动速度；气流沿山坡爬行且风速有所增大，在山脉北侧形成辐合上升。在向岸的(偏南)背景风场下，海风锋向内陆传播距离约为 80 km 左右、到达了 19.0°N 的位置；海风锋附近的垂直速度达到最大，约为 1 $m \cdot s^{-1}$。1.6 km 高度上可以看到离岸的回流，但由于受到偏南的背景风场影响其速度很小。

由图 3.7a、b，岛屿北部 06—09 时 200～700 m 的空中就开始出现了海风，这与前文中的讨论一致：背景风场受到岛屿北部与雷州半岛间的琼州海峡的地形作用发生转向形成了偏东气流；与此时岛屿西南部山地作用产生的绕流的西南分支辐合，在岛屿北部附近形成了海风(北风)，但此时此处的海风并非传统意义上的由海陆热力差异引起的。15—18 时可以看到，海风开始由地面向高空发展，在离岸(偏南)的背景风下，出现了很完整的海风环流。北部海风环流受到地形的影响小，海风向内陆传播距离约 33 km，海风锋传播到了 19.65°N 的位置，锋面附近垂直上升运动非常显著，上升运动范围广且垂直风速最大达到 1.6 $m \cdot s^{-1}$，锋前出现了强烈的下沉气流，且锋面附近的上升气流和锋前的下沉气流都在加强、扩大。通过海风厚度流可以很明显地显现出海风“头部”(sea breeze head)结构，18 时垂直方向伸展达 2.5 km；高空回流清晰可见，回流风速达到了 3 $m \cdot s^{-1}$。夜间 21 时，岛屿北部低层风向出现了明显的转变、形成了陆风，南北向的陆风环流受背景风场的影响使得其强度都较弱。

综上讨论，岛屿东西部海风环流向内陆传播的距离相差不大，但西部海风的厚度更大、海风锋前对流更强，这说明了西部山岭对海风环流起到了抬升和加强其垂直运动的作用；夜间山岭主要表现为动力作用，对陆风起到了加强的效果。然而，对比岛屿南北部：南部海风环流向内陆传播的距离远大于北部，这说明了向岸的背景风场利于海风环流向内陆的传播、离岸型背景风却起到了阻碍的作用。此外，南部向岸的背景风场抑制了高空回流的发展；北部离岸型背景风也使得海风垂直结构更加清晰。

3.1.4 位温场的垂直结构

图 3.8、图 3.9 分别同图 3.6、图 3.7 的垂直剖面，但变量仅针对位温场，主要用来研究海南岛海风环流位温场的垂直结构。

图 3.8 中，06 时东西向的位温等值线总体趋势平稳，但 12 时开始全岛陆面位温显著升高，尤其是 306 K 线，然而海洋上位温变化很小、仍然维持在 300 K 左右；所以此时海陆交界处的位温梯度很大，300～304 K 的等位温线几乎垂直分布。这与前文中垂直结构部分讨论的一致，即 12 时岛屿东西部由于海陆热力差异激增产生了海风。15 时位温梯度达到最大，而 18 时陆面温度降低，等位温线趋于平缓，对应此时东西向的海风也开始消亡。

06—09 时(图 3.9a、b)海南岛西南部由于山脉的地形作用使得低层的位温相对偏低，0.9～1.5 km 山顶附近等位温线分布密集；而北部平原地区低层的等位温线分布较为平稳、稀疏。12 时—15 时(图 3.9c、d)，300～306 K 的等位温线发生了很大的变化：岛屿南部由海岸线到 19.0°N 的山顶处的等位温线几乎垂直分布、转折处十分突出；19.0°N 海风锋前后温差明显，结合风场可知此时迎风坡上位温梯度和垂直风速都显著增大。山脉背风坡至岛屿北部大部分地区位温都较高，达到 304 K 以上；北部沿海地区等位温线分布非常密集，但是伸展的高度相对较低，这种等位温线密集分布是使得辐合线在北部沿海地区分布很多的原因之一。18 时，南北部沿海地区 306 K 以下的等位温线梯度仍然较大，直至 21 时位温线才恢复平稳；正是由于南北部位温梯度在 12—18 时都较大，导致了南北向的海风持续时间比东西向的更长一些。

3.1.5 水汽场的垂直结构

图 3.10、图 3.11 分别同图 3.6、图 3.7 的垂直剖面，但变量仅针对水汽场(主要给出的是模式结果中的水汽混合比这一变量)，主要为了阐述海南岛海风环流水汽场的垂直结构。

如图 3.10，06—09 时水汽等值线较为平稳，在山脉附近以及东部洋面上波动略大一些。但是，12 时整个岛屿上空的水汽混合比开始显著增大，12 $g \cdot kg^{-1}$ 的水汽混合比等值线由 1.1 km 上升至最高约 1.9 km。15 时岛屿上空水汽场变化剧烈，水汽含量持续增大，12 $g \cdot kg^{-1}$ 等值线继续抬升至 2.4 km。此

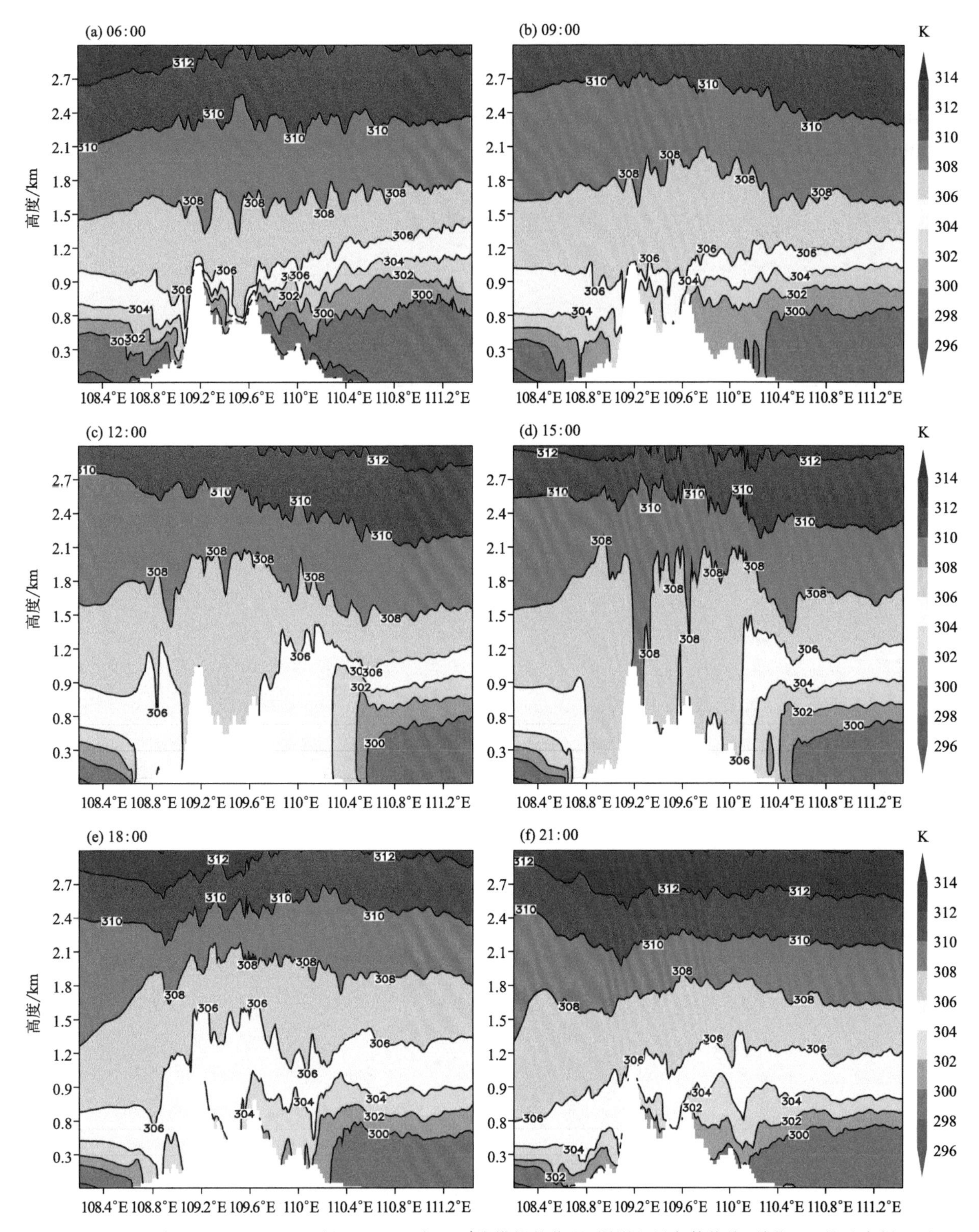

图3.8 2012年4月12日D4区域沿图3.2b中AA′线模拟的位温(阴影和黑色等值线,单位:K)的垂直剖面图(横坐标上蓝色条代表海洋,棕色条代表陆地):a. 06:00;b. 09:00;c. 12:00;d. 15:00;e. 18:00;f. 21:00

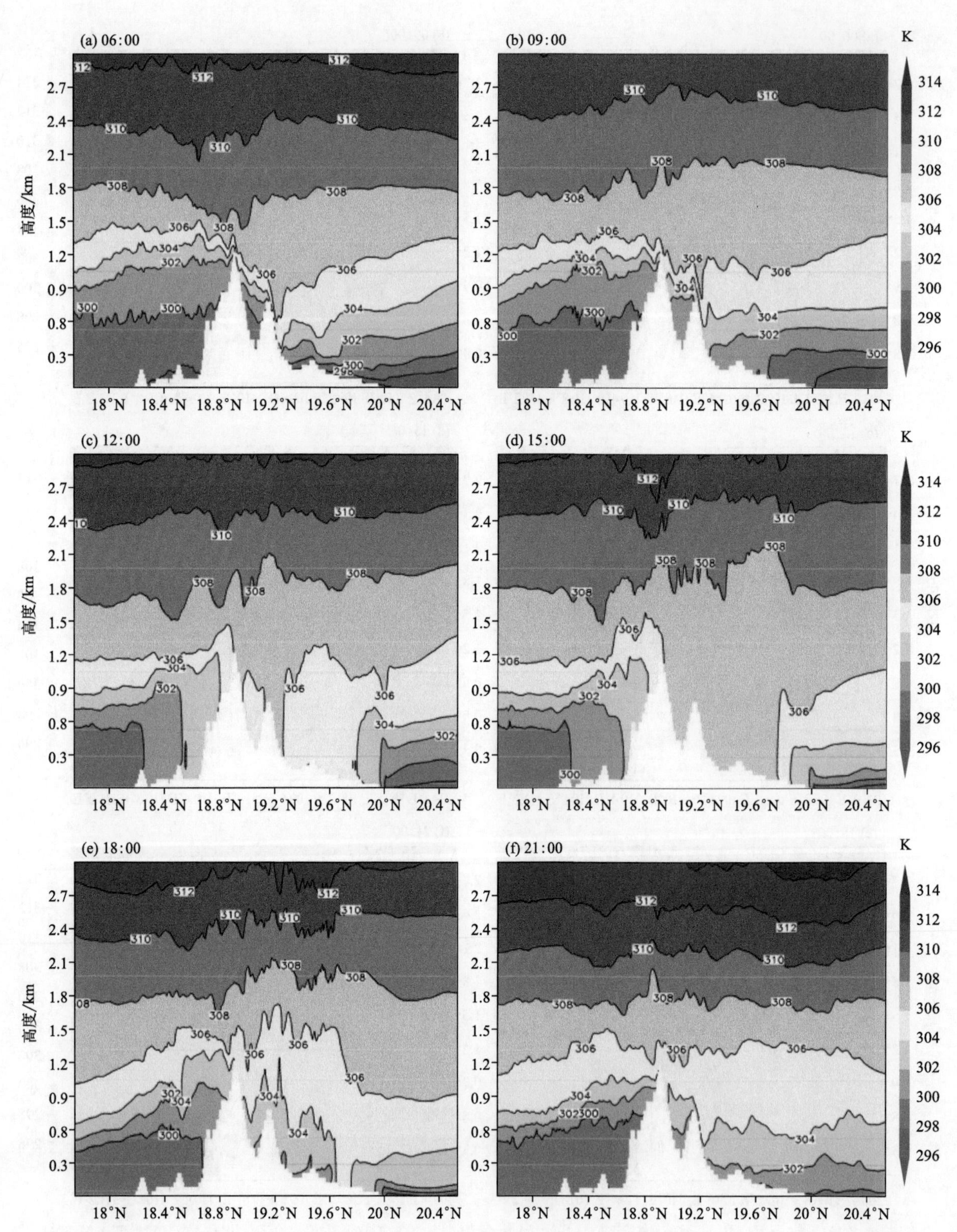

图 3.9　2012 年 4 月 12 日 D4 区域沿图 3.2b 中 BB′线模拟的位温(阴影和黑色等值线,单位:K)的垂直剖面图(横坐标上蓝色条代表海洋,棕色条代表陆地):a. 06:00;b. 09:00;c. 12:00;d. 15:00;e. 18:00;f. 21:00

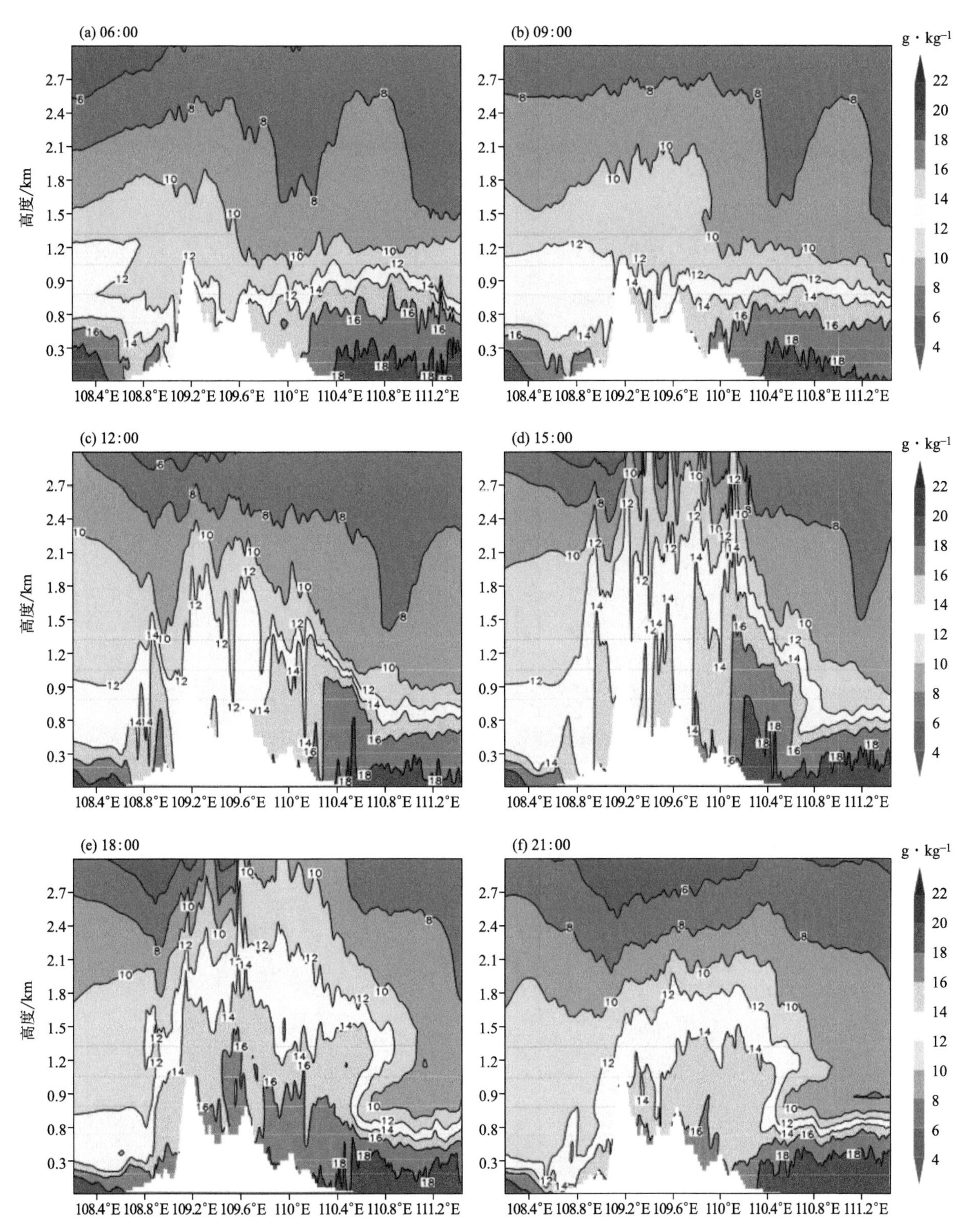

图 3.10 2012 年 4 月 12 日 D4 区域沿图 3.2b 中 AA′线模拟的水汽混合比(阴影和黑色等值线,单位:g · kg^{-1})的垂直剖面图(横坐标上蓝色条代表海洋,棕色条代表陆地):a. 06:00;b. 09:00;c. 12:00;d. 15:00;e. 18:00;f. 21:00

图 3.11　2012 年 4 月 12 日 D4 区域沿图 3.2b 中 BB′线模拟的水汽混合比(阴影和黑色等值线,单位:g · kg^{-1})的垂直剖面图(横坐标上蓝色条代表海洋,棕色条代表陆地):a. 06:00;b. 09:00;c. 12:00;d. 15:00;e. 18:00;f. 21:00

时东部地区 16 g · kg^{-1} 的水汽等值线明显地向内陆传播至接近海风锋的位置(110°E);16 g · kg^{-1} 和 18 g · kg^{-1} 的水汽等值线在海风锋附近几乎垂直分布、最前端还出现了隆起的结构,以上讨论也说明了海风锋后是水汽储备的大值区。18 时整个岛屿上空的水汽含量达到最大值,中部地区的水汽混合比也达到了 16 g · kg^{-1},21 时等值线才逐渐恢复平稳。此外,结合 3.1.3 水平结构中的辐合场分布以及 3.2.2

中风场垂直结构可知，15—18 时锋面附近不仅有丰沛的水汽、也伴有剧烈的辐合上升运动，所以傍晚该处很容易产生暴雨等强对流天气。

由图 3.11a、b 可见，06—09 时岛屿南部的水汽值始终比北部的大，南部山脉迎风坡上的水汽混合比远大于背风坡、等值线更加密集且波动也更加明显，这说明了水汽充足的海风在爬坡过程中不断抬升、但不能越过山脉而是发生了绕流，这也证实了南部山脉对海风存在一定的抬升和阻挡其向内陆传播的作用。12 时岛屿北部和中部的水汽增大幅度增大，并且开始向上传播。15 时南部山脉的迎风坡上出现了水汽的最大值，在 19.0°N 处(与风场判断的海风锋位置一致)水汽梯度达最大，14 $g \cdot kg^{-1}$ 以上的水汽主要出现在海风锋后，受山脉的抬升作用其垂直高度达到了 2 km 左右。午后，岛屿南部山脉迎风坡上的水汽混合比变化剧烈，海风在爬坡过程中不断抬升、蒸发凝结，一旦有触发机制极易发生强对流天气。18 时整个岛屿的水汽混合比达到最大，岛屿中部上空以及南部迎风坡上水汽等值线水平分布较为密集；然而此时岛屿中心偏北部的水汽值大幅地增大，由 12 $g \cdot kg^{-1}$ 增至 16 $g \cdot kg^{-1}$。结合 3.1.3 水平结构中的辐合场分布以及 3.2.2 中垂直运动可知，此时岛屿中心偏北部的辐合带分布广强度大、垂直上升运动速度激增，因此傍晚时候岛屿中心偏北部极易产生强降水。21 时岛屿陆地上空的水汽逐渐减少，水汽的大值区逐渐回到海洋上空。

由于海南岛四面环海，充沛的水汽条件和海风锋附近强烈的上升运动、锋前显著的对流单体，是导致雨季海陆风出现频率高达 75%的重要因素。由上所述，海风日傍晚时分很容易发生暴雨等强对流天气，特别是岛屿西南部山脉的迎风坡和岛屿东北沿海地区。

3.1.6　下垫面对热量、动量变化以及能量变化的影响

为了理解海南岛植被覆盖对局地海陆风三维结构的影响，本节选取了海南岛植被覆盖的百分比较大的农田(约占 44.76%)、森林(包括了常绿针叶林、常绿阔叶林、落叶针叶林、落叶阔叶林和混合林，五种共占 40.79%)、草地(约占 12.38%)以及极端的情况——裸土，计算了所有陆面、海洋以及以上列举的四种植被覆盖类型所对应的格点的热量和动量的平均值，给出了它们的逐时曲线变化图(图 3.12～图 3.15)。

(1)感热通量

感热通量能够反映大气湍流热交换的状况。图 3.12a 为感热通量时序图，海洋对应的感热通量持续为负值，且变化幅度很小；而陆面平均以及陆面四种植被类型对应的感热通量的变化趋势基本一致：在日出(07 时)之前呈负值，日出后感热通量急剧增大，午后出现峰值，日落(19 时)后又恢复为负值。

夜间海洋的感热通量略大于陆面；但是白天太阳辐射作用使得陆面的感热通量远大于海洋的，其 13 时出现的最大值高于海洋同时刻的约 195 $W \cdot m^{-2}$。

对比不同植被类型的感热通量，森林和裸土的分别高于和低于陆面平均值较多，而草地的与陆面平均值较接近。森林的感热通量的峰值最大，达到 216 $W \cdot m^{-2}$，这是由于森林的分布主要位于海拔较高的山地上，其感热通量值相较于平原地区会出现一定的差异。相反，裸土和农田的峰值明显偏小，且裸土的峰值出现的时间偏晚。

(2)潜热通量

潜热通量主要反映了由于水汽相变从地面向上输送的热量通量(图 3.12b)，海洋对应的潜热通量始终维持在 35～42 $W \cdot m^{-2}$ 之间；而陆面上的潜热通量的变化趋势与感热通量的相似：日出之前维持负值且变化很小，07 时开始骤增，持续增大至 13 时出现峰值，19 时回复到负值。

夜间整个陆面潜热通量均略小于海洋的；但是在白天二者相差很大，午后陆面比洋面高了 362 $W \cdot m^{-2}$ 左右。陆面上的潜热通量峰值与最小值的差值约 400 $W \cdot m^{-2}$，几乎为感热通量最大与最小值之差的两倍，这说明了海南岛地区潜热通量的作用是非常显著的。

白天森林和农田的潜热通量略大于陆面平均值，而草地和裸土则明显偏小，其中裸土对应的潜热通量峰值只有 204 $W \cdot m^{-2}$。注意到，草地由于地表蒸发、植被蒸腾作用较弱，导致其潜热通量偏小；裸土表面基本无植物覆盖，则其潜热通量最小。由此可见土地退化对大气热量通量有着显著的影响。

(3)土壤热量通量

土壤热量通量时序图(图 3.12c)与潜热通量大致呈现了相反的变化趋势。海洋无土壤热量通量；不

同植被覆盖的陆面土壤热量通量在 06 时之前都为正值，之后下降的十分剧烈，谷值出现在 11 时和 12 时，而最大值出现在 19 时。其中裸土的日变化最剧烈，谷值明显小于平均值，达到 $-180\ W \cdot m^{-2}$，同时其最大值也高于平均值较多，这可能是因为裸土表面无植被、土壤湿度低，使得土壤中的热量通量极易因为辐射的变化而产生流失和增加。

(4)表面温度

由图 3.12d 可以得到表面温度的变化趋势与感热通量和潜热通量较类似，海洋表面温度基本恒定在 298.4 K；而陆面对应的表面温度在 07 时开始上升，13 时达峰值后持续降温。陆面平均最高温度为 312 K，比最低温度高了 17 K，比海表温度高了约 13.5 K。陆面平均温度与农田和裸土的值较为接近；由于森林的植被蒸腾作用以及其水汽的蒸发作用使得其表面温度较低。

通过比较感热通量、潜热通量与表面温度的变化，对应的海洋和陆面上的变化趋势非常接近。正是由于白天地表的感热通量、潜热通量共同作用，使得海表与陆面温度出现了很大的温度梯度，从而产生了气压梯度力，形成了海风环流。

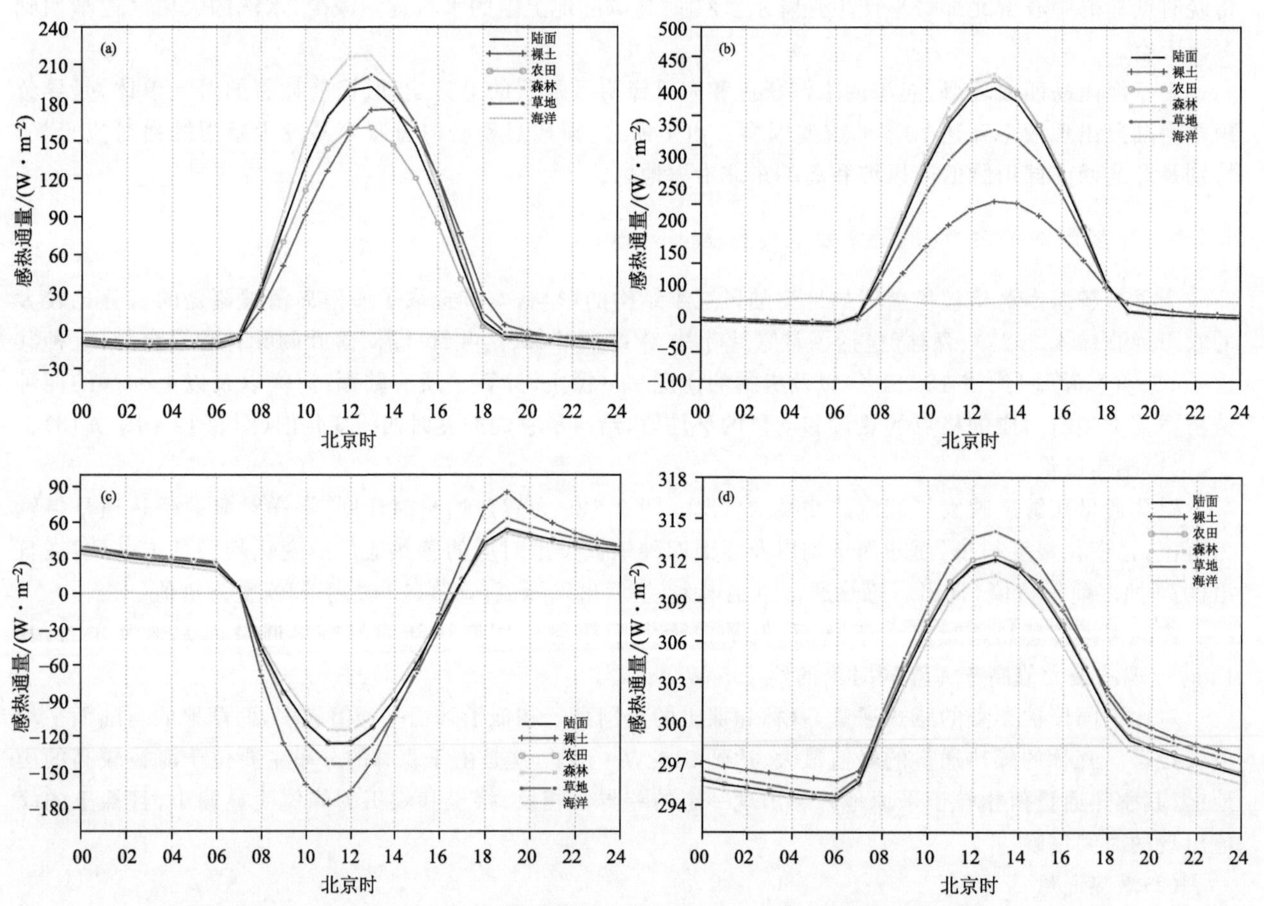

图 3.12　2012 年 4 月 12 日模拟的地表通量逐时变化：(a)感热通量(单位：$W \cdot m^{-2}$)，(b)潜热通量(单位：$W \cdot m^{-2}$)，(c)土壤热量通量(单位：$W \cdot m^{-2}$)，(d)表面温度(单位：K)

(5)摩擦速度

图 3.13a 为相似理论中摩擦速度的时序图，海洋上摩擦速度基本维持在 $0.2\ m \cdot s^{-1}$ 左右；而陆地植被覆盖对应的摩擦速度的整体变化趋势较接近：夜间变化平稳，07 时日出后摩擦速度骤增，之后持续增大，17 时傍晚日落时分出现骤减，19 时恢复低值且变化平稳。森林表面的粗糙度较大，其产生的摩擦速度也远大于平均值。而草地和农田的地表粗糙度接近，两者对应的摩擦速度也相差较小，低于陆面的平均值。而裸土几乎无植被覆盖，其粗糙度最小，因此对应的摩擦速度也最小。

与地表热量通量对比，也可以发现四种植被类型的摩擦速度的高低除了与地表粗糙度相关，其也与潜热通量和土壤热量通量的顺序较一致。因此，不同植被类型的潜热通量和土壤热量通量也在一定程度上影响着摩擦速度的变化，也即地表动量的交换。

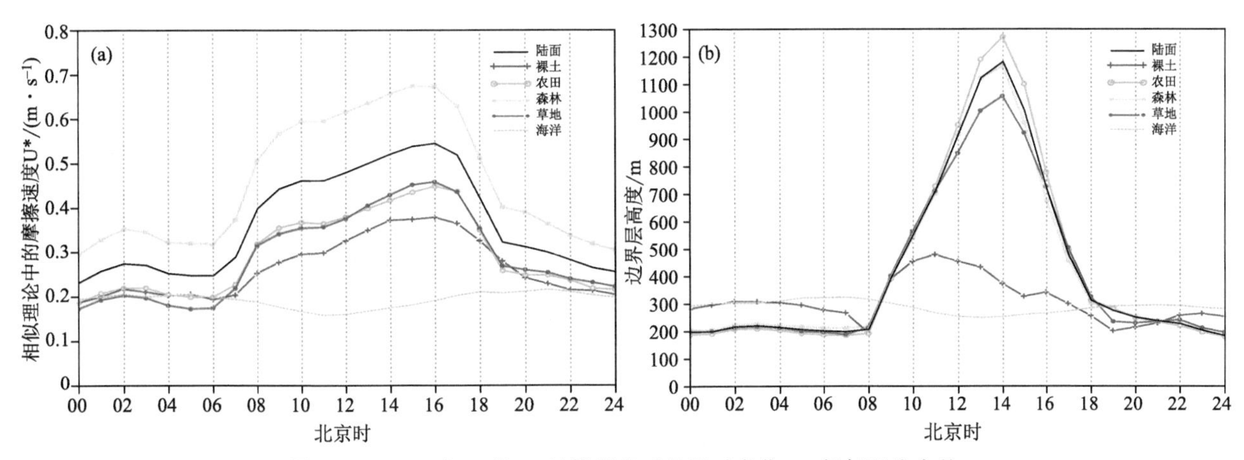

图3.13　2012年4月12日模拟的动量逐时变化：a. 相似理论中的摩擦速度(单位：m·s^{-1})；b. 边界层高度(单位：m)

(6)边界层高度

大气边界层可定义为存在各种尺度的湍流输送作用，并导致气象要素日变化显著的低层大气。从变化趋势上看(图3.13b)，白天少云的天气下，太阳对下垫面的辐射增加导致感热通量向上输送，不稳定层结的边界层依赖于热力驱动，地面输送的热量通量则是热力驱动湍流能量的主要来源。在地面加热的驱动下，白天边界层高度迅速增加，中午达到最大值。午后辐射对地面的供热减弱，边界层高度开始降低。入夜后，地面净辐射变为负值、下垫面冷却，对湍流交换起到了抑制作用，边界层高度显著降低。

农田的边界层高度的峰值明显大于陆面平均的边界层高度，而森林的却与均值非常接近。海洋的边界层高度远小于陆面平均值，且变化幅度最小，这主要是因为它对应的感热通量和潜热通量都接近零，无法提供湍流能量而形成较高的对流边界层。而裸土的土壤蒸发少、也无植物蒸腾作用，使得其对应的潜热通量和土壤热量通量都明显小于其他植被的，因而由地表热量通量提供的湍流能量少、边界层高度低，且其峰值出现的时间也明显早于其他陆面植被。综合对比农田和草地的边界层高度和地表热量通量发现，农田的边界层高度和潜热通量都很大程度上大于草地的值，则说明了潜热通量对海南岛的对流活动的作用十分显著。

通过分析可知，地表热量通量对边界层高度的影响很大。岛屿上的感热通量、潜热通量、土壤热量通量等地表热量通量的共同作用显著地影响着该地区的对流活动。

(7)对流有效位能和对流抑制

图3.14为对流有效位能和对流抑制的纬向剖面图。随着海风的传播，12时海风锋形成且不断向内陆推进，海风锋后的对流有效位能也持续增大并随着海风锋向内陆传播，15时对流有效位能达到1800 J·kg^{-1}以上。由此，海风锋后是对流不稳定能量的储备区(梁钊明 等，2013)。

东部平原地区，12—15时海风锋后的对流有效位能显著增大，而海风锋前较小，海风锋附近的梯度很大。18时海风逐渐消亡，海风锋后的对流有效位能小于15时，但锋前却出现了1400 J·kg^{-1}以上的大值区，且达到了1.8 km的高度，这使得在海风沿途陆续都有对流不稳定能量供应。从海风开始形成至强盛，对流抑制CIN减小，且在整个海风过程中陆面上的CIN均较小(基本在100 J·kg^{-1}以下)，这利于强对流运动的触发。综上可以得到，整个海风过程都利于对流的发生。但应注意到，整个海风过程中岛屿上的比湿始终低于19 g·kg^{-1}，这样的水汽条件无法产生降水。

由对流有效位能和对流抑制的经向剖面图(图3.15)可以看到，南部海风锋后对流有效位能非常充沛而锋前的明显较小，这与之前分析得到的结论一致。北部对流有效位能在海风锋前后突变，而此时对应的对流抑制也相对较大，并不利于强对流的发生。而在南部，海风锋后的对流有效位能达到1800 J·kg^{-1}以上，其最大值的高度也达到了1.2 km，但此时锋前也出现了对流有效位能的大值区。这主要是由于在海风传播过程中地形作用加大了垂直运动，上升运动的加强使得对流有效位能剧烈增加，且沿途都有对流不稳定能量供应，在海风锋后达到峰值。与此同时，在海风锋前的峡谷处，剧烈的垂直运动与海风输送的

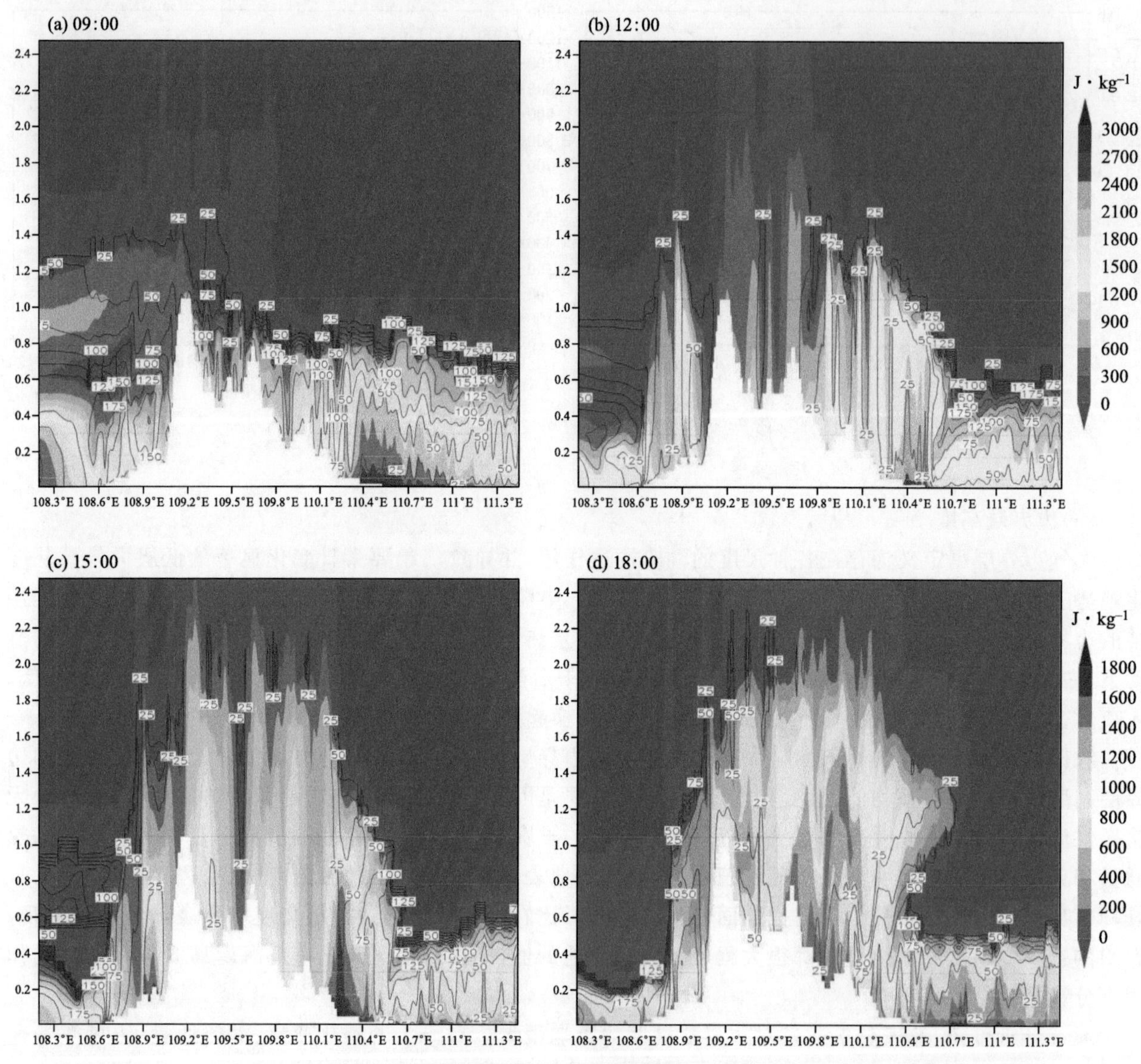

图 3.14　2012 年 4 月 12 日 D4 区域沿图 3.2b 中 AA′线模拟的 CAPE(阴影,单位:J・kg^{-1})和 CIN(红色等值线,单位:J・kg^{-1})的垂直剖面图:a. 09:00;b. 12:00;c. 15:00;d. 18:00

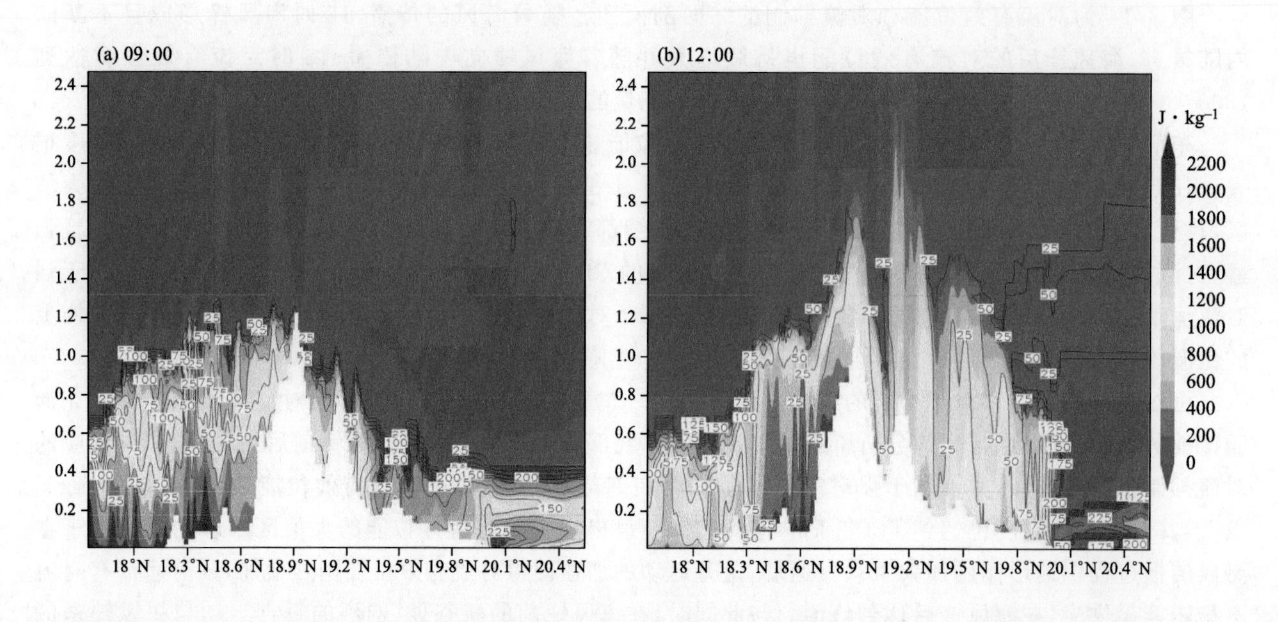

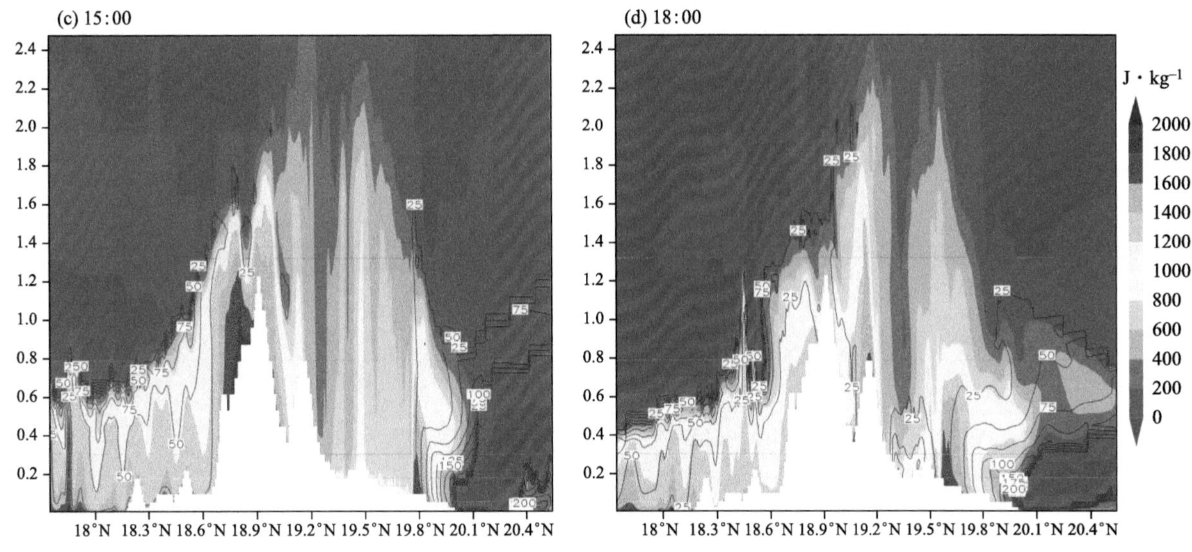

图 3.15　2012 年 4 月 12 日 D4 区域沿图 3.2b 中 BB′线模拟的 CAPE(阴影,单位:J · kg^{-1})和 CIN (红色等值线,单位:J · kg^{-1})的垂直剖面图:a. 09:00;b. 12:00;c. 15:00;d. 18:00

对流不稳定能量共同作用,利于锋前的峡谷处的对流有效位能增大和维持。海风过程中对流抑制基本维持在 75 J · kg^{-1} 以下,这利于强对流天气的形成。因此,在南部高山地区,随着海风的传播、海风锋的形成,强对流极易形成。

3.2　海南岛海风三维结构模拟对水平分辨率和边界层参数化敏感性的研究

3.2.1　试验设计

本节的试验是在前一节研究的基础上设计的,但对边界层参数化和与之相对应的近地面参数化方案、反馈机制作出了改变。

为了评估不同水平分辨率对海风结构的影响,两次模拟 EYSU 和 EMYJ 的水平分辨率分别为 27 km、9 km、3 km、1 km,两次试验内三层分别用 YSU_9,YSU_3,YSU_1 和 MYJ_9,MYJ_3,MYJ_1 来表示。并且,两次试验使用的都是单向反馈,即仅外层区域对内一层嵌套提供边界条件并产生影响、而反之不然。

同时,为了研究边界层方案对海风结构的影响,本节模拟分别使用了 YSU 和 MYJ 两个边界层方案,分别用 EYSU 和 EMYJ 表示。EYSU 中使用的是 Eta Model 近地面参数化方案,而 EMYJ 使用的则是 MM5 近似理论近地面方案。

两个试验 EYSU 和 EMYJ 的时间均为 2012 年 4 月 10 日 18 时到 4 月 12 日 18 时的 48 h,前 22 h 为起转(Spin-up)时间。

3.2.2　垂直风廓线

理论上,由于模拟的下垫面状况会随着水平分辨率的变化而产生变化,所以对于模拟的结果也会产生一定的偏差。然而,以风廓线为例,同一个边界层参数化方案中不同水平分辨率模拟的风廓线的差异很小,仅在 08 时(地方时,LST,下同)EYSU 模拟的 4 km 以下高度的风廓线会出现略微的差异。YSU_1 和 YSU_3 模拟的风廓线几乎是相同的,而 YSU_9 模拟的风速随高度的变化相对 YSU_1 和 YSU_3 的稍小一些。由此,水平格距由 9 km 降至 1 km 对模拟的气象要素垂直方向的变化影响很小;若存在影响,便是随着水平分辨率的提高气象要素的垂直变化略微明显一些。换言之,模拟方案水平分辨率的提高对气象要素的垂直变化的影响是很小的。

图 3.16 中实线、点线和长短线分别代表了观测值、YSU_1 和 MYJ_1 模拟的风速值,其中左图为 08

时、右图为20时。整体而言,模拟的风速的变化趋势和转折点出现的高度与实际观测情况是一致的。两个不同边界层参数化方案模拟的风速在1 km以下都明显偏大,而高层则相反。从地面起风速随着高度的增加而增大,在450 m处达到最大值。风速的极值出现的高度基本都比观测到的低,特别是对于5 km的低层风速而言。不同边界层参数化方案模拟的风廓线与实际情况都有较明显的不同之处,因此,研究不同边界层参数化方案对海风结构特征的影响是十分有意义的。

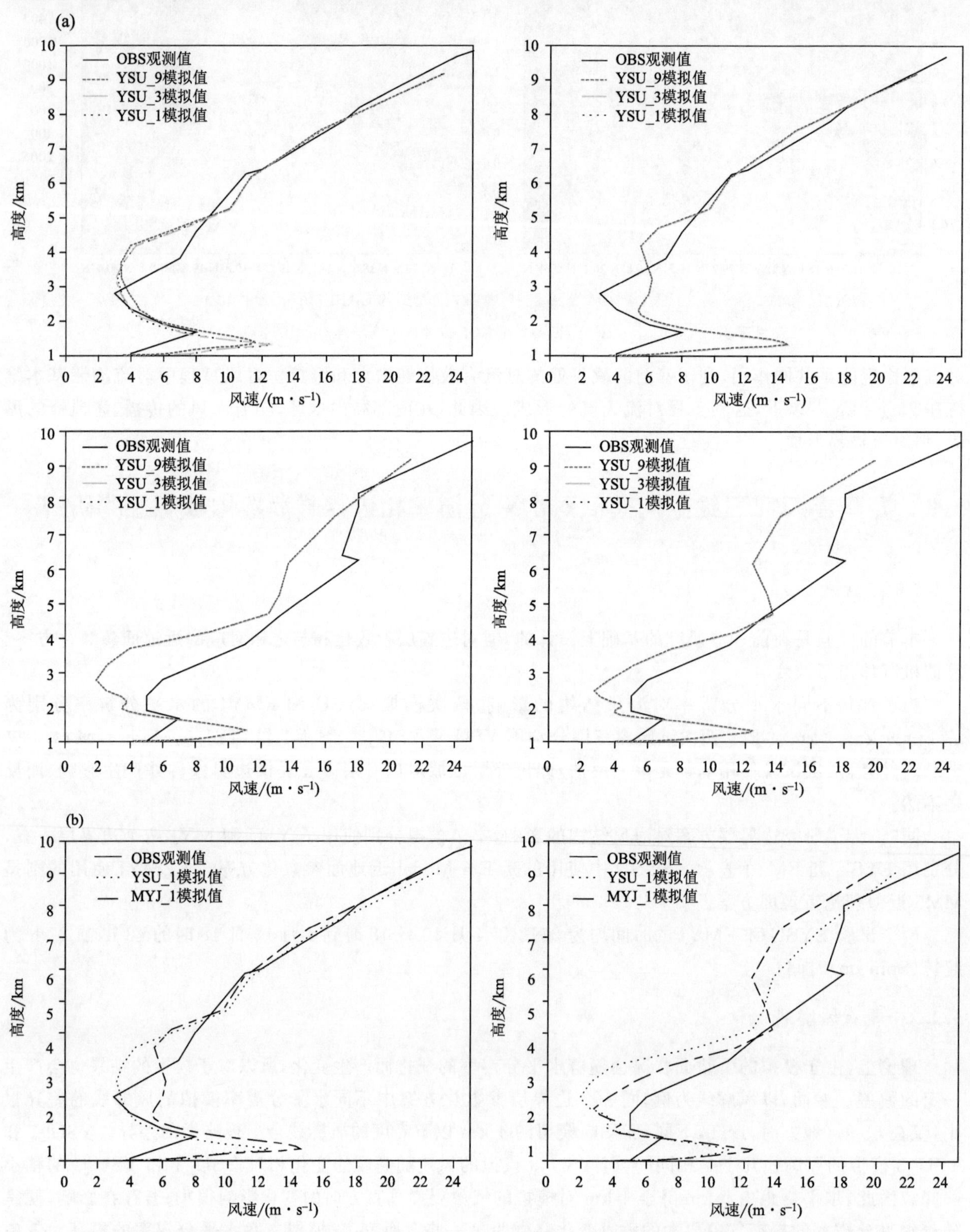

图3.16 (a)观测的风速垂直廓线(m · s^{-1})与模拟结果的对比:上面为08时、下面为20时;左侧和右侧分别为YSU和MYJ方案不同水平分辨率为9、3、1 km时的模拟结果。(b)水平分辨率为1 km时YSU和MYJ边界层方案模拟的风速垂直廓线与实际的对比:左图为08时,右图为20时

对比两个试验模拟的风廓线可知，两个时刻5.7 km以下EYSU方案的风速值始终小于EMYJ，但是高层则相反、EMYJ模拟的更小一些。由于边界层大气对动量的垂直交换有很大的作用，所以不同边界层方案模拟的气象要素的垂直变化的差异较大。例如图3.17中EMYJ模拟的风速在08时3 km处比EYSU大了接近2.6 $m \cdot s^{-1}$，约是此时此高度的实际风速的40%。近地面层，EYSU中模拟风速值更贴近实际观测；此外，观测和模拟风速的最大偏差出现在0.5 km处，其中EMYJ与观测值的差值达到了6.6 $m \cdot s^{-1}$远大于EYSU的4.4 $m \cdot s^{-1}$。由此，WRF模式模拟的风廓线随时间的演变在使用YSU边界层参数化方案时更贴近真实情况，而MYJ方案则会使得模拟的气象要素出现更为剧烈的垂直变化。

3.2.3　对海风环流三维结构和边界层高度的影响

图3.17中分别对应不同的水平分辨率结果，由图可知：随着分辨率的提高，最大水平风速和最大垂直上升、下沉风速都有所增大，并且出现的高度都逐渐降低、离岸水平距离逐渐减小。特别是当分辨率由9 km提高到1 km时，垂直风速变化十分剧烈，其中3 km模拟的垂直运动比1 km的大了一倍，而1 km模拟的比3 km的大了20%左右。9、3、1 km的水平分辨率模拟的海风向内陆传播的距离逐渐减小，但水平分辨率为3 km时海风环流的厚度却是最大的。水平分辨率为9 km时模拟的海风环流很粗糙，为1 km时(详见YSU_1和MYJ_1)的海风环流和海风锋前的对流单体结构都最完整。这可能是由于在高分辨率的模拟中，模拟的下垫面情况更加贴近实际情况，使得风场的水平涡旋和垂直运动尺度更大、结构更完整清晰。由此可见随着水平分辨率的提高模拟的垂直风速有大幅的增加、地形对垂直运动的影响也更加明显。此外，根据图3.17中的绿色实线可见，随着水平分辨率的提高，不同边界层参数化配置的两个方案都出现了相似的模拟结果：水平格距由9 km提高到3 km时，PBL高度的变化最明显，9 km分辨率模拟的PBL高度仍较为平均、无明显的最值出现；随着水平分布率的提高，PBL高度的值也随之增大、波动也显著增大，1 km水平格距模拟的PBL高度最大、波动也最明显。

沿着19.1°N分布的海风纬向垂直环流如图3.17中的矢量场所示，无论是水平方向向内陆传播的距离或者是垂直方向上海风的厚度，EYSU模拟的海风环流的强度都明显比EMYJ模拟的大得多。岛屿东部地区，EYSU模拟的海风向内陆传播的距离在不同分辨率下都明显比EMYJ模拟的大，在YSU_1中海风传播到了离岸约78 km的位置、而在MYJ_1中只达到了约72 km；EYSU模拟的海风厚度也比EMYJ模拟的大得多，海风厚度在YSU_1中达到了1.3 km的高度、而在MYJ_1中只达到了0.6 km。由风场的分析可知，EYSU模拟的垂直运动明显更加剧烈，而水平风场显示的结果却与之相反：EYSU模拟的垂直风速也显著比EMYJ模拟的大，YSU_1中最大上升速度达到了2.2 $m \cdot s^{-1}$，最大下沉速度达到了1.4 $m \cdot s^{-1}$；而MYJ_1模拟的最大上升速度仅为1.4 $m \cdot s^{-1}$(YSU_1的65%)，最大下沉速度也仅为YSU_1的一般、约0.7 $m \cdot s^{-1}$。然而，相比两种方案模拟的水平风速，YSU不同分辨率中的U风速均小于5 $m \cdot s^{-1}$，而MYJ对应的U风速均为7 $m \cdot s^{-1}$左右。

为了更好地理解边界层参数化的影响，图3.17中的绿色实线显示了边界层高度，由YSU_1和MYJ_1模拟的PBL高度都在109.4°E处附近出现了最大值，但YSU_1中最大值达到了2.7 km，MYJ_1中的最值较小、仅为2.3 km。与前人研究(Shin et al.，2012；Weisman et al.，2008)相吻合的是，EYSU模拟的对流边界层更深，垂直对流运动更加显著，也使得海风环流厚度更大。YSU边界层参数化模拟的更大的PBL高度也表明了更多的热量、水汽、动量通量在模拟区域中辐散，使得垂直混合作用也更加明显。正是由于这种充足的水汽、能量、动量通量的提供，与强烈的涡旋效应相结合，使得在SBF附近的对流运动更加显著和强烈。

因此，综合考虑水平分辨率和边界层参数化的共同影响，海风环流和边界层高度在YSU_1中地形效应的影响下显示得更加清晰、完整、详细。

图3.18中，与纬向剖面图相类似的是，随着分辨率的提高，最大水平风速和最大垂直上升、下沉风速都有所增大，但垂直运动最大值出现的高度和离岸水平距离却几乎不变，且模拟的海风向内陆传播距离的变化也很小。对比水平分辨率为1 km和3 km时模拟的下沉风速，当从3 km分辨率提高到1 km时，垂直下沉速度变化非常剧烈，且比3 km时的大幅地增大：其中YSU_1的下沉速度是YSU_3的2倍、而MYJ_1的下沉速度比MYJ_3大了4倍；这主要是由于水平分辨率提高后对下垫面的模拟更精确，1 km

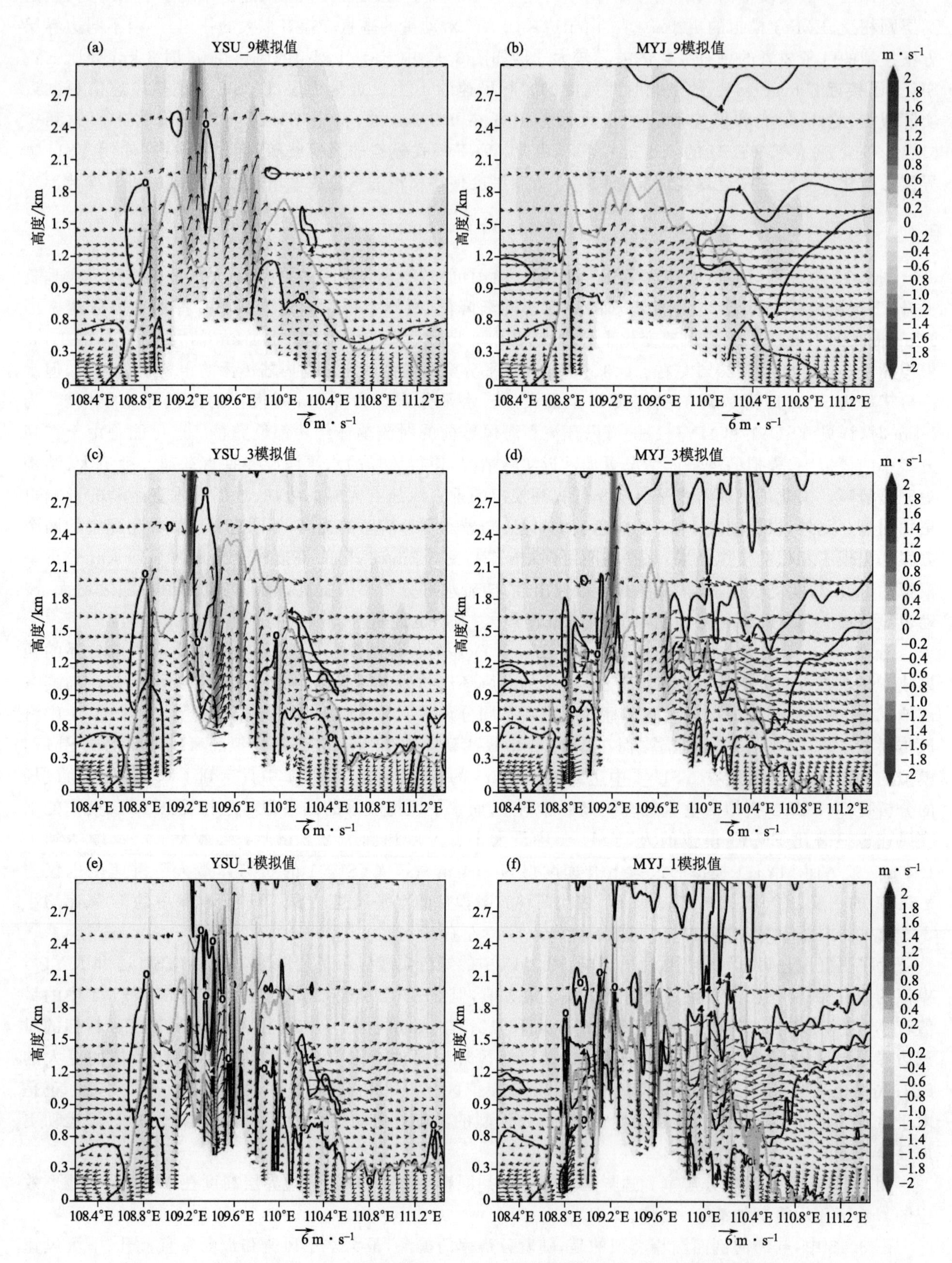

图 3.17 2012 年 4 月 12 日 D4 区域沿图 3.2b 中 AA′线模拟的垂直风速（阴影，单位：$m \cdot s^{-1}$），东西环流（箭头矢量，w 扩大了 20 倍），U 风速（黑色等值线为 0、4 $m \cdot s^{-1}$）的垂直剖面图：a,c,e 为 YSU 方案；b,d,f 为 MYJ 方案

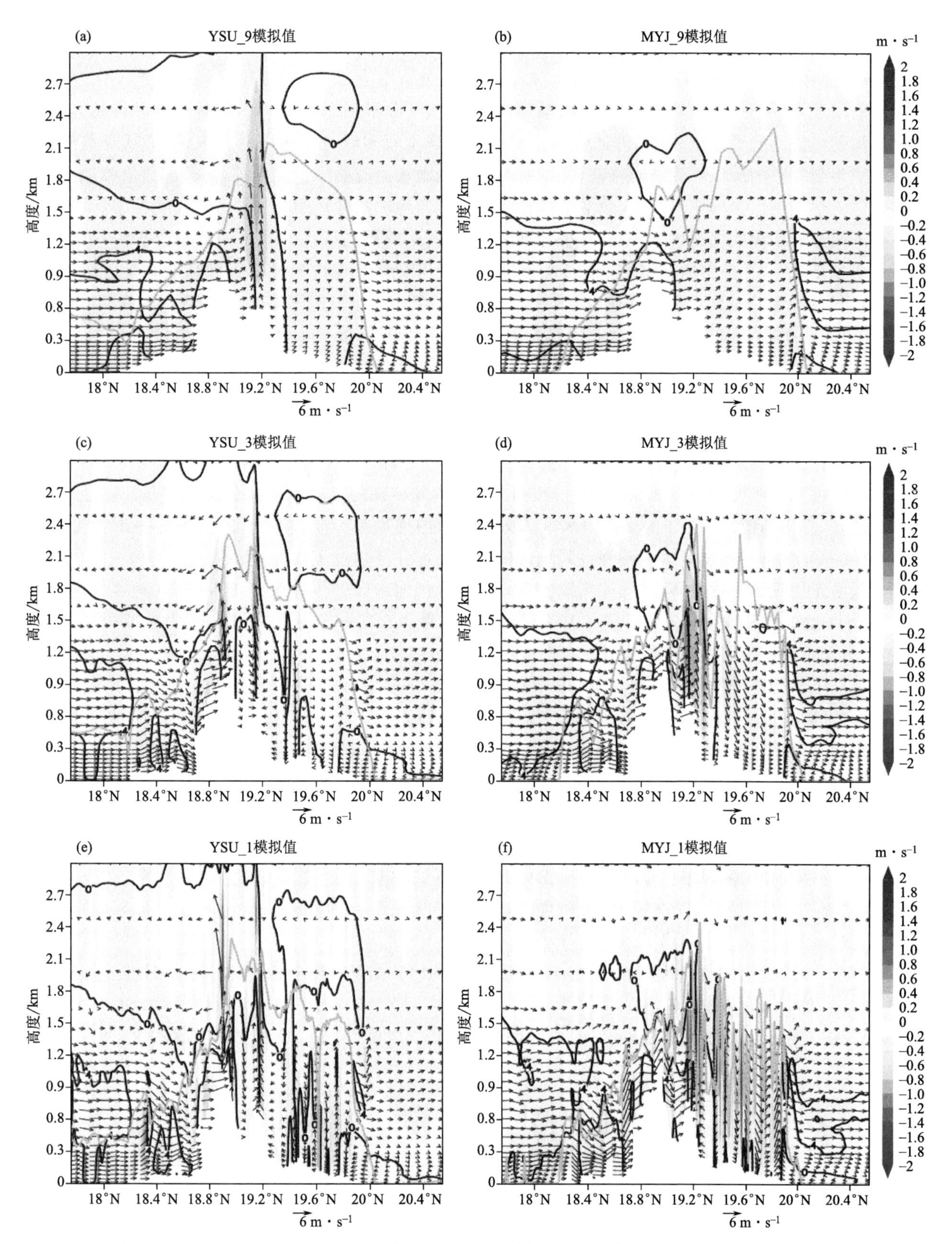

图3.18　2012年4月12日D4区域沿图3.2b中BB′线模拟的垂直风速(阴影,单位:m · s^{-1}),南北环流(箭头矢量,w扩大了20倍),V风速(黑色等值线为0、4 m · s^{-1})的垂直剖面图:a,c,e为YSU方案;b,d,f为MYJ方案

分辨率模拟的山峰高度也明显更高更贴近实际，高精度模拟中增强的地形阻挡的物理机械作用在 EYSU 中表现得更加明显，然而 EMYJ 中相对更强的海风在爬坡时积累了更多的动能使得下坡风强度更大。因此，在低分辨率数值模拟中的 PGF 较弱、对海风的作用也较小，对海风环流结构的模拟并不够完整，特别是对 SBF 前的对流活动的模拟效果较差，换言之，在水平分辨率为 9 km 时模拟的海风环流不完整、无高空回流的出现，海风锋前基本未出现对流活动。但是，当水平分辨率为 1 km 时，海风环流结构最完整的、高空回流的风速达到了 3 $m \cdot s^{-1}$，海风锋前也清晰地出现了较多对流单体。总的来说，高精度数值模拟更利于捕捉到完整的海风环流结构特征，特别是对垂直活动和回流的模拟。此外，高精度数值模拟中更加精细化的下垫面可以突出地形效应，包括了机械阻挡效应和地形抬升作用。

在不同边界层参数化配置下，随着水平分辨率的提高，边界层高度（图 3.18 中的绿色实线）也出现了相似的模拟结果：水平格距由 9 km 提高到 3 km 时，边界层高度最值出现的位置和数值大小的变化都非常明显；而 9 km 时山地附近的边界层高度变化几乎很小。随着水平分辨率的提高，边界层高度的值也随之增大、波动也显著增大，其中 1 km 水平格距模拟的边界层高度最大、波动也最明显。但相较之下，MYJ_1 中 19.2-19.9°N 处 PBL 高度的波动大幅增加，比 YSU_1 剧烈很多。这种边界层高度的剧烈变化与此处伴随着强烈的热量通量、动量通量和水汽通量交换的强对流活动密切相关。

沿着 109.7°E 分布的垂直海风环流如图 3.18 所示，和纬向剖面图类似的，EMYJ 模拟的水平 V 风速明显比 YSU 的大，YSU 不同分辨率中的 V 风速均小于 5 $m \cdot s^{-1}$，而 MYJ 对应的 V 风速达到了 7 $m \cdot s^{-1}$、比 EYSU 模拟的大了接近 40%。岛屿北部，模拟的海风向内陆传播的距离在不同分辨率下都较接近。但值得注意的是，在岛屿南侧，MYJ_1 模拟的水平风向在山脉的迎风和背风坡并无变化、始终为南风，这说明了 MYJ_1 模拟的海风强度足够大到在岛屿南部的山脉爬坡并且越过了山脉，而不是 YSU_1 中产生的绕流。正是由于出现了上述差异，EYSU 模拟的岛屿南部海风向内陆的传播距离比 MYJ 方案的小得多；也使得 EYSU 模拟的海风对流单体出现在山顶至整个下坡区域（19°—19.4°N），而 EMYJ 模拟的海风对流更多，且分布区域明显偏南、主要在山脉南侧地区（19.1°—19.7°N）。

尽管从上述的水平场结构看来 YSU 边界层参数化模拟的海风偏弱一些，然而在垂直方向上却得到截然相反的结论。EYSU 模拟的最大垂直上升速度与 EMYJ 模拟的一样，但 MYJ_1 模拟的 19.2°N 处的垂直下沉运动却比 YSU_1 大了 2.5 倍（MYJ_1 达到了 1 $m \cdot s^{-1}$）；这种高估主要是由于 EMYJ 模拟的水平风速比 YSU 方案的大了接近 40%，当遇到山地爬坡时受到了地形抬升作用的影响而产生了更大的动能，继而在越山后也相应产生了较强的下沉气流。此外，YSU 方案中最大垂直运动的高度也比 MYJ 的高出不少，YSU_1 模拟的最大垂直上升运动在 2 km 以上、MYJ_1 的却基本低于 2 km。由于垂直运动的差异较大，EYSU 模拟的海风厚度也相应的比 EMYJ 模拟的高出较多，在 YSU_1 中达到了约 1.3 km 的高度、而在 MYJ_1 中只达到了 0.6 km。总的说来，使用 YSU 边界层方案的 WRF 模拟的海风环流会更深、更强烈。

图 3.18 经向垂直剖面中的 PBL 高度与纬向剖面中的比较结果截然相反：YSU_1 模拟的边界层高度小于 MYJ_1 的，YSU_1 中 PBL 高度最大值为 2.3 km，比 MYJ_1 的小了 1.5 km；而且，YSU_1 中 PBL 高度最大值出现的位置明显比 MYJ_1 的偏南，YSU_1 在山脉南侧，而 MYJ_1 在山脉北侧、19.25°N 的位置。

3.3 多云天气条件下海南岛海风环流结构和云水分布的数值模拟

海南岛复杂的海岛地形对局地天气有重要影响，偏西或偏东盛行风下均易形成多云和降水天气（Tu et al.，1993），海风雷暴天气也常有发生（辛吉武 等，2008），可见海南岛是研究复杂地形下海风环流结构和云水分布的理想区域。因此本节采用中尺度数值模式 WRF 对海南岛多云天气条件下的海风个例进行三维高分辨率数值模拟，多云海风日中的云水含量较多，便于探讨局地地形热力和动力作用对海风环流结构和云水分布的影响，以了解海南岛多云天气条件下海风环流和云水分布的一般特征，加深对海风（锋）触发强对流天气的理解，高度重视普遍存在的海风现象可能造成的潜在危害。

3.3.1　资料和方法

(1)个例选取

本研究选取的多云海风个例日期为2012年7月5日。从图3.19可知,5日08时海南岛中低层均处于副热带高压底后部,500 hPa受东风气流控制,风速小于7 m·s^{-1},850 hPa主要受东南气流影响,风速小于4 m·s^{-1},14时850 hPa海岛上空相对湿度在80%以上,水汽条件丰富;抬升指数LI为−4～−6 K,对流有效位能为1500～2100 J·kg^{-1},总体上该天背景风场较弱,气层弱稳定,海风环流更易发展(Crosman et al.,2010)。

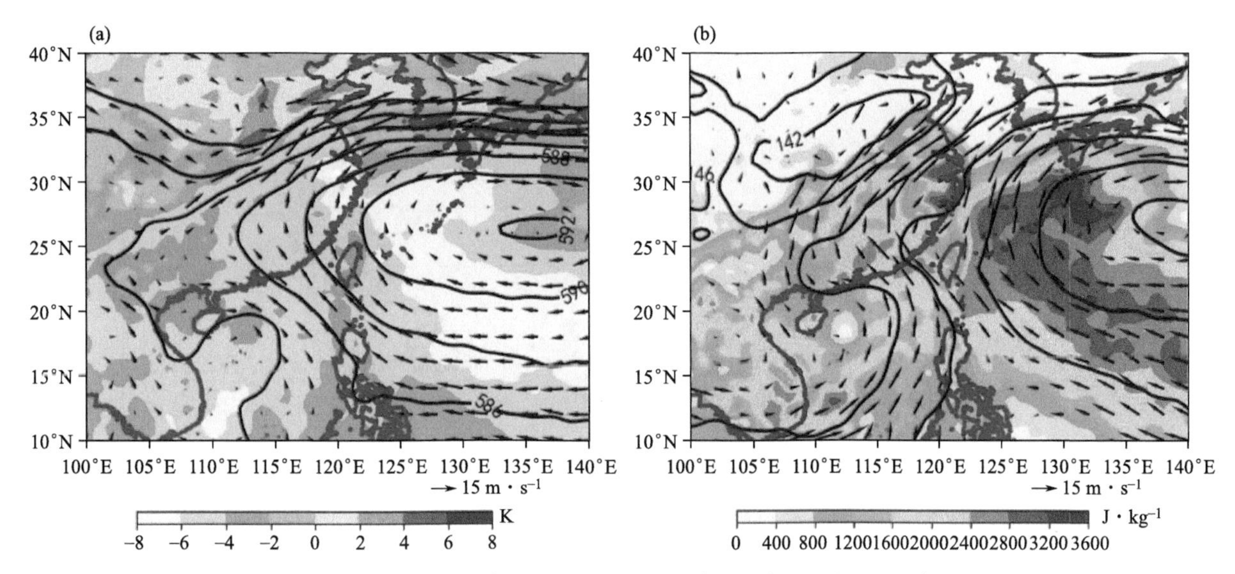

图3.19　2012年7月5日08时NCEP FNL 1°×1°资料风场(矢量,m·s^{-1})、位势高度场(黑色实线,dagpm):a. 500 hPa,14时地面抬升指数LI(阴影,K);b. 850 hPa,14时地表对流有效位能CAPE(阴影,J·kg^{-1})

根据地面自动站观测资料和历史云图显示,当天海岛上空午后云量增多并逐渐西移,对流性降水不显著,午后累积降水超过10 mm的站点只有五指山(17.1 mm)和琼中(12.9 mm)两站,降水落区主要位于海岛西南部。

全岛海风特征明显,白天8个沿海站的风向均发生了转变,出现了向岸气流,大多数内陆测站的海风也较明显。综上可知,该个例海风特征显著,在海风作用下云量增加,无明显降水过程,仅部分站点出现弱局地对流性降水,此个例适合用来研究海风影响下的云水分布特征。

(2)模式定制

本研究采用中尺度数值模式WRF ARW V3.6(Skamarock et al,2008)对所选典型多云海风个例进行模拟。模式采用每6 h一次,垂直26层的NCEP FNL 1°×1°资料作为初始场和边界条件,采用双向反馈四重嵌套方案,嵌套区域水平格距分别为27 km、9 km、3 km、1 km。所有嵌套区域垂直方向设置35层,模式层顶气压设为100 hPa。模式中心点为(21.029°N,109.927°E)。为模拟出海风环流的精细化结构,2 km以下设置25层。如图3.20所示,最外层区域包括整个华南及部分南海海域,最里层包含了整个海南岛;海岛西南山区山体海拔高度多数在500～800 m,总体上属于低山丘陵类型,海拔超过1000 m的山峰多分布在五指山、雅加大岭和鹦哥岭三大山脉之中(许格希 等,2013),海岛东北部地势相对平坦;土地利用类型资料采用NCEP2001年提供的MODIS 30 s全球陆面遥感数据资料。

模式积分时间共46 h,从2012年7月4日02时到6日0时,前22 h为起转调整(spin-up)时间,模拟结果逐时输出。其中主要物理过程参数化方案如下:短波辐射采用Dudhia方案;长波辐射采用RRTM方案;微物理采用Lin et al. 方案;积云参数化为Kain-Fritsch方案;边界层采用YSU方案;近地面层采用Monin-Obukhov方案;陆面过程采用Noah方案。除D3、D4未使用Kain-Fritsch积云参数化方案外,其他物理参数化方案针对所有嵌套区域。

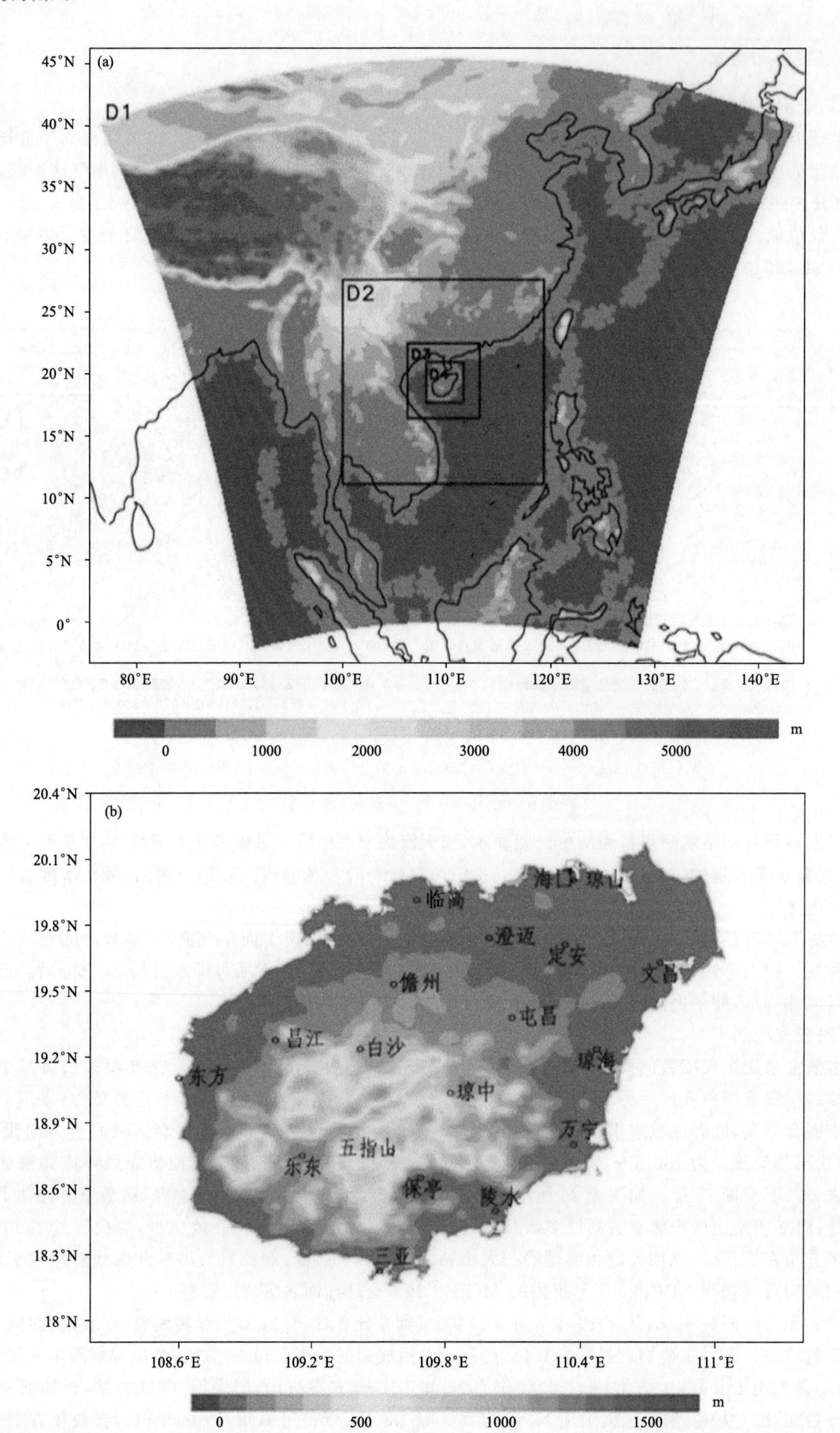
(a)
D1
D2
D3
D4
45°N
40°N
35°N
30°N
25°N
20°N
15°N
10°N
5°N
0°
80°E
90°E
100°E
110°E
120°E
130°E
140°E
0
1000
2000
3000
4000
5000
m
(b)
20.4°N
20.1°N
19.8°N
19.5°N
19.2°N
18.9°N
18.6°N
18.3°N
18°N
108.6°E
109.2°E
109.8°E
110.4°E
111°E
海口
琼山
临高
澄迈
定安
文昌
儋州
屯昌
昌江
白沙
琼海
东方
琼中
万宁
五指山
乐东
保亭
陵水
三亚
0
500
1000
1500
m

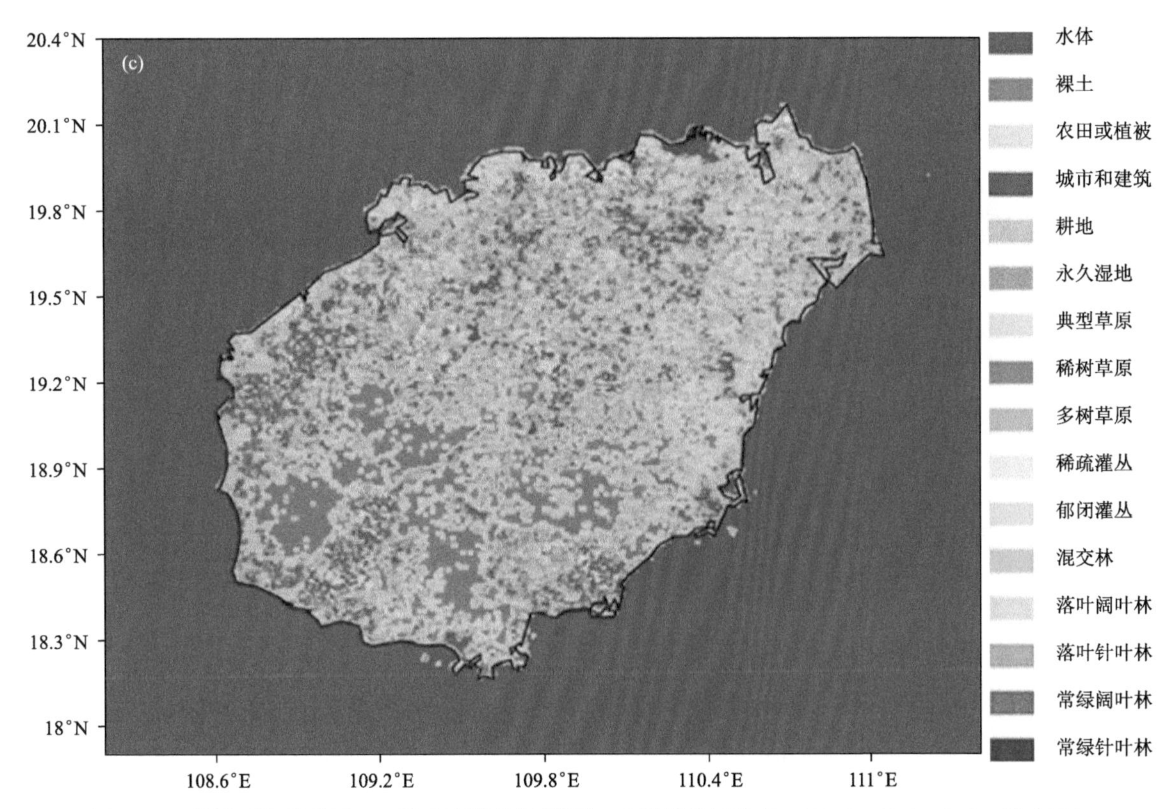

图 3.20　模拟区域示意图 (a)模式地形高度(阴影，m)及嵌套区域(D1、D2、D3、D4)；(b)D4 模式区域地形高度(阴影，m)及 19 个地面自动站站点分布；(c)D4 区域模式土地利用类型

3.3.2　模拟结果分析

(1)模拟与观测的比较

将海南省气象台提供的地面自动气象站观测资料，与模拟的气温、相对湿度、风向、风速和降水进行对比，比较模拟效果。

首先，选取琼海、东方、陵水、海口四站作为海南岛东西南北四个方位的代表站，比较海岛四面风向和风速的模拟效果。从图 3.21 可见，琼海站模拟的海风时段是 08—21 时，比实际海风提前 4 h 开始，提前 2 h 结束，模拟的风速变化趋势较好；东方站和陵水站模拟的海风时段分别是 10—23 时和 09—21 时，与观测对比可知，东方站和陵水站分别提前 1 h 和 2 h 开始，结束时间相同；北部海口站模拟的海风 13 时开始，19 时结束，比观测到的海风滞后 2 h 开始，滞后 4 h 结束，相应的模拟的风速大值的出现时间也略有滞后。可见海岛东部模拟的海风过程整体提前，北部整个海风过程略有滞后，南部和西部海风过程开始和结束时间相差不大。

其次，计算温度、风速和相对湿度的平均误差 MBE(Mean Bias Error)和均方根误差 RMSE(Root Mean Square Error)(表 3.1)，其中琼海站、东方站、陵水站和海口站是沿海平原站；定安站是内陆平原站；白沙站、琼中站、五指山站和乐东站是内陆高原站。可以看出各站温度、风速、湿度的平均偏差和均方根偏差都较小，表明基本气象要素风温湿的模拟效果较好；风速和温度在沿海和内陆的模拟效果相差不大；内陆站(定安、白沙、琼中、五指山和乐东)相对湿度的 RMSE 比沿海站大，则对于湿度的模拟，沿海地区比内陆的模拟效果好。

此外，模式能较好地模拟出相对湿度和温度的变化趋势，受太阳辐射影响，白天气温先升后降，极大值出现在午后 14—15 时；相对湿度变化趋势与气温相反，极小值出现在 13—15 时。由于该天对流性降水不显著，如前所述午后累积降水超过 10 mm 的站点只有五指山站和琼中站，而模拟的主要降水区域也分布在西南山区，与观测结果基本接近，可见模拟能较好的模拟出降水的主要落区。

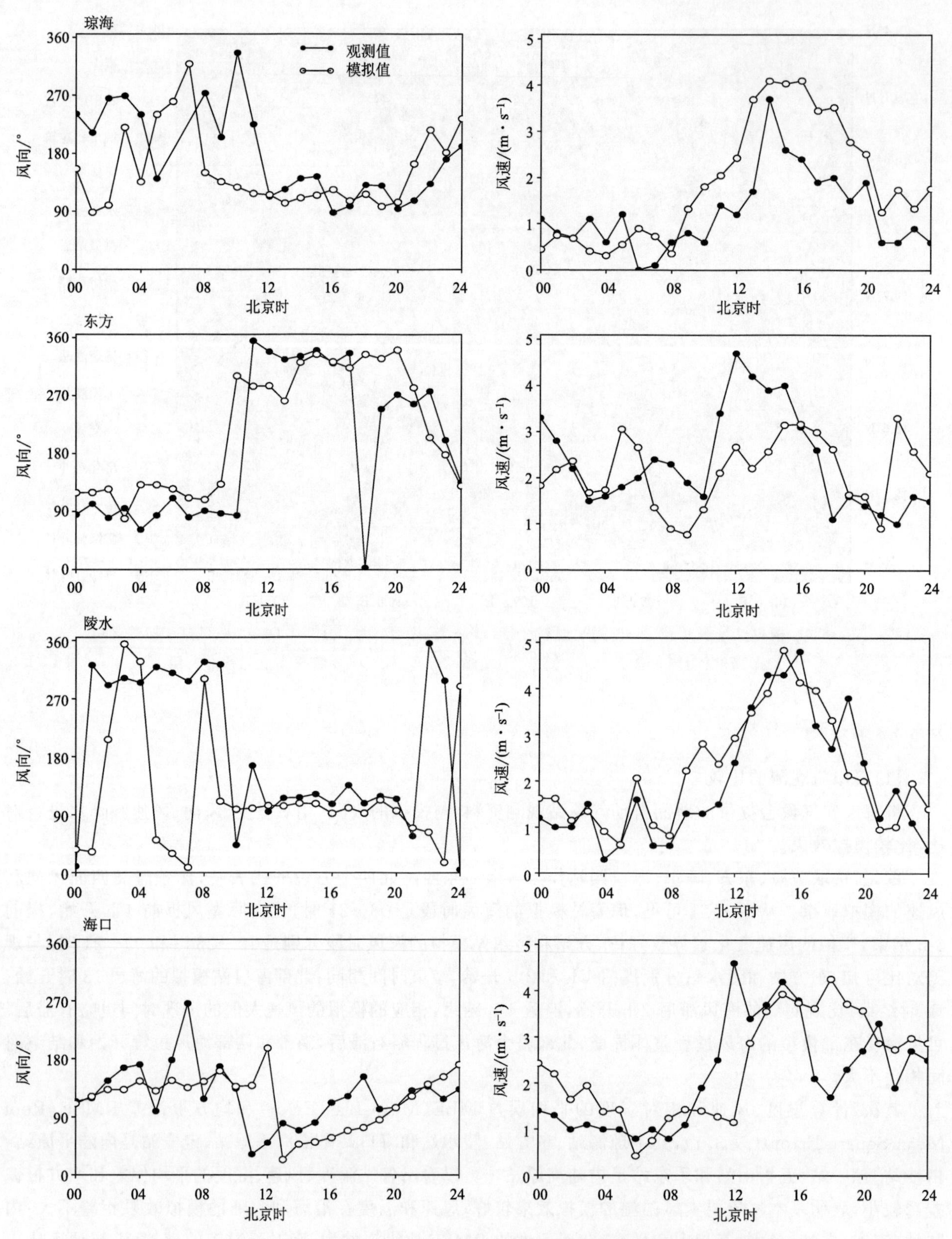

图 3.21　2012 年 7 月 5 日琼海、东方、陵水和海口站风向和风速模拟结果与实测资料对比

虽然温度、相对湿度、风向、风速和降水模拟结果与实测资料并不完全相同，风向转变略有提前和滞后，温度、风速、相对湿度和降水落区也略有偏差。但这种偏差是可以理解的，可能原因包括：模拟结果由格点插值到站点过程中的误差，模式参数化的局限性以及模式下垫面分布情况与测站周边实际环境的差异等（黄安宁 等，2008；蒙伟光 等，2012）。

表 3.1 温度、风速和湿度模拟结果的统计参数

测站		琼海	东方	陵水	海口	定安	白沙	琼中	五指山	乐东
温度/℃	MBE	−1.09	−0.83	−0.81	0.63	−0.83	−0.80	−1.04	−1.00	−0.99
	RMBE	1.27	1.11	1.25	1.40	2.70	1.33	1.62	1.24	1.54
风速/($m \cdot s^{-1}$)	MBE	0.71	−0.16	0.23	0.19	0.75	0.98	1.38	0.34	1.22
	RMBE	1.04	1.11	0.74	1.13	1.40	1.38	1.87	1.06	1.89
湿度/%	MBE	7.87	5.04	4.73	−6.46	4.37	8.07	8.20	11.88	12.13
	RMBE	8.71	8.36	6.82	10.50	11.93	10.27	10.75	13.18	14.75

(2)海风水平结构和云水分布

云水是云系中的液态水粒子，云水混合比可以反映云的宏观特征(平凡 等，2009)，可以用来模拟对流云(尹东屏 等，2010)，代表海风影响下的潜在降水。图3.22是3 km以下的累积云水混合比和10 m风场图，粗实线为500 m地形高度，大致代表海岛山区所在区域。

海岛在一天中经历了从冷源到热源再到冷源的转变，06时陆地上温度比海洋低，海岛以冷源形式存在。在太阳的辐射增温作用下，海岛逐渐变成热源。至21时陆地温度又变得小于海洋。在这种冷热源的转变过程中，海风得以形成、发展直至减弱消失。06时全岛陆风显著，受东南背景风的影响，海岛长轴以南的陆风风速较小，陆风锋紧靠东南海岸线。09时岛屿四周陆风逐渐减小，海岛长轴以北风向也开始有转向陆地的趋势。12时—18时是环岛海风形成和维持阶段，12时岛屿四周都出现了由海洋吹向陆地的海风，环岛海风系统形成；15时海风发展最为强盛，影响范围最广；18时不同方向的海风的辐合程度强，形成了覆盖全岛的海风辐合带。至21时环岛海风逐渐减弱消失。

在海风发生发展直至辐合的过程中，海岛地理位置和岛上复杂地形对低层风场的水平分布产生了重要的影响。受地形绕流作用和北部琼州海峡“狭管效应”的影响，海岛南北两侧分别形成了南部绕流大风和北部狭管大风，12时两股地形绕流风在海岛西部约19.3°N处汇合(图3.22c)，南部绕流风略强于北部狭管风。15时在海陆温差影响下，南部绕流风在18.9°N附近顺时针转向海岛；北部狭管风在109.5°E附近逆时针转向陆地，以北风形式存在；海岛东北部主要为东北海风；长轴以南的东南风逆转为偏东海风向内陆推进。东北平坦地区海风向内陆传播过程中受到的地形阻挡作用较小，海风一旦形成便迅速推向内陆。而西南山区的山地对海风有一定的阻挡作用，强盛的海风能爬坡越过较为低缓的山地，对于高陡的山地，海风无法越过便在地形的动力阻挡作用下强迫抬升或者产生机械绕流。在岛屿复杂地形下，偏西、偏北、东北和偏东海风最终在长轴偏北形成了呈东北西南走向的海风辐合带。

在海风发展期间，海风对流云也伴随着海风不断发展演变。环岛海风形成前，06时海岛北部大片区域存在较大的累积云水混合比，局部强度达2 $g \cdot kg^{-1}$，这是早晨近地层的雾而并非对流云，至09时近地面的雾有逐渐消散的趋势，同时岛屿长轴以南的海风对流云呈点状和片状分布，与海岸线几乎平行。12时环岛对流云形成，海岛长轴以南对流云强度大于长轴以北。海风最强盛的15时，东北平坦地区和西南山区之间的海风对流云强度有很大的差别，平坦地区对流云强度在0.5～0.8 $g \cdot kg^{-1}$，山区四周对流云的强度却达到2 $g \cdot kg^{-1}$。至18时，平坦地区和山区对流云强度相差不大，累积云水混合比均在2 $g \cdot kg^{-1}$左右。可见海南岛山区和平坦地区的海风对流云强盛期开始和维持时间有所不同，西南山区对流云在海风维持阶段都比较强盛，而平坦地区对流云强盛期是从各向海风辐合开始。对流云的这种强度分布和变化特征与海岛的复杂地形密切相关。在西南山区，海风向内陆传播中遇到山地，在山地阻挡作用下强迫抬升或者可能与局地谷风环流相互作用(下文垂直结构中将详述)，对流云强度增强，此外山地的阻挡也间接延长了强对流云的维持时间。而平坦地区海风向内传播过程中受地形的阻挡作用小，起先对流云是在单支海风锋作用下产生的，而后不同方向的海风在传播的过程中相遇辐合，垂直运动增加，在强垂直上升运动下海风对流云强度增强。

图3.23是10 m风场的纬向-时间剖面(沿19.1°N)和经向-时间剖面(沿109.1°E)图，其中经度和纬度范围完全代表陆地，地形高度剖面与之对应，可以清楚地看到海风开始结束时间、风速大小及向内陆传播距离的演变过程。以19.1°N西部为例，海风时段为10—22时，其中10—13时海风风速逐渐增大；

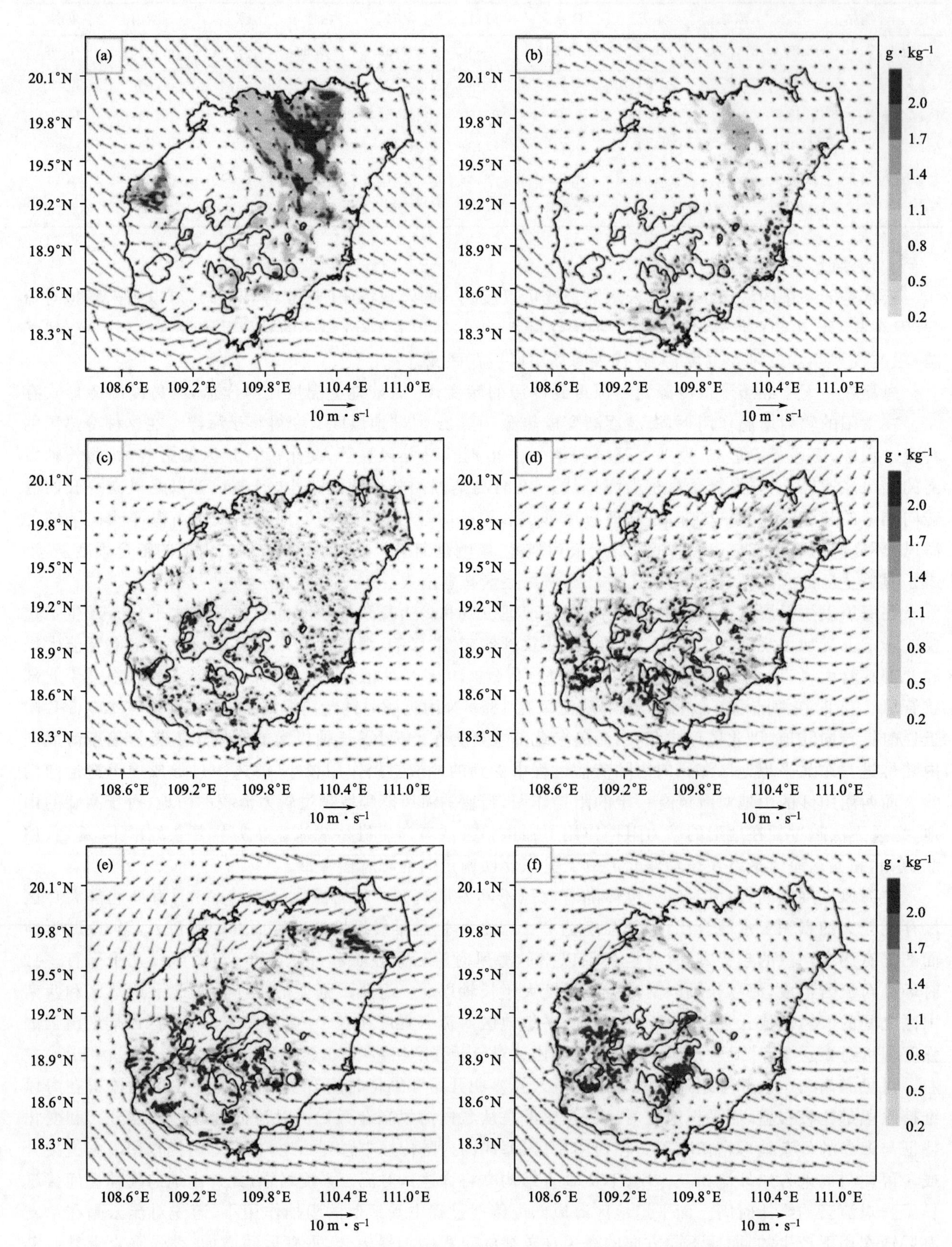

图 3.22　2012 年 7 月 5 日 D4 区域的风场(矢量,m · s^{-1}),3 km 以下累积云水混合比(阴影,g · kg^{-1}),地形高度(黑色实线,500 m);a. 06 时;b. 09 时;c. 12 时;d. 15 时;e. 18 时;f. 21 时

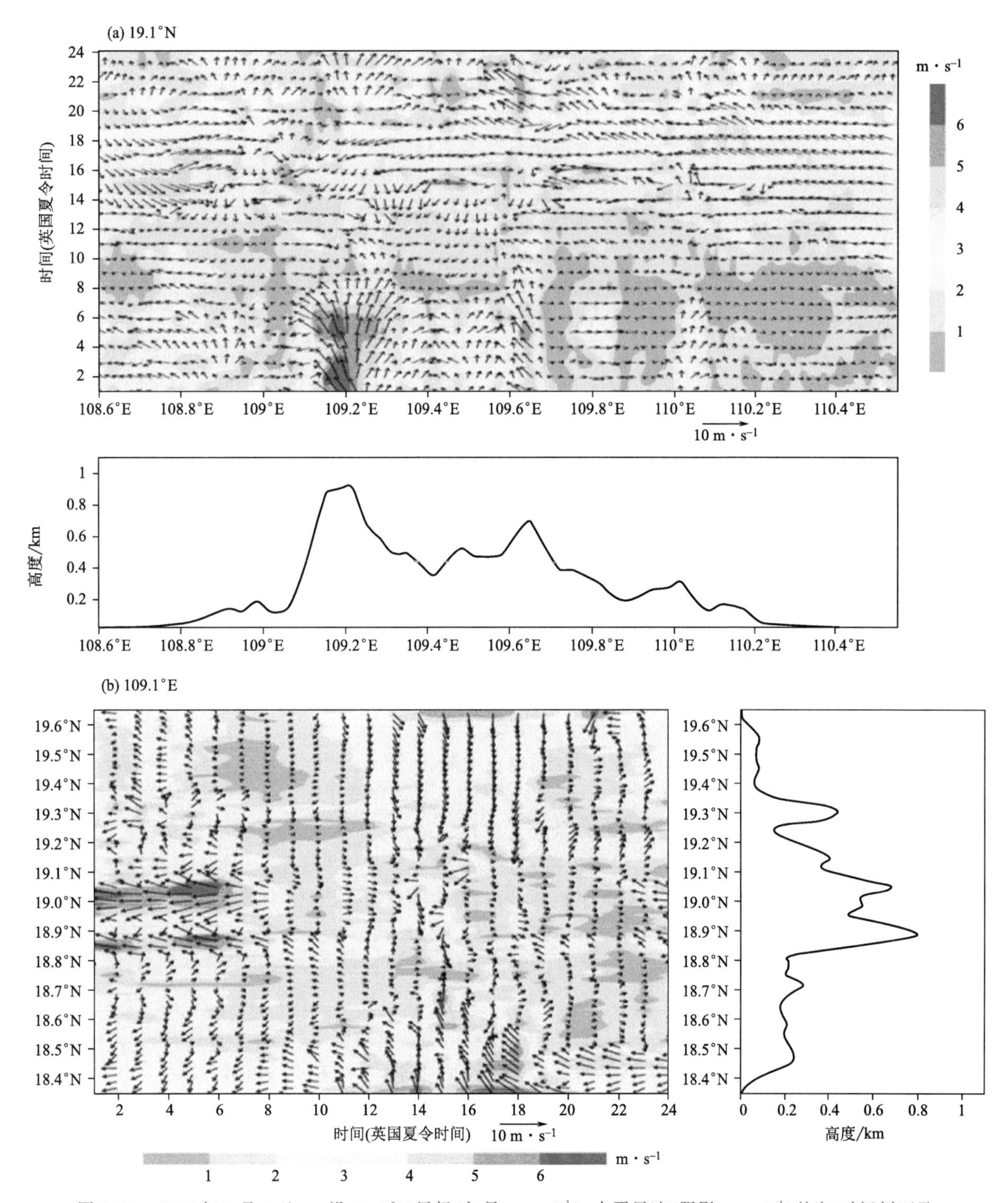

图 3.23　2012 年 7 月 5 日：a. 沿 19.1°N 风场(矢量，$m \cdot s^{-1}$)、水平风速(阴影，$m \cdot s^{-1}$)纬向-时间剖面及地形剖面图；b. 沿 109.1°E 风场(矢量，$m \cdot s^{-1}$)、水平风速(阴影，$m \cdot s^{-1}$)经向-时间剖面及地形剖面图

14—18 时风速较大，基本维持在 4～5 $m \cdot s^{-1}$，18 时海风深入内陆距离最远约 53 km；19 时后海风风速逐渐减小直至消失。19.1°N 东部，109.1°E 北部和南部的海风时段分别是 09—21 时，09—20 时和 08—21 时。

必须指出的是，海南岛环形层状地貌显著，土地利用类型多样(图 3.20)，这种非均匀下垫面的局地热力性质差异明显。从图 3.23 可见，局地热力作用而形成的山谷风明显存在，谷风时段主要集中在 09—21 时，几乎与海风同时形成和消失，起先谷风环流和海风环流相互独立，随着海风继续发展，谷风与海风会出现同相叠加。海风与谷风环流之间相互作用会使海风环流结构更加复杂，具体如何影响将在垂直结构中作进一步分析。

(3)海风环流垂直结构和云水垂直分布

从海风和云水分布水平结构中可知，海南岛山区和平坦地区海风对流云强度有所不同，为详细了解产生这种差异的原因，选取位于山区(19.1°N,109.1°E)和平坦地区(19.7°N,110.4°E)的两点分别作纬向和经向剖面，分析山区和平坦地区两类地形下的海风环流垂直结构和云水垂直分布。其中(19.1°N,109.1°E)处于东南西北海风的主要影响区，近地面海风几乎沿着该点经纬度运动，受其他方向的海风影响小；(19.7°N,110.4°E)是18时东北地区海风对流云覆盖区域的中心点。

1)山区

图3.24是沿19.1°N的风场和云水混合比的纬向垂直剖面图，如图3.24所示，由于海岛山区东侧的海风风向与背景风都为东风，纬向剖面图中的近地面风总是由海洋吹向陆地，无法从风向上辨别海风的发展演变。13时海岛东侧海风锋位于110.3°E,1.2 km的高度上出现弱离岸气流，受偏东背景风场的影响其速度很小，标志着弱海风环流的形成(图3.24b)。14时海风锋到达110°E,向内陆传播了约65 km,锋区最大垂直速度为1.5 m·s^{-1},海风锋前后对流云团云水混合比约0.7 g·kg^{-1}。16—18时高低空均受偏东气流控制，至23时低层出现弱离岸气流，陆风形成。

海岛西侧09时洋面上出现一小范围向岸气流，海风开始形成，还未到达陆地。13—18时在离岸(偏东)背景风下海岛西侧出现相当完整的海风环流，海风锋(头)上有对流云相伴生成，对流云的强度时增时减，与海风锋锋区的垂直速度变化一致。13时海风锋推进至108.8°E,锋面与地面几乎垂直，锋区垂直速度达到2.1 m·s^{-1},海风锋附近的海风重力流一直伸展至1.2 km的高度，表现出明显的头部结构，即海风头(Sea Breeze Head,SBH),海风头后的海风厚度大约只有0.4 km,海风锋锋区上方和海风头上都存在对流云团，云团中的云水混合比达1 g·kg^{-1}。与13时相比，01—18时海风头垂直伸展高度降低至700 m左右，同时在海风重力流上方出现比较明显的KHBs(Kelvin-Helmholtz Billows)(图3.24c、d)。直至23时海风环流开始减弱，低层风由陆地吹向海洋。

海岛西侧的海风环流受地形的动力阻挡较小，越山气流和地形热力作用形成的谷风环流对海风环流结构变化影响较大。在越山气流影响下，14时的谷风环流和海风环流比13时明显减弱，海风锋锋上最大垂直速度减小至1 m·s^{-1},此时相对应的海风头上对流云团消失(云水混合比小于0.2 g·kg^{-1})(图3.24c),这是因为越山气流是干暖气流，受其影响云系中的液态水会蒸发消散，云水含量减小。16时低层海风不断发展，增强的海风受到越山气流的阻挡，海风环流上部受到挤压，位于108.9°E处的海风锋增强，垂直速度增加至1.2 m·s^{-1}。17时前谷风和海风一直处于分离状态(图3.24a～d),至17时谷风环流与海风环流开始汇合，还未完全叠加，18时谷风风速瞬间增大，使海风锋有锋消趋势，位于109°E的海风锋锋区变宽，约20～30 km。

由图3.25所示，109.1°E经度上09时海岛山区南侧陆地上空为偏南气流，北侧陆地上空1 km以下已经出现偏北气流，而北部海岸线附近的风向仍由陆地吹向海洋，表现为陆风。结合图3.22b可知，陆地上的偏北气流是东南背景风在海岛西南山地绕流作用下产生的，此时山区北侧由海陆热力性质差异产生的海风还未形成。109.1°E处在南部绕流风和北部狭管风这两股地形绕流风的影响范围内(图3.22c),由于地形绕流风风速较大，它们转向陆地后形成的低层海风风速也较大，一旦转向陆地便迅速向内陆推进，整体上使得海风发展较为深厚，持续时间较长。其中13—18时是海风环流发展的强盛阶段，垂直环流清晰可见，海风锋(头)上对流云团强度也较强。至23时海风才消亡，高低空表现出较为一致的偏南气流。

在海风环流发展的强盛阶段，南北两支海风存在相互作用。13时南北两侧海风环流形成，两侧海风锋分别到达18.6°N和19.1°N,海风厚度均在1.2 km左右。此后发展较强的北支海风，越过18.8°N处0.8 km高的山地，阻碍了南支海风的发展，南支海风环流在北支海风挤压下海风头部变得不明显，锋面略向南部倾斜，海风锋锋上垂直速度达1.8 m·s^{-1}(图3.25c)。16时南侧谷风环流形成，海风与谷风环流出现同相叠加，Kondo(1990)将这个叠加而成的统一环流称为“扩展海风”(Extended Sea Breeze),此时扩展海风锋锋区最大垂直速度达2.1 m·s^{-1},锋区对流云团强度为1.1 g·kg^{-1},南北海风向内陆的传播距离分别约为39 km和100 km。18时南北两侧海风环流开始逐渐减弱。

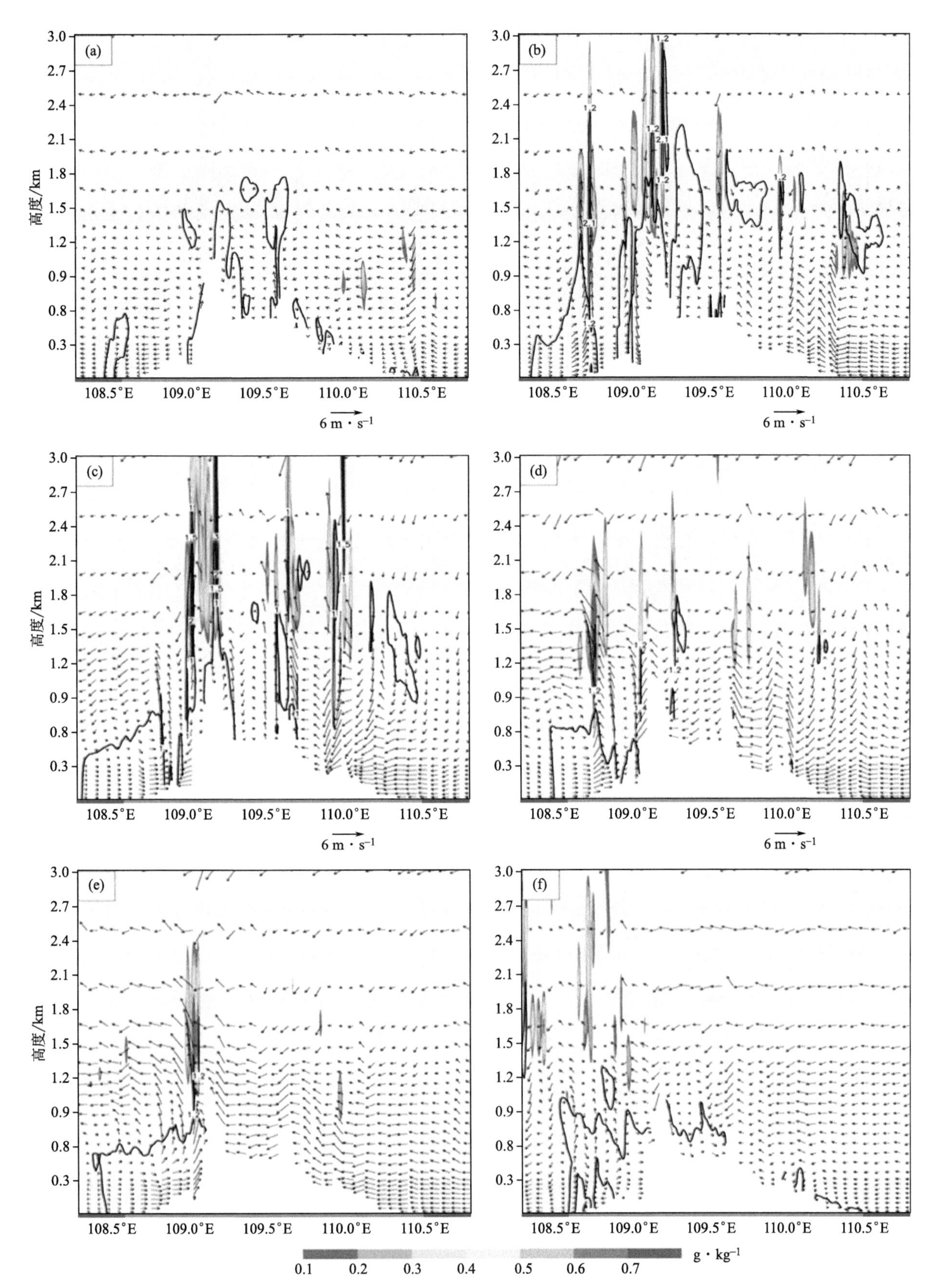

图 3.24　2012 年 7 月 5 日 D4 区域 19.1°N 模拟的风场(矢量，$m \cdot s^{-1}$，W 扩大了 20 倍)，云水混合比 Qc (阴影，$g \cdot kg^{-1}$)，$U=0$(黑色实线，$m \cdot s^{-1}$)，W(数值，$m \cdot s^{-1}$)垂直剖面图(轴线上的蓝色条代表海洋，黄色条代表陆地)：a. 09 时；b. 13 时；c. 14 时；d. 16 时；e. 18 时；f. 23 时

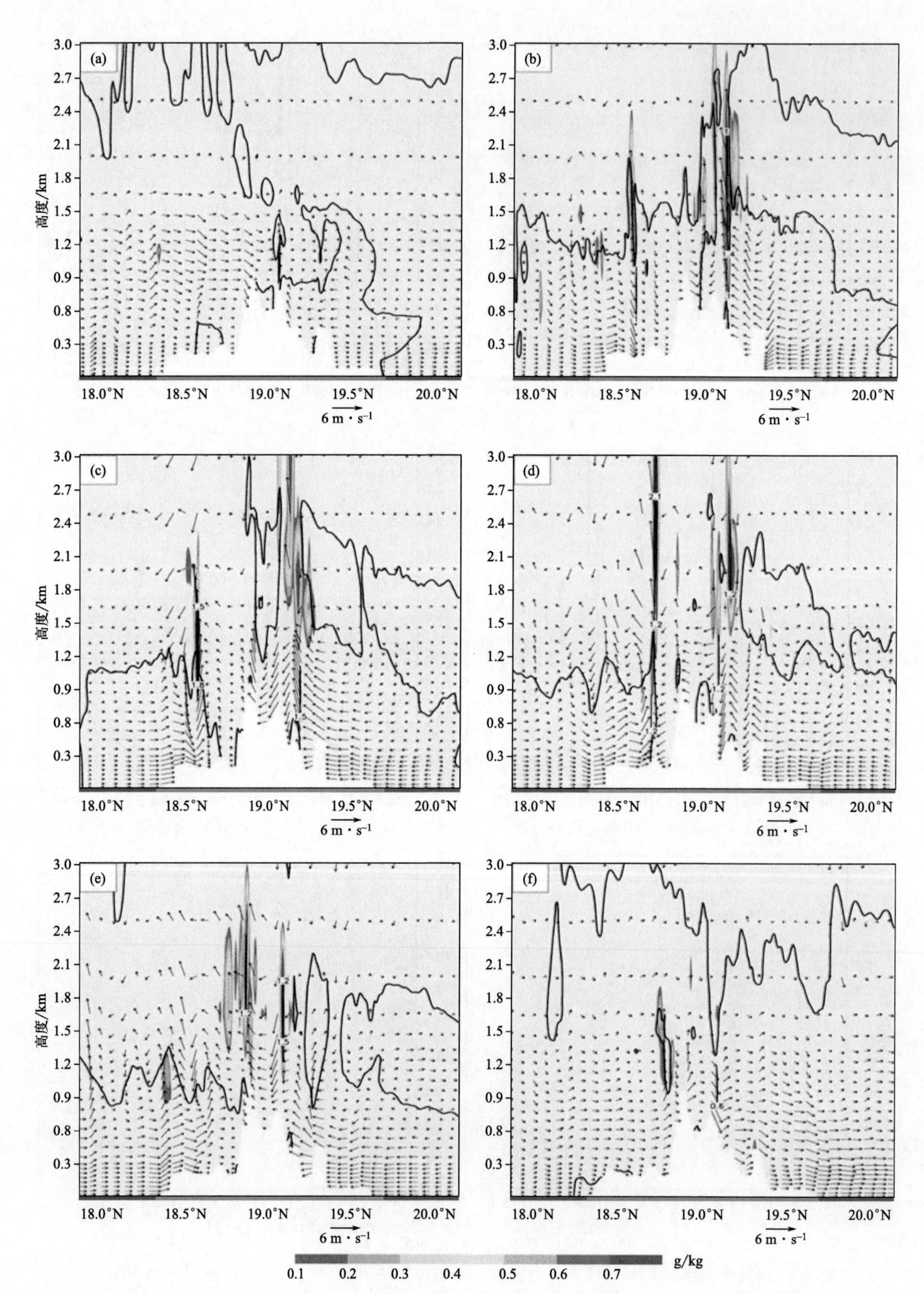

图 3.25　2012 年 7 月 5 日 D4 区域 109.1°E 模拟的风场(矢量，m · s^{-1}，W 扩大了 20 倍)，云水混合比 Qc (阴影，g · kg^{-1})，V=0(黑色实线，m · s^{-1})，W(数值，m · s^{-1})垂直剖面图(轴线上的蓝色条代表海洋，黄色条代表陆地)：a. 09 时；b. 13 时；c. 14 时；d. 16 时；e. 18 时；f. 23 时

可见该天在西南山区,岛屿东西两侧(沿 19.1°N)西部海风结构较东部完整,海风强盛时,海风环流,海风头,海风锋和 KHBs 结构清晰,这一方面是因为西部山地峭陡,阻挡海风向内陆推进,强迫抬升海风,使得海风结构完整,海风锋强度增强;另一方面是因为离岸型背景风(偏东风)有利于西侧海风环流高空回流的形成。南北两侧(沿 109.1°E)海风持续时间和海风厚度相差不大,但北部海风向内陆传播的距离明显大于南部,南北侧海风环流都比较清晰,海风与谷风同相叠加使海风环流更完整,强度更强。

2)平坦地区

海南岛这种尺度的椭圆环状岛屿,在出现环岛海风后,不同方向的海风在地势平坦地区容易相互汇合。如图 3.22e 所示,东北地势平坦地区的海风辐合带和强海风对流云主要集中在澄迈附近、定安北部以及文昌西北部。

海岛地势平坦地区 110.4°E 和 19.7°N 海风环流结构和云水垂直分布特征如图 3.26 和图 3.27 所示。从图 3.26 可以看出,110.4°E 经向剖面上的南北两侧海风形成后一直深入内陆最终相互汇合:15 时南北两支海风锋分别到达 19.4°N 和 19.6°N,海风锋锋上垂直速度均为 1.2 $m \cdot s^{-1}$,南支海风结构比北支海风更加清晰完整。16 时南北侧两支海风在 19.5°N 汇合,两海风锋相交处最大垂直速度达 2.5 $m \cdot s^{-1}$,对流云从 1 km 一直伸展到 3 km 以上,锋区上云水混合比达 1.3 $g \cdot kg^{-1}$,南北海风厚度均在 0.8 km 左右,

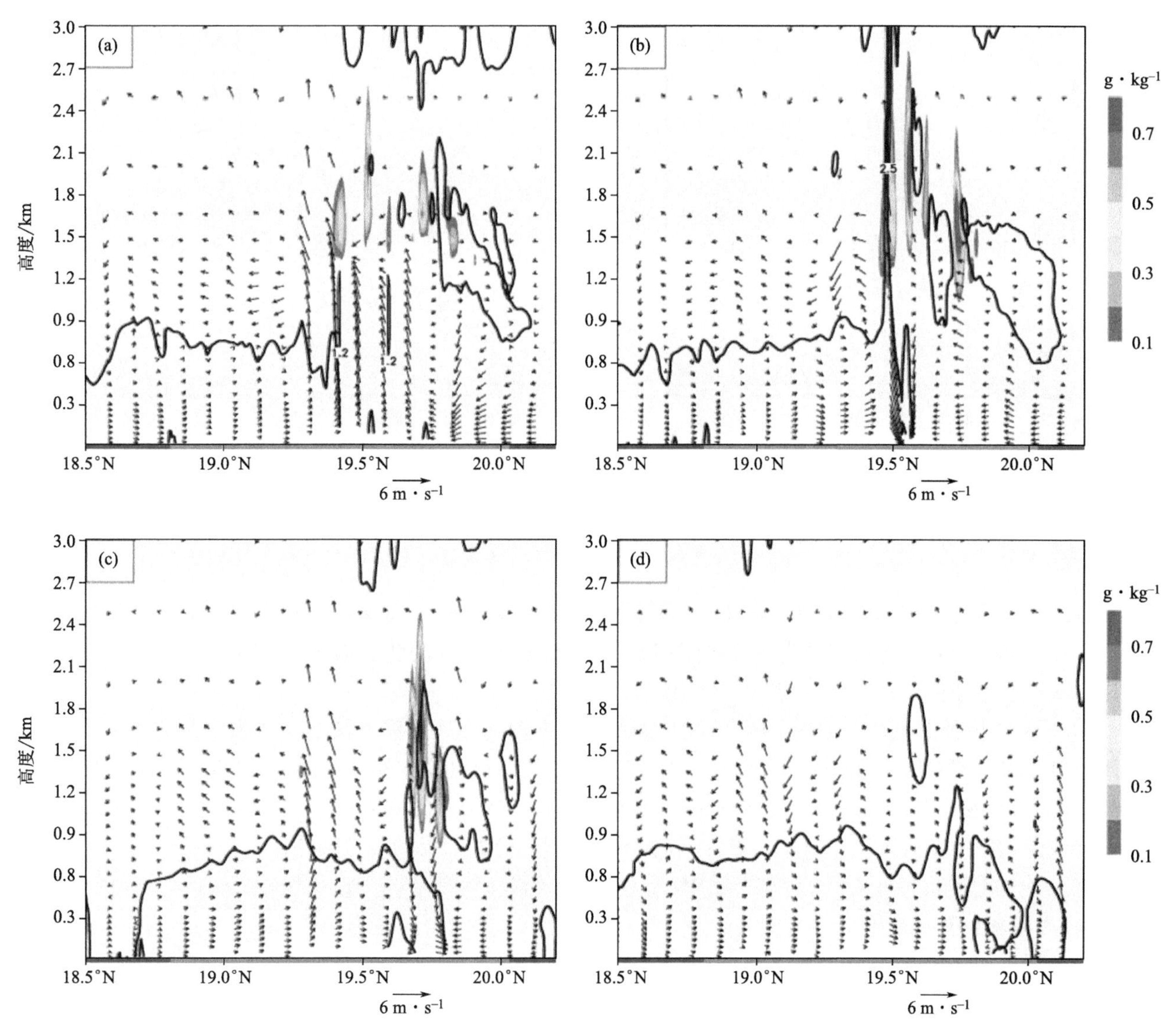

图 3.26 2012 年 7 月 5 日 D4 区域 110.4°E 模拟的风场(矢量,$m \cdot s^{-1}$,W 扩大了 20 倍),云水混合比 Qc (阴影,$g \cdot kg^{-1}$),$V=0$(黑色实线,$m \cdot s^{-1}$),W(数值,$m \cdot s^{-1}$)垂直剖面图(轴线上的蓝色条代表海洋,黄色条代表陆地):a. 15 时;b. 16 时;c. 18 时;d. 19 时

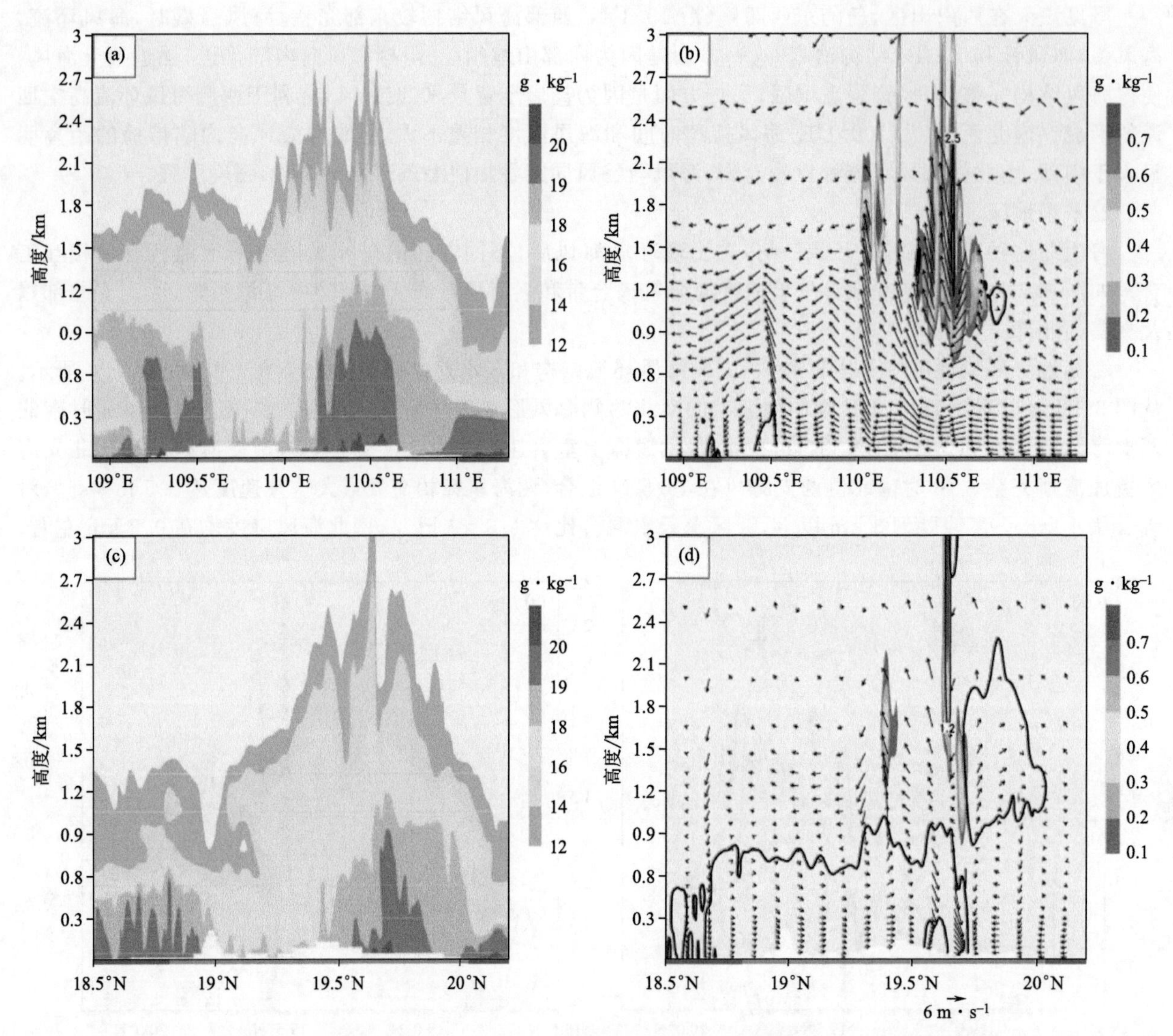

图 3.27　2012 年 7 月 5 日 17 时(a)(c)水汽混合比(阴影,g·kg^{-1})垂直剖面(b)(d)风场(矢量,m·s^{-1},W 扩大了 20 倍),云水混合比 Qc(阴影,g·kg^{-1}),零水平风速线(黑色实线,m·s^{-1}),W(数值,m·s^{-1})垂直剖面:a,b. 沿 19.7°N;c,d. 沿 110.4°E(轴线上的蓝色条代表海洋,黄色条代表陆地)

南支海风头一直伸展到 1.5 km 高,此时南北海风分别向内陆传播了 95 km 和 67 km。由于北部海域范围较小,北侧海风偏弱,之后偏强南支海风阻挡北支海风推进,并推动北支海风移至 19.8°N,两支海风锋锋区垂直速度减小到 1 m·s^{-1}。至 19 时陆地为南风控制。

19.7°N 纬度处海风环流结构不明显,在纬向垂直剖面图上表现为偏东气流波动状向西传播。结合水平风场可知,19.7°N 位于海岛偏北,同时受到北部沿岸东北海风和偏东海风的影响,纬向剖面上表现出较强的东风分量,在东北风和东风扰动下气流表现出波动状。从云水分布和垂直速度可见,16—18 时海风对流云较强,其中 17 时不同方向海风辐合下,若干对流云团合并而成的对流云在东西方向上约 80 km,最大垂直上升速度达 2.5 m·s^{-1},对流云团中心云水混合比最大达 1.6 g·kg^{-1}(图 3.27b)。

(4)海风辐合和水汽分布

海风锋作为冷湿海风的前沿,在水平面内的表现形式即海风辐合线,海风辐合线的变化可以代表海风锋的传播过程。09 时环岛海风开始前,南部最先出现海风辐合,而山区周围的辐合线是谷风辐合所致(图 3.28a)。12 时北部沿岸的海风辐合线几乎与海岸线平行。随着海风继续发展,在凹海岸线处海风辐散,凸海岸线处海风辐合,海岛北侧沿岸出现若干细窄条状海风辐合带(图 3.28c),在偏强东北海风作用下北部条状海风辐合带偏离凸海岸("凸海岸"指海岸线向外凸出的海岸,"凹海洋"指海岸线向内凹进的海岸)。18 时岛屿长轴偏北东北-西南走向的海风辐合线与图 3.22e 中的对流云带相对应。

从水汽混合比的水平(图3.28)和垂直分布(图3.27a,c)可以看出,海风形成和维持阶段,海风辐合线与海岸线间的水汽含量较多,水汽混合比约20 g・kg^{-1}。此外,由于冷湿海风对低层大气有降温增湿的作用,空气湿度增加后,气块的抬升凝结高度(LCL)和自由对流高度(LFC)将降低,平衡高度(EL)升高,使得对流有效位能增大(梁钊明 等,2013),从而海风锋锋后也是深厚不稳定能量区域。可见海风(锋)不仅可以触发(强)对流的发生,也为对流性天气的形成提供了不稳定能量和水汽条件,一旦出现一定强度的扰动,海风锋锋后极易形成对流性天气。

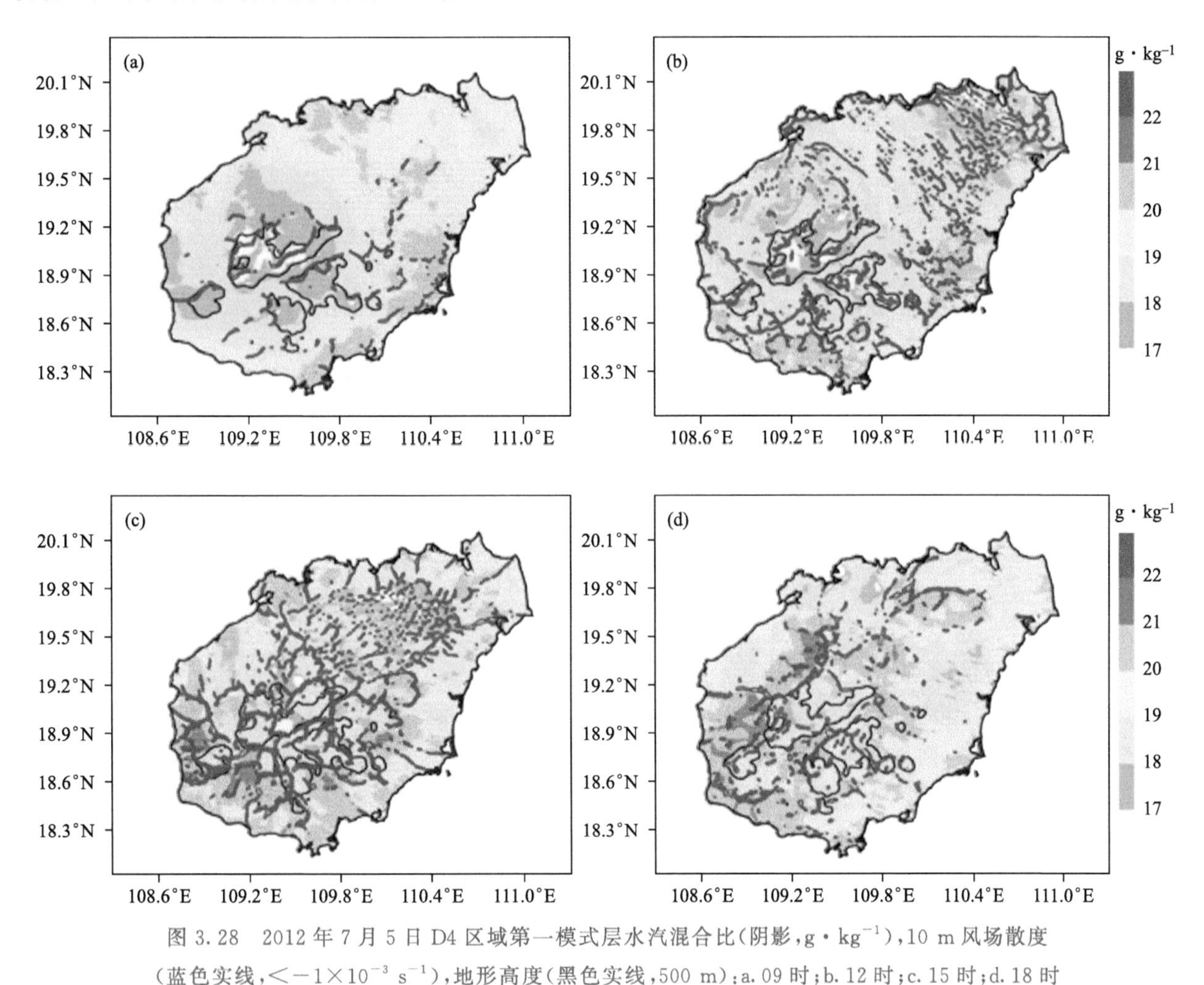

图3.28　2012年7月5日D4区域第一模式层水汽混合比(阴影,g・kg^{-1}),10 m风场散度(蓝色实线,<-1×10^{-3} s^{-1}),地形高度(黑色实线,500 m):a. 09时;b. 12时;c. 15时;d. 18时

3.4 小结

3.4.1 海南岛海风的三维结构特征及其演变

本研究利用WRFV3.5模式对2012年4月12日的海风个例进行了数值模拟,分析了海南岛海风的三维结构特征及其演变。通过对比、分析得到以下结论:

① 海南岛海风环流开始时间与我国其他地区相比偏晚,午后开始形成,15—18时达强盛时期,夜间21时转为陆风环流。南北向的海风维持时间和强度明显大于东西向的海风环流,但岛屿北侧海风(北风)最先是由于岛屿形状和海峡作用、而非热力作用产生的;而对比东西部的海风环流,两者开始时间、维持时间和强度都相差不大。

② 海风强盛时期,海风无法越过五指山,而是产生绕流并穿过五指山与鹦哥岭之间的峡谷形成了强烈的峡谷风。此时,东西部的海风环流向内陆的传播距离相近,约55 km;而在背景风场的影响下,南部海风环流向内陆传播了约80 km,远大于北部的海风环流。海南岛辐合带的分布与岛屿的形状及其地形分

布密切相关；午后，辐合带主要分布在岛屿城市较密集的北部和西北部沿海地区，污染物不易扩散而导致灰霾等天气。

③ 海南岛西部的山地对海风环流起到了强烈的抬升、加强作用，海风厚度很大；海风锋前的对流非常明显；但大地形同时也阻碍了其高空回流的形成。东部平原地区的海风环流垂直伸展达了1.8 km，海风锋附近垂直上升运动显著。岛屿南部海风环流垂直伸展达到1.6 km，但由于南部偏南的(向岸型)背景风场的影响，高空回流很弱；而北部离岸型(偏南的)背景风场虽然不利于海风环流向内陆的传播，但会加深海风环流的厚度、使得其结构更加清晰：环流高度达2.5 km，且出现了“头部”的结构特征，高空回流清晰可见、风速达3 m·s^{-1}，锋面附近上升运动和锋前下沉运动不断加强和范围扩大。

④ 12时整个岛屿位温显著增大、激发了岛屿四面的海风环流，15时海风锋附近的位温梯度达到最大；然而18时，东西向的等位温线开始逐渐恢复平稳，但南北部海岸线附近的等位温线尚未恢复平稳、位温梯度仍较大，因此南北向的海风维持的时间比东西向海风更长。

⑤ 12时开始整个岛屿上空的水汽混合比不断增大，15时全岛12 g·kg^{-1}的等值线上升至2.4 km的高度，且海风锋后是的水汽储备的大值区。18时，岛屿山脉南侧(迎风坡)水汽含量急剧增大，一旦有触发机制就会造成暴雨等强对流天气；此时，结合风场与水汽场的分布可知，岛屿中心东北部不仅有充沛的水汽，还伴有强烈的上升运动，极易产生强降水。

⑥ 由陆面和海洋的热量通量的对比发现，白天地表的感热通量、潜热通量共同作用使得海表与陆面温度出现了很大的温度梯度，从而产生了气压梯度力，形成了海风环流。通过对不同植被覆盖类型的地表热量、动量通量分析得到，岛屿上的感热通量、潜热通量、土壤热量通量等地表热量通量的共同作用显著地影响着该地区的对流活动。最后根据对有效位能和对流抑制的分布可以知道，海风锋后是对流不稳定能量的储备区，并且在整个海风发生、发展和消亡的过程中都有利于强对流的产生。

3.4.2 海风三维结构对水平分辨率和边界层参数化的敏感性

(1)水平分辨率的影响

比较本研究中试验的3种水平分辨率：当分辨率从9 km提升到3 km时，风场结构(特别是最大垂直风速)变化地最为剧烈；而最精确、最详细的海风环流结构则是出现在1 km分辨率时。因此，水平分辨率对海风环流结构确实有着巨大的影响，高精度的WRF数值模拟(特别是精度高于3 km的模拟)能够更准确地揭示了岛屿的下垫面情况，从而进一步揭示了复杂下垫面影响下的更复杂、也更精细化的海风环流结构。换言之，9 km水平分辨率的模拟无法准确捕捉到海南岛完整的海风环流结构特征。

(2)边界层参数化的影响

2 km以下YSU边界层参数化方案模拟得到的风场的垂直变化更加贴近海口站的实际观测结果。一般情况下，海风垂直能够伸展达到的高度为2 km左右，所以耦合了YSU边界层参数的WRF数值模拟能够更加合理地捕捉到海风的垂直变化。

本研究探讨发现，YSU边界层参数化模拟得到的水平风场通常较小，EMYJ中岛屿沿岸地区的水平风场的风速达到了7 m·s^{-1}，而在EYSU中仅达到了5 m·s^{-1}。但是与预期的不同的是，YSU边界层参数化方案模拟的岛屿北部平坦地区的海风向内陆传播距离和海风厚度都明显较大。而且海风锋前的垂直对流活动也更加剧烈、对流单体强度更大更加完整。综上，耦合了MYJ边界层参数化的WRF数值模拟会高估了水平风场风速，在本次个例中达到了40%左右。而相反地，包括了水平风场、垂直环流、向内陆传播距离、海风厚度以及回流的海风结构特征，在耦合了YSU边界层参数化的WRF模拟中可以更合理地更清晰地被捕捉到，尤其对于风场结构，不仅更加完整，而且也更加贴近实际情况。

两种边界层参数化在模拟海风结构时，最大的差异出现在对岛屿南部山区复杂地形附近的海风模拟上。在海南岛南部地区，分布着五指山和鹦哥岭两座海拔高于1100 m的山峰，两者之间还存在着一个狭长的山谷。尽管最大垂直上升运动十分接近，但是最大垂直下沉速度却相差较大。在MYJ_1中最大下沉风速几乎是YSU_1中的2.5倍，这很可能是由于在EMYJ中较大的水平风爬山时积累了更多的动能导致的。此外，MYJ_1中岛屿南部山峰两侧的风向一致、始终维持南风，也就是说海风的强度大得多，已经足够强到可以越过山峰；而在YSU_1中海风遇到山峰只能发生绕流、无法越过山峰。并且，MYJ_1中海风锋的位置、海风锋后的最大垂直下沉运动以及海风锋前的剧烈的对流活动等海风环流的重要结构特征的分布都明显比 YSU_1 中的偏南。主要的原因可能是更大的水平海风爬山产生了更大的动能，推动了海风环流向内陆传播的更远；其次也可能是 MYJ 边界层方案模拟的海风受地形影响较小，而在耦合了 YSU 边界层参数化的模拟中地形的阻挡作用更加显著。

3.4.3　多云天气条件下海南岛海风环流结构和云水分布的数值模拟

研究采用 WRF-Noah 耦合中尺度模式对海南岛 2012 年 7 月 5 日一次多云海风个例进行三维高分辨率数值模拟，重点分析了海岛山区和平坦地区两类地形下的海风环流结构以及云水分布的演变特征，得到以下结论：

① 本次数值模拟是在真实下垫面下使用完全物理过程进行的，近地面风场、温度和湿度的模拟效果比较贴近实际。WRF V3.6 能够合理清晰地捕捉复杂地形下的海风环流，较为真实地揭示了海风环流结构、强度和云水分布的演变情况。

② 在海岛东北平坦地区，由于地形阻挡作用小，各向海风发生发展后最终能相互汇合。15—18 时为海风环流强盛期，海风强盛期间海风环流结构一直很完整，包括海风锋、海风头和 KHBs。各向海风辐合前，单支海风锋锋上垂直速度一般在 1.2～1.4 $m \cdot s^{-1}$，与此相对应的海风对流云强度为 0.5 $g \cdot kg^{-1}$；不同方向海风辐合下的垂直上升速度可达 2.0～2.5 $m \cdot s^{-1}$，在强垂直上升运动下四周会激发出若干大小不一的对流云，对流云团云水混合比最大可达 1.6 $g \cdot kg^{-1}$。

③ 海岛山区西侧海风结构较东部完整，是由于离岸型背景风（偏东风）有利于西侧海风环流高空回流的形成，相反向岸型背景风（偏西风）下不利于东侧海风高空回流的形成。南北两侧受背景风场的影响较小，海风环流清晰，海风持续时间和海风厚度相差不大。13—18 时西部、南部和北部海风环流结构一直很完整，四面单支海风锋锋上垂直速度一般在 1.2～1.8 $m \cdot s^{-1}$，强盛时达 2.1 $m \cdot s^{-1}$，海风锋（头）上对流云团云水混合比为 0.7～1.2 $g \cdot kg^{-1}$。

④ 海岛地形绕流作用基本决定了岛屿四周低层风场的水平分布，地形绕流风的分布间接影响不同方位的海风特征。在西南山地动力阻挡下，山区四周的海风锋锋面几乎与地面相垂直。海风在山地的强迫抬升下，海风环流更加完整，海风锋强度增强，锋上垂直运动和对流云强度增大，间接延长了海风环流的持续时间。

⑤ 局地地形热力作用形成的谷风环流会改变海风环流结构，影响海风锋（头）上的垂直速度大小和对流云团强度。在海岛中间高四周低的环形层状地貌下，谷风与海风几乎同时产生且两者是同向运动，海风与谷风汇合后，谷风的瞬间加强会引起海风锋锋消，瞬间减弱会引起海风锋锋生；谷风环流与海风环流同相叠加形成扩展海风环流，环流结构更加完整，强度更强。

⑥ 环岛海风沿不规则海岸线形成发展过程中，在凹海岸线处辐散，凸海岸线处辐合，以细窄条状辐合带的形式向内陆推进，海风辐合带与海风对流云对应，海风辐合线与海岸线间的水汽含量较多。18 时在海岛长轴偏北形成近乎东北-西南走向的海风辐合带和对流云带，是潜在降水区域，在特定天气环境或受其他系统的影响下，极易触发（强）对流性天气。

值得注意的是，本节仅是针对一个海风个例进行的研究，所得结论有一定的局限性，还需要更多的个例来证实。

第4章 海南岛地形对海风环流结构影响的数值模拟研究

海陆风环流的特征在很大程度上受到地形影响。因此,深入探究地形对海风环流结构影响可以帮助我们更好地认识其变化特征,探究地形对海风的动力、热力影响,以便更好地了解海风环流结构,提高灾害天气的预报预警水平,从而为今后的研究和应用提供帮助。

4.1 海南岛地形对局地海风环流结构影响的数值模拟研究

4.1.1 资料和研究方法

(1)使用数据

本研究所使用的资料主要包括海南岛19个常规气象台站温、压、湿、风等观测数据,NCEP-FNL提供的1°×1°逐6 h全球分析场资料,红外云图,NOAA/ESRL(National Oceanic and Atmospheric Administration/Earth System Research Laboratory)提供的探空资料。

(2)个例选取

本研究选取2014年5月25日晴朗少云天气下的海风个例进行数值模拟。如图4.1a所示,08时的海南岛没有受到低压天气尺度系统的影响,500 hPa的副热带高压脊线(588 dagpm线)包围了整个海南岛,处于副高影响下的背景风场较弱,天气状况较为稳定。850 hPa(图4.1b)则处于高压外围西侧,以偏南风为主。在偏南气流的控制下,高低空风向基本一致。由红外卫星云图(图4.2)及可见光云图可知当天海南为少云。对应的探空资料表明,500 hPa及以下各层均处于偏南气流控制下,无明显切变。此外,由海南岛19个常规气象站的观测资料可知,该天并无降水。从风向风速分布来看,5月25日海风于10时左右开始,约20时结束,15时的海风发展达到强盛,此时多数气象站的风向发生了较大转变,风速也明显增加(高笃鸣 等,2016)。其中沿海站的风场变化大于内陆站,且沿海存在明显的温度梯度(图4.3a),海陆热

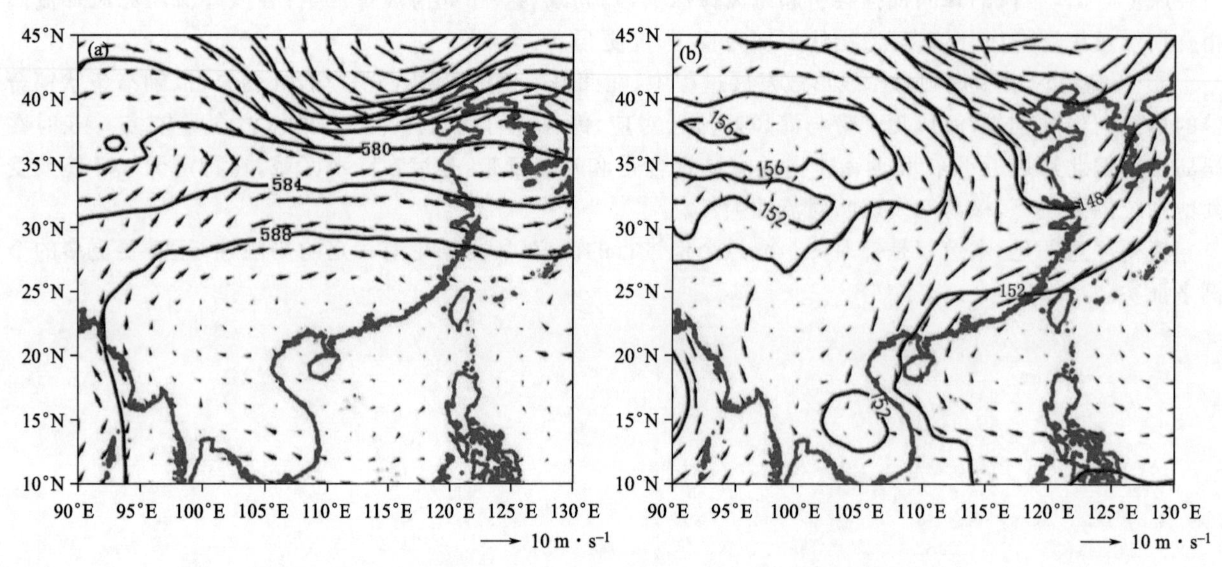

图4.1 NCEP FNL 1°×1°再分析资料08:00的风场(单位:m·s^{-1}),
位势高度场(等值线,单位:dagpm):a. 500 hPa;b. 850 hPa

力差异显著，岛屿四周各站均出现由海洋吹向陆地的海风(图 4.3b)。另外，2014 年 5 月 25 日处于夏季，此时的南海盛行夏季风，偏南风背景下的海风发生频率高，海风特征显著，因此，该天可以作为典型海风个例进行深入研究。

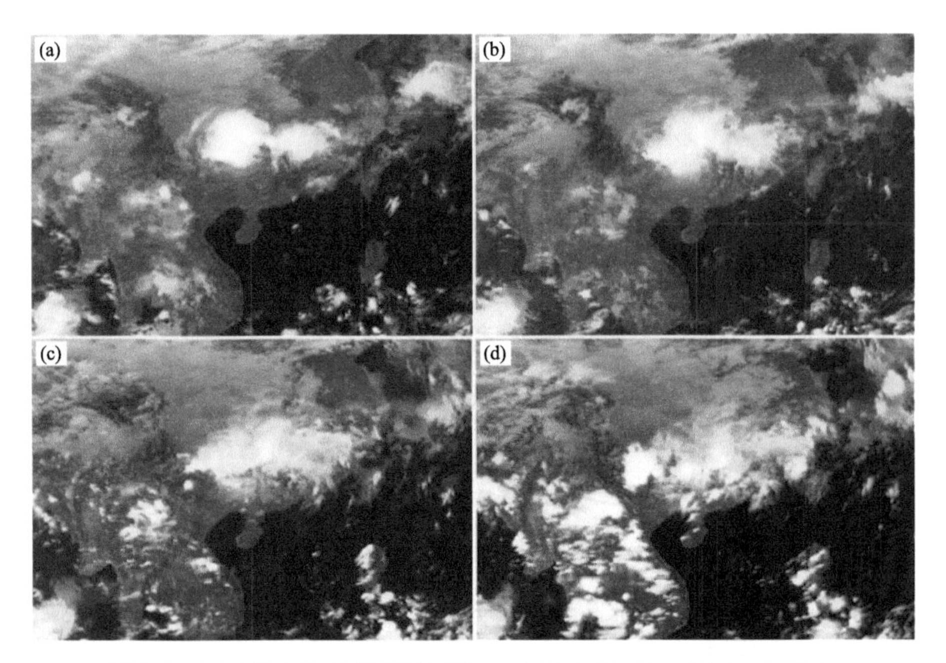

图 4.2　2014 年 5 月 25 日红外云图：a. 09:00；b. 12:00；c. 15:00；d. 18:00

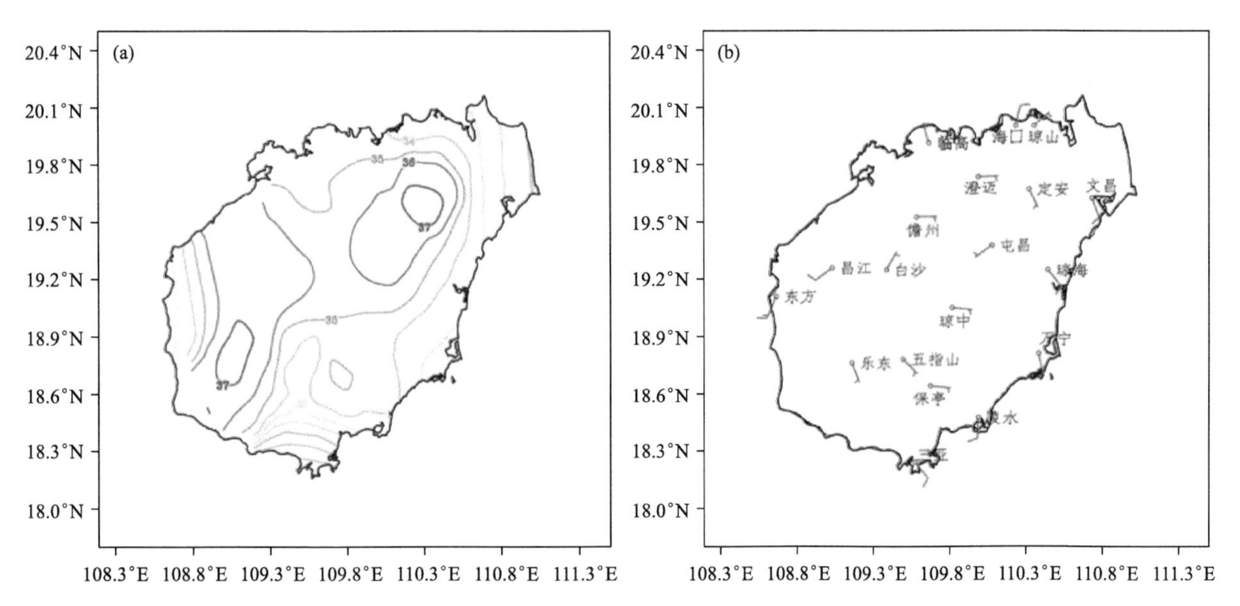

图 4.3　2014 年 5 月 25 日海南岛 19 个常规气象站 15:00：a. 温度场；b. 风场

(3)模式定制

本研究采用中尺度 WRF-ARW(Version3.7)模式对此次海风环流过程进行数值模拟。在 4.1.2 中模拟的起始时间为 2014 年 5 月 23 日 18:00 UTC(即 24 日 02:00)，共积分 46 h，前 22 h 为模式积分起转调整(spin-up)时间。模式的初始场和边界条件采用每 6 h 输入一次的 NCEPFNL(1°×1°)资料。模式采用双向反馈的四重嵌套方案(图 4.4a)，水平分辨率及网格点数依次为 27 km(200×200)、9 km(208×202)、3 km(238×226)和 1 km(376 ×373)，垂直方向取 35 个不等距的 σ 层，模式层顶气压为 100 hPa。模式的物理过程参数化方案配置类似于苏涛等(2016b)、王语卉等(2016)、Wang 等(2013;2015)，主要包括 Dudhia 短波辐射方案、RRTM 长波辐射方案、Lin 等微物理方案、Kain-Fritsch 积云参数化方案(仅 D1、D2)、YSU 边界层方案、Noah 陆面过程方案及 MM5 Monin-Obukhov 近地层方案(详见表 4.1)。此外，模式还使用了 WRF V3.7 中新的地形数据(TOPO_30s)和 MODIS_30s 土地利用数据,能较好地反映出海南岛的地形(图 4.4b)和土地利用类型(图 4.4c)特征。模式最外层区域覆盖了整个东亚及东南亚的大部分地区,可以提供足够大的背景强迫信息;最内层则覆盖了整个海南岛及邻近海域,海陆比例约为 1∶1,利于海风充分发展。需要指出的是,4.1.3 中,模拟的起始时间为 2014 年 5 月 24 日 00:00 UTC(即 24 日 08:00),共积分 40 h,前 16 h 为模式积分起转调整(spin-up)时间,后 24 h 的模拟结果用于分析。另外,在研究边界层参数化方案对海风环流结构的影响时,仅在以上基础上改变了边界层参数化方案,其他的模式配置与 4.1.2 中完全一致。

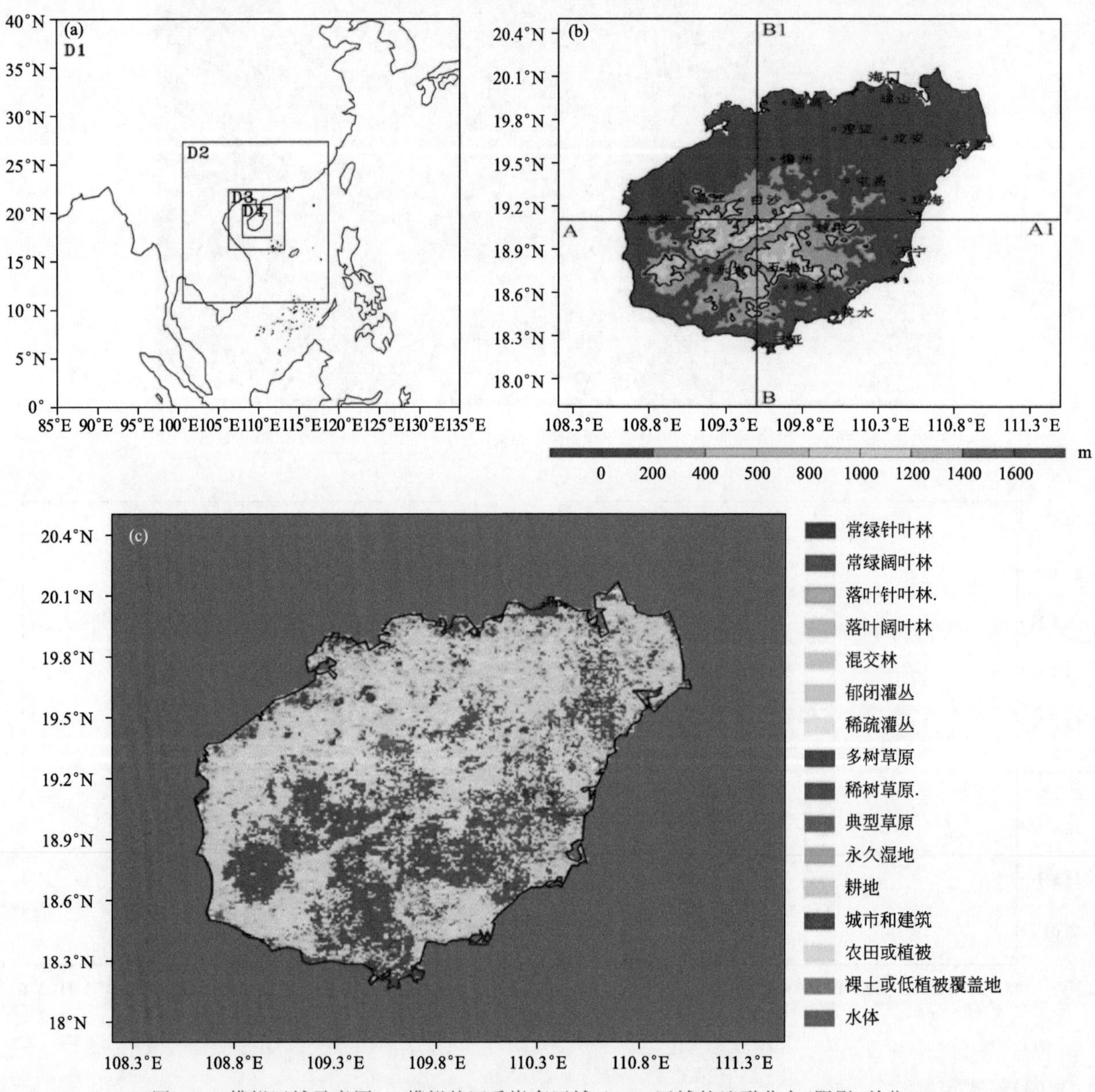

图 4.4 模拟区域示意图 a. 模拟的四重嵌套区域;b. D4 区域的地形分布(阴影,单位:m,等值线为 500 m 等高线)及常规气象站的站点分布;c. D4 区域的土地利用类型分布

表 4.1 模式主要物理参数化方案设置

物理过程	选用的参数化方案
短波辐射	Dudhia
长波辐射	RRTM
微物理学	Lin et al.
积云参数化(仅 D1、D2)	Kain-Fritsch

续表

物理过程	选用的参数化方案
边界层	YSU
近地面层	MM5 Monin-Obukhov Similarity
陆面过程	Noah

4.1.2　数值模拟结果

(1)试验设计

在研究海南岛地形对局地海风环流的影响时,共设计了四组试验,如表 4.2 所示。需要指出,两组削山试验为本研究的补充性试验,保留 500 m 以下地形是为了保留东北—西南向峡谷(如图 4.5 中粗实线所示)的作用。这四组地形试验均针对 D4 区域,除了地形高度以外,试验中所有的模式配置和物理过程参数化方案完全一致。

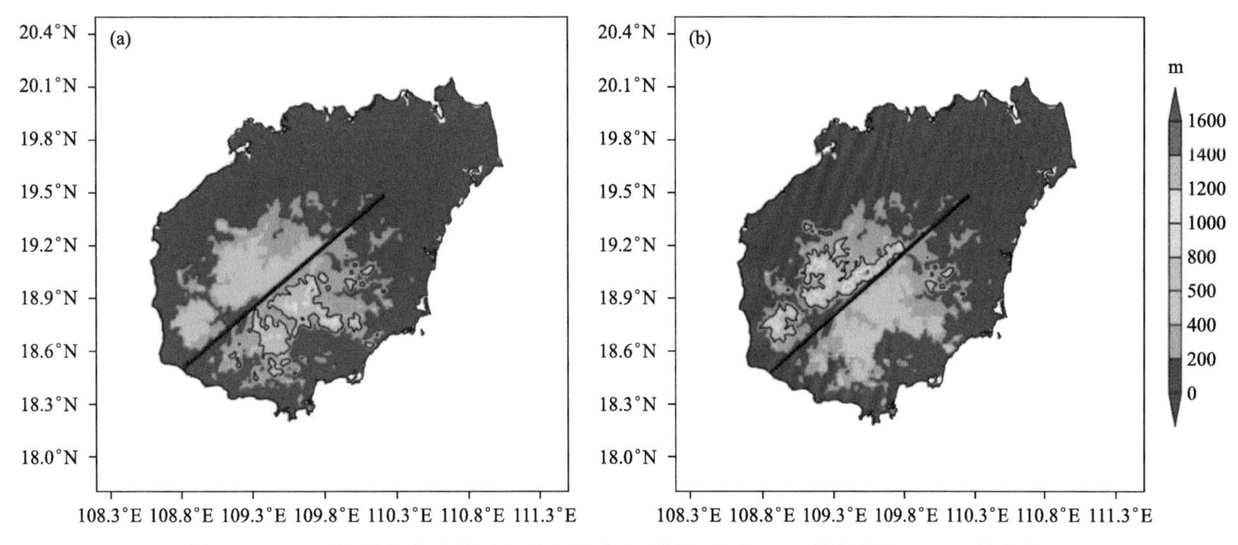

图 4.5　D4 区域削山试验所对应的地形分布(阴影,单位:m),等值线为 500 m 等高线,粗实线为海南岛东北—西南向峡谷走向:a. RMLM;b. RMWZ

表 4.2　数值试验方案

试验名称	试验方法	试验目的
控制试验(CNTL)	不改变地形(图 4.4b)	参照试验
无地形试验(FLAT)	将海南岛地形高度变为 0	研究地形对海风环流结构的影响
削山试验 1(RMLM)	削去图 4.5a 中黑色粗实线左侧(黎母山脉)高于 500 m 的部分	研究海南岛特殊地形对海风环流结构的影响
削山试验 2(RMWZ)	削去图 4.5b 中黑色粗实线右侧(五指山脉)高于 500 m 的部分	研究海南岛特殊地形对海风环流结构的影响

(2)模拟与观测的比较

为评估 CNTL 试验的模拟效果,图 4.6 给出了 5 月 25 日 8 个沿海站的风向、风速模拟结果与逐时资料的对比情况。由图 4.6 可知,WRF 模式较好地模拟出了风向、风速的日变化趋势,随着海风的推进,CNTL 试验模拟的风场表现为风向突变、风速增大的特征。其中,北部海口站、琼山站的海风时段大致为 12 时至 17 时,临高站为 08 时至 20 时左右,它们的风向均发生了约 180°的转变,风速也有所增加,海风特征明显(王静 等,2016),模拟与观测基本对应。位于海岛西部的东方站风速于 10 时开始突然增大,风向转变达 40°以上,由陆风转为海风,20 时左右海风结束,其风向模拟较好,风速偏小。岛屿东部的文昌、琼海和万宁 3 站的海风大致于 08 时左右开始,风向转变大于 30°,风速增大,至 19 时左右结束。由于偏南背景风的影响,南部三亚站的风向转变不明显,海风特征主要体现在风速的变化上(张振州 等,2014),12 时左右海风开始,此时风速较小,下午逐渐增大,18 时左右达到最大,21 时海风转为陆风,总体模拟效果较好。

图 4.3a、图 4.7c 的对比显示，15 时模拟与观测的两个陆地温度大值区基本对应，分别位于岛屿东北部和西南部，模拟的温度最大值偏低。由图 4.3b 可知，15 时沿海各站均出现了由海洋吹向陆地的海风，其中南部海风已传播至乐东、保亭、五指山、琼中等站，北部海风也传播至白沙站附近，东西向海风较南北向弱，仅在沿海几站可见。对比模拟结果(图 4.7c 风场)，可见岛屿各个方向海风强盛，且传播距离与观测较为接近，其中模拟的北部海风略偏强，已传播至琼中站，但观测显示北部海风仅传播至澄迈站与屯昌站之间，这可能是由于模式系统本身的参数设置及对空间分辨率的选取所造成的，但总体来说模拟结果与观测较为吻合。

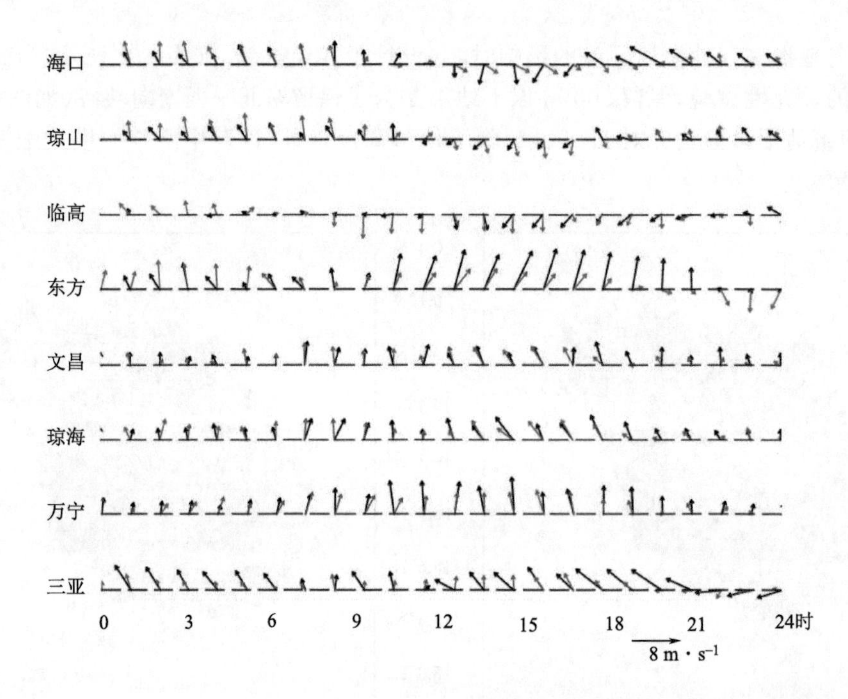

图 4.6　海南岛 8 个沿海站风矢量(单位：$m \cdot s^{-1}$)随时间变化的观测与模拟对比(粗箭头：观测，细箭头：模拟)

为进一步检验模式对近地面气象要素的模拟能力，本节将海南岛 19 个地面常规气象站划分为 9 个沿海站和 10 个内陆站，并依据 Miao 等(2008)计算当天各站 CNTL 试验中相对湿度、温度及风速模拟结果的平均误差(MBE)和均方根误差(RMSE)。从表 4.3 和表 4.4 中可见，各站温度、风速、湿度的平均偏差和均方根偏差都较小，表明基本气象要素风、温、湿的模拟效果较好。其中，风速和温度在沿海和内陆的模拟效果相差不大，而大部分内陆站(屯昌、儋州、昌江和白沙)相对湿度的 RMSE 比沿海站大，因此对于湿度的模拟，沿海地区比内陆的效果好。

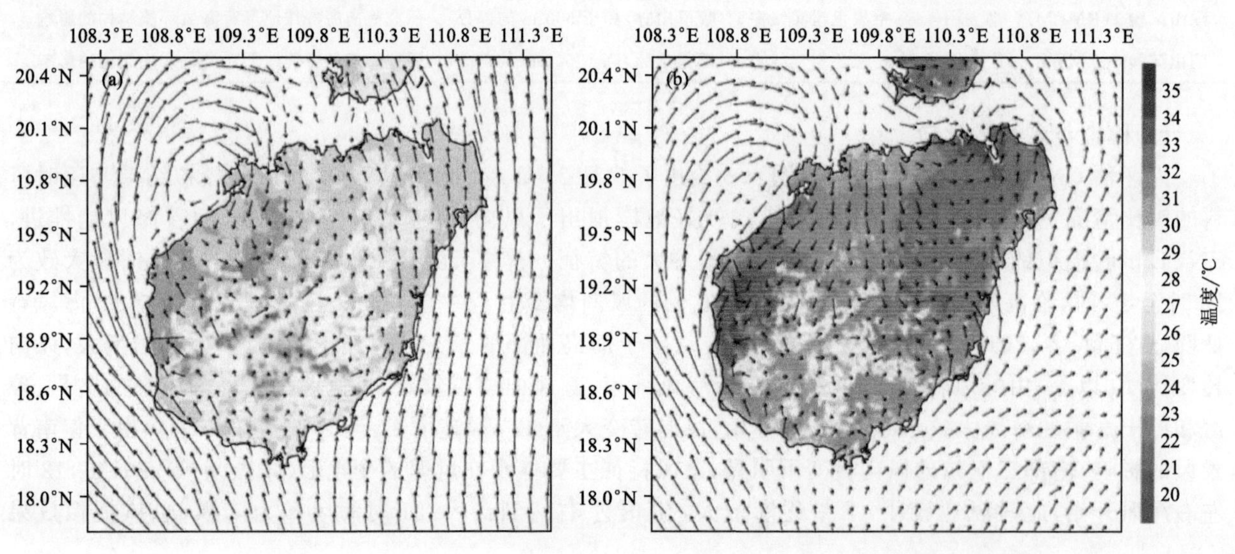

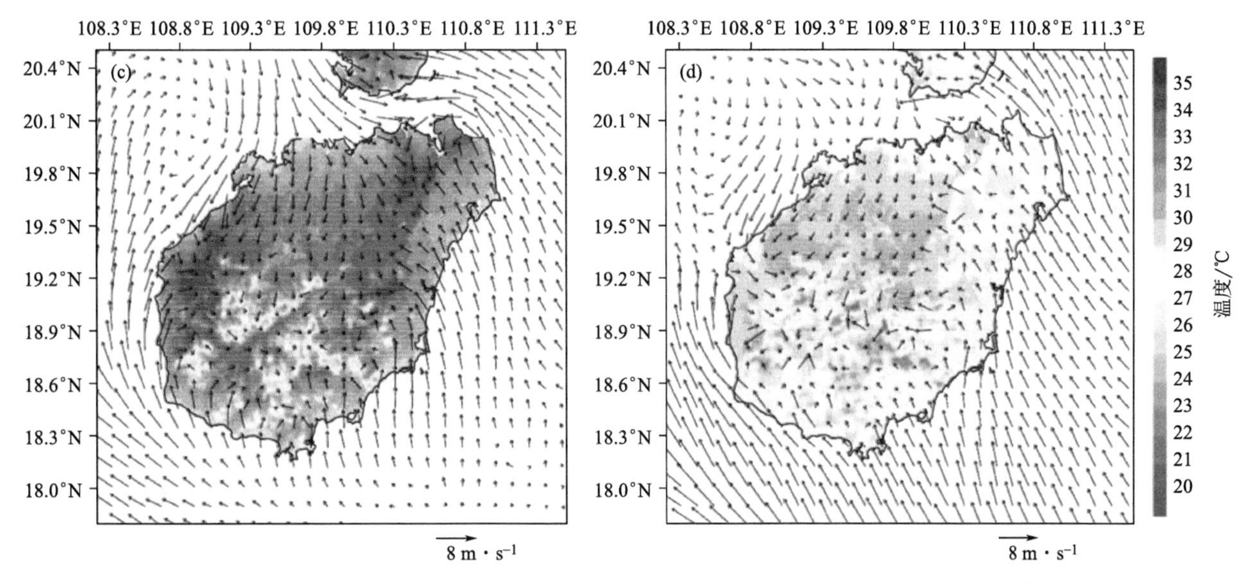

图 4.7 模拟的 CNTL 试验的 2 m 温度(阴影,单位:℃)和 10 m 风场(单位:m · s^{-1}):
a. 09:00;b. 12:00;c. 15:00;d. 18:00

综上所述,CNTL 试验的模拟结果能较为合理地反映实际变化情况,存在的误差在可接受的范围内,因此模拟结果能够较为合理的表现海南岛海风环流及基本气象要素场的特征。

表 4.3 沿海站 CNTL 试验 2 m 温度、风速、相对湿度的平均误差(MBE)和均方根误差(RMSE)

		海口	琼山	临高	东方	文昌	琼海	万宁	三亚	陵水
T2	MBE	−1.50	−1.12	−1.94	−1.72	−1.11	−1.14	−1.44	0.60	−2.02
	RMSE	1.31	1.88	2.45	1.94	1.39	1.39	1.59	0.80	2.29
WS	MBE	−0.52	0.52	0.84	−1.20	−0.26	−0.14	−0.58	−1.48	0.30
	RMSE	1.17	1.75	1.58	2.89	1.02	1.00	1.35	2.01	1.04
RH	MBE	6.71	0.29	7.25	8.46	6.67	2.00	7.96	−3.54	11.00
	RMSE	11.09	5.22	12.80	11.24	7.80	4.16	9.57	4.86	13.14

表 4.4 内陆站 CNTL 试验 2 m 温度、风速、相对湿度的平均误差(MBE)和均方根误差(RMSE)

		澄迈	定安	屯昌	儋州	昌江	白沙	琼中	乐东	五指山	保亭
T2	MBE	−1.93	−1.71	−2.50	−2.67	−0.69	−2.41	−1.80	−1.26	−1.40	−1.71
	RMSE	2.54	1.98	2.71	3.19	1.96	2.98	2.05	2.31	1.62	1.99
WS	MBE	0.53	−1.23	0.42	0.91	0.13	2.36	−0.18	0.20	−0.39	0.13
	RMSE	1.10	1.87	1.37	1.35	1.11	3.61	1.54	1.09	1.52	0.60
RH	MBE	6.33	8.88	14.75	15.38	8.42	17.29	11.54	8.17	6.13	11.08
	RMSE	10.63	9.90	16.70	17.58	13.24	19.86	13.05	12.33	8.24	12.37

(3)控制试验结果

由图 4.7a 可知,该天 09 时,海岛温度较低。此时北部受到琼州海峡狭管效应及南部地形绕流的作用,使得海岛北部风速较大。总体来说,此时海风并未开始发展,基本处于偏南背景风的控制下。12 时(图 4.7b)海岛温度升高,四周均出现海风,南北向强于东西向,且北部已向内陆传播至 19.1°N 附近。15 时(图 4.7c),陆地整体温度进一步增高,各个方向的海风全面爆发,海风发展达到强盛,加上由地形引起的谷风的同相叠加作用(朱乾根 等,1983;张振州 等,2014),使其向内陆传播距离比 12 时更远,东北－西南走向的海风辐合带随之形成。18 时(图 4.7d)各个方向的海风向内陆传播距离均变短,强度也有所减弱,逐渐趋于结束。需要指出,海南岛地处热带、岛屿形状独特、地形分布复杂,这使得海风的开始和强盛时间相对我国其他地区滞后(王赐震 等,1988)。另外,海岛西南部存在一个东北－西南向的深长峡谷(如

图 4.4b 阴影所示），CNTL 试验中的峡谷风向为西南，这是由于海风向内陆传播过程中，气流遇到两座山峰无法越过从而产生绕流，继而在峡谷汇合并穿过峡谷，形成明显的穿谷风（翟武全 等，1997；王语卉 等，2016）。

图 4.8a 为 10 m 风场的纬向垂直剖面图，剖面点选取了海南岛较为中心的位置（图 4.4b 中 AA1 与 BB1 线交点），它可以直接反映复杂地形下东西向和南北向海风随时间的演变特征，下面仅以东西向海风为例来对其进行说明。该天 10 时前，东西向陆风明显，且发展强盛。10 时后，陆风逐渐转为海风，风向随时间发生调整，风速也逐渐增大。岛屿西部海风大约从 10 时开始，至 23 时左右结束，最大风速约为 6 m・s^{-1}。由于东南背景风对西部海风的抑制作用，其向内陆的传播距离仅为 40 km 左右。东部海风持续时间较西部短，海风最大强度为 4 m・s^{-1} 左右，向内陆的传播虽受到山脉阻挡，但仍有部分气流越过山峰，最远可向内陆推进 80 km 左右。东西向海风在 109.1°E 附近相遇，偏于岛屿西侧。另外，该天南北向海风的强度、传播距离等与东西向海风有着类似特征。

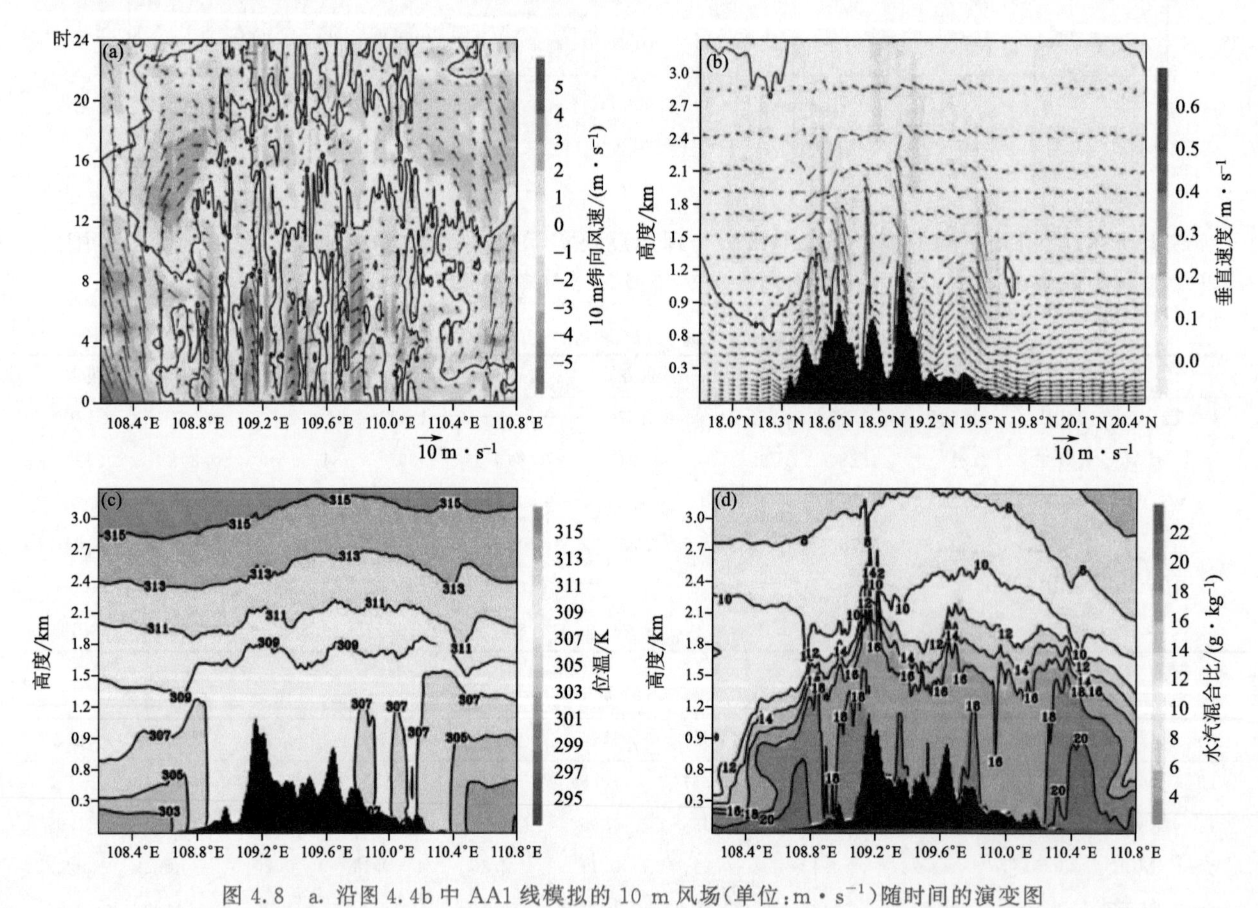

图 4.8 a. 沿图 4.4b 中 AA1 线模拟的 10 m 风场（单位：m・s^{-1}）随时间的演变图（黑色实线为 U=0 m・s^{-1} 时的等值线，阴影为 U 分量）；b. 沿图 4.4b 中 BB1 线模拟的 15:00 风场（单位：m・s^{-1}，W 扩大了 20 倍）的垂直剖面图（阴影为垂直风速，黑色等值线为 V 风速 0 线）；沿图 4.4b 中 AA1 线模拟的 15:00：c. 位温（单位：K）和 d. 水汽混合比（单位：g・kg^{-1}）的垂直剖面图（横坐标上的蓝色和棕色线条分别代表海洋和陆地）

为了探究海风环流的垂直结构特征，本研究将该日 15 时的垂直速度、位温、水汽分别沿着图 4.4b 中 AA1 与 BB1 线作了垂直经向、纬向剖面图，以下仅选取部分垂直剖面图进行分析。从图 4.8b 中可以看出，CNTL 试验中南北两侧均出现了较强的向岸风，随着海风向内陆推进，气流出现了较为明显的爬坡，部分气流越过山峰，使得南北海风在 18.7°N 附近相遇。由于 5 月 25 日太阳直射点位于 16.3°N 附近，海岛南部山坡始终为向阳面，比北部山坡受到更多的太阳辐射，因此南部山坡温度更高，对于南、北部谷风的触发条件来说，山顶温度是一致的，北部山坡与山顶之间的温差小于南部，因此 CNTL 试验中南部海风受到更强的谷风叠加作用，但由于其同时受到更强的地形阻挡作用，使得其北部的传播距离仍大于南部（Ma et al.，2013）。另外，由于背景风为东南风，岛屿南部为迎风坡，北部为背风坡，山脉阻挡南部海风传播，恰好使得处于背风坡且受背景风影响较小的北部海风传播更远。由于地形的机械抬升及山谷风的同相叠加作用，在五指山南(18.7°N)、北(18.8°N)及黎母山顶(19.1°N)附近均出现了海风锋(易笑园 等，2014)，南面海风环流结构清晰，高空回流可达 2 km 以上，北部特征则被海风掩盖。此外，从图 4.8b 中还观察到，海风在爬行过程中出现了波动，这可能是由于 Kelvin-Helmholtz(KH)不稳定造成的。由图 4.8c 可知，15 时岛屿东西两侧到山顶处的等位温线几乎垂直分布，水平温度梯度很大，海陆温差明显，因此从热力角度判断海风应该较为强盛。结合风场可知此时海风的水平和垂直速度都有显著增加。如图 4.8d，15 时海岛东部山脉迎风坡的水汽变化比较剧烈，12 $g \cdot kg^{-1}$ 水汽混合比等值线也因受山脉抬升作用延伸至 2 km 高度处。此外，海岛内 18 $g \cdot kg^{-1}$ 水汽混合比等值线恰好接近海风锋(109.0°E、109.3°E、109.7°E)位置，可见海风锋后为水汽储备的大值区(王语卉 等，2016)。海风在传播过程中遇到山脉爬坡，携带的水汽比较丰沛，结合之前讨论的风场水平和垂直结构可知，此时的锋面附近有着较强的垂直上升运动，海风发展较为旺盛。

(4)敏感性试验结果

1)地形对海风环流结构的影响

对比图 4.7a，可见无地形时，09 时(图 4.9a)的海岛处于偏南背景风的控制下，无海风出现，且北部狭管效应及南部地形绕流作用也随之消失。12 时(图 4.7b、图 4.9b)，沿海地区各个方向均出现海风，但基本未向内陆传播，陆地上为比较一致的偏南风，岛上风速也明显减小。15 时(图 4.7c、图 4.9c)，岛屿海风强度减弱，其中沿海区域的风速整体减弱 1～2 $m \cdot s^{-1}$，尤其在岛屿南部，这是由于无地形后南部山区没

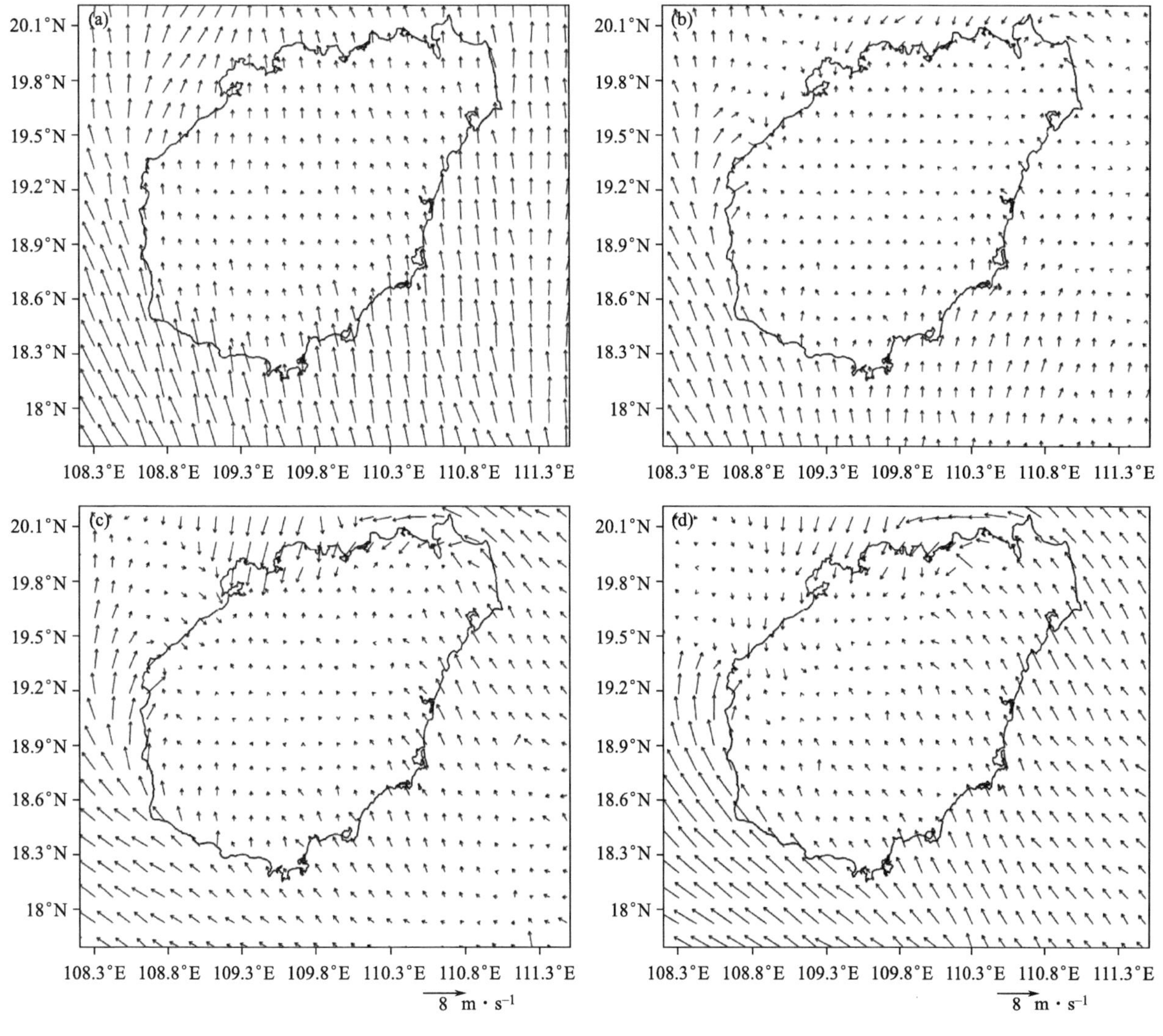

图 4.9　模拟的 FLAT 试验的 10 m 风场(单位：$m \cdot s^{-1}$)：a. 09:00；b. 12:00；c. 15:00；d. 18:00

有了山、谷之间的热力差异，南部海风失去了谷风的叠加作用所致。在向内陆的推进过程中，处在迎风坡的气流失去了地形的阻挡作用，海风可持续向北推进，加上偏南背景风的作用，使得海岛北部海风受到抑制而减弱（盛春岩，2011；Huang et al.，2016）。18 时（图 4.7d、图 4.9d），北部海风强度减弱，海风趋于结束。另外，由于 FLAT 试验中不存在地形，因此东北一西南向峡谷内的穿谷风消失。

随着海陆温差加大，海风逐渐向内陆推进，改变了岛内风、压、温、湿等气象要素特征，使内陆形成海风辐合线（或辐合带）。图 4.10 给出了 15 时 CNTL 与 FLAT 试验的 10m 风场辐合线，以此来表示海风锋位置及海风辐合强度。15 时 CNTL 试验（图 4.7c、图 4.10a）中形成了覆盖全岛的低层辐合气流。由于岛屿南部山地的扰动作用，使辐合线的分布不太规则（张振州 等，2014）。无地形时（图 4.10b）岛屿西南山区的海风、山谷风辐合基本消失，仅存在零星的小范围辐合区。原位于海南岛长轴附近的东北一西南走向的海风辐合线移至西部、北部沿海地区，基本与海岸线方向平行。地形对近地面 10 m 风场动能的影响如图 4.11 所示。从动能的分布来看，移除地形后沿海地区及西南山区的动能大值区范围明显缩减，强度相应减弱，岛屿北部存在一条动能衰减带，这恰恰说明削平地形后海风有所减弱。对比图 4.10 与图 4.11，可知动能的高、低值过渡带易形成海风辐合，图 4.11 中红色动能大值区与蓝色低值区的交界处恰与海风辐合带位置对应。综上可知，地形的存在对海风的辐合强度、范围及动能均有明显的增强作用。

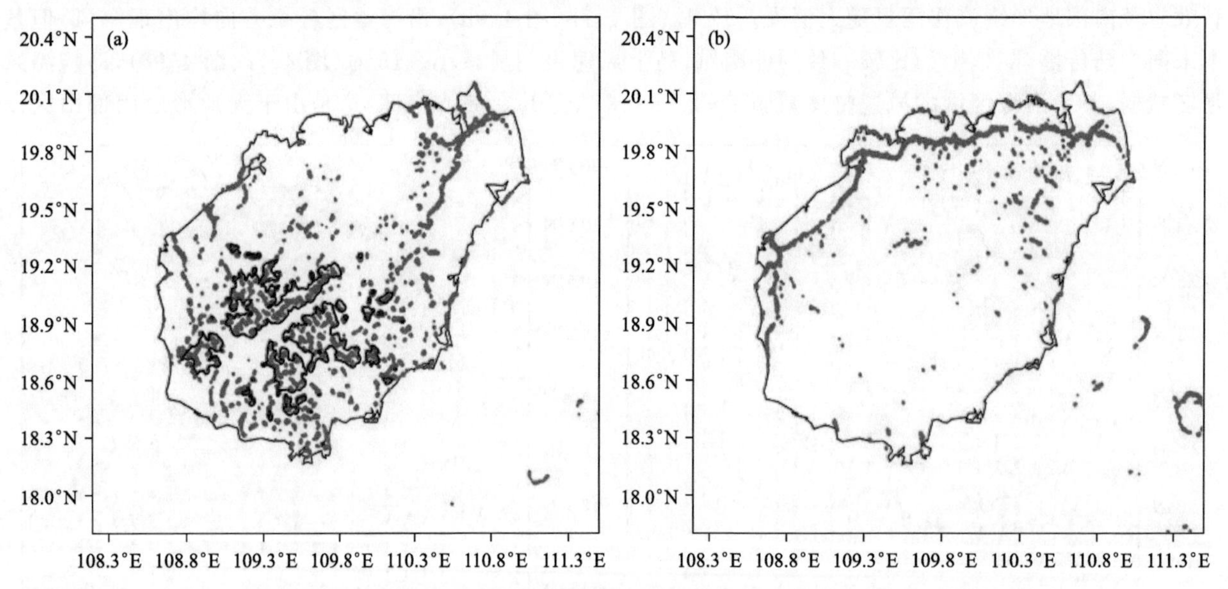

图 4.10 模拟的 15:00 10 m 风场散度（蓝色实线，小于$-1\times10^{-3}\cdot s^{-1}$）和地形高度（黑色实线，500 m）：a. CNTL；b. FLAT

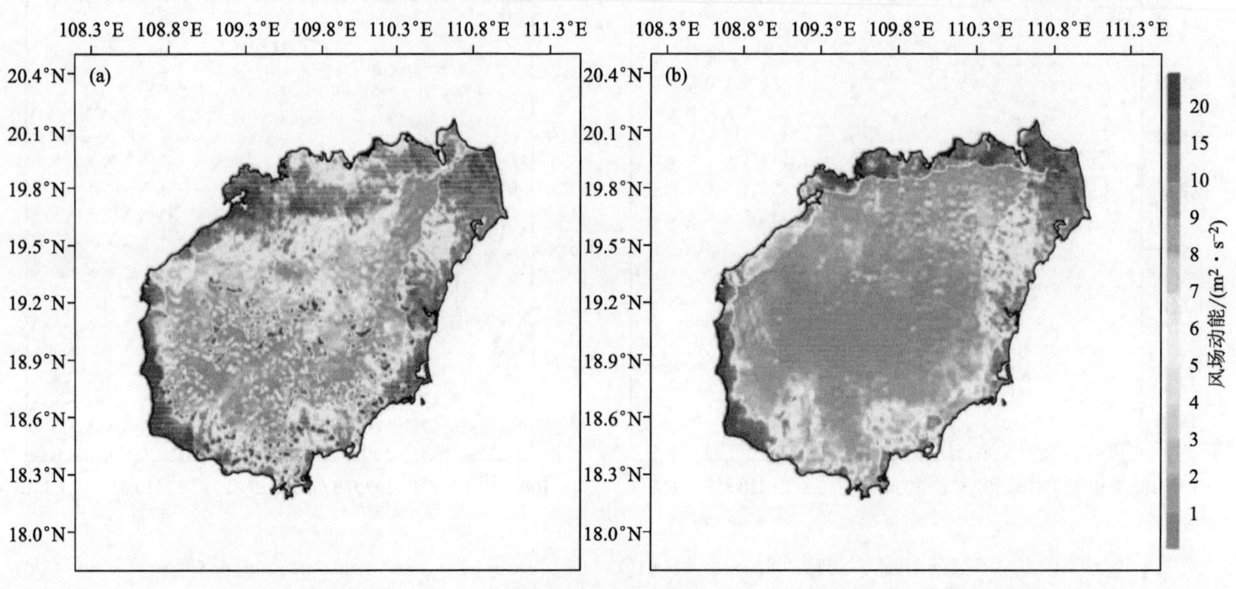

图 4.11 模拟的 15:00 10 m 风场动能（阴影，单位：$m^2\cdot s^{-2}$）：a. CNTL；b. FLAT

对比图 4.8b,可见无地形后(图 4.12),南部海风无阻挡地向内陆传播,海风碰撞位置北移至 19.7°N,整体气流变得更加平直,垂直扰动、乱流均变弱,仅在南北海风碰撞处(19.8°N 附近)造成较为强烈的垂直上升运动,最大达 0.75 $m \cdot s^{-1}$。另外,北部海风发展范围缩小,海风锋由三个合并为 19.8°N 附近的一个,海风厚度为 0.5 km,高空回流(宋洁慧 等,2009)位置也降低至 1.5 km 左右。图 4.13 给出了 CNTL 与 FLAT 试验全岛平均垂直速度随时间的演变图,以此说明海风垂直方向的强度变化。09 时左右,垂直速度方向发生了由向下到向上的转变,且垂直运动与海风的发展过程较为一致,上升速度在海风发展旺盛时段达到最大。完全消除地形影响时,垂直上升速度减小,最大差值达 1.8 $cm \cdot s^{-1}$ 左右。总的来说,无地形后海风垂直环流强度变弱。

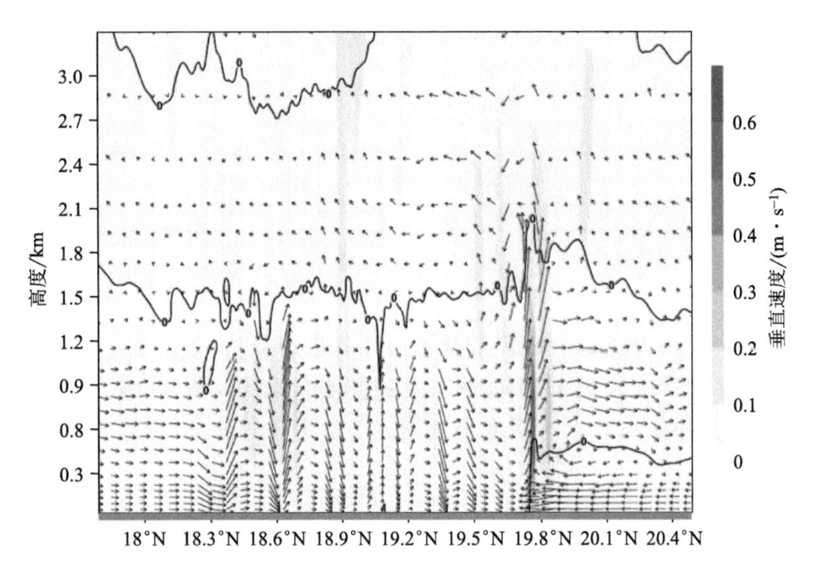

图 4.12　同图 4.8b,但为 FLAT 试验

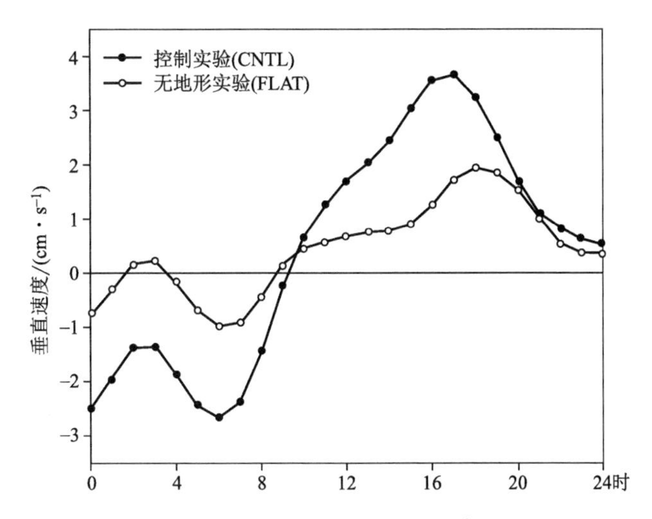

图 4.13　全岛平均垂直速度(单位:$cm \cdot s^{-1}$)随时间的演变

表 4.5 给出了各个方向的具体海风参数(Miao et al.,2008),其中 U_{max} 和 V_{max} 分别为东西向、南北向低层海风最大水平分量(仅表示大小),以及他们所在位置到海岸线的距离 d 和距离地表的高度 h。$W_{\uparrow max}$ 和 $W_{\downarrow max}$ 分别代表海风锋附近最大上升、下沉速度,L 为海风向内陆传播距离,H 为海风厚度,SBCI=$V_{max} \times (W_{\uparrow max}+W_{\downarrow max})$为经向海风垂直环流强度,SBCI=$U_{max} \times (W_{\uparrow max}+W_{\downarrow max})$为纬向海风垂直环流强度。从表中可见,CNTL 试验中,各个方向的海风最大水平分量,海风锋附近的最大上升、下沉速度及海风垂直环流强度均大于 FLAT 试验。由此可知地形的存在对海风垂直环流有增强作用。

表 4.5 15 时 19.1°N 和 109.5°E 垂直剖面的海风环流特征参数

海风参数	单位	东		西		南		北	
		CNTL	FLAT	CNTL	FLAT	CNTL	FLAT	CNTL	FLAT
L	km	21	39	45	43	39	38	25	20
H	m	223	384	612	597	1350	1670	2952	530
U_{max} 或 V_{max}	$m \cdot s^{-1}$	3.18	3.07	5.72	4.93	4.63	4.51	6.56	5.57
d	km	19	26	29	34	10.2	0.95	9.8	7.95
h	m	178	153	431	387	372	102	61	61.3
$W_{\uparrow max}$	$m \cdot s^{-1}$	1.57	0.72	1.31	0.84	1.54	1.42	1.47	1.32
d	km	45	53	75	65	22.2	180.1	112	18.94
h	m	1077	897	1486	824	1211	955	1304	545
$W_{\downarrow max}$	$m \cdot s^{-1}$	0.68	0.53	0.57	0.48	0.49	0.35	0.59	0.09
d	km	45	25	16	69	10.2	45.3	149	6.12
h	m	1137	1263	1023	677	374	459	1678	144
SBCI	$m^2 \cdot s^{-2}$	7.16	3.84	10.75	6.51	9.4	7.98	13.51	7.85

注:CNTL 为控制试验;FLAT 为无地形试验。

2)地表辐射与能量平衡

以下主要对 CNTL 与 FLAT 试验的地表能量和温压场进行分析,揭示引起海风变化的机制。

地表向大气传输的能量直接决定了驱动海风发展能量的强弱,图 4.14、图 4.15 给出了 CNTL 与 FLAT 试验地表各通量及其差值随时间的演变。从图 4.14a 中可以看出,随着太阳短波辐射的增强,到达

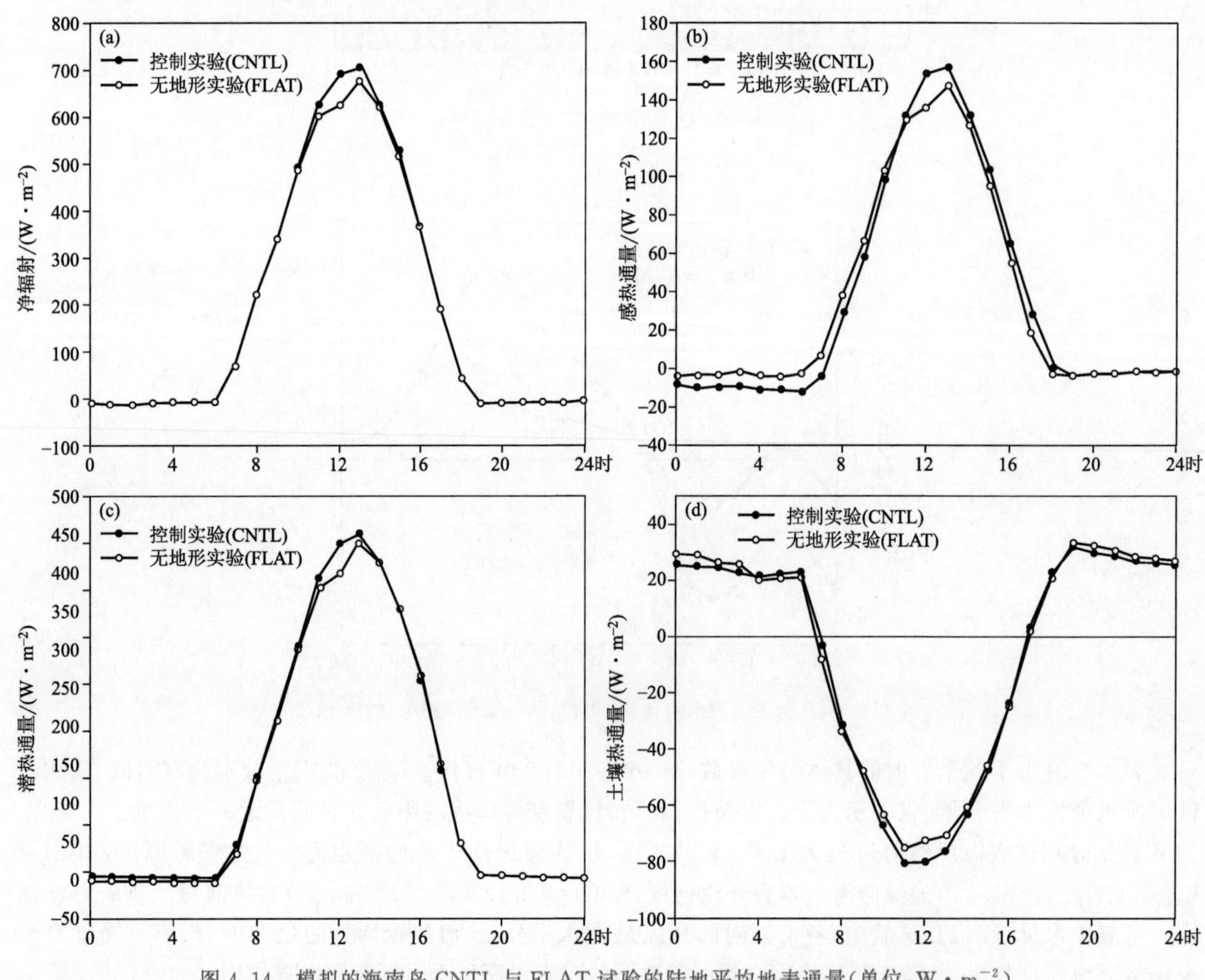

图 4.14 模拟的海南岛 CNTL 与 FLAT 试验的陆地平均地表通量(单位:$W \cdot m^{-2}$)随时间的演变:a. 净辐射;b. 感热通量;c. 潜热通量;d. 土壤热通量

地面的净辐射也逐渐增加，13时左右达到最大，两组试验的差别主要出现在11时至14时。CNTL与FLAT试验的净辐射差值在白天表现为大于0的正值(图4.15a)，在清晨存在短时间的负值，最大差值出现在正午，达到65 W·m^{-2}左右。白天无地形时的净辐射小于CNTL试验，证明无地形后地表净辐射减少。由图4.15a可知，净辐射在12时差值最大，据此作了12时两组试验的净辐射平面图，从图4.16a、图5.17a中可以看出，不同地形高度的模拟结果在阴影图上形成了鲜明的对比，CNTL试验中岛屿东南沿海大片区域及西南山区的净辐射基本大于700 W·m^{-2}，而FLAT试验则明显小于CNTL试验。可见地形的存在可增强地表对辐射能量的积聚。这是由于削减地形后，岛屿的云水分布发生改变，使其对太阳辐射的阻挡作用产生变化所致。如图4.18a所示，CNTL试验的云水大值区主要分布在五指山南侧迎风坡、黎母岭山顶及黎母山脉迎风坡，最大云水混合比低于0.4 g·kg^{-1}，且分布零散。FLAT试验(图4.18b)中，云水分布横跨18.3～19.1°N范围，约80 km左右。另外，还在19.8°N附近有一条云水大值带，垂直方向延伸范围为1.1～2.4 km，宽度约为25 km，中心值超过0.6 g·kg^{-1}。对比CNTL与FLAT试验可知，CNTL试验的云水影响范围及强度均小于FLAT试验，这就使得FLAT试验中更多的太阳辐射被阻挡，到达地面的净辐射偏少。

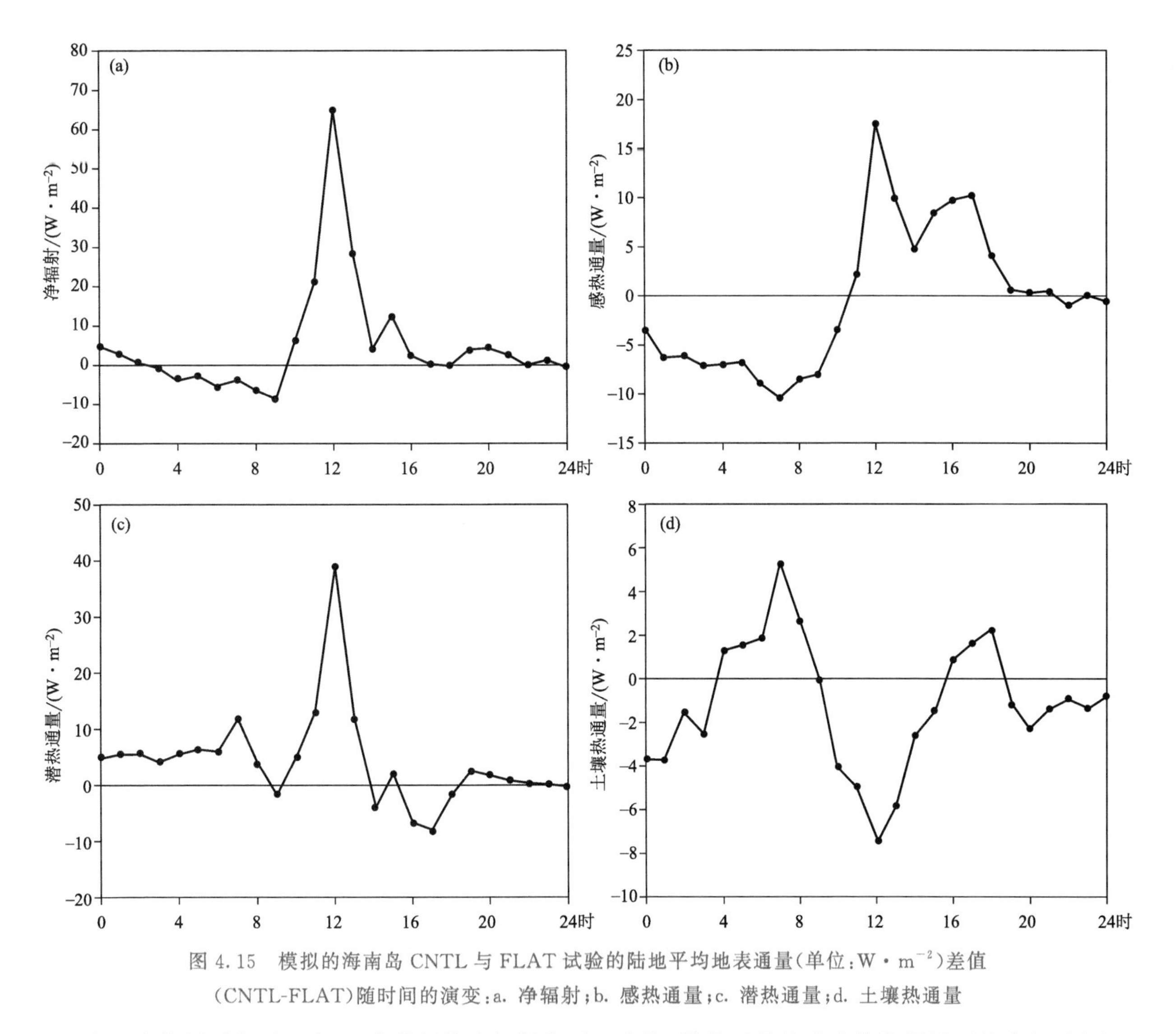

图4.15　模拟的海南岛CNTL与FLAT试验的陆地平均地表通量(单位：W·m^{-2})差值(CNTL-FLAT)随时间的演变：a. 净辐射；b. 感热通量；c. 潜热通量；d. 土壤热通量

在地表能量平衡过程中，地表获得的净辐射主要以感热、潜热通量的形式将能量返还给大气，因此地表净辐射和地面温度决定着地表感热和潜热的大小。另外，还有一小部分向下传输的土壤热通量(图4.14d、图4.15d、图4.16d和图4.17d)及植物光合作用所需能量(只占净辐射的3%左右，未进行讨论)。对比图4.14，可知CNTL试验12时的净辐射、潜热通量、感热通量、土壤热通量值分别约为700、450、

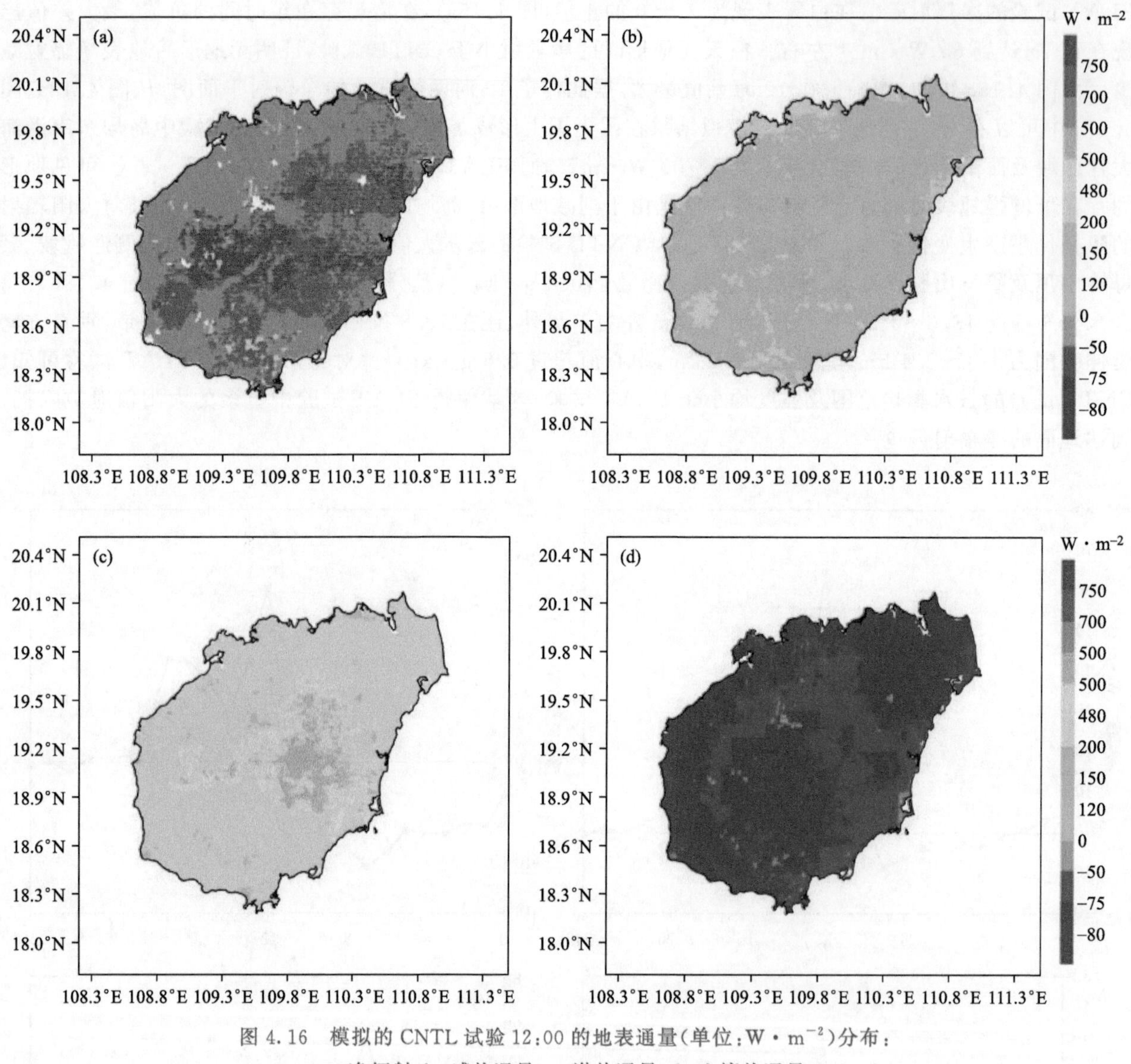

图 4.16　模拟的 CNTL 试验 12:00 的地表通量(单位:W·m^{-2})分布:
a. 净辐射;b. 感热通量;c. 潜热通量;d. 土壤热通量

160、80 W·m^{-2},后三者相加近似等于地表净辐射值,而其中潜热通量占到 64.3%,说明地表净辐射主要以潜热形式将能量输送给大气,同时也表明在地表能量平衡过程中,净辐射的吸收和潜热释放是最为主要的两个因素。又因海南岛处于热带,受热带海洋的影响较大,这也会使得当地的潜热释放变得更加剧烈。而在图 4.15 中,可以看到两组试验 12 时的最大差值分别约为 65、12、40、7.5 W·m^{-2},为各自 CNTL 试验辐射通量的 9.3%、7.5%、8.9%、9.4%左右,可见削平地形使得地表能量平衡中各项均减少约 9%,减少的这 9%的能量会对海风环流产生较大影响。另外,12 时的感热、潜热及土壤热通量分布(图 4.16b、c、d 与图 4.17b、c、d)显示出,FLAT 试验的热通量减少区主要分布在西南山区和东南沿海。无地形后地表向上释放的感热、潜热通量减少,驱动海风的直接能量来源减少,因此海风强度减弱。

海陆温差是海风形成和发展的主要条件,地形高度改变后,地表的能量平衡发生改变,向大气中传输的热通量减少,直接造成海陆温度场的改变,进而改变了海陆气压场分布,从而影响了海风强度。

从温度场的演变(图 4.19a)来看,白天海陆温差为负值,海洋温度小于陆地,利于海风形成,夜晚则相反。无地形时,海风开始时间比 CNTL 试验晚约 1 h,结束时间相同。CNTL 与 FLAT 试验的最大海陆温差均出现在下午 14 时左右,分别为 1.8℃和 1.4℃,其中 CNTL 试验的海陆温差比 FLAT 试验大,说明其驱动海风的热力作用强,因此海风也较强(Tu et al.,1993;翟武全 等,1997)。

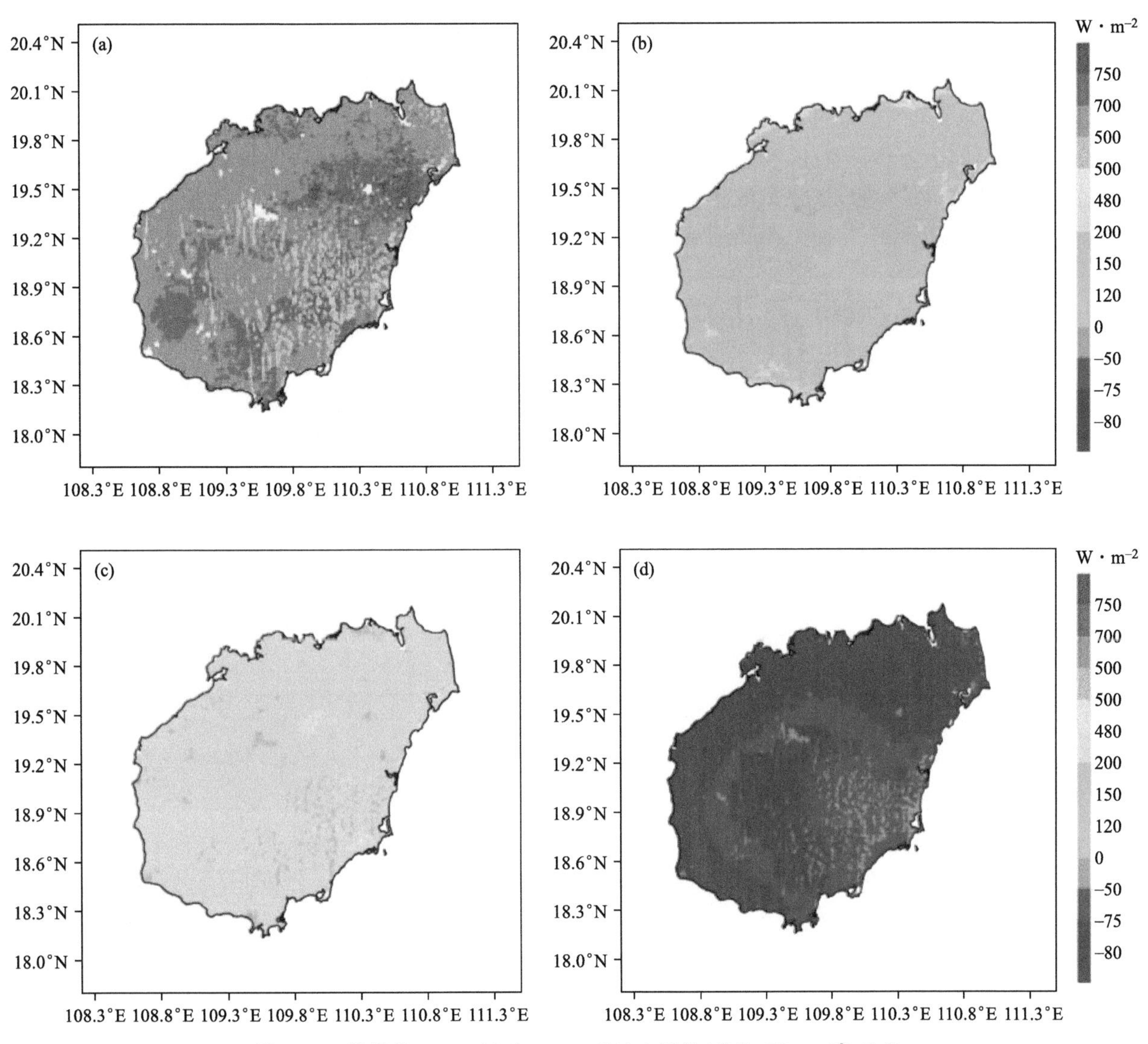

图 4.17　模拟的 FLAT 试验 12:00 的地表通量(单位:W · m^{-2})分布

a. 净辐射;b. 感热通量;c. 潜热通量;d. 土壤热通量

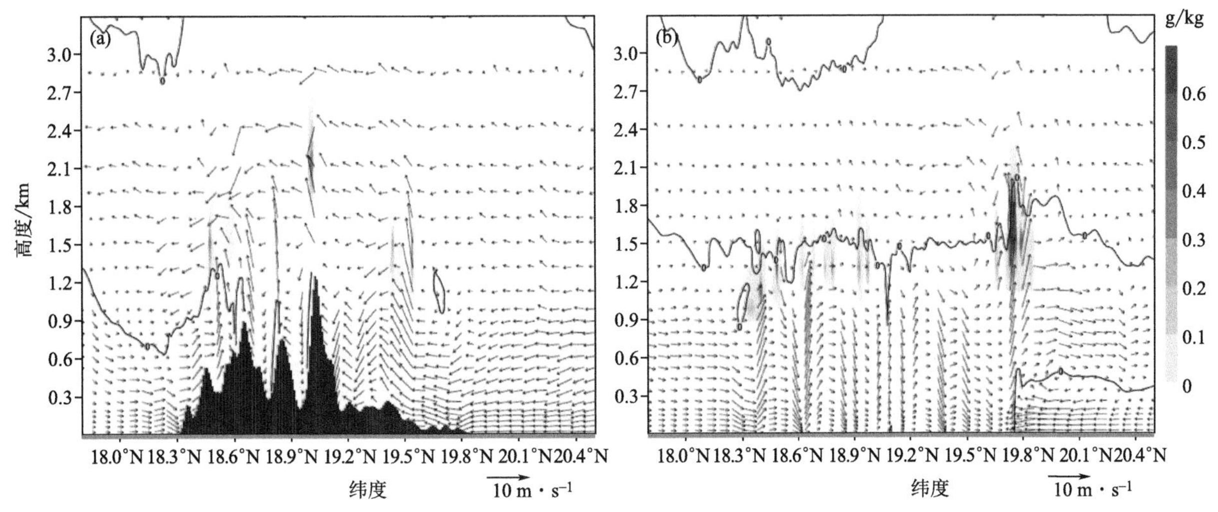

图 4.18　沿图 2.4b 中 BB1 线模拟的 15:00 风场(单位:m · s^{-1},W 扩大了 20 倍)和云水混合比 Qc(阴影,单位:g · kg^{-1})的垂直剖面图:a. CNTL;b. FLAT

CNTL 与 FLAT 试验的海陆气压差(图 4.19b)也显示，白天海洋气压大于陆地，易于触发海风，夜晚反之。CNTL 试验的最大气压差可达 30 Pa 左右，出现在正午 12 时，FLAT 试验最大气压差出现时间为 15 时，最大值仅为 22 Pa 左右，因此，无地形时海陆气压差较小，相应的海风发展也较弱。

综上，地形对海风的影响过程为：无地形时，地表吸收净辐射减少，导致其向大气中释放的感热、潜热通量及向下传输的土壤热通量相应减少，这种能量平衡的改变直接造成了海陆之间温度、气压差的减小，海风触发条件减弱，最终造成了海风的减弱。

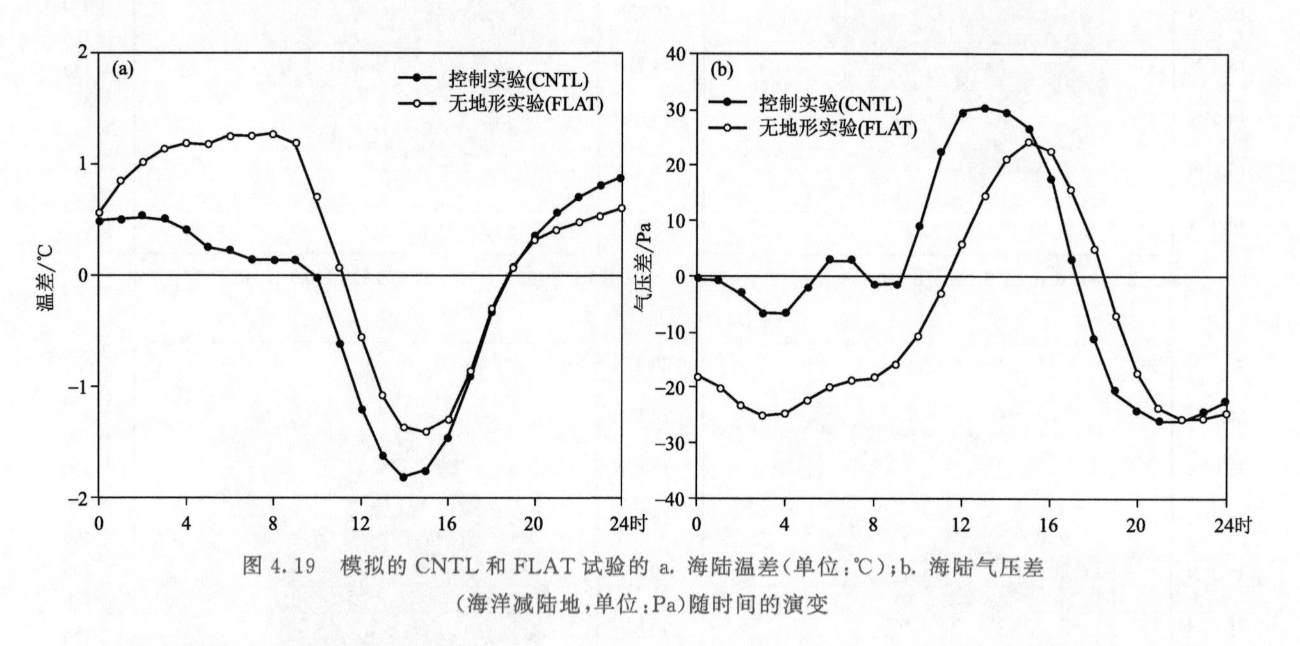

图 4.19 模拟的 CNTL 和 FLAT 试验的 a. 海陆温差(单位：℃)；b. 海陆气压差(海洋减陆地，单位：Pa)随时间的演变

(5)海南岛特殊地形对海风的影响

海南岛地形的特殊之处不仅体现在中间高、四周低的环形层状特征上，还有黎母山脉与五指山脉形成的深长峡谷，这就造成海岛对太阳辐射吸收的不均匀性，从而使得地形导致的局地热力环流更加显著(陈训来 等，2007)。图 4.20 显示，海拔高度降低区的辐合范围与强度均减小，海风更为规则有序。RMLM 试验中，北部、西部海风传播更加深入，南北海风相遇位置向西、北方向偏移。RMWZ 试验显示，南部海风向内陆推移至黎母山脉与五指山脉之间的峡谷处，岛内南北海风于 18.9°N 附近发生碰撞，比 CNTL 试验南移 30 km 左右。两组削山试验中，峡谷中的穿谷风依然存在，但相对 CNTL 试验变弱。综上可知，地形的存在对于海风向内陆的推进距离、碰撞位置及辐合强度、范围有增强作用。对比图 4.11a 与图 4.21，发

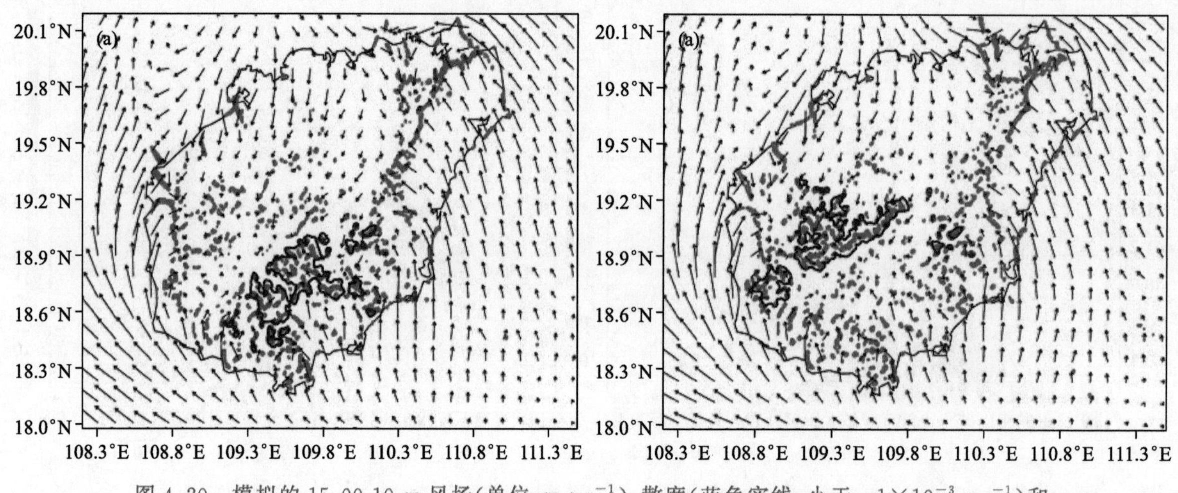

图 4.20 模拟的 15:00 10 m 风场(单位：m·s^{-1})，散度(蓝色实线，小于-1×10^{-3}·s^{-1})和地形高度(黑色实线，500 m)：a. RMLM；b. RMWZ

现两组削山试验在 19.5°～19.8°N 范围内存在一条明显的动能衰减带，且移除山脉处的动能也相应衰减，其中移去黎母山脉（RMLM 试验）对动能的影响更大。

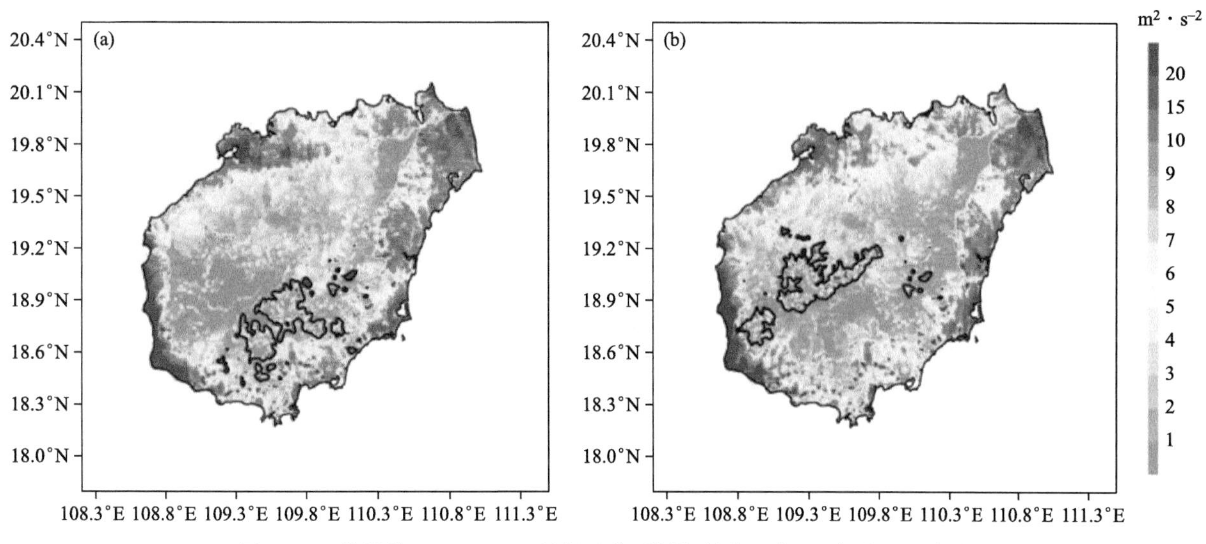

图 4.21　模拟的 15:00 10 m 风场动能（阴影，单位：$m^2 \cdot s^{-2}$）和地形高度（黑色实线，500 m）：a. RMLM；b. RMWZ

垂直方向上，RMLM 试验中（图 4.22a），由黎母山脉的强迫抬升和热力增强作用造成的 19.1°N 附近的海风锋消失，垂直上升运动变为下沉运动，北部海风也因失去了黎母山脉的机械阻挡作用变得更加强盛，具体表现为 18.7°N、18.8°N 处的海风锋增加。RMWZ 试验（图 4.22b）中，移去五指山南、北部主峰后，南部海风得以向北深入传播，且海风厚度也相应增加，南、北向海风北移至 18.75°N 附近发生碰撞。由图 4.23 可知，15 时左右两组试验的低层开始出现大于 1 $cm \cdot s^{-1}$ 的垂直上升速度，强度和范围由大到小依次为：RMWZ、RMLM 试验，且最大速度均出现在 1 km 附近，这恰与图 4.22 相对应。与 CNTL 试验相比，两组削山试验的垂直速度强度均有所减弱，证明移除部分地形后，海风的垂直环流强度减弱，其中 RMLM 试验的垂直速度强度及范围减小更多，说明海风对黎母山脉的敏感度相对较高。综上所述，海南岛海风对地形的敏感度较高，地形导致的局地热力环流及动力作用均比较突出，共同影响了海南岛海风的发展。

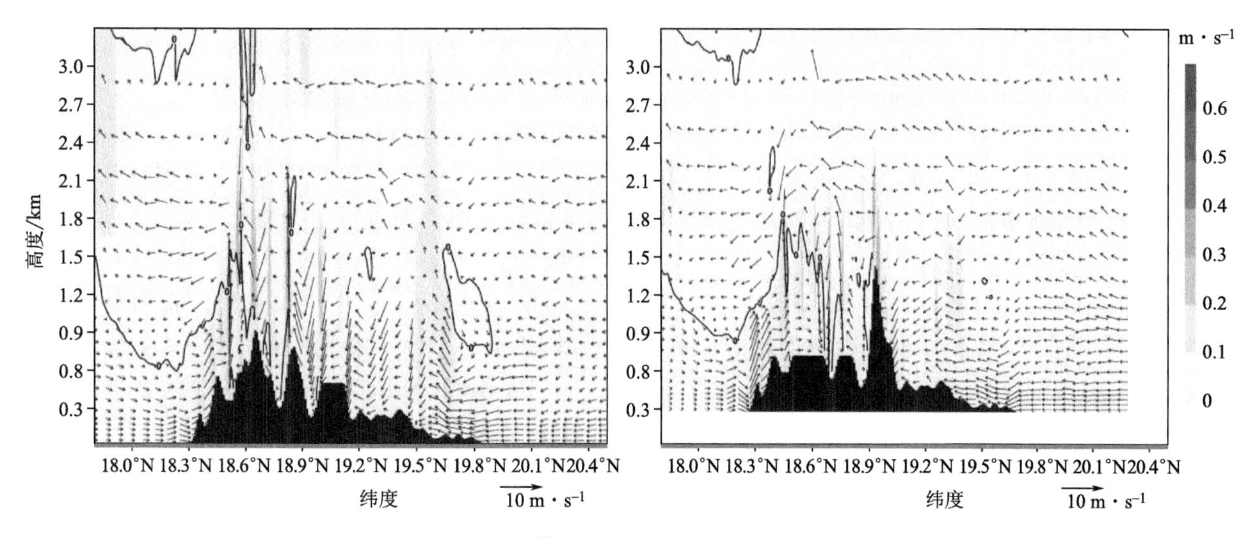

图 4.22　同图 4.8b，a. RMLM；b. RMWZ

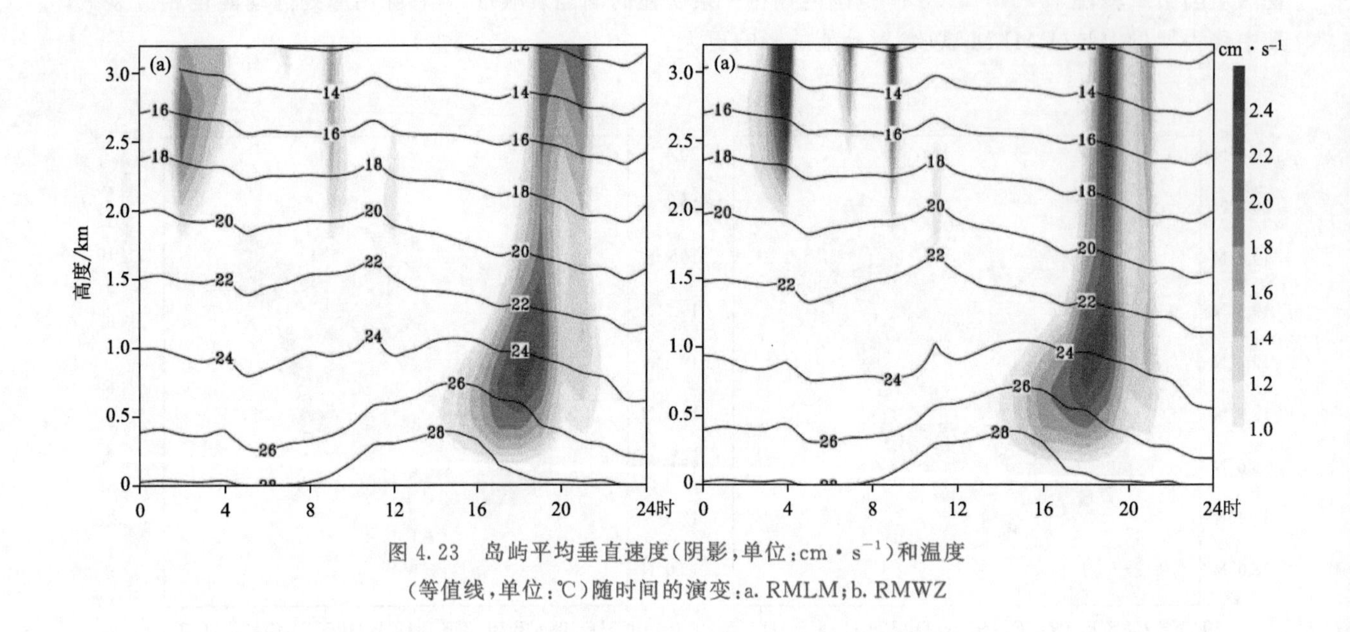

图 4.23 岛屿平均垂直速度(阴影,单位:cm · s^{-1})和温度(等值线,单位:℃)随时间的演变:a. RMLM;b. RMWZ

4.2 边界层参数化对海南岛海风环流结构模拟的影响

前文详细讨论了此个例海风环流的三维结构、发展演变过程及地形对其影响,深入地了解和认识了海南岛复杂地形对海风环流的动力、热力作用。本小节将在此基础上,利用 WRF 模式(V3.7)选择八种不同的边界层参数化方案对此次海风环流过程进行模拟,讨论边界层参数化对局地海风环流结构模拟的影响。

4.2.1 边界层参数化方案介绍和数值试验设计

WRF V3.7 中共有 13 种边界层参数化方案可供选择使用,本节着重分析其中可与同一种陆面过程、近地层参数化方案相耦合的 8 种不同边界层参数化方案:YSU、MYNN2.5、MYNN3、ACM2、BouLac、UW、SH 和 GBM 方案。这样做的目的是便于区分只是因为使用不同边界层参数化方案所引起的模拟结果差异,以减少不确定性。

YSU(Yonsei University)方案(Hong et al.,2006)是目前采用最多的一种非局地的 K 理论方案,该方案在控制方程中加入了逆梯度项,以此来表示非局地通量。此方案不仅考虑了边界层内的局地湍流扩散作用,同时还考虑了对流性的大尺度湍涡所导致的非局地混合作用及边界层顶的夹卷过程。

MYNN2.5(Mellor-Yamada-Nakanishi-Niino Level 2.5)方案(Nakanishi et al.,2006)是在原 M-Y Level 2.5 基础上改进而来的,能预报次网格尺度的湍流动能。与 MYJ 方案类似,两个方案都假定湍流输送是基于反梯度扩散假设的。所不同的是 MYNN2.5 方案将气压相关项进行了参数化处理,并考虑了浮力对气压相关项的影响,引进了代表浮力和切变作用的一组闭合参数。

MYNN3(Mellor-Yamada-Nakanishi-Niino Level 3)方案(Nakanishi et al.,2009)能预报湍流动能和其他二阶项,是基于 M-Y level 3 改进而成的。另外,此方案中融入了凝结物理过程且改进了主长尺度与闭合数,因而使得其对于混合层厚度的预报和湍流动能(Turbulent Kinetic Energy,TKE)的量级有所降低。MYNN2.5 与 MYNN3 的区别主要体现在计算量上,后者需要花费更大的计算量。

ACM2(Asymmetric Convective Model Version 2)方案(Pleim,2007)是非对称对流模式的第二个版本,运用了非局地向上混合和局地向下混合。方案结合了 ACM 对流方案和涡动扩散模型,其特点是通过调节湍流扩散项和非局地项之间的比例系数来实现从稳定条件下的涡动扩散算法到不稳定条件下局地和非局地输送算法的平缓交换。

BouLac(Bougeault-Lacarrère)方案(Bougeault et al.,1989)是一种局地湍流动能闭合模型,该方案源

于 Kolmogorov 湍流理论，其认为湍流动量交换系数和湍流动能的平方根成正比，由此得到的关系式和运动方程与湍流动能方程共同构成闭合方程，此方程中所包含二阶距项依然采用 K 理论来进行参数化处理。

UW(University of Washington)方案(Bretherton et al.，2009)是 WRF V3.3 中新推出的一种湍流动能方案，来自 GESM 气候模式。目的是模拟更真实的海洋上层云覆盖下的边界层状况。该方案的主要特色是引入了水汽守恒变量及对流层的显式夹带闭合，并通过诊断湍流动能来计算湍流扩散，为湍流动能传输引入了一个新方程，并统一处理所有大气柱中的湍流层。

SH(Shin-Hong)方案(Shin et al.，2015)是一种次网格尺度的湍流输送方案，主要描述对流边界层灰色区域内的特征。其主要特点是：首先，强的非局地向上混合与小尺度涡动的局地输送在计算上是相互分离的；其次，通过增加一个次网格尺度局地输送廓线与大涡模拟输出相互依赖的函数来描述次网格尺度非局地输送；最后，通过制定一个依赖总的局地输送廓线的函数来描述次网格尺度的局地输送。

GBM(Grenier-Bretherton-McCaa)方案(Grenier et al.，2001)是一种湍流动能闭合方案，该方案包括了一个 1.5 阶的湍流闭合模型，在边界层顶运用了夹卷闭合技术，有效地改进了云顶长波辐射的散射状况，确保了浮力产生廓线的合理准确性。可以在给定的有限垂直分辨率下提供有效准确的有云层覆盖下的边界层模拟。

综上，YSU、ACM2、SH 是非局地闭合方案，它们在计算每个格点上的脉动通量时综合考虑了该格点及周边格点的影响。而 MYNN2.5、MYNN3、BouLac、UW、GBM 为局地湍流动能闭合方案，假设每个格点上的脉动通量完全由该格点上物理量的平均量决定(王子谦 等，2014)。

在研究边界层参数化方案对海南岛海风环流的影响时，共设计了 8 组试验，分别采用 8 种边界层参数化方案，即 YSU、MYNN2.5、MYNN3、ACM2、BouLac、UW、SH、GBM，数值试验名称以边界层参数化方案名称命名。此 8 组试验中，除边界层参数化方案外，所有的物理过程及模式配置完全一致，这样便于探讨不同边界层参数化方案对模拟结果的影响。

4.2.2　模拟与观测的比较

为评估模拟效果，图 4.24 给出了 19 个常规气象站模拟与观测的风场对比图。可以看到，各站观测的海风开始时间大致为 09 时，此时风向发生大于 30°的转变，风速也明显增加，海风特征显著(王静 等，2016)，至夜晚 20 时左右海风结束，逐渐转为陆风。与模拟结果对比可知，8 个方案基本合理地模拟出了海风的发生发展情况，海口、琼山、三亚站的风向与观测相差略大，风速基本一致。

其他气象站的风矢量基本与观测重合，仅个别时次存在风速、风向偏差。此外，8 个方案间的各站风场差别较小。图 4.25 为模拟的海口与三亚站 08 时风速、风向廓线与观测的对比图。由图 4.25a、b 可知，除海口站在 0.8 km 以下模拟风速偏大、存在小的不稳定外，5 km 以下其他高度层风速模拟效果均较好，5 km 以上的高度层则与实际偏离较大，但总体线型较为一致。

模拟的风向(图 4.25c、d)整体变化趋势和转折点与实际观测情况较为吻合，其中海口站 2～4 km 处的转折点偏低，4 km 以上基本一致。三亚站则在 3 km 以下模拟较好，3 km 以上较为平直，与观测存在偏差，但整体在可接受的范围内。

依据 Miao 等(2008)与 Dimitrova 等(2016)计算平均误差 MBE(Mean Bias Error)、均方根误差 RMSE(Root Mean Square Error)、标准差 σdiff(Standard Deviation)与符合指数 IA(Index of Agreement)评估海口站、三亚站风速和温度的模拟效果(表 4.6、表 4.7)，可见两站温度均比风速的偏差(MBE、RMSE、σdiff)小、符合指数(IA)高，说明温度模拟结果与观测更为接近，效果更好。而其中海口站的温度、风速相较三亚站偏差更小，符合指数更高，因此 8 个方案对于海口站模拟效果要优于三亚站。

总体而言，8 个边界层参数化方案的模拟结果与实际变化情况较为一致，能基本合理地表现出地面风场及各气象要素的演变特征，存在的误差是可以接受的，因此，其结果可用于研究 8 个边界层方案对海风环流模拟的差异。

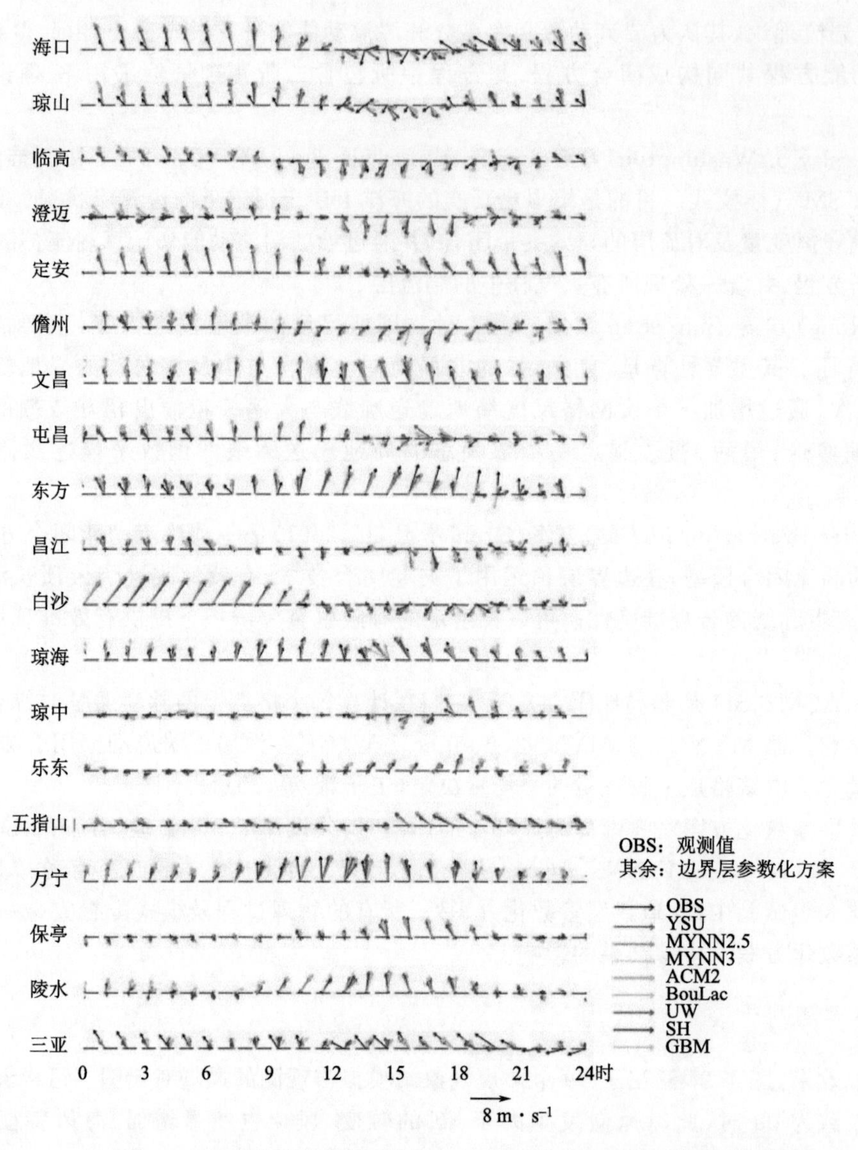

图 4.24　海南岛 19 个常规气象站风场(单位：m · s^{-1})随时间的变化的观测与模拟对比

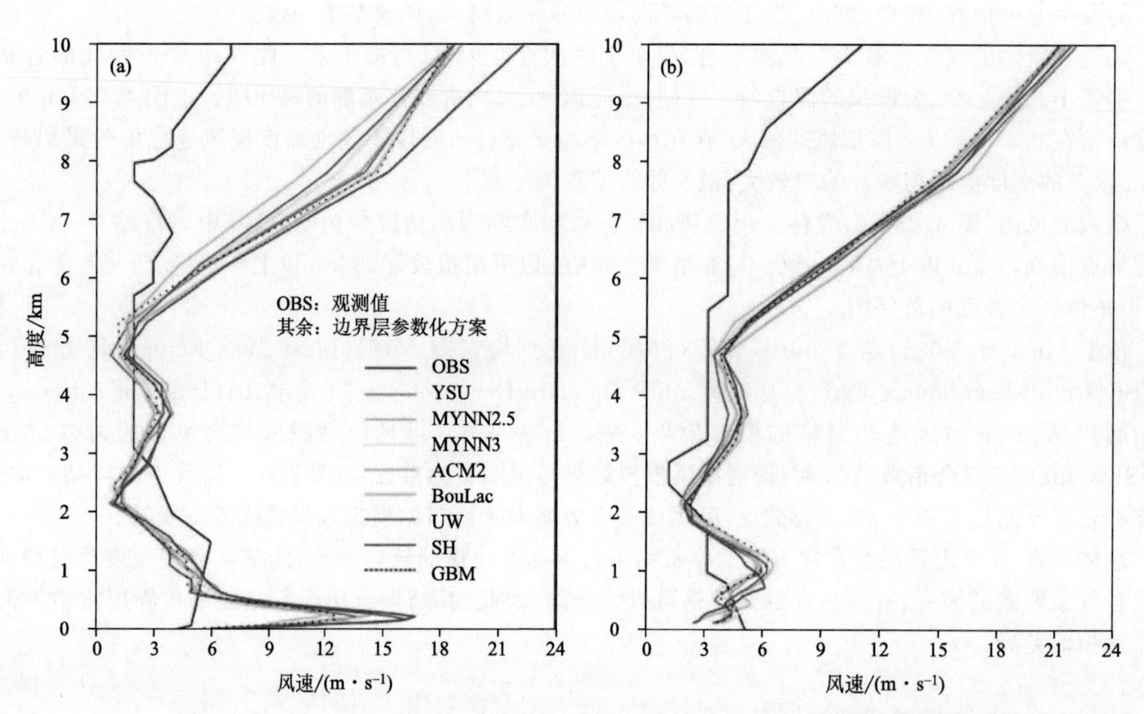

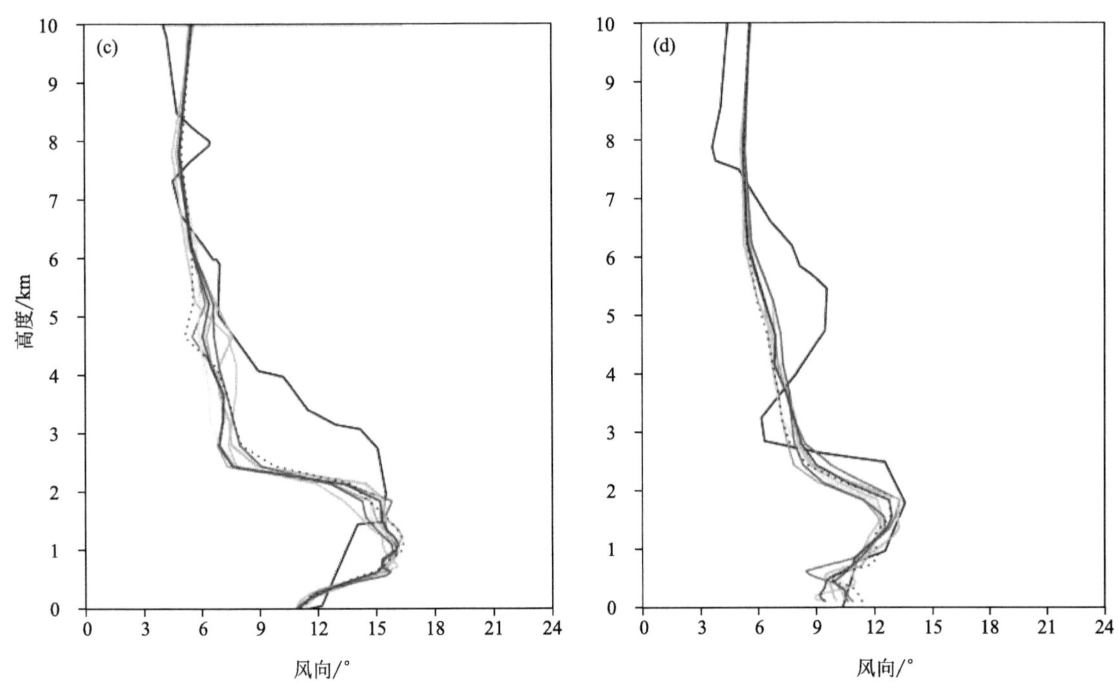

图4.25　模拟与观测的08:00(单位:m·s⁻¹)与风向(单位:deg)廓线的比较:
a. 海口站风速;b. 三亚站风速;c. 海口站风速;d. 三亚站风速

表4.6　海口站模拟的2 m温度和10 m风速的统计结果检验

		YSU	MYNN2.5	MYNN3	ACM2	BouLac	UW	SH	GBM
WS	MBE	0.67	0.61	0.42	0.86	0.85	1.03	0.67	0.70
	RMSE	2.11	2.31	2.34	2.40	2.32	2.10	2.10	2.20
	σdiff	1.99	2.23	2.30	2.23	2.16	1.83	1.98	2.08
	IA	0.803	0.830	0.855	0.830	0.728	0.771	0.811	0.823
T2	MBE	−0.34	−0.50	−0.48	−0.34	−0.12	−0.15	−0.34	0.08
	RMSE	0.76	0.70	0.62	0.85	0.48	0.50	0.71	0.36
	σdiff	0.68	0.48	0.39	0.77	0.46	0.48	0.62	0.35
	IA	0.982	0.984	0.987	0.976	0.993	0.993	0.985	0.996

表4.7　三亚站模拟的2 m温度和10 m风速的统计结果检验

		YSU	MYNN2.5	MYNN3	ACM2	BouLac	UW	SH	GBM
WS	MBE	−1.75	−1.73	−1.66	−1.52	−1.66	−1.60	−1.80	−1.53
	RMSE	2.15	2.11	2.10	1.94	1.90	2.01	2.13	2.12
	σdiff	1.19	1.14	1.24	1.16	0.86	1.16	1.06	1.42
	IA	0.596	0.588	0.604	0.591	0.475	0.563	0.564	0.669
T2	MBE	0.93	0.94	0.98	1.22	1.07	1.17	0.88	1.18
	RMSE	1.13	1.13	1.16	1.37	1.18	1.32	1.07	1.36
	σdiff	0.61	0.59	0.59	0.55	0.46	0.57	0.59	0.62
	IA	0.883	0.881	0.864	0.845	0.884	0.853	0.889	0.837

4.2.3　边界层方案对海风水平结构的影响

与我国渤海湾、长三角和珠三角等沿海地区海风的开始和结束时间相比，海南岛海风环流开始和达到强盛的时间偏晚，一般在09时海风开始，正午12时全岛海风形成，15—18时为海风强盛期，至夜晚21时左右才消退。为讨论8种边界层参数化方案对海风环流水平结构的影响，以下挑选了15时（海风强盛时）的近地面水平风场进行分析。由图4.26可知，8种边界层参数化方案均模拟出了当天海风，15时陆地温度较高，海风发展强盛，各个方向均出现了明显的由海洋吹向陆地海风。对于温度的模拟，MYNN2.5与MYNN3（图4.26b、c）方案的岛屿东北侧温度较低，仅为34～35℃，海陆温差相应偏低，驱动海风的热力条件较弱；其他方案均存在超过35℃的区域，其中YSU、SH、GBM模拟的温度相对更高，驱动海风发展的热力条件强。在海岛西侧，8个方案均模拟出了温度大值区，但大于35℃的范围有所差别，MYNN2.5、MYNN3与BouLac的范围相对较小，不利于西侧海风的发生发展。对于风场来说，南北向海风于19.1°N附近相遇，发生碰撞辐合，东部和西部海风各向内陆传播约50 km、30 km，较南北向海风传播距离短，但强度偏大，可达7 $m \cdot s^{-1}$左右，而南北向海风最大仅为4 $m \cdot s^{-1}$左右。由于陆地摩擦作用大于海洋，使得沿海风速大于内陆。8种方案模拟的海风强度和影响范围存在差异，其中，YSU、ACM2、BouLac、UW、SH模拟的北部海风强于MYNN2.5、MYNN3、GBM。同时BouLac方案（图4.26e）模拟的北部海风有向两侧辐散的趋势，大大抑制了海岛西侧由地形动力作用造成的绕流。SH、GBM模拟的内陆风速略大于其他6种方案，主要体现在18.6°～19.5°N范围内。在海岛东部，GBM方案的海风强度最大可达7.5 $m \cdot s^{-1}$，另7种方案则基本在6～7 $m \cdot s^{-1}$，强度较GBM方案小。对于西侧和南侧海风的模拟，各个方案在风速上存在较小差异，但风向、强度及传播距离基本一致。总之，温度与海风强度相对应，MYNN2.5与MYNN3方案的整体温度偏低，海陆温差小，海风发展相对较弱。

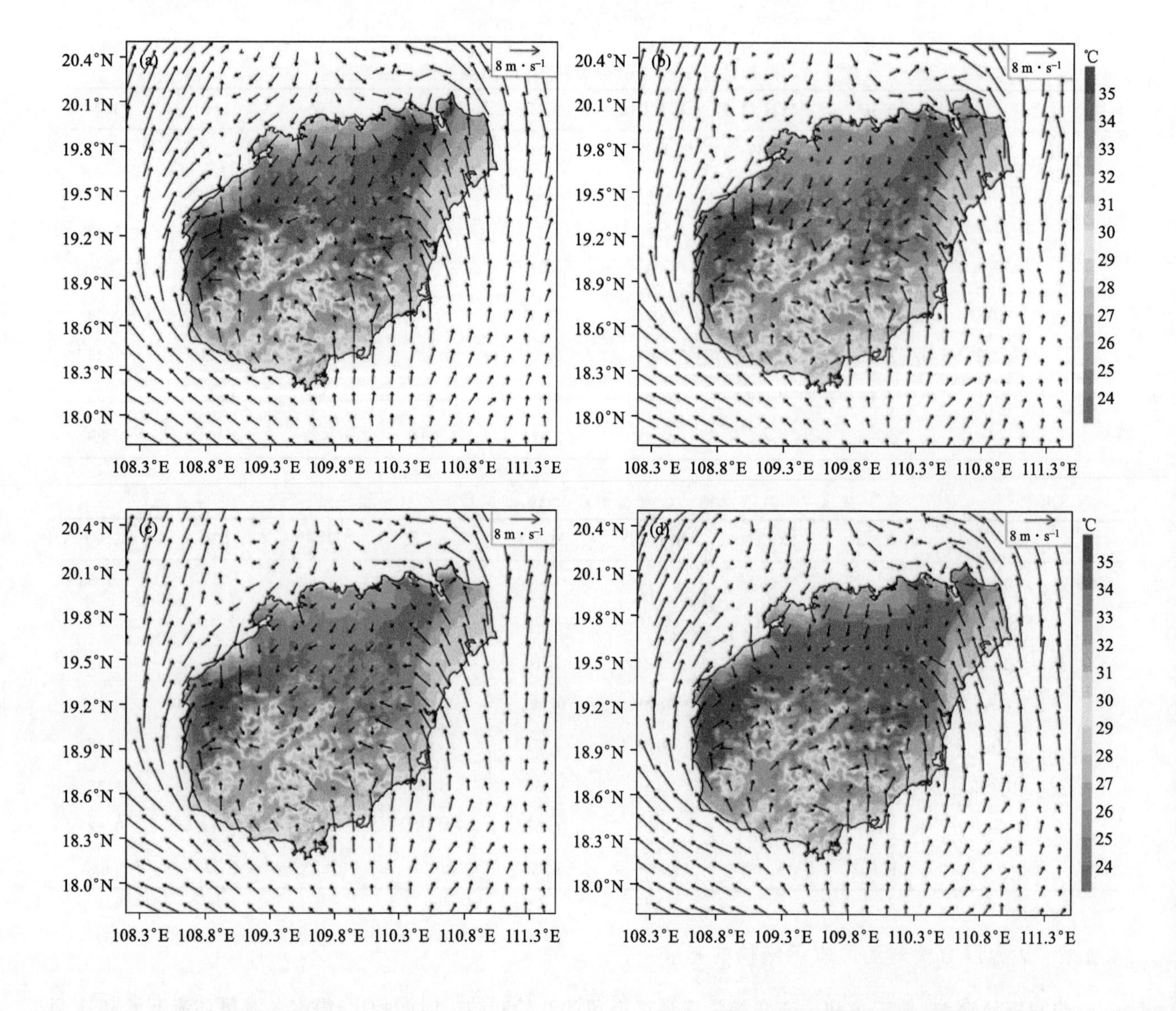

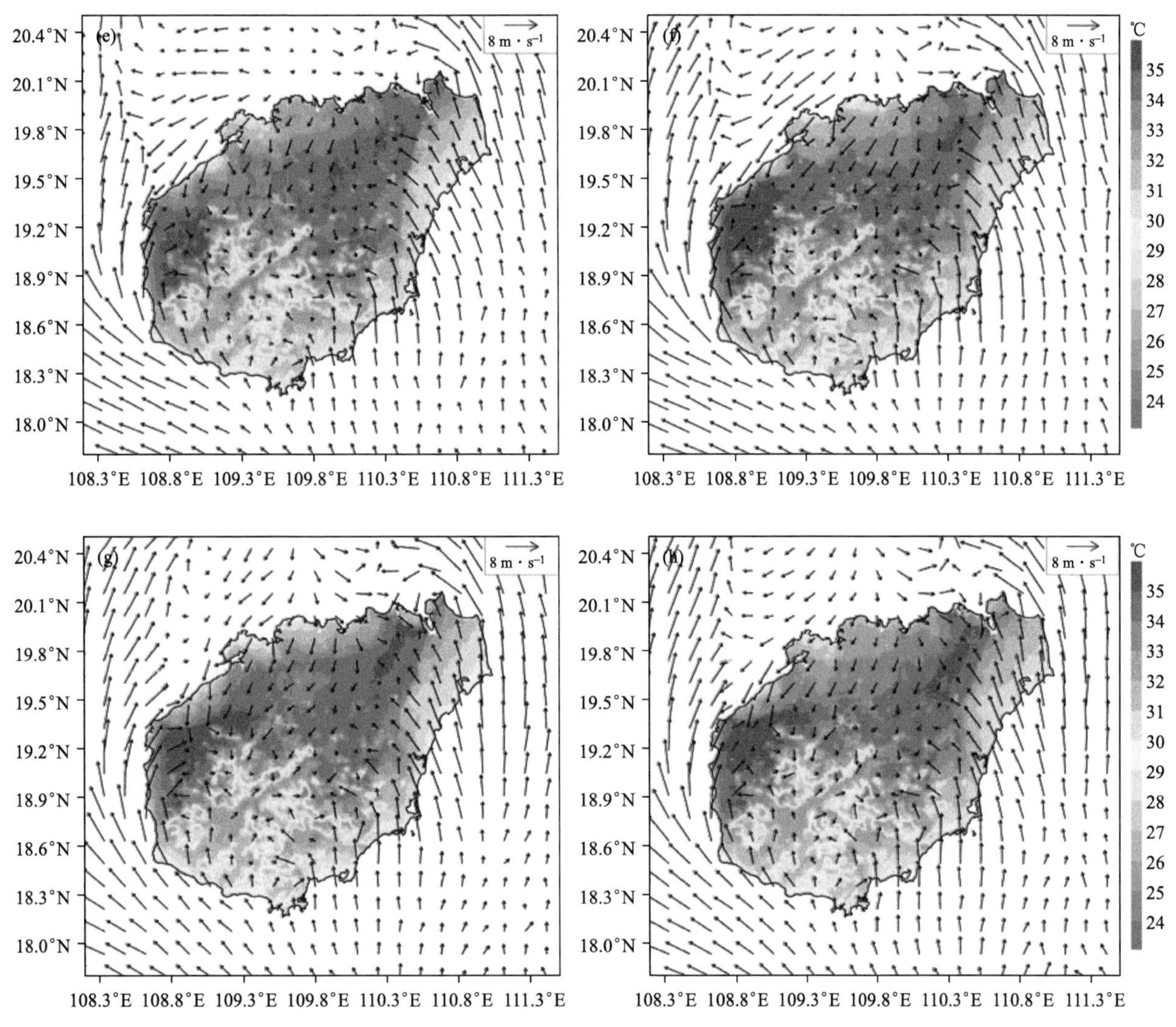

图 4.26　模拟的 15:00 2 m 温度场(阴影,单位:℃),10 m 风场(单位:m · s^{-1}):a. YSU;
b. MYNN2.5;c. MYNN3;d. ACM2;e. BouLac;f. UW;g. SH;h. GBM

改变边界层参数化方案后,局地海风的风向偏转和风速增减必然会进一步引起风场辐合位置和强度的变化。图 4.27 为 15 时 8 个方案对应的 10 m 风场散度,可用此来表示海风锋的位置及海风辐合强度。由图 4.27 可知,海风辐合区主要集中于岛屿长轴及西南山区,呈东北—西南走向。岛屿西南部的海风辐合主要为南北向海风碰撞及谷风对海风的同相叠加作用所致。15 时,由太阳对地表辐射不均造成的谷风也最强,南部五指山脉形成的偏南谷风和北部黎母山脉形成的偏北谷风各自叠加海风,使得南北向海风碰撞更为强烈,造成西南山区的大范围辐合。黎母山脉与五指山脉形成的东北—西南向的深长峡谷一带为辐合空白区。从全岛海风辐合范围和强度来看,UW 方案模拟的西南山区辐合范围和强度均最大,形成了几乎覆盖全岛的低层辐合气流(张振州 等,2014),其他依次为 BouLac、YSU、MYNN2.5、SH、GBM 方案,而 ACM2 与 MYNN3 模拟的辐合最弱,仅在海岛西南部形成零散的小范围辐合区。对比图 4.26、图 4.27,可知海岛东北部的细长辐合线为北部与东部海风相遇碰撞造成,MYNN3、ACM2 方案模拟的辐合线强度相对其他 6 个方案弱,且宽度也较小,这正是由于此处海风碰撞不及其他方案强所致。

4.2.4　边界层方案对海风垂直结构的影响

由图 4.26 可知,南北向海风的发展范围及传播更为强盛。为探究边界层参数化方案对海风环流垂直结构的影响,本节将该日 09 时、12 时、15 时、18 时、21 时的垂直速度沿图 4.4b 中 BB1 线作了垂直剖面图,以此说明海风的发生、发展、强盛及衰减过程。

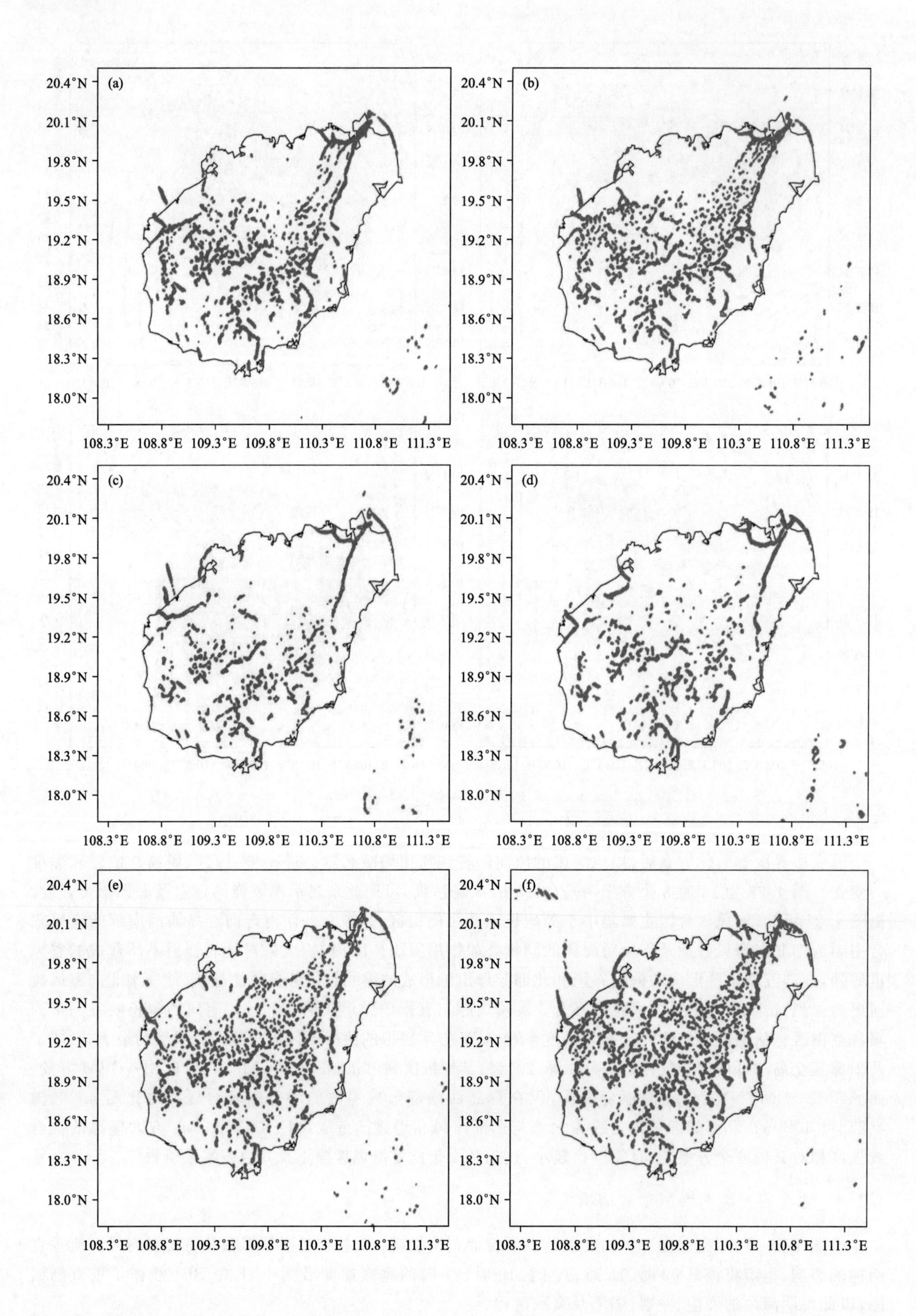
(a)
(b)
(c)
(d)
(e)
(f)
20.4°N
20.1°N
19.8°N
19.5°N
19.2°N
18.9°N
18.6°N
18.3°N
18.0°N
108.3°E
108.8°E
109.3°E
109.8°E
110.3°E
110.8°E
111.3°E

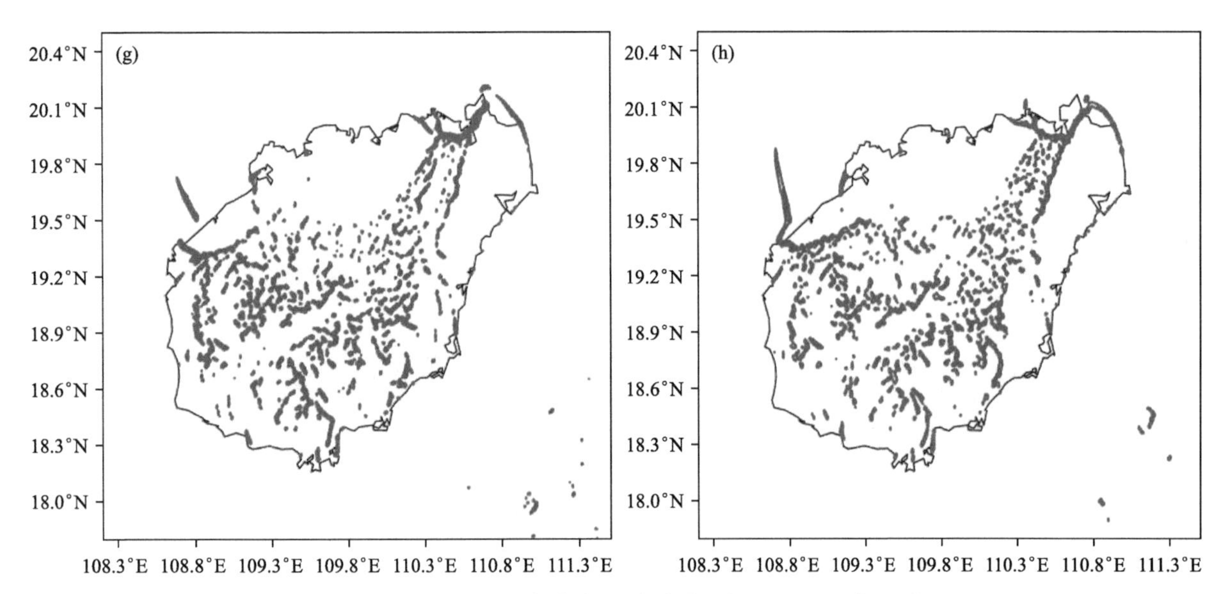

图 4.27　模拟的 15:00 10 m 风场散度(蓝色实线,小于$-1\times10^{-3}\cdot s^{-1}$):a. YSU; b. MYNN2.5;c. MYNN3;d. ACM2;e. BouLac;f. UW;g. SH;h. GBM

一般而言,夏季海南岛日出时间为 06 时左右,此时太阳辐射开始加热地表,而海风发生相对于辐射加热是一种滞后现象,因此到了 09 时,海风才开始在近地面出现,但高空回流与垂直环流尚不明显。在偏南背景风的影响下,岛屿南部海风发展被掩盖,未能清晰地表现出来,北部虽出现小范围的海风,但传播距离较短。对比 8 个方案对 09 时海风的模拟,可见 YSU、MYNN3、SH、GBM 方案的北部海风向内陆传播约 0.3 个纬距,海风头部(Sea Breeze Head)位于 19.65°N 附近。MYNN2.5、ACM2、BouLac、UW 则分别传播至 19.6°N、19.55°N、19.8°N、19.7°N 附近。就北部海风发展高度来说,UW 方案模拟的海风厚度最小,在 0.5 km 以下,BouLac 方案也较小,且 UW 与 BouLac 在 0.3 km 以下还存在残余陆风,几乎可以切断低层海风。ACM2 方案的海风厚度为 0.7 km 左右,在 0.7～0.9 km 范围内存在偏南陆风,将北部海风分为高低两段。MYNN3、SH、GBM 方案也模拟出了不同程度的小范围陆风,其海风厚度受此影响变得不易分辨。YSU、MYNN2.5 的北部海风发展相对来说更为清晰,未受太多残余陆风的影响,海风厚度均在 1 km 以上。总的来说,09 时海风开始,但强度还较小,且存在残余陆风,向内陆传播距离也较短,8 个方案对其结构的模拟各有特点,YSU、MYNN2.5 与 SH 方案的海风相对较强。

12 时,随着太阳辐射的增加,陆地温度远高于海洋,海风逐渐发展起来,其环流结构也变得更为清晰。如图 4.28 所示,南部海风仍受到背景风的同相叠加作用,高空回流与海风厚度不明显。北部海风进一步向内陆推进,其结构也较 09 时清晰。就北部海风的传播距离来看,YSU 与 ACM2 传播的最远,可至黎母山脉北侧山峰处,海风头部也位于 19.05°N 附近,但因山峰高度较高(1200 m 以上),海风未能越过,受到地形机械阻挡作用而停在山脉北侧。MYNN2.5 与 UW 则传播至 19.1°N,恰位于黎母山脉北部主峰前,与叠加了背景风的南部海风相碰撞,但碰撞并不强烈,未造成明显的垂直上升运动。其他 4 组方案 SH、BouLac、GBM 和 MYNN3 的传播位置分别为 19.2°N、19.3°N、19.35°N、19.6°N,较 YSU、ACM2、MYNN2.5 与 UW 的传播距离短,且南北两支海风的碰撞更弱。值得注意的是,8 组方案的北支海风中均存在不同范围和强度偏南风,这可能是由于此处背景风和残余陆风强度大于北部海风,因此表现为小范围的南风分支存在于北部海风中。对于海风厚度的模拟,UW 最低,仅为 0.5 km,GBM 为 0.6 km,其他 6 组方案则为 1 km 左右。此时在五指山脉南、北部主峰之间的峡谷处(18.75°N 附近)存在明显的谷风,8 组方案模拟的谷风强度不同,GBM 的范围和强度最小,MYNN2.5 与 BouLac 相对较强,影响范围也比其他方案大。总之,该时刻的海风已呈现出较为清晰的环流结构,YSU、ACM2 的海风厚度及向内陆传播距离相对强于其他方案,海风较强,MYNN3 的环流结构则不太明显,且向内陆推进距离短,海风相对较弱。

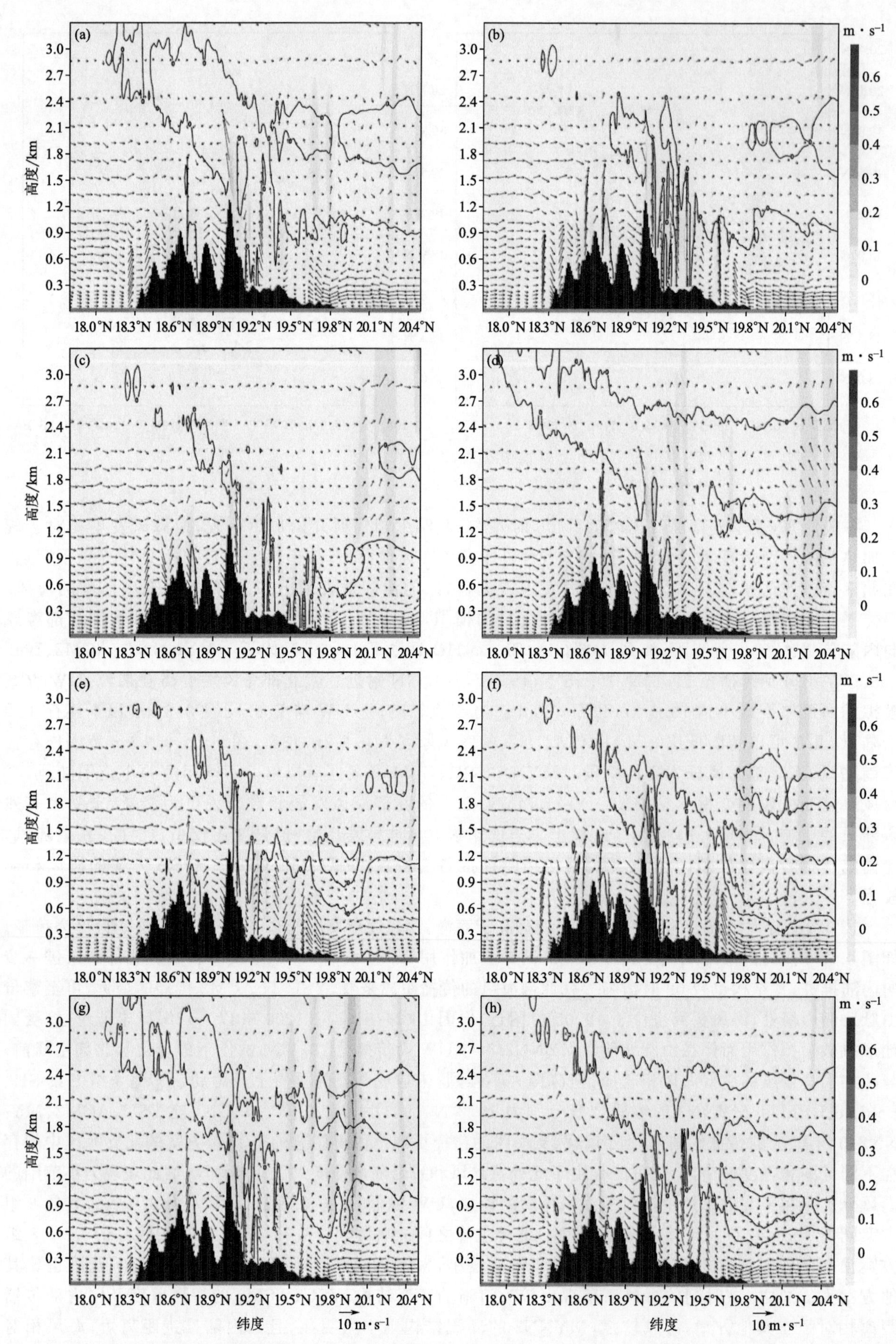

图 4.28　沿图 4.4b 中 BB1 线模拟的 12:00 垂直风速(阴影,单位:m · s^{-1}),南北环流(W 扩大了 20 倍),V 风速零线(黑色等值线)的垂直剖面图;a. YSU;b. MYNN2.5;c. MYNN3;d. ACM2;e. BouLac;f. UW;g. SH;h. GBM

如图4.29所示，15时海风发展强盛，南北向海风环流结构清晰。在8个方案的模拟中，南部海风均传播至18.7°N附近，此处恰好位于五指山脉南部主峰偏北侧，而北部海风则传播至19.05°N，即黎母山脉北部主峰山顶处。在此传播过程中，由于山、谷之间存在温差，使得南北部海风分别受到谷风的同相叠加作用，导致其向内陆的传播距离更远。另外，海风在沿山峰爬行过程中产生了扰动和波动，这可能是由Kelvin Helmholtz(KH)不稳定所致，扰动和波动中存在的湍流混合作用会导致能量的积聚和传播(王语卉 等，2016)。

对比8种方案下的北部海风厚度，可知ACM2方案的海风厚度最大，达0.8 km左右，其次为YSU、MYNN2.5、SH方案，约为0.55 km，MYNN3方案为0.45 km左右，BouLac与UW方案仅约0.4 km，海风厚度最小。北部海风的回流高度相差不大，均为1.5 km左右，南部海风环流特征不明显，这是由于偏南背景风对海风的掩盖作用所致。从海风锋附近的垂直上升速度来看，YSU方案最大，可达0.4 $m \cdot s^{-1}$以上，且存在3个明显的大值带，分别位于18.8°N、19.1°N、19.6°N附近，UW、SH方案也分别在19.8°N、19.65°N附近存在超过0.4 $m \cdot s^{-1}$以上的垂直上升速度大值区，其他5个方案的海风锋附近均未形成较强的垂直上升运动(Shin et al.，2016)。总体来看，MYNN2.5、MYNN3方案模拟的海风垂直强度较小。ACM2方案的海风垂直环流特征最为明显，同时其对应的垂直速度强度、范围也最大。

18时，太阳辐射减弱，但由于地表残余能量的驱动，海风发展仍然较强，南北向海风垂直环流结构比15时更为清晰，海风强度则有所减弱。从图4.30中可以看到，南部海风受到地形的动力屏障作用，基本传播至黎母山脉北部主峰前，并未越过山峰，南、北向海风于19.0°N附近发生碰撞，造成较强的垂直抬升运动。对比8组方案模拟的南部海风推进距离，可见MYNN2.5与MYNN3最短，仅传播至五指山脉北峰(约18.82°N)；BouLac和GBM传播至五指山北峰与黎母山北峰之间的峡谷处(约18.92°N)，与局地谷风产生反向叠加；其他四组方案均传播至黎母山前(约19.0°N)。南部海风厚度及高空回流均相差不大，海风厚度基本为0.8 km左右，高空出现明显的海风回流，最高约2.7 km。对于北部海风厚度的模拟，UW方案最大，可达0.7 km左右，SH约为0.6 km，YSU与MYNN2.5接近，为0.5 km，BouLac、GBM、MYNN3较低，分别为0.45 km、0.4 km、0.35 km。其对应的高空回流高度也较低，基本在1.5 km以下，且范围较小，其中UW的回流结构最不明显。海风在山峰处存在强迫抬升，8个方案的垂直上升速度强度有所不同，ACM2、BouLac与UW在黎母山北峰附近存在几条垂直速度大值带，MYNN2.5与MYNN3则在五指山北峰附近存在一条速度大值带，这说明此处山脉对海风的强迫抬升与海风碰撞较为剧烈，YSU、SH、GBM的速度大值区不明显。综上可知，与15时相比，18时的海风强度和扰动均有所减弱，但仍然较强，且环流结构也较为清晰，ACM2、BouLac与UW的整体海风相对强于其他方案。

21时，太阳辐射消失，地表温度迅速下降，海陆温度梯度由陆地指向海洋，这使得岛屿南、北部低层由海风转为陆风，但在偏南背景风的作用下，南部陆风环流不及北部明显，范围也较小。同时由于夜间山顶温度下降快，造成山区内的谷风转为山风，叠加于陆风之上。此外，在低层陆风环流内还存在残余海风。就8组方案模拟的北部陆风特征来看，BouLac与UW的陆风厚度最大，可达1 km以上，同时在黎母山脉北峰山风的叠加作用下使得北部陆风的影响范围较大，在海陆交界处(19.95°N附近)及其以北低层存在残余海风；YSU、ACM2、SH方案的陆风范围较小，在19.05°～19.6°N范围内较为明显，且发展高度基本在1 km以下；MYNN2.5、MYNN3、GBM方案的陆风发展范围更小，仅存在零星的陆风区。南部陆风的整体发展范围小，且在偏南背景风的阻挡作用下，YSU、MYNN2.5、MYNN3、ACM2、UW、SH、GBM方案模拟的0.9 km以下低层基本表现为南风，BouLac方案的高度稍高，达到1.1 km。另外，8组方案在五指山南、北峰与黎母山北峰形成的两个峡谷(18.8°N、18.95°N附近)处存在不同范围的山风，GBM范围最大，其次为BouLac、UW、SH，而其他4组方案的山风范围均较小。总的来说，21时海风已基本转为陆风，且北部陆风强度及范围大于南部，其中BouLac与UW的陆风环流结构较为清晰，特征显著。

海风的发生发展与温度密切相关，位温的垂直结构可以从一定程度上说明海风的强弱。由09时、12时、15时、18时、21时南北向位温的垂直结构分布可知，09时南北向的等位温线总体趋势较为平稳，海风较弱；正午12时，陆地位温显著升高，特别是306 K线，而海洋上位温变化则很小，依然维持在约300 K，故此时的海陆交界处位温梯度较大，300～304 K的等位温线呈垂直分布，海风发展增强。至15时，南北两侧位温梯度几乎垂直分布，转折处较为突出，海陆温差明显，可见此时驱动海风发展的热力差异显著，因

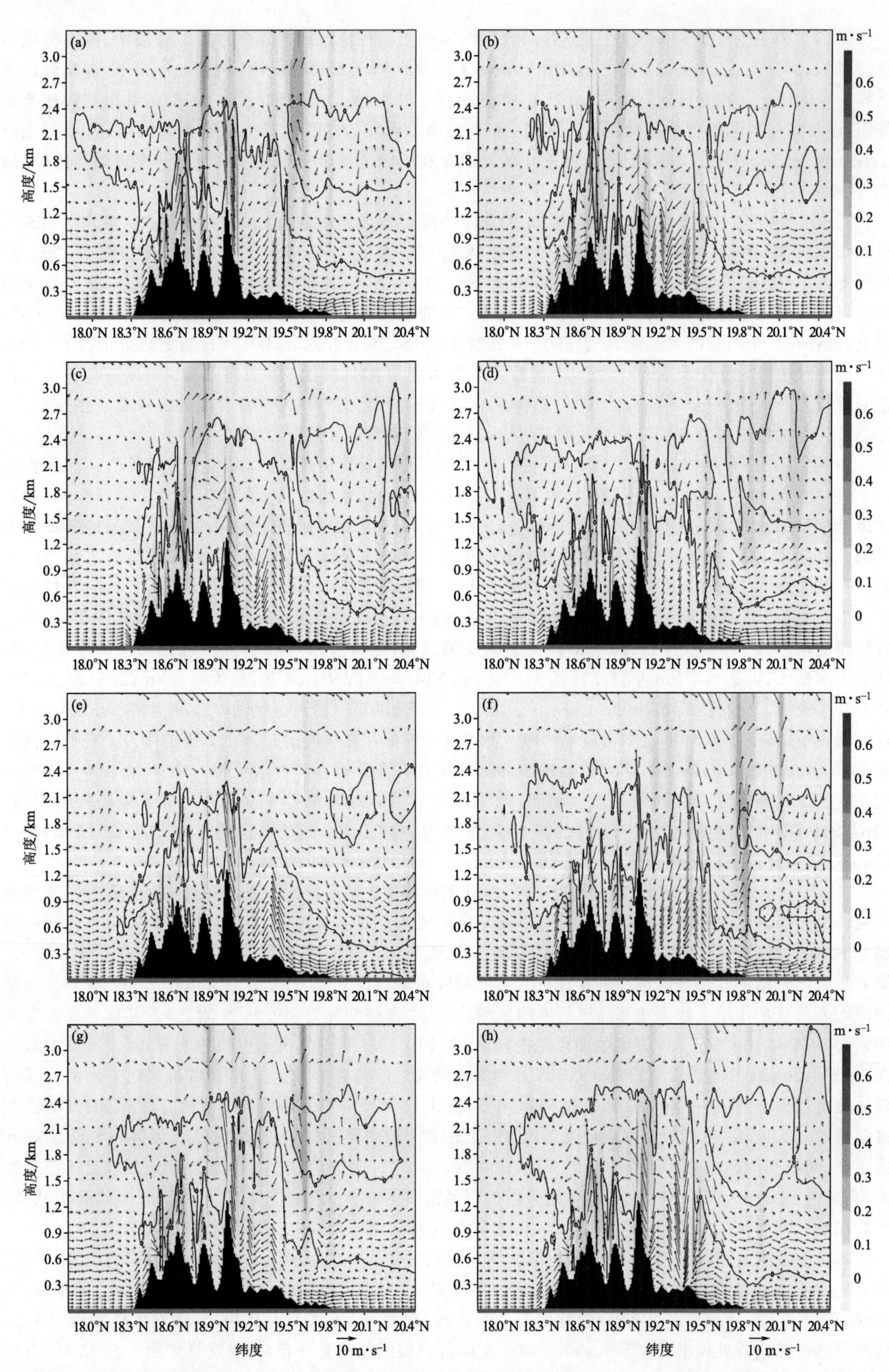

图 4.29　同图 4.28，但为 15:00

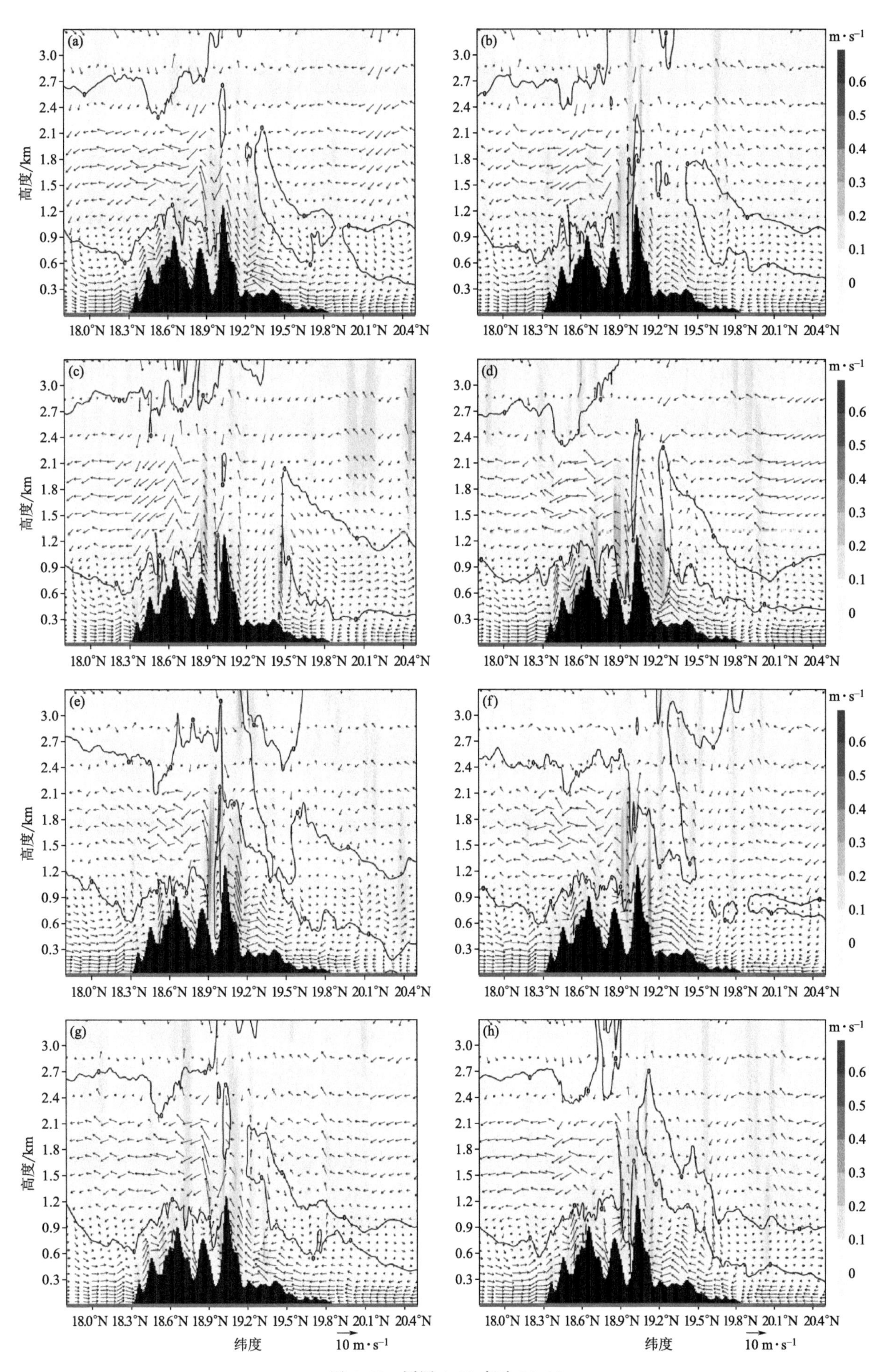

图 4.30　同图 4.28,但为 18:00

此海风发展强盛。8 个方案模拟的 309 K 等位温线均在山顶处闭合，其位温梯度较大，海风发展旺盛。其中，UW 方案模拟的南部 301 K 等位温线范围较小，因此其南北两侧的位温梯度较小，海风相对较弱。18 时，南北部沿海地区 306 K 以下的等位温线梯度仍然较大，直至 21 时，陆面温度降低，等位温线趋于平缓，对应此时南北向的海风衰减。

海风发展为内陆带来了水汽，使得陆地水汽含量增多，因此水汽含量的局地变化可表示海风传播情况。从 09 时、12 时、15 时、18 时、21 时水汽混合比南北向的垂直结构可以看出，09 时的水汽混合比等值线较为平稳，仅在山脉附近及南部洋面上波动稍大。到了 12 时，全岛上空的水汽混合比值明显增大，且 12 g · kg^{-1} 水汽混合比等值线由之前的 1.2 km 上升至 1.9 km 左右。15 时，14 g · kg^{-1} 水汽混合比等值线已抬升至 2.1 km 附近。对比 8 个方案模拟的水汽混合比的垂直分布，可知 MYNN2.5、MYNN3 方案模拟的南北两侧水汽梯度相对较小，尤其南北侧 0.3 km 以下的水汽大值区范围较小，而 YSU、ACM2、BouLac、UW 模拟的水汽梯度相对较大，在山峰处形成了多条闭合的水汽混合比等值线，它们对应海风发展强度也有所不同。与图 4.30 对比，可以看到水汽梯度较大处与海风锋及强的垂直上升运动位置对应良好，说明此时的海风易触发不稳定天气（苏涛 等，2016a，b）。傍晚 18 时，岛屿上空水汽含量达到最大值，海岛中部地区的水汽混合比值也相应达到 16g · kg^{-1}。直到 21 时，水汽等值线才渐渐恢复平稳。

为进一步探究海风强盛时 8 种边界层参数化方案对海风垂直环流强度的影响，以下分析了陆地平均垂直速度和温度随时间及高度的演变。速度的区域平均值可以集中反映边界层参数化方案差异所带来的海风变化，便于从宏观上把握各个方案与海风强度的对应关系。15 时左右 8 个方案的低层开始出现大于 1 cm · s^{-1} 的垂直上升速度，最大速度均出现在 1 km 以下，且其范围恰与海风发展时段及高度相对应。其中 ACM2、UW、GBM 方案模拟的温度在 14 时左右 0.2 km 处出现一个小范围闭合等温线，该处为温度高值区，易形成更强的海陆热力差异，从而产生更强的海风。整体来说，8 个方案的温度分布差别不大。对比 8 个方案模拟的垂直上升速度的范围及强度，可知从 14 时左右开始出现速度大值区（大于 0.5 cm · s^{-1}），约 19 时消失，16 时左右达到最大。其中 ACM2 方案最大强度可达 2 cm · s^{-1} 以上，出现于下午 16 时，且延伸高度达 2 km 以上，说明海风垂直抬升作用强盛。MYNN2.5 方案模拟的强度最小，影响高度也在 1.3 km 以下，且最大速度不超过 1.2 cm · s^{-1}。MYNN3 方案也较弱，但垂直方向扩展范围强于 MYNN2.5 方案。其他方案强度均在 1.5 cm · s^{-1} 左右，YSU、BouLac、SH 的发展高度达 2 km 以上，UW、GBM 则小于 1.5 km，基本强度和影响范围介于 ACM2 与 MYNN2.5、MYNN3 之间。

总的来说，MYNN2.5、MYNN3 方案模拟的海风垂直强度较小。ACM2 方案的海风垂直环流特征最为明显，同时其对应的垂直速度强度、范围及海陆热力差异也最大。这是由于非局地方案 ACM2 的边界层垂直混合偏强（王子谦等，2014），导致其模拟的海风偏强所致。

4.2.5 边界层高度的差异

行星边界层主要是对水汽、能量等物理量的垂直输送以及凝结潜热的释放起到强迫作用，而其高度则是研究大气边界层的重要参数。边界层高度（PBLH，Planetary Boundary Layer Height）从一定程度上可以反映出低层大气的湍流活动强弱。边界层高度越高，意味着水汽及热量可以在更大的空间内扩散（Huang et al.，2015）。为探究不同边界层参数化方案对边界层高度的影响，图 4.31 给出了 8 种方案 15 时边界层高度的水平分布。从图中可以看出，岛屿北部 18.9°～19.5°N 为边界层高度大值带，其余地区高度相对较小，表明此部分为对流活动发展较为旺盛的区域，即海风发展较强的地区，这可能是由于海风向内陆传播过程中，各向海风碰撞形成较强的上升运动所致。图 4.32a 给出了 8 个方案的边界层高度随时间的演变，从图中可以看出，ACM2 方案模拟的边界层高度最大可达 1200 m 左右，出现在 14 时，而 MYNN2.5、MYNN3、BouLac 方案较为接近，最大值于 15 时左右可达 1100 m，YSU 与 SH 方案约为 950 m，UW 及 GBM 方案的边界层高度最低，分别为 550 m、600 m 左右。结合图 4.31 与图 4.32a 来分析 8 种方案模拟的边界层高度水平分布范围的差异，可知 UW 方案的大值范围及高度均最小，其次为 GBM 方案，其大值范围与 UW 方案基本相同，但整体高度偏高。其他 6 种方案的边界层高度均超过 1000 m，大值范围也相应扩展，其中，ACM2 方案模拟的边界层高度最大，尤其在北部与西部海风碰撞区，超过了 1600 m，这与其对海风垂直环流强度模拟偏大是相对应的，而其他方案的 PBLH 与海风强度并不完全一致。

图 4.32b 为沿图 4.4b 中 BB1 线模拟的 15 时边界层高度的垂直剖面图。图中显示 8 个方案的边界层高度在山区明显高于平坦地区，且与两大山脉的走向较为一致。在海岸附近，边界层高度存在较大的水平梯度，转折明显。在五指山脉(18.3°～18.9°N)上空，边界层高度的大小与图 4.32a 一致，均为 ACM2 方案最高，UW 最低。在黎母山脉(18.9°～19.5°N)上空，整体边界层高度较五指山脉更高，大小也发生改变。其中，MYNN3 方案模拟的边界层高度最大，接近 1800 m，MYNN2.5、BouLac、YSU、ACM2 和 SH 方案也较高，约为 1500 m。GBM 方案仅为 1200 m，且为单峰型分布，其他方案均为双峰型。UW 方案的 PBLH 最低，为 1000 m 左右。

从边界层高度与海风强弱的对比来看，两者未呈现出严格的正相关。Hang 等(2016)提出，在海风信号显著的地区，沿海地区大气边界层高度出现了较为反常的下降趋势，这与热内边界层(TIBL，Thermal Internal Boundary Layer)的形成有关。热内边界层是气流从一种热力性质的下垫面进入另一种下垫面所形成的内边界层。典型情形出现在水面和陆面温度差很大的海岸带或大湖沿岸，其中以冷海(湖)面空气随向岸流动进入暖陆面形成的热内边界层最为常见。通常海面上大气湍流较弱，层结较接近于中性，当冷海面的空气进入暖陆地之后和地面接触的空气受到加热而呈超绝热状态，湍流增强并有对流湍流产生，其上部仍保持海上边界层的弱湍流，使得 PBLH 较低。TIBL 的形成使得部分方案的 PBLH 与海风强度并不完全对应，MYNN2.5 与 MYNN3 方案的低层海风及辐合、高空回流发展及垂直环流强度均较弱，但其岛屿平均 PBLH 却达到 1200 m 左右。而 YSU、SH 及 UW、GBM 方案模拟的 PBLH 仅为 1000 m、800 m 左右，但整体海风环流却强于 MYNN2.5 与 MYNN3，这与 TIBL 形成而削弱 PBLH 密切相关。此外，ACM2 方案模拟的边界层高度偏高，这与其对海风垂直环流强度模拟偏高是相对应的。

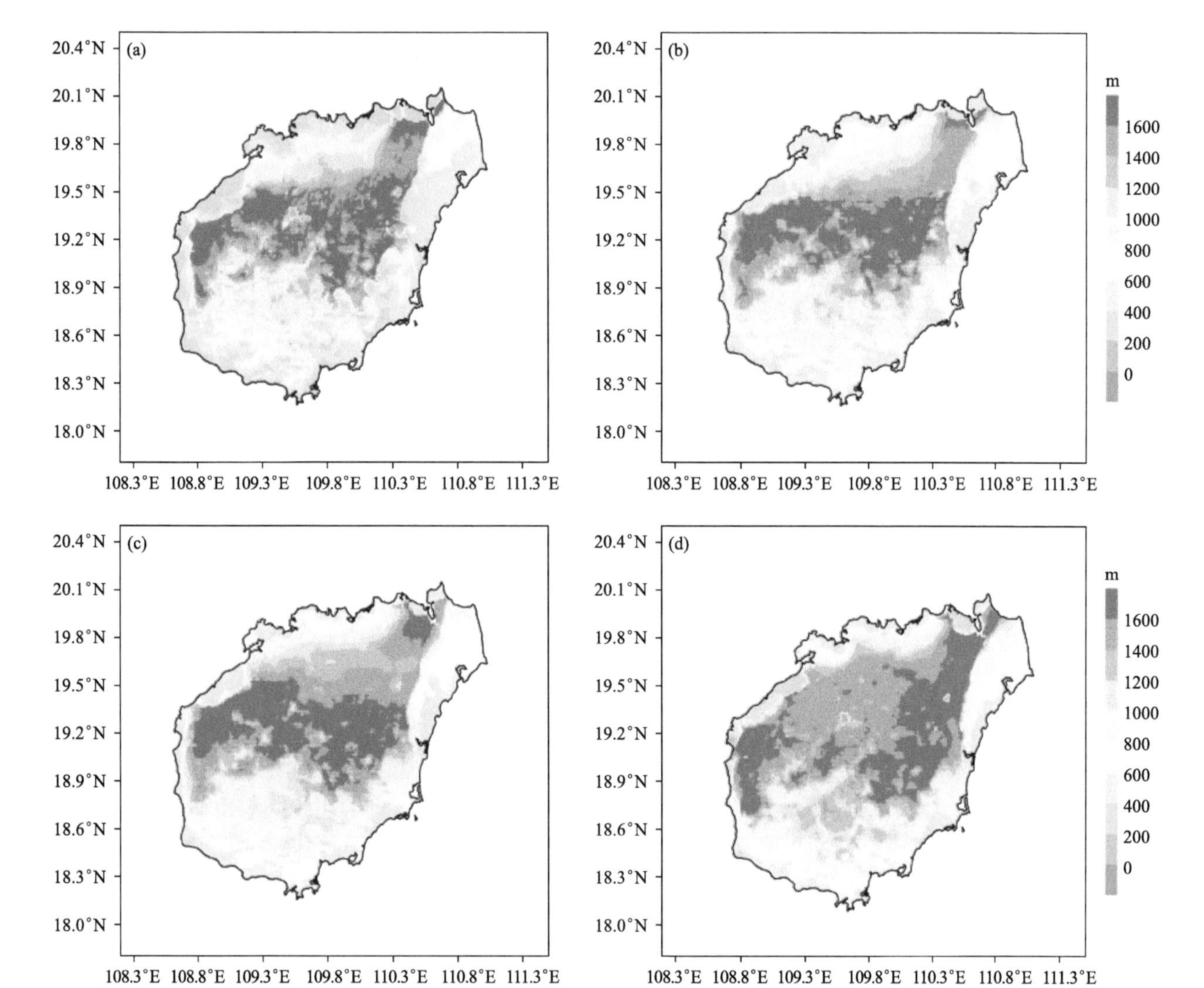

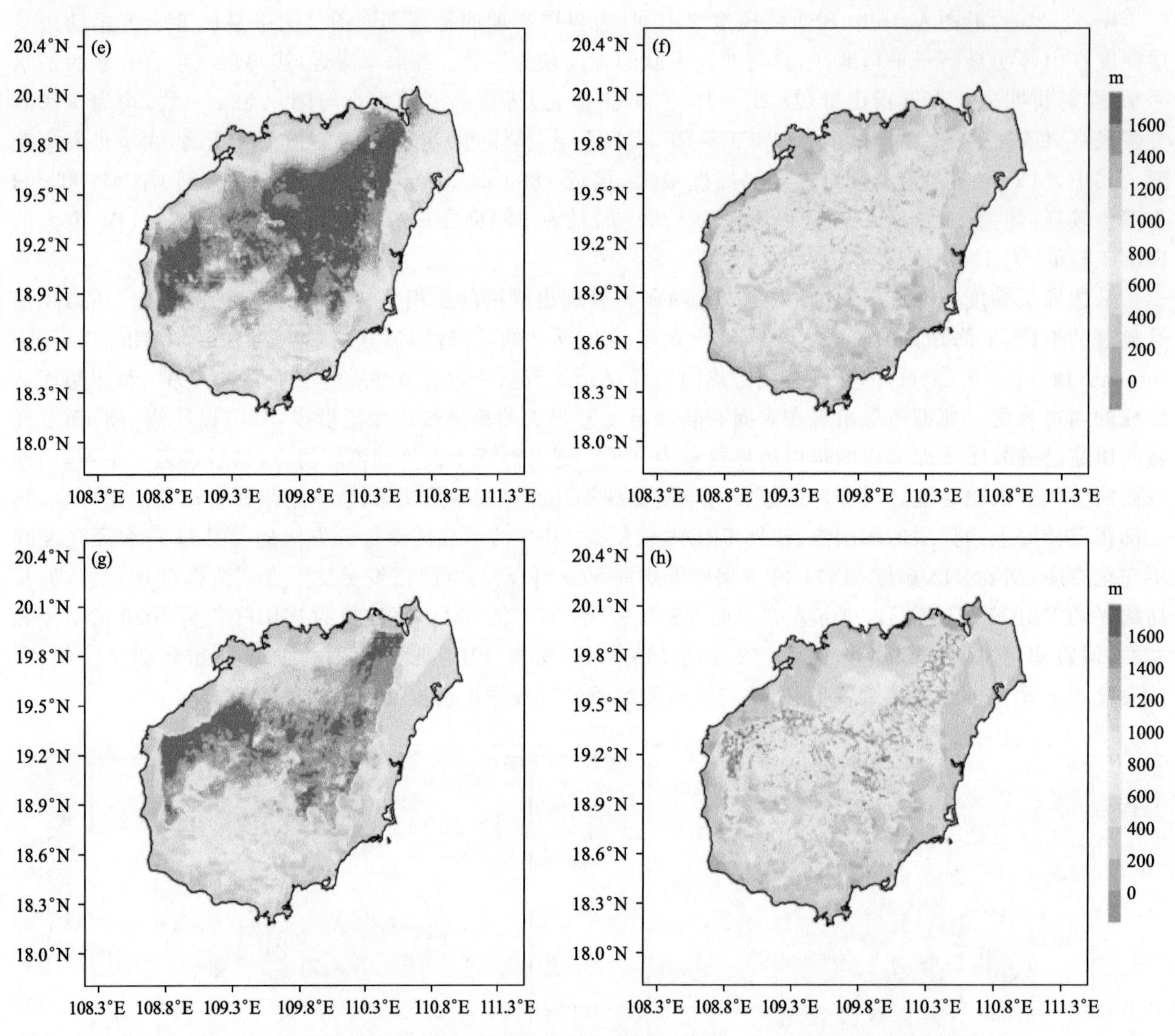

图 4.31　模拟的海南岛 15:00 的边界层高度(阴影,单位:m):a. YSU;b. MYNN2.5;c. MYNN3;d. ACM2;e. BouLac;f. UW;g. SH;h. GBM

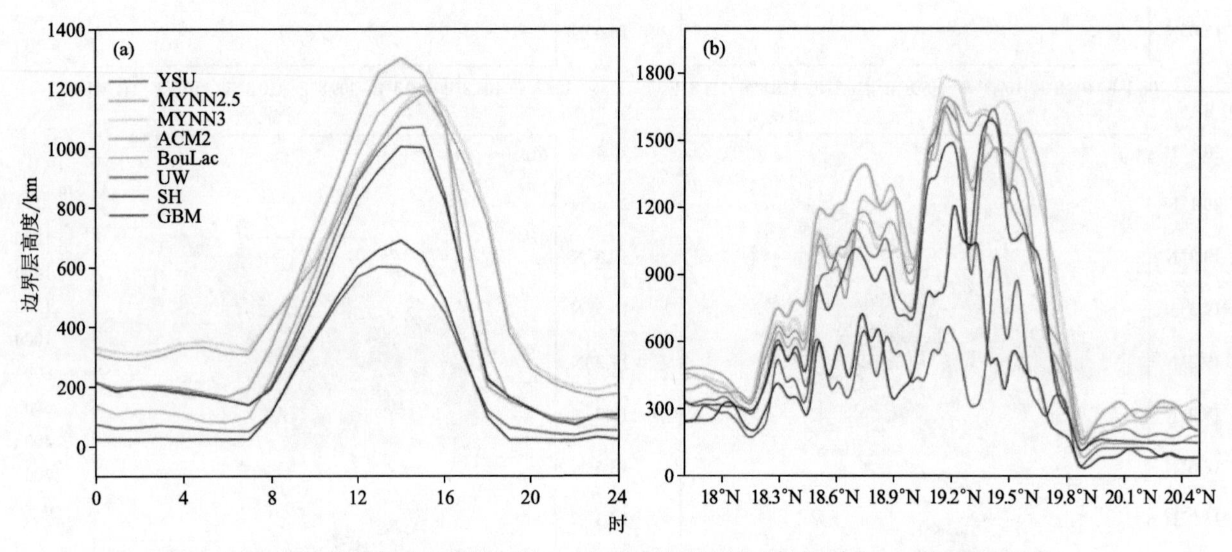

图 4.32　不同方案模拟的边界层高度:a. D4 区域平均边界层高度(单位:m)随时间的演变;b. 沿图 4.4b 中 BB1 线模拟的 15:00 边界层高度(单位:m)的垂直剖面图

4.2.6　边界层方案对地表通量的影响

基于以上的分析，可以看到 YSU 与 SH 的模拟结果非常接近，同时与 ACM2 方案也存在一定的相似性，其中 ACM2 模拟的海风比 YSU 和 SH 强。MYNN2.5 与 MYNN3 也比较类似，BouLac、UW、GBM 有局地湍流动能方案的特征，但同时也保有各自独特之处。按照湍流特征的不同，可以将行星边界层进一步分为三层：贴地层，近地面层和埃克曼(Ekman)层。贴地层不常存在，一般认为边界层的下层即为近地面层。在中尺度数值模式中，不同的边界层参数化方案往往造成不同的模拟效果，这是因为边界层在很大程度上影响着陆地—海洋—大气间的水汽、动量及热量的交换。虽然地表通量为近地层变量，但近地层属于边界层的一部分，因此在使用 8 种不同的边界层参数化方案对海风的模拟中，地表通量的大小也会有所差异，这会直接影响海风的强弱。

太阳短波辐射是地气系统能量的最根本来源。地表吸收的净辐射能，主要用于两方面：一是感热和潜热的释放，为边界层的湍流输送提供能量；二是通过热传导过程被土壤吸收，从而达到自身的能量平衡。因此，太阳短波辐射及感热、潜热通量是研究海风环流结构的主要内容。由图 4.33 可知，8 个方案模拟的向下短波辐射及各通量值均在合理范围内。从图 4.33a 中可以看到，非局地方案 YSU、ACM2、SH 呈现出一致的变化趋势，12 时短波辐射最大，并显示出单峰型。其余五种局地湍流动能方案则是 12 时至 14 时辐射达到最大，可持续 2 h。其中，ACM2 的辐射值最高可达 1010 $W\cdot m^{-2}$ 左右，大于其他方案。UW 和 GBM 则约为 1000 $W\cdot m^{-2}$，略低于 ACM2。BouLac、MYNN2.5 和 MYNN3 模拟的短波辐射值分别为 990、980 $W\cdot m^{-2}$ 左右。YSU、SH 方案的线型吻合度最高，但最高值仅约 975 $W\cdot m^{-2}$，为 8 个方案

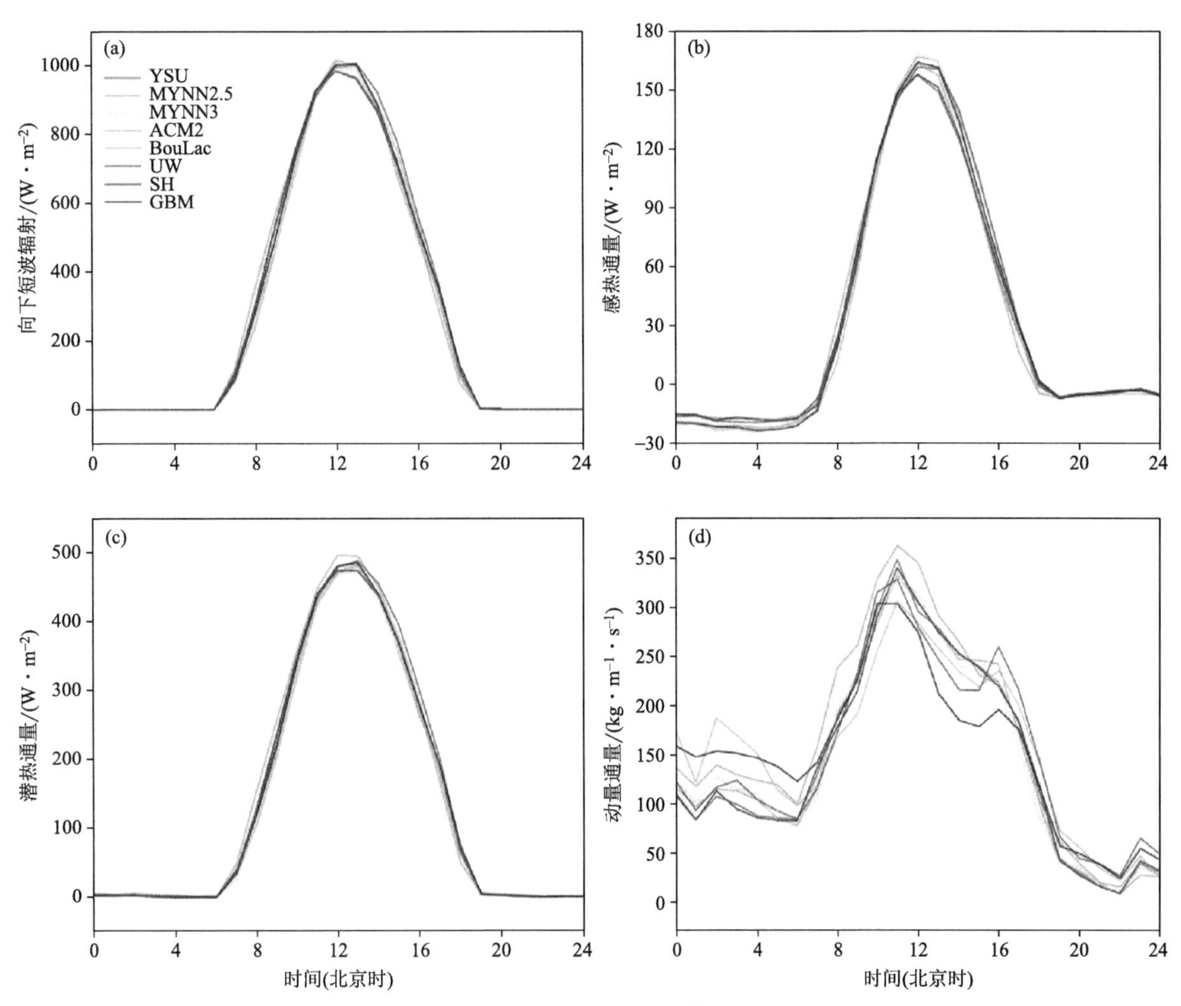

图 4.33　几种物理量的模拟值在不同方案中随时间的变化：a. 向下短波辐射(单位：$W\cdot m^{-2}$)；b. 感热通量(单位：$W\cdot m^{-2}$)；c. 潜热通量(单位：$W\cdot m^{-2}$)；d. 动量通量(单位：$kg\cdot m^{-1}\cdot s^{-1}$)

中太阳短波辐射最少的。由此可见，不同方案接收到的短波辐射有所差异，这会造成地面净辐射的不同，进一步影响地面向上传输的感热和潜热通量。由图 4.33b 可知，三个非局地方案在 12 时至 14 时呈现出下降趋势，且斜率高于五种局地方案，其方案间大小也存在差异，MYNN2.5、MYNN3 最大，YSU、SH 最小，其他四种方案的感热通量值接近，大小介于前两组之间。在潜热通量随时间的变化（图 4.33c）中，YSU 等非局地方案在 12—14 时出现下降的形态，而局地方案则有上升态势。在其大小的对比上，依然为 ACM2 最大，其他依次为 UW 与 GBM、MYNN2.5、BouLac、YSU 与 SH、MYNN3。一般来说，在地表能量平衡中，潜热通量约为感热通量的三倍大，方案间感热通量的差异要小于潜热通量，此二者均为湍流的发展提供能量，故总体表现为 ACM2 方案为湍流提供的能量最多，MYNN3 方案较少。因此在驱动海风发展时，ACM2 的整体海风强度要大于其他方案，MYNN3 则小于其他方案。

地气之间及大气内部的动量通量输送是影响天气变化的关键因素之一（Draxl et al.，2014）。而动量通量为湍流通量的一个重要的表达形式。图 4.33d 为 8 个方案岛屿平均动量通量随时间的演变，动量通量是向下传输的，因此其值越大，对应的海风发展相应越弱。图 4.33d 显示，动量通量在海风发展时段传输最多，为 200 $kg \cdot m^{-1} \cdot s^{-1}$ 以上。其中 ACM2 方案的动量通量在 07 时至 15 时均强于其他方案，最大值超过 350 $kg \cdot m^{-1} \cdot s^{-1}$。其次为 YSU、SH、MYNN2.5、MYNN3 和 UW 方案，大小在 300～350 $kg \cdot m^{-1} \cdot s^{-1}$ 范围内，BouLac 和 GBM 方案最小，约为 300 $kg \cdot m^{-1} \cdot s^{-1}$。这就说明，在海风发展时段内，动量通量的分布及演变更易于 BouLac 和 GBM 方案海风的发生发展。能量及各通量对海风发展是至关重要的，但变量之间的表现型及大小各有所不同，因此显示出的海风环流结构为各种因素综合影响的结果，并不与某一要素的变化呈现出严格的正、负相关。

4.3 海南岛地形对局地海风降水强度和分布影响的数值模拟

海风的发展受制于大尺度背景场，只有当背景场比较稳定时，局地环境条件的影响才会突出，海陆风的特征才会显现出来（Borne et al.，1998）。为了突出表现海南岛海风环流对当地降水天气的影响，选取 2013 年 5 月 31 日的一次典型海风降水个例作为研究对象。31 日 08:00 的天气形势（图略）表明，高层 200 hPa 南亚高压控制整个南亚区域，500 hPa 海南处于副热带高压底后部，受较弱的东南风控制；850 hPa 副热带高压有所西伸，海南周围等压线稀疏，没有明显低值系统，低层偏南暖湿气流为降水的发生提供了充足的水汽条件。08:00 的海口探空资料也显示出，对流层 10 km 以下风向风速的切变较小，中低层以 3～6 $m \cdot s^{-1}$ 的偏南风为主，层结较为稳定。

利用中国区域 CMORPH（The Climate Prediction Center Morphing Method）融合的 0.1°×0.1°逐时降水资料可得海南岛 24 h 累积降水分布（图 4.34a），当天降水落区大致呈东北—西南向分布，强降水主要发生在屯昌、琼中和五指山站等地，同时岛屿西北部还有一个较弱的降水中心。根据常规气象台站的观测资料，11:00 左右，当天多个沿海站点发生风向转变，同时风速增大、温度降低、相对湿度增加，卫星云图上云量不断增多，海风特征明显，儋州、昌江、白沙、乐东、屯昌、琼中、五指山及三亚等站均观测到不同程度的降水，其中 17:00 屯昌站单站降水达到暴雨级别（66.4 mm）。由各台站累积的降水时间分布（图 4.34b）可知，此次降水集中发生在 15:00—18:00，其中 17:00 降水强度最大，最强降水时刻与海风发展强盛时刻相对应，具备典型的海风降水特征。由此可见，此次降水过程局地性和非系统性突出，符合弱天气背景条件下强对流的发展增强特征，可作为海风降水的典型个例进行深入分析。

4.3.1 模式定制与试验方案

采用中尺度数值模式 WRF-ARW（版本 3.7）对该次海风降水过程进行数值模拟。WRF 模式本身考虑了较为详尽的物理过程，能够较好地改善中小尺度对流系统的模拟和预报（Skamarock et al.，2008）。模式采用双向反馈四重嵌套方案（图 4.35a），水平格距分别为 27 km，9 km，3 km 和 1 km，对应网格数分别为 200×200，208×202，238×226，376×373。模式最外层区域包括了东南亚及南海的大部分区域，最内层区域覆盖了整个海南岛，陆地和海洋的比例约为 1∶1。模式层顶气压为 100 hPa，垂直方向按照 σ 位面分为不等间距的 35 层，其中边界层 2 km 以下设置 20 层，模式的物理过程参数化方案详见表 4.8。初

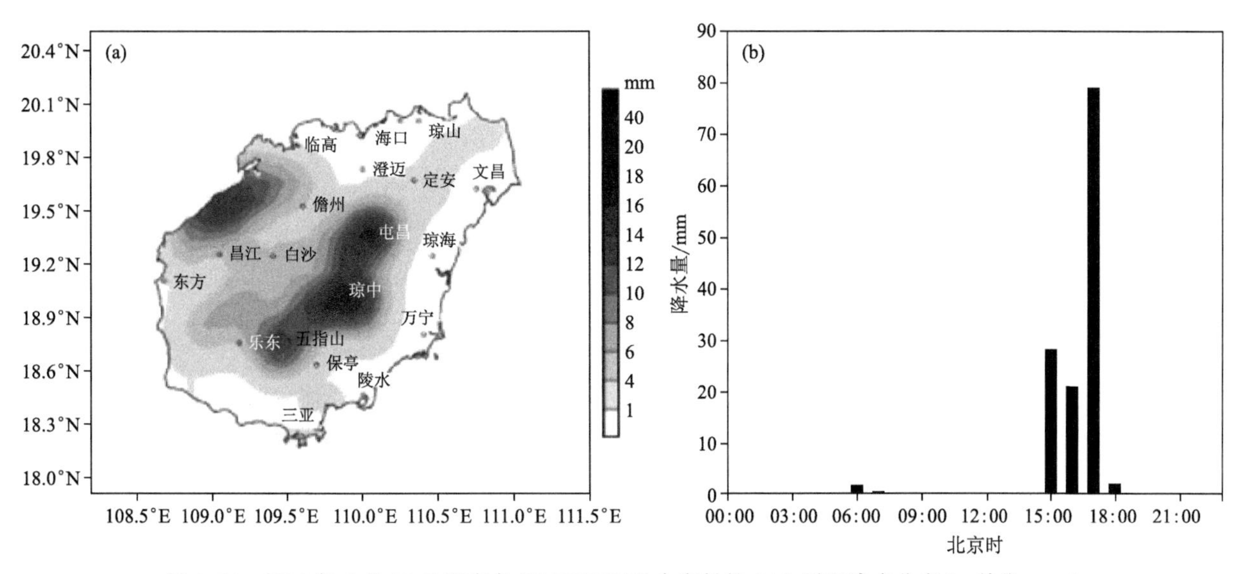

图 4.34　2013 年 5 月 31 日海南岛 CMORPH 融合资料的 24 h 累积降水分布(a,单位:mm)和 19 个常规气象台站累积的降水随时间的演变(b)

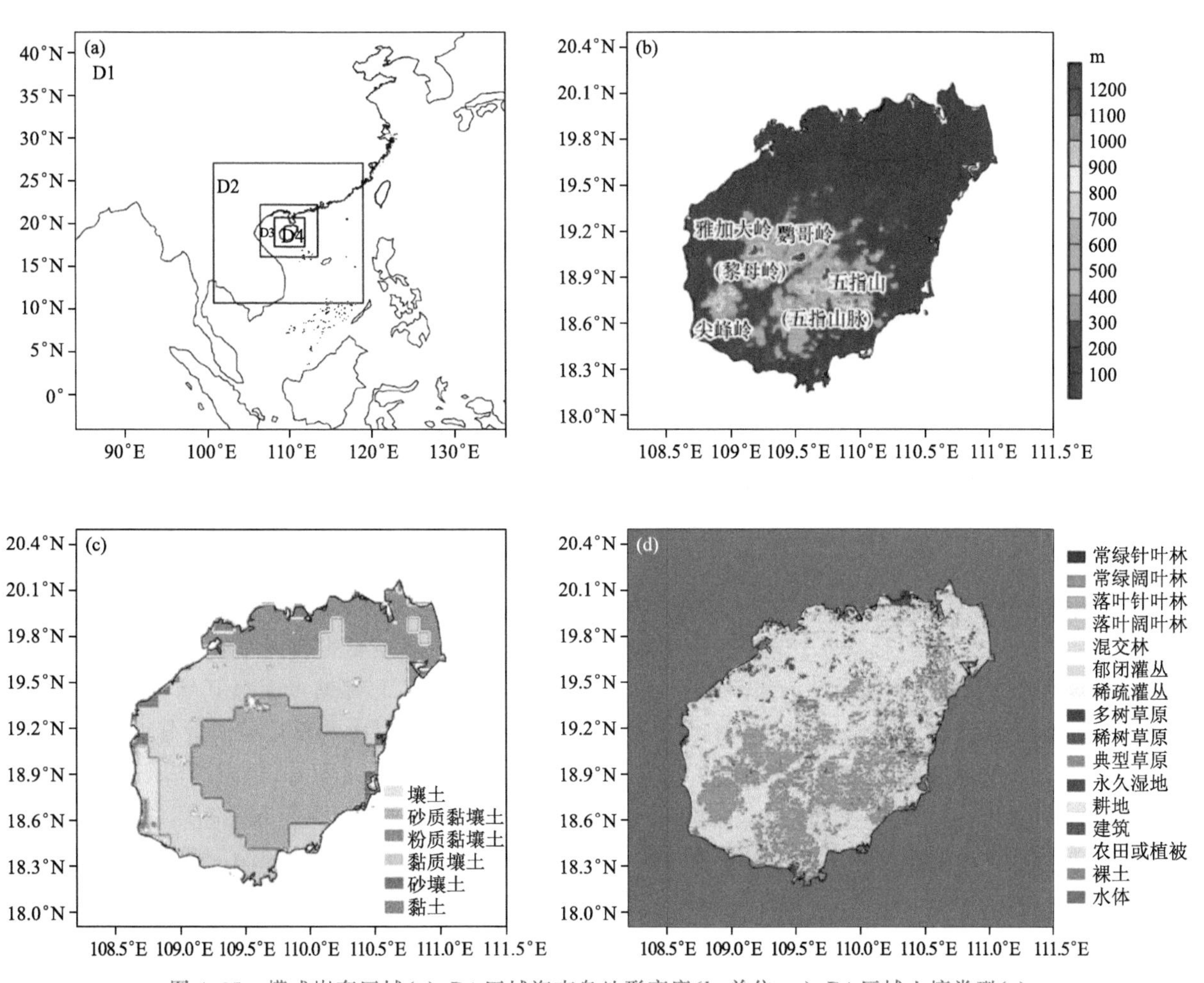

图 4.35　模式嵌套区域(a),D4 区域海南岛地形高度(b,单位:m),D4 区域土壤类型(c)和 D4 区域土地利用类型(d)

始场和边界条件采用 NCEP_FNL 提供的 1°×1°逐 6 h 全球再分析资料,起报时间为 30 日 08:00,共积分 40 h,其中前 16 h 为模式积分的起转调整(spin-up)时间,模拟结果逐时输出。

表 4.8 模式重要物理参数化方案的设置

物理过程	参数化方案
短波辐射	Dudhia 方案
长波辐射	RRTM 方案
微物理学	Lin et al. 方案
积云参数化(仅 D1、D2)	Kain-Fritsch 方案
边界层	YSU 方案
近地面层	MM5Monin-Obukhov 方案
陆面过程	Noah 方案

采用 WRF V3.7 中新的地形数据及 NCEP 提供的 MODIS_30 s 全球陆面遥感数据,能够较为准确地反映海南岛的地形和土地利用情况。由 D4 区域的地形分布(图 4.35b)可知,海南岛海岸线轮廓接近椭圆形,长轴为东北-西南向,全岛地形四周低平,中间高耸,环形层状地貌显著,岛上横贯黎母岭、五指山两条山脉,在岛屿西南部形成以五指山、鹦哥岭、雅加大岭和尖峰岭为核心的四座山峰,中间为天然通道的峡谷地带,峡谷交界处及黎母岭山前常常是中尺度对流性天气易发区(翟武全 等,1997)。相应的土壤及土地利用类型分布图 4.35c,d 表明,海南岛山区具有极高的森林覆盖率,平坦地区以农田和草原为主,城市建筑群多分布在以海口市和三亚市为代表的沿海地区,多样化的植被及土壤类型使得下垫面非均匀性极为突出,这对当地局地环流的形成和发展有着不可忽视的影响。

共设计 6 个试验方案,包括控制试验和五个敏感性试验,各试验均针对 D4 区域进行,且采用相同的物理过程及参数配置,其中裸土化的两个试验在文章的最后作出了讨论。6 个试验分别为:①CNTL:控制试验;②RISE:将海南岛地形高度增加为原来的 1.25 倍;③HALF:将海南岛地形高度减小为原来的 0.5 倍;④FLAT:将海南岛地形高度全部设置为 0,即完全消除地形高度的影响;⑤BARRC:同 CNTL 试验,但将海南岛的土地利用类型全部变为裸土;⑥BARRF:同 FLAT 试验,但将海南岛的土地利用类型全部变为裸土。其中 BARRC 和 BARRF 试验的目的是进一步探讨消除非均匀下垫面的影响后地形对海风降水的作用。需要注意的是,文中所指非均匀下垫面主要指海南岛的植被类型。

4.3.2 模拟与观测的比较

利用常规气象台站的观测资料,将 CNTL 试验模拟的 7 个主要沿海站 10 m 风场随时间的变化结果与实际观测值作对比,以检验模式对风场的模拟能力(图 4.36)。

结合图 4.34a 中的站点分布来看,岛屿北部的海口站及琼山站、西部的东方站在 12:00、21:00 左右均出现了两次明显的风向转变,分别表示海风的开始和结束,海风维持期间风速显著增加,海风特征典型。东南背景风的存在使得岛屿不同方位站点的海风特征存在较大差异,除陵水站外,东部及南部的文昌站、琼海站、三亚站风向转变均明显小于北部和西部的沿海站点,海风特征主要表现为午后风速明显增大。

对比各站点模拟与观测的近地面风场(图 4.36)可以发现,模拟的北部站点海风开始、结束时间均有所滞后,海风维持时间比实际偏短,海风维持期间,海口、琼山两站个别时次的模拟风矢量与观测存在较大误差,模式对北部站点的模拟能力总体较差。对岛屿东部的琼海站、文昌站而言,模拟的海风开始时间比观测结果提前 3～4 h,结束时间大体一致,海风持续时间偏长,东部各站点模拟与观测的风向、风速基本吻合,模式对东部站点的模拟效果较好。西部东方站模拟的海风开始时间与观测结果比较吻合,但结束时间滞后了 1～2 h,海风持续时间偏长,模式对西部站点的模拟表现为风向比较接近,但风速明显比实际小,模拟风速仅为观测的 1/3～1/2。南部陵水站、三亚站模拟的海风开始和结束时间均与观测结果比较一致,三亚站的模拟风速表现出了类似于东方站的特征。模拟与实测结果之间的差异一方面是由于站点附近的地形、建筑物等局地非气象因素使得该站的局地代表性较差,另一方面也与近地面湍流的随机性有关(Wang et al.,2013)。

从模式模拟的 CNTL 试验 24 h 累积降水量与观测记录的对比(图 4.37a)可以看出,模拟的降水最大值位置位于屯昌北侧,中心强度和落区均与观测较为接近。24 h 累积降水的落区有所偏西,而且西部山

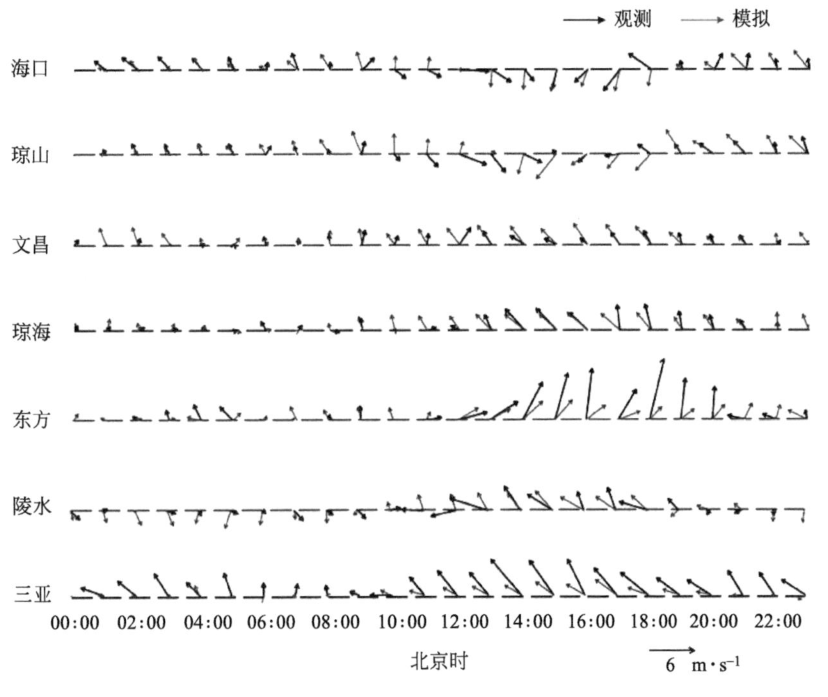

图 4.36　海南岛 7 个沿海站风矢量的观测与 CNTL 试验模拟结果对比(单位:m·s⁻¹)

区出现较多零散的降水中心(约 40 mm),强度较观测偏大,相比之下,模式对东部降水强度的模拟则比较弱。造成这种误差的原因很可能与模式对岛屿西部海风的模拟偏弱有关,这一点从图 4.36 中东方站模拟风速明显小于观测值可以看出,当西海风较弱时,东、西方向海风辐合的区域就会向岛屿西部偏移,辐合区的位置直接决定了降水落区的位置。此外,模式地形与真实下垫面不能完全吻合以及观测误差也是导致模拟降水与实际观测存在偏差的重要原因。对于高分辨率的模式格点降水,区域平均降水量的大小可以较好地反映降水的强弱(Barthlott et al.,2013),从模拟的 CNTL 试验区域平均降水量的时间序列(图 4.37b 黑色实线)来看,14:00 和 18:00 出现了两个降水峰值,而且后者明显强于前者,而在实际观测中,两个降水峰值分别出现在 15:00 和 17:00(图 4.34b),模拟与实况降水的时间演变规律基本接近。综上所述,模式对于近地面风场和降水的模拟效果相对较好,能够较为合理地表现出海风降水的基本特征。

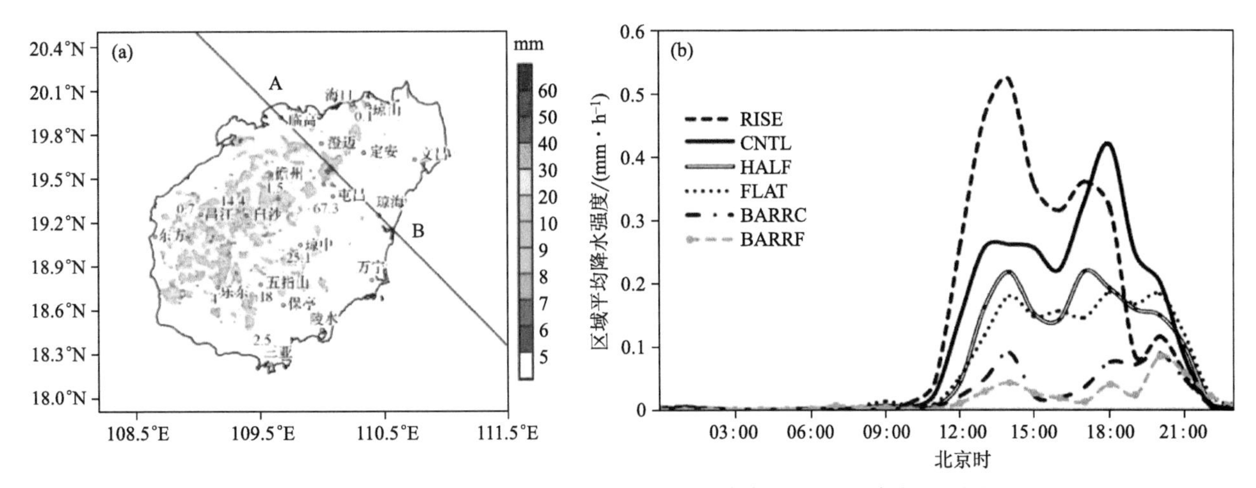

图 4.37　CNTL 试验模拟(阴影)与常规地面观测(数值)的海南岛 24 h 累积降水量(单位:mm)的比较(a)以及各试验岛屿平均降水量随时间的演变(b)

4.3.3　模拟结果分析

(1)降水强度和分布

就设计的不同地形试验而言,区域平均降水量可以集中反映这种较大的地形差异带来的降水变化,便于从宏观上把握地形高度与降水的约束关系。从各试验模拟的平均降水强度随时间的演变图(4.37b)可以看出，各试验降水时段大多集中在11:00—21:00，不同试验降水强度的时间分布差异较大，而且没有表现出单一的变化趋势，对于有地形的RISE、CNTL、HALF试验，呈现出两个典型的降水峰值，而对于无地形的FLAT试验，降水强度只表现出较小的波动，无明显峰值存在。为便于分析，将整个降水时段划分为两个阶段：降水前期(11:00—16:00)和降水后期(17:00—21:00)。前期各试验降水强度与地形高度之间呈现出了明显的正相关关系，地形高度越大，降水强度也越大，而且对流触发及强降水发生的时间也随地形高度的不同呈现出微弱的位相偏差，地形高度越大，降水发生的时间越早，这种特征在11:00左右表现得较为明显，说明增高地形在一定程度上可以加速对流的发生。相比之下，后期降水强度与地形高度之间则没有表现出固定的关系，各试验的对流强弱关系变得较为复杂，RISE试验的对流消散速度较快，其强度在降水后期明显弱于CNTL试验。从24 h累积降水的水平分布场(图4.38)来看，各试验降水落区与岛屿东南-西北向的长轴走向相一致，降水落区的空间差异性较大，这与局地地形特征密不可分。在CNTL试验中，降水基本呈带状分布，降水中心主要分布在地势较低的屯昌北侧、黎母岭西侧迎风面以及相应的峡谷交界处，其中屯昌附近降水最强(约60 mm)。当地形高度增大为原来的1.25倍时(RISE试验)，降水分布范围明显扩大，屯昌附近的降水极值中心减弱，山区西部的降水强度增加。当地形高度减半(HALF试验)或无地形(FLAT试验)时，降水量明显减少，降水落区主要分布在雅加大岭西南部，其中FLAT试验降水弱于HALF试验。而在下垫面裸土化的BARRC及BARRF试验中，降水同样显著减少，这主要是由于缺少植被后边界层水汽供应不足造成的(Wang et al.,2015)。

(2)降水成因分析

在模拟的整个降水过程中，RISE、CNTL及HALF试验均出现了两个降水峰值，以CNTL试验为代表来阐明出现不同降水峰值的原因。当海风环流建立时，低层辐合区的位置常用来表示海风锋，朱乾根等(1983)从月平均降水的角度考察华南前汛期暴雨与海陆风散度场的相关时发现，海陆风影响区域内的降水都有集中在某一时段、某一地区的现象，海南岛的降水多集中于海风时段，降水时、空距平场的高值区与辐合区配合较好。模拟结果显示出，随着海风环流的发展，海风锋与降水落区几乎同相向内陆推进，降水时段与海风环流的持续时间相吻合，这较好地说明了当天海风的发生、发展是造成降水的主要原因。

从CNTL试验海风环流的水平结构演变(图4.39)可以看出，日出后，随着太阳辐射的不断增强，海陆热力差异逐渐增大，11:00岛屿沿海区域开始出现微弱的向岸风，内陆大部分地区风速较小，风向也比较凌乱，此时岛屿北部的北风主要是由于岛屿东北侧琼州海峡处的偏东气流与岛屿西南部山脉绕流产生的西南分支相互作用，并在岛屿西北侧海域产生辐合所致，此时的向岸风并非是由海陆热力性质差异引起的(王语卉 等,2016)。14:00海风向内陆深入发展，岛屿东西两侧的海风比11:00各向内陆推进约30 km，海风风向几乎与海岸线垂直，风速达到3～5 m·s^{-1}，东西两侧的海风与陆风均形成了较为鲜明的风速分界，此即为海风锋，其中岛屿南部气流因受复杂地形的影响而表现为比较杂乱的风场。17:00岛屿海风继续发展，东南、西北两个方向的海风锋在岛屿北部正向碰撞，汇合区两侧风向近乎相反，海风辐合最为强盛，此时海风已深入海南岛并主导该地区的近地面风场。不同方向的海风在岛屿长轴附近汇合，成了一条东北-西南走向的辐合带，这是海南岛夏季最常见的一种海风辐合形式，也与张振州等(2014)的数值模拟研究结论一致。20:00后，海陆温差逐渐减小，各向海风明显减弱，海风环流趋于消散。相应的风场垂直结构演变(图4.40)也反映出了类似的海风特征，11:00海风开始形成，岛屿西部海风环流初现，整体强度较弱，东南背景风的存在掩盖了岛屿东部的高空回流，环流结构不明显；14:00东西两侧海风环流均有所增强，低层风速、垂直上升速度均比11:00大，东侧高空风速有所减小，西侧高空风速增大，这正是东南背景风下环流发展的表现；17:00，岛屿东西两侧均形成了有极其组织的环流结构(图4.40c中红色矩形框)，东西两侧的海风锋在110.05°—110.14°E碰撞汇合，形成了水平跨度约9 km、延伸高度达2.8 km的强烈上升区，垂直速度达1.4 m·s^{-1}以上；20:00后环流明显减弱，海风特征逐渐消失。

在整个海风环流的发展过程中，RISE及HALF试验表现出了类似于CNTL试验的海风演变趋势：17:00之前，岛屿各向海风独立发展；17:00之后，东南、西北两个主体方向的海风碰撞汇合。其中HALF试验仅在岛屿东北部发生范围较小的碰撞，强度远远弱于CNTL和RISE试验，而在FLAT试验中，海南

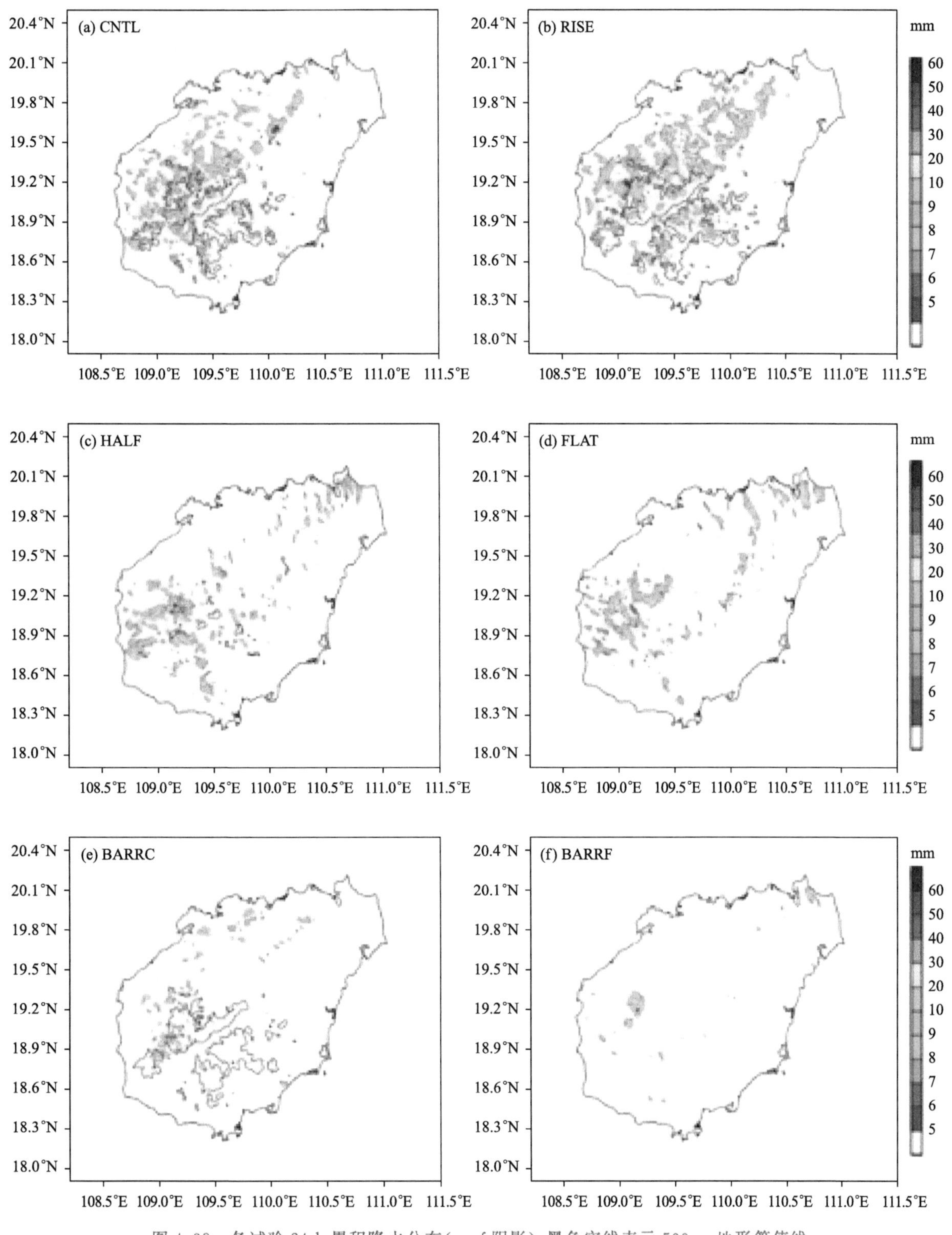

图 4.38　各试验 24 h 累积降水分布(a～f 阴影),黑色实线表示 500 m 地形等值线

岛各向海风均较弱,海风向内陆传播的距离较短,东、西方向的海风并未碰撞。因此对于 RISE、CNTL 及 HALF 试验来说,11:00—16:00,降水主要由岛屿单侧海风锋前的辐合上升引起,其中 14:00 左右达到极值。14:00 后,各试验降水强度出现短暂的下降趋势,这可能与海风发展过程中出现的 KH 不稳定(Kelvin-Helmholtz Instability,KHI)有关,这种不稳定在海风的初始和消亡阶段并不存在,只存在于午后海风发展的旺盛阶段,KHI 造成的强湍流混合作用不仅削弱了海风锋两侧的水平温度梯度,也使边界层上层摩擦拖曳增强,阻碍了海风锋向内陆的传播(Abbs et al.,1992),因此降水强度有所减小。17:00 左右,东南、西北两个方向的海风锋在岛屿 19.2°N 以北地区汇合并形成一条强度较大的辐合带,海风辐合达到最

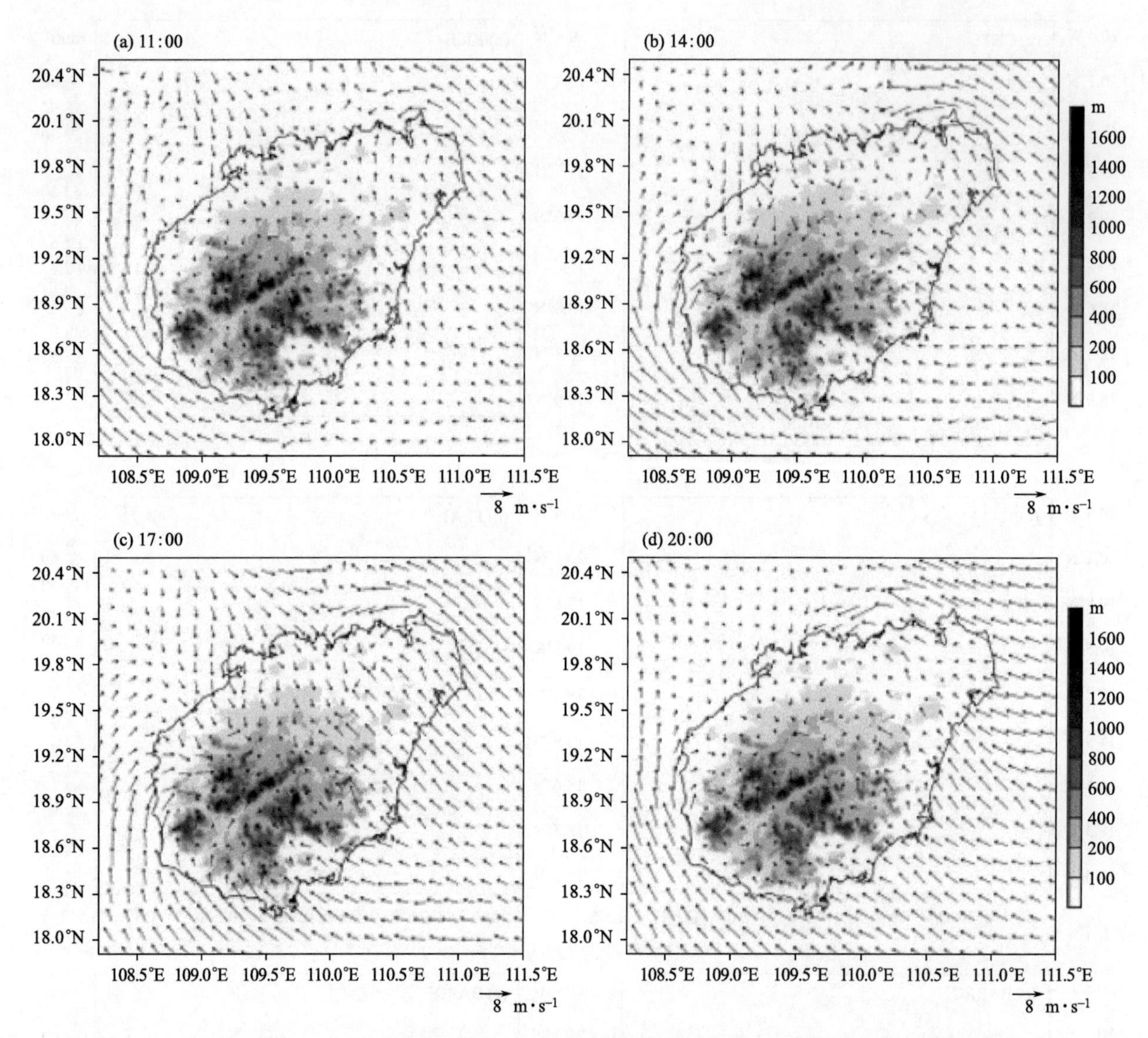

图 4.39 CNTL 试验 10 m 风场(矢量,单位:m·s^{-1})随时间的演变(a~d),阴影表示模式地形(单位:m)

强并再次造成局地强降水。而在 FLAT 试验中,东西向海风锋并未碰撞,因此该试验的降水始终由单侧海风锋作用引起,降水强度明显弱于其他试验。由此可见,在弱背景场的前提下,海风降水的特征有别于大尺度层结降水和有利大尺度背景下的中尺度暴雨(翟国庆 等,1995;刘燕飞 等,2015;张雅斌 等,2016),它强烈依赖于局地海风环流的维持时间、海风的移动以及移动过程中海风锋强度的变化。各试验的降水强度差异很大,说明地形在此次降水过程中起着关键性的作用。对于海南岛复杂地形下的海风降水,实际上为海风锋与区域复杂地形相互作用的结果,海风在向内陆深入的过程中必须要考虑实际地形的影响,地形通过影响海风的强度、移速等进而影响降水的强度和分布。

(3)地形对海风降水的影响

1)降水前期

由前文的分析可知,11:00—16:00 的降水主要由岛屿单侧海风锋引起,海风锋的强度决定了初始时刻对流的强度,而地形的高低不同常常从不同方面影响着海风的发生、发展。地形对各种天气、气候的影响中,热力作用最主要的体现是地表感热通量 SH(Sensible heat flux)及潜热通量 LH(Latent heat flux)的作用(廖菲 等,2007),地表获得的净辐射主要以感热通量和潜热通量的形式加热大气。从 CNTL 试验 SH 及 LH 的日变化曲线(图 4.41a)可以看出,日出后,随着太阳辐射的不断增强,地表热通量逐渐增大,地形对大气的加热作用越来越强,最大值出现在 12:00—13:00,此后又随太阳辐射的减弱而不断减小,热力作用的强盛时刻正好出现在海风发展的前期。

中小尺度地形对气流的动力作用主要包括机械阻挡作用和摩擦作用,地形对气流的辐合抬升、机械绕

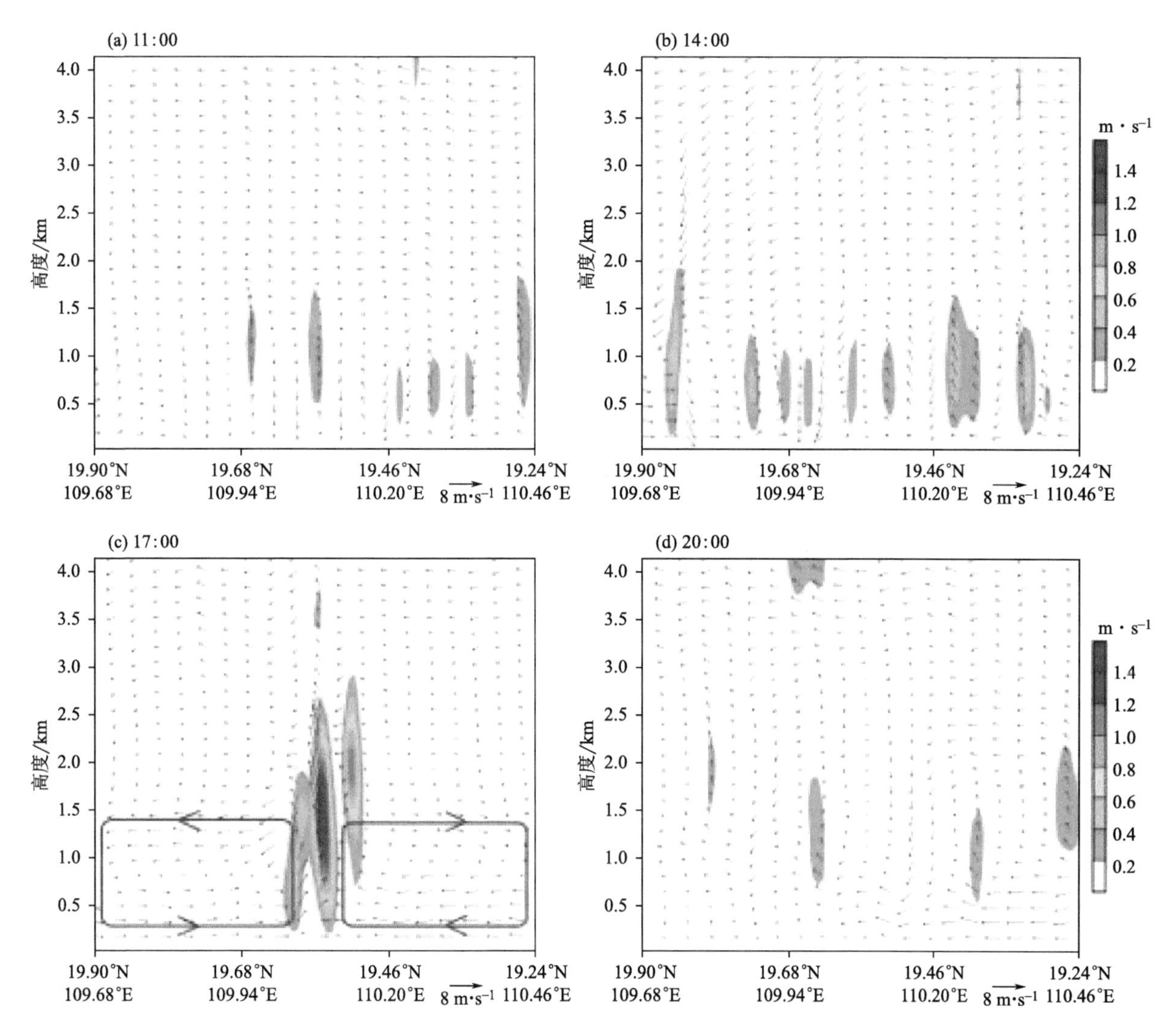

图 4.40　沿图 4.37a 中 AB 线的 CNTL 试验风场(矢量,W 扩大 10 倍后合并,单位:m・s^{-1})及垂直上升速度(阴影,单位:m・s^{-1})的垂直剖面,红色矩形框表示海风环流

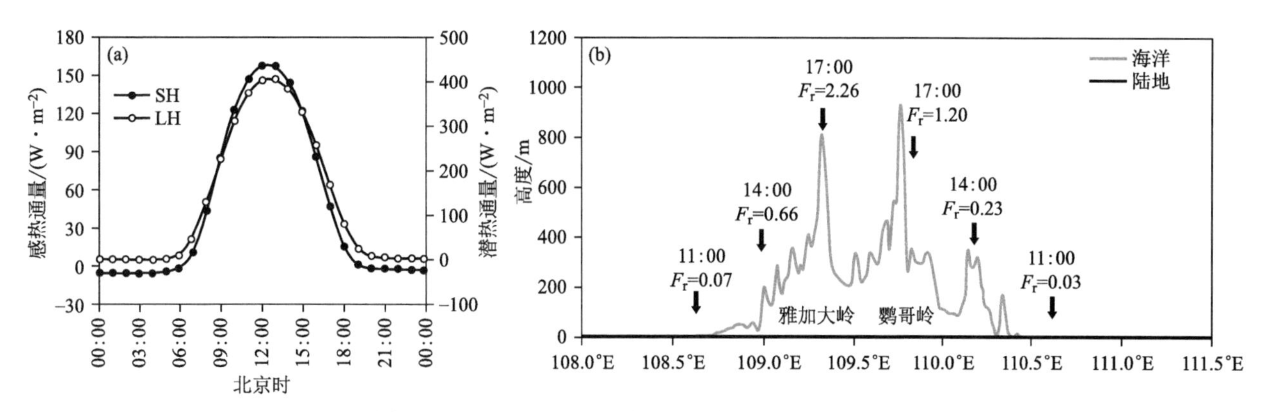

图 4.41　CNTL 试验岛屿平均的 SH 及 LH 随时间的演变(a),沿 19.2°N 地形高度剖面以及东西两侧海风锋位置变化(黑色箭头)和相应时刻的 Froude 数(数值)(b)

流可使局地风场以及相应的散度、涡度等动力学条件发生改变(穆建利 等,2014)。地形的这种动力作用可以用一个综合考虑了地形高度、层结稳定度和越山气流强度的物理参数 Froude 数来表示,其公式为 Fr=Nhm/U,其中 N 为大气层结稳定度,层结越稳定,气流在爬坡时阻力越大;hm 为山脉高度,地形高度越大,山脉对气流的增阻减速作用越强;U 为基本气流的风速,风速越小,越容易受阻。因此,Fr 越大,地形的阻挡作用越强,一般取 1 为阻挡作用强弱的临界值(Hughes et al.,2009)。沿 19.2°N 作 CNTL 试验的

地形剖面(图 4.41b),该纬度既能较好地反映海风向内陆的推进过程,又可以充分考虑到海南岛的地形特点。海南岛地势从沿海到内陆海拔逐渐升高,17:00 之前,海风锋向内陆传播时地形坡度较低(经计算小于 2.29°),Fr<1,说明地形对海风的动力阻挡作用较弱,17:00 Fr>1,阻挡作用明显增强。由以上分析可知,在海风发展的前期,地形的热力作用比较强,动力作用则相对较弱,即地形的热力作用占主导地位。因此,在降水前期,主要分析地形的热力作用对各试验海风的影响。

研究表明,海陆下垫面的感热通量差异是驱动海风初期发展的根本因素,它影响着海风环流的生消演变(Kruit et al.,2004)。地形高度不同时,区域内的感热通量差异较大(图 4.42a),随着太阳辐射的不断增强,RISE 试验的感热通量逐渐高于 CNTL 试验,而 HALF 和 FLAT 试验则低于 CNTL 试验,这说明了地形高度越大,陆面感热通量越大,在假设海面感热通量不随岛屿地形高度变化而变化的情况下,海陆下垫面的感热通量差异及海陆温差也相应越大,因此,在输入相同的辐射能量下,地形高度越大,地形热源的加热作用越强,用于启动海风环流的热量越多,海风强度也就越大,而且地形加热较强时还会使海风锋移速加快,这可以解释降水前期不同地形试验对流触发时间存在偏差的原因。此外,在有局地复杂地形存在时,下垫面常因受热不均而形成一定强度的山谷风环流,海风在推进过程中会在某些地段与谷风相互叠加而导致突进,这不仅能使海风从沿海一直推进到内陆,同时也会驱动海风达到更高的高度,这是地形热力作用的另一种体现,而且是海南岛海风环流能维持较长时间的重要原因。热力作用的强弱直接决定了海风初期发展的强弱,从图 4.42b 中可以看出,降水前期(11:00—16:00),地形的热力作用使海风风速与地形高度之间呈现出显著的正相关关系,地形高度越大,水平风速越大,表明海风环流发展越旺盛,因此海风作用下的降水强度也越大。

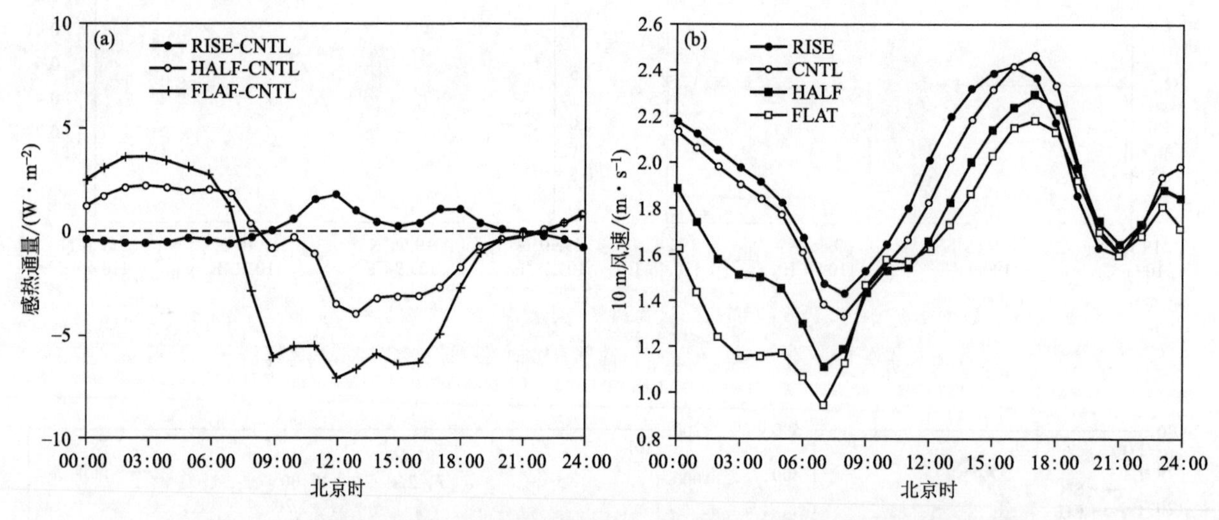

图 4.42 各试验区域平均的感热通量差值(a)以及 10 m 风速随时间的演变(b)图

进一步分析前期各试验降水落区的特征,由 11:00—16:00 各试验累积降水分布(图 4.43)可知,该阶段降水落区主要分布在岛屿长轴西侧,而岛屿东侧降水则比较少,这是因为当环岛海风环流形成时,东南背景风的存在使岛屿西北部海风锋两侧的温度对比更加明显,而较大的水平温度梯度常常与更有组织的海风辐合带相对应,因此,尽管西部海风风速小于东部,但西部的海风锋却比东部更加强盛(Nitis et al.,2005)。RISE 试验中(图 4.43b),降水强度明显比 CNTL 试验更强,而且降水落区向内陆有所偏移,范围也明显扩大,这是由于当地形升高时,海风锋强度增强,移速也有所加快的缘故。而在 HALF 和 FLAT 试验中,降水落区则零散分布在岛屿东北及西南小范围区域内,强度也较小。由此可见,在适当的地形坡度和高度范围内,升高地形对降水有明显的增幅效应。此外,从图 4.43 还可以看出,无论地形高低,海南岛西南地区的尖峰岭都会形成降水,这可能与岛屿绕流作用造成的局部大风有关,在东南风背景下,盛行气流受岛屿影响分为南北两支,南支绕流的存在使西南海风的强度明显增大(见图 4.39b),暖湿气流在尖峰岭的迎风坡被迫爬升,因此该地常有降水发生。

2)降水后期

17:00,RISE、CNTL 试验中岛屿东西两侧的海风锋分别移动到鹦哥岭和雅加大岭,地形高度和坡度

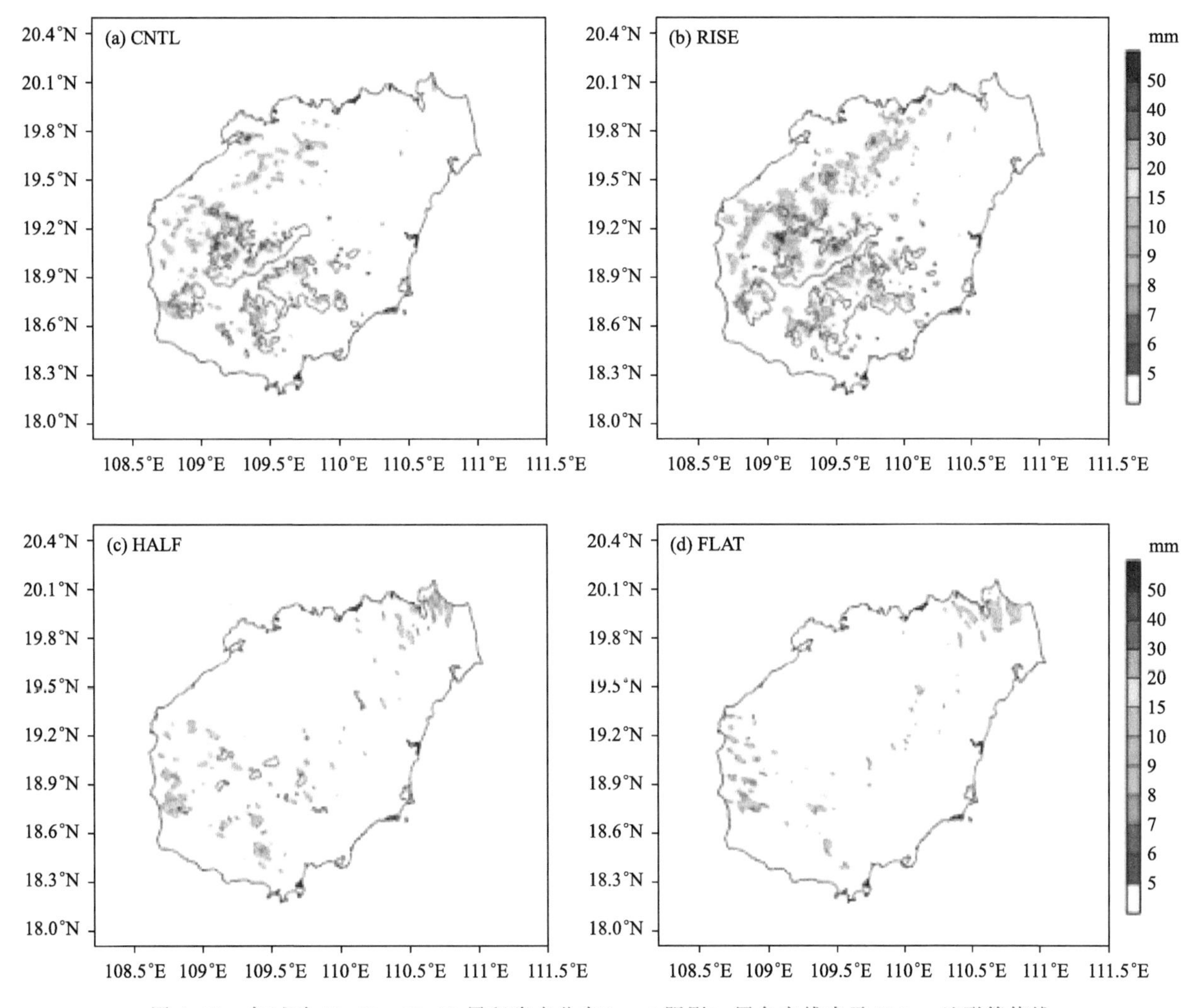

图 4.43　各试验 11:00—16:00 累积降水分布(a～d 阴影)，黑色实线表示 500 m 地形等值线

显著增大(图 4.41b)，东南、西北两个主体方向的海风锋在海南岛 19.2°N 以北地区正向碰撞并导致局地强降水的发生，但此时各试验的降水强度与地形高度不再呈现出明显的正相关关系，RISE 试验的对流强度在降水后期明显弱于 CNTL 试验。由前文分析可知，此时地形的热力作用逐渐衰退，而动力阻挡作用越来越强(Fr 不断增大)。Crosman 等(2010)曾指出，地形对海风环流有一定的阻塞效应，海风锋既可以沿地形爬坡，也可以被地形阻断，主要取决于地形的陡峭程度，即存在"临界坡度"，当地形坡度超过一定临界值时，地形的阻挡作用可以迅速削弱海风环流。因此对于 RISE 试验，后期降水强度明显减小很可能与地形坡度超过某一临界值有关，当地形的动力阻挡作用逐渐取代热力作用占主导地位后，便逐步打破前期热力作用建立的地形与降水强度之间的正相关关系。相比之下，HALF 和 FLAT 试验中地形的阻挡作用较弱，热力作用依然是控制海风发展的关键因素，根据图 4.42a 中 17:00—21:00 二者的感热曲线可以得出，CNTL、HALF 及 FLAT 试验的降水强度依然与地形高度成正比。

从降水后期 17:00—21:00 累积降水分布(图 4.44)可以看出，CNTL 和 RISE 试验的降水落区主要分布在岛屿长轴附近，北部平坦地区的降水主要源于东西向海风锋的碰撞，雅加大岭和鹦哥岭交界处降水较多，降水落区仍然位于长轴略偏西一侧，这是因为当东西向海风相互作用后，降水落区的位置更多取决于两侧海风的强弱关系，由于东侧海风风速明显比西侧大(图 4.39，图 4.40)，因此降水落区主要位于岛屿长轴西侧。相比 RISE 试验而言，CNTL 试验中黎母岭西侧迎风坡的降水较为显著，而且在尖峰岭和黎母岭的峡谷地带也出现了一定强度的降水，这是由于 CNTL 试验的阻挡作用弱于 RISE 试验，东南背景风可绕过尖峰岭并在黎母岭山前与岛屿西面的气流汇合，加之地形阻挡作用造成的爬坡上升，因此对流较强。当地形高度降低时(HALF 试验)，降水落区变化不大，黎母岭的迎风坡依然是降水的主要落区，岛屿东西向的海风虽然也在岛屿北部发生了碰撞，但由于海风锋强度较弱，因此降水强度、范围均较小。在完全削除地形的 FLAT 试验中，因不存在地形扰动，降水很可能与下垫面不同植被类型造成的粗糙度差异有关，结合图 4.35d 中海南岛的土地利用类型可知，FLAT 试验中的降水区(18.9°N—19.2°N，109°E—109.5°E)是森林和农田下垫面的过渡区，下垫面非均匀性较为突出，可在局地形成小尺度热力环流，加之摩擦辐合可以提供充沛的水汽，降水也常常发生(André et al.，1989)。

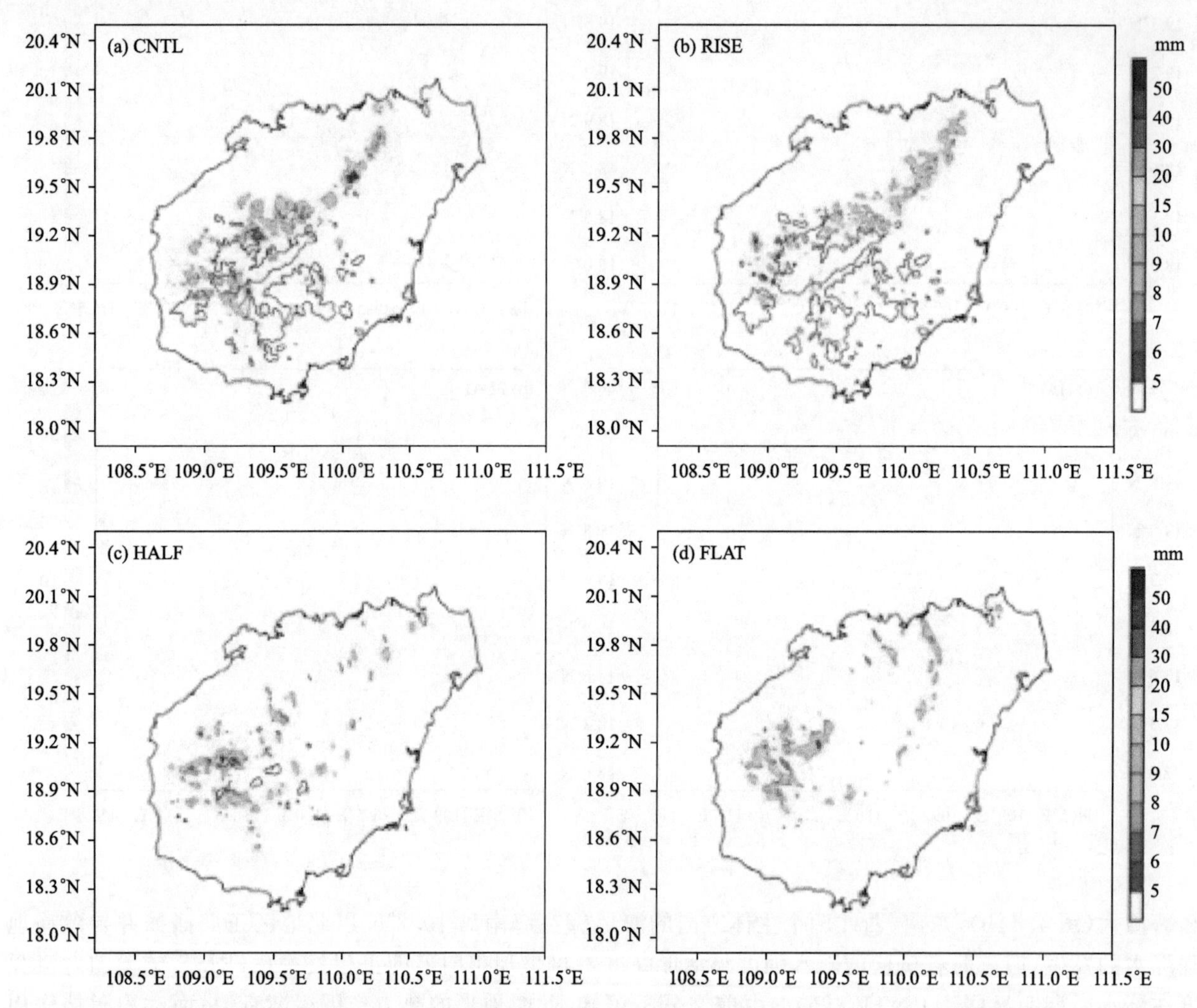

图 4.44 各试验 17:00—21:00 累积降水分布(a～d 阴影)，黑色实线表示 500 m 地形等值线

(4)均匀下垫面条件下地形的作用

前文探讨了非均匀下垫面条件下海南岛地形高度的变化对海风降水强度及分布的影响，然而地形变化所导致的影响是否对下垫面类型具有一定的依赖性，需进一步探究。考虑到海南岛森林和作物的覆盖率较高(见图 4.35c)，森林化、作物化的试验与 CNTL 试验差别较小；而城市占地面积小，城市化的试验在逻辑上不具备可行性，因此选择了裸土化的代表性试验(BARRC 和 BARRF 试验)，以便能与 CNTL 及 FLAT 试验作显著对比，并在此基础上探究均匀下垫面条件下地形变化对降水有何影响。

图 4.38 中 BARRF 试验的降水落区相对 BARRC 试验更加集中，这说明了地形扰动对风场辐合的影响依然较为显著，当削除地形时，各向气流能不受地形影响而汇合在一处并造成局地降水的发生。图 4.37 中 BARRC 和 BARRF 试验的降水强度明显较低，从二者的演变趋势来看，在裸土化的基础上再削除地形，区域平均降水量减小的幅度为 0～0.06mm・h^{-1}，而不进行裸土化直接削除地形时，降水量减小的幅度为 0～0.21 mm・h^{-1}，由此可见，地形对降水的影响依赖于下垫面的非均匀特征，地形和植被的共同作用才会对局地降水产生较大的影响。从下垫面能量角度分析这种现象的原因，CNTL 与 FLAT 以及 BARRC 与 BARRF 试验的近地面感热通量差值、潜热通量差值的日变化特征如图 4.45 所示，可以看出在海风发展时段，BAR-RC 和 BARRF 试验的地表感热通量差值及潜热通量差值(BARRC-BARRF)均较小，曲线较为平缓，相比之下，非均匀下垫面的 CNTL 和 FLAT 试验的差别(CNTL-FLAT)则较大，这说

明了下垫面均一时单纯的削减地形并不能使地表能量产生较大的变化，地形对下垫面具有一定的依赖性，地形和植被的共同作用可以使地表能量的分配产生更大的差异，而地表能量作为驱动局地环流发生发展的根本因素，制约着边界层的热量、动量及相应的大气温湿变化，又通过影响对流发展的一系列过程影响降水的强度和分布。

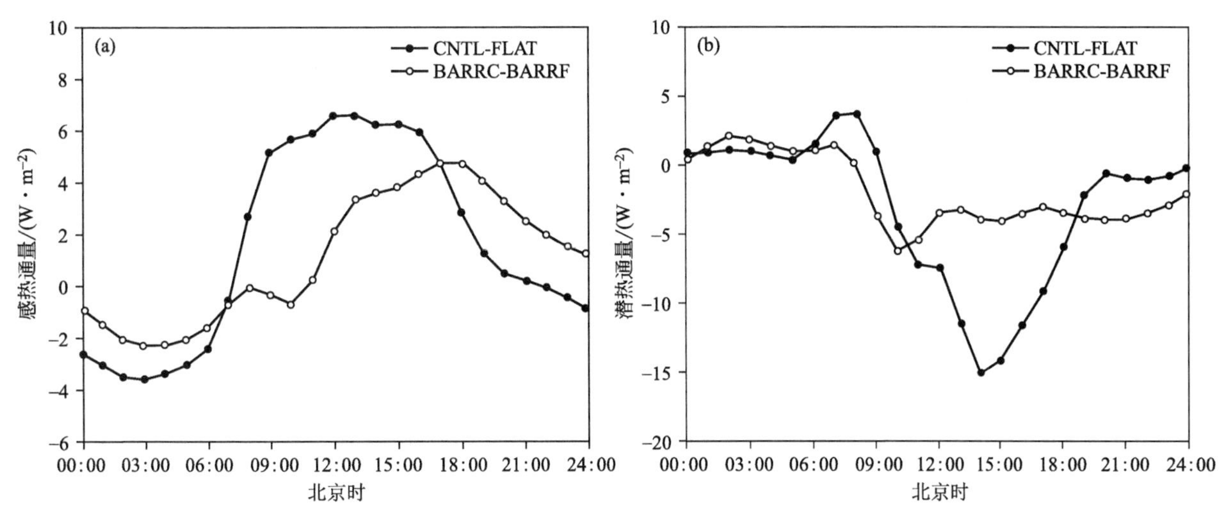

图4.45　CNTL、FLAT、BARRC和BARRF试验区域平均的感热通量(a)和潜热通量(b)差值的日变化

4.4　小结

4.4.1　地形对局地海风环流结构影响的数值模拟研究

本章利用WRF V3.7模式，对2014年5月25日发生在海南的一次海风过程进行了数值模拟，模拟结果能够较为合理地表现出海风环流及基本气象要素场的特征。通过四组地形敏感性试验：控制试验CNTL，无地形试验FLAT和削山试验RMLM、RMWZ，分析了海南岛地形对局地海风环流结构的影响。

CNTL试验海风于10时左右开始出现，至15时达到强盛，海风环流结构清晰，南北向海风强于东西向，且白天形成的谷风叠加于海风之上，使得海风增强。此时的位温、水汽梯度也达到最大值。在地形敏感性试验中，无地形试验(FLAT)表明，水平方向上，海风持续时间缩短，南、北、西向海风向内陆传播距离变短1～5 km，海风强度减弱1 $m \cdot s^{-1}$左右，影响范围也有所减小，海风动能在沿海地区及西南山区存在大值衰减区，对应的海风辐合带范围明显缩减，辐合线也向沿海地区推移；垂直方向上，海风碰撞位置向西、北方向移动，高空回流高度降低，海风厚度减小，垂直环流强度减弱2～6 $m^{-2} \cdot s^{-2}$，海风锋强度也相应减弱，其附近的垂直上升、下沉速度减小10 $cm \cdot s^{-1}$以上。谷风对海风同相叠加作用的消失也使得海风强度减弱。其主要影响机制为：在动力方面，由山脉屏障作用引起的海风强迫抬升、绕流等动力增强作用消失；在热力方面，无地形后，地表吸收净辐射减少，导致其向大气中释放的感热、潜热通量及向下传输的土壤热通量等各项均减少约9%，这种能量平衡的改变直接造成了海陆之间温度、气压差的减小，海风触发条件减弱，最终造成了海风的减弱。综上，地形削减导致的局地热力环流及动力作用的减弱共同造成了海风的减弱。此外，通过两组削山试验(RMLM、RMWZ)，发现海拔高度降低区辐合范围、强度及动能均减小，在19.5°～19.8°N范围内存在一条明显的动能衰减带，由于500 m以下山体的存在，使得峡谷风得到了最大程度的保留，同时海风垂直环流结构也相应发生改变，其中移去黎母山脉(RMLM)对海风环流结构的影响大于移去五指山脉(RMWZ)。

4.4.2　边界层参数化对海南岛海风环流结构模拟的影响

本节利用WRF V3.7详细对比了耦合同一近地层方案的8种边界层参数化方案(YSU、MYNN2.5、MYNN3、ACM2、BouLac、UW、SH、GBM)对2014年5月25日晴空天气条件下海南岛海风环流结构在数值模拟中的差异。结果表明：在对海风环流水平结构的模拟中，YSU、ACM2、BouLac、UW、SH 模拟的北部海风强于 MYNN2.5、MYNN3、GBM。SH、GBM 模拟的内陆风速略大于其他六种方案。在海岛东部，GBM 方案的海风强度最大。而温度与海风发展强弱相对应，MYNN2.5 与 MYNN3 方案的整体温度低，海陆温差小，海风相对较弱。局地海风的变化进一步引起风场辐合位置和强度的变化，UW 方案模拟的西南山区辐合范围和强度均最大，形成了几乎覆盖全岛的低层辐合气流，其他依次为 BouLac、YSU、MYNN2.5、SH、GBM 方案，ACM2 与 MYNN3 模拟的辐合最弱，仅在海岛西南部形成零散的小范围辐合区。对于海岛东北部细长辐合线的模拟，则是 MYNN3、ACM2 方案较弱，且宽度也较小。在对海风环流垂直结构的模拟中，09 时海风开始，但强度还较小，且存在残余陆风，向内陆传播距离较短，YSU、MYNN2.5 与 SH 方案的海风相对较强。12 时，海风已呈现出较为清晰的环流结构，YSU、ACM2 的海风厚度及向内陆传播距离相对强于其他方案，海风发展较强，MYNN3 的环流结构则不太明显，且向内陆推进距离较短，海风相对较弱。15 时，海风发展强盛，MYNN2.5、MYNN3 方案模拟的海风垂直强度较小，ACM2 方案的海风垂直环流特征最为明显，同时其对应的垂直速度强度、范围也最大。18 时，海风的强度和扰动均有所减弱，ACM2、BouLac 与 UW 的整体海风相对强于其他方案。21 时，海风已基本转为陆风，且北部陆风强度及范围大于南部，BouLac 与 UW 的陆风环流结构较为清晰，特征显著。位温的发展变化也表明了海风的演变，15 时，UW 方案模拟的南部 301 K 等位温线范围较小，因此其南北两侧的位温梯度较小，海风相对较弱。而对于水汽的模拟，15 时 MYNN2.5、MYNN3 方案的南北两侧水汽梯度相对较小，YSU、ACM2、BouLac、UW 相对较大，在山峰处形成了多条闭合的水汽混合比等值线，且水汽梯度较大处与海风锋位置及强的垂直上升运动位置相对应。对于岛屿平均海风垂直速度及温度的模拟，MYNN2.5、MYNN3 较小，ACM2 的海风垂直环流特征最为明显，同时其对应的垂直速度强度、范围及海陆热力差异也最大。在对边界层高度的模拟中，ACM2 的边界层高度最大，为 1200 m 左右，MYNN2.5、MYNN3、BouLac 较为接近，达 1100 m，YSU 与 SH 为 950 m，UW 及 GBM 的边界层高度最低，仅为 550 m、600 m 左右。从水平分布来看，UW 模拟的大值范围及高度均最小，GBM 稍高，其他六种方案的边界层高度均超过 1000 m，大值范围也相应扩展，ACM2 最高，这与其对海风垂直环流强度模拟偏大是相对应的，而其他方案的 PBLH 与海风强度并不完全一致。通过分析影响海风发展的太阳短波辐射及感热、潜热通量，发现非局地方案 YSU、ACM2、SH 呈现出一致的变化趋势，其余五种局地湍流动能方案的线型较为相似。其中 ACM2 方案为湍流提供的能量最多，MYNN3 方案较少。因此在驱动海风发展时，ACM2 的整体海风强度要大于其他方案，MYNN3 则小于其他方案。对于动量通量的模拟，ACM2 最强，其次为 YSU、SH、MYNN2.5、MYNN3 和 UW，BouLac 和 GBM 最小，这表明动量通量的分布及演变更易于 BouLac 和 GBM 海风的发生发展。

4.4.3 海南岛地形对局地海风降水强度和分布影响的数值模拟

利用 WRF V3.7 模式对 2013 年 5 月 31 日发生在海南岛的一次海风降水过程进行数值模拟，通过不同地形高度及裸土化的敏感性试验，探讨了地形对局地海风降水模拟的影响。海南岛当天海风环流显著，降水与海风的发展时段基本对应，具备典型的海风降水特征。在有地形存在的 RISE、CNTL 及 HALF 试验中，各呈现出两个明显的降水峰值，而 FLAT 试验则无明显峰值存在，研究以此为线索讨论了不同降水阶段地形对海风降水模拟的影响。

海南岛降水的空间分布规律与当地四周低平、中间高耸的地形特征密不可分，降水前期（11:00—16:00），东西方向的海风锋并未相遇，降水主要由岛屿单侧海风锋引起，地形对海风的影响以热力增强为主，地形高度越大，驱动海风发展的海陆感热通量差异越大，海风锋强度也越强，因此各试验降水强度与地形高度之间呈现出了明显的正相关关系。降水后期（17:00—21:00），东南、西北两个方向的海风锋于 17:00 在岛屿中心碰撞汇合，强度较单侧海风锋强，由于此时海风锋已推进到内陆地区，地形的动力阻挡作用越来越强，当地形坡度超过一定临界值时，这种阻挡作用可以迅速削弱海风环流，使降水强度减小，因此，在降水后期，地形增高的 RISE 试验对流消散速度最快，各试验降水强度与地形高度之间没有表现出固定的关系。在前人关于地形对海风影响的研究中，较少涉及到地形在整个海风发展过程中动力、热力作用的交替演变，这也提示在对海南岛的降水做预报时，必须结合实际地形以及海风的演变规律做出综合性的判断。此外，地形高度变化导致的以上影响依赖于下垫面的非均匀特征，地形和植被的共同作用可以使地表能量的分配产生更大的差异，进而对局地降水产生较大的影响，文中通过裸土化试验对此进行了探讨。

文中试图通过数值模拟作出海南岛特殊地形对当地海风降水影响的初步探究，以便为当地的降水预报提供一定的科学依据，然而对于海南岛这种下垫面极其复杂的岛屿，降水的发生发展还会受到除地形以外的其他因素的影响，比如不同的植被和土壤类型造成的局地小气候差异、土壤湿度对海风环流的影响(Miao et al.，2003；Kala et al.，2010)等，文中对此未展开过多的讨论。此外，文中仅探讨了一次海风降水个例，所得结论具有一定的局限性，仍有待于进一步研究。

第5章　海陆风对海南岛夏季降水的影响分析

海南岛位于南海的西北部，北部湾和中南半岛以东。海拔较高的山区主要分布在海南岛的中部和南部。受海洋-陆地、山区-平原热力差异的日变化作用，白天海南岛上出现围绕全岛的辐合性海风，夜间则盛行陆风。这种局地性的海陆风日变化特征，与海南岛午后常出现的对流性降水有密切联系。过去，研究海南岛局地海陆风日变化与降水关系的工作已有许多(Zhang et al.，2014；Liang et al.，2017)，但基本都限制在中尺度的动力和热力层面进行解释。Huang 等(2010)和 Huang 等(2014)指出，受亚欧大陆-太平洋的热力差异作用，东亚季风区内大气环流的日变化表现为一种水平尺度更广，垂直发展更显著的海陆风(Krishnamurti，et al.，2000)，其对华南沿岸和台湾岛等局地降水的日变化具有调制作用。海南岛也处在东亚季风区内，同理也会受到这种大尺度海陆风的影响。因此，本章将重点探讨大尺度海陆风与海南岛降水、海陆风对海南岛夏季降水日变化的影响特别是夏季降水日变化的联系，并对海南岛海陆风、环境和地形对降水分布的综合作用进行分析。

5.1　大尺度海陆风对海南岛暖季短时降水的影响

本节分析采用的资料为：①海南岛 18 个基准站 2006—2016 年的逐小时降水；②TRMM 3B42 卫星降水资料；③时间分辨率为逐 3 h，空间分辨率为 0.665°×0.5°的 MERRA 再分析资料。

在日降水的时间序列里，往往包含着不同时长降水事件的日变化信号，与不同的日变化信号相联系的物理机制并非相同。根据 Yu 等(2007)提出的不同时长降水事件的分解方法，我们把研究时间段为 2006—2016 年内海南岛区域平均的逐小时降水序列，分类为降水时长为 1，2，……，24 h 的降水事件(如图 5.1)，分解方法如下：一个独立的降水事件，其逐小时降水量需大于或等于 0.1，且中断间隔不超过 1 小时。如果降水中断的间隔达 2 h 及以上，则认为是新的降水事件的开始。每一次独立降水事件从开始到结束持续的小时数，定义为降水事件的持续时长。1 d 有 24 h，则可得持续时长可达 1～24 h 的 24 种不同的降水事件。通过对样本数进行平均，可以得到每一种降水事件的平均降水量或标准化降水量的日变化特征(如图 5.1)。

从图 5.1 可知，1～7 h 的短时降水事件集中出现在午后，且迅速达到降水峰值(约北京时 17 时，)；虽然相比其他降水事件，1～7 h 的短时降水的逐小时雨量较小(图 5.1a)，但标准化时间序列表明其日变化幅度最为强烈(图 5.1b)。年平均而言，这种短时降水出现频率极高(81.3%)，降水贡献占全年降水的 31.3%(图 5.1c)，是影响海南岛降水的重要形式之一。其他时长的降水事件，随着降水时间的增加，集中在午后出现的降水量逐渐减弱(图 5.1a)，降水日变化幅度快速下降(图 5.1b)；尤其是当降水时长为 13～24 h 时，早晨降水的比重更为显著(图 5.1c)。这种日降水相位和幅度的变化，与不同影响机制有密切联系。本研究关注的对象是 1～7 h 的短时降水，因此在第 3.1.2 节中，我们将提取出所有季节 1～7 h 短时降水事件的日期，进行合成分析与研究。另外，本节之后所指的时间，均为北京时。

图 5.1 给出的气候平均及区域平均的 1～7 h 的短时降水日变化特征，其实掩盖了季节变化和空间变化的信号。图 5.2 将从季节变化和空间分布上进一步分析短时降水日变化的特征。从图 5.2a 可知，短时降水在暖季(4—9 月)表现为午后对流降水，降水峰值为 17 时，与图 5.1 的结果一致；而在冷季则出现早晨和午后两个降水峰值。其中，早晨降水峰值与冷季盛行层云的夜间长波辐射冷却有关(Randall et al.，1991)；午后的降水峰值和降水零线相比暖季有 1～2 h 的滞后，这是因为在冷季，陆面偏冷，需更长的加热时间才能使陆面暖于海洋(宇如聪 等，2014)，从而建立与午后降水相关的局地热力环流。对比暖季和冷季短时降水出现频率和降水贡献(如表 5.1 短时降水在暖季和冷季出现的频次及降水量)，发现在占年平均总量 31.1%的短时降水中，有占年平均总量为 26.7%的降水贡献来自暖季，仅 4.5%的降水来自冷季；

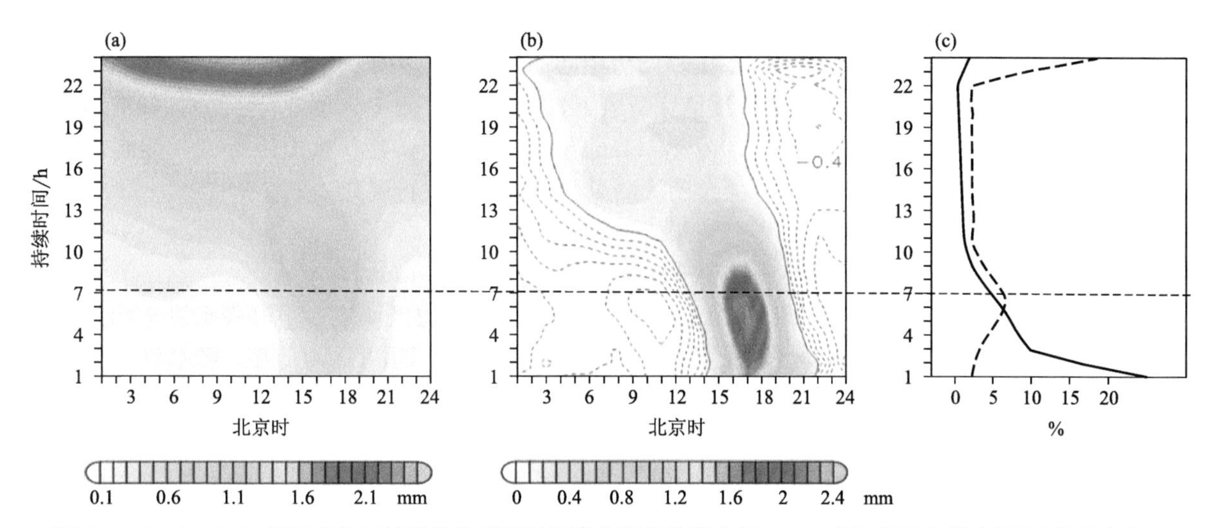

图 5.1　2006—2016 年海南岛区域平均的不同时长降水事件的降水量(a，mm/h)、标准化降水量(b)的日变化及不同时长降水事件出现的频率(实线)及降水贡献(虚线)的百分比(c)

另外，暖季短时降水出现的频次(216.3 次)也远远大于冷季的出现频次(88.0 次)。可见暖季短时降水对海南岛的影响比冷季更重大，所以本节将主要探讨的是暖季短时降水与大尺度海陆风的关系。

表 5.1　短时降水在暖季和冷季出现的频次及降水量

	出现次数	降水贡献
年平均	304.3(81.3%)	597.4mm(31.1%)
暖季(4—9 月)	216.3(57.8%)	511.8mm(26.7%)
冷季(10 月至次年 3 月)	88.0(23.5%)	85.6mm(4.5%)

注：括号内的数值分别为出现频次占总次数的百分比及降水量占总降水的百分比

图 5.2a 标准化的短时降水日变化序列的季节变化特征；图 5.2b 短时降水峰值出现时间(箭头)及日降水方差(填色)的空间分布，其中柱形图为 18 个基准站日平均逐小时降水量序列。图 5.2b 为暖季 18 个站点短时降水峰值(箭头)及降水日变化幅度(填色)的空间分布特征，包括 18 个站点的逐小时降水日变化序列(柱形图)。需要说明的是，图中顺时针旋转的矢量箭头代表的是当地时间，日降水方差代表降水日变化幅度。对于海南岛而言，除了三亚和陵水两站出现凌晨降水峰值，其余地区的降水峰值都集中在午后。其中，山区一带的降水峰值(15 时)出现较早于西北内陆的降水峰值(17 时)，这是因为在暖季环境背景风

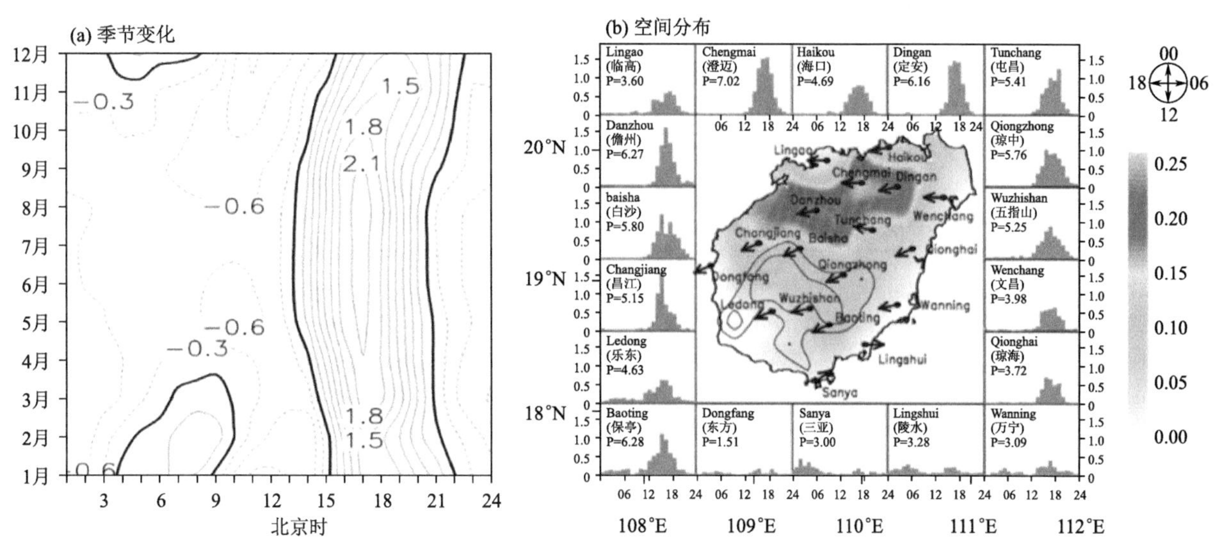

图 5.2　(a)标准化的短时降水日变化序列的季节变化特征；(b)短时降水峰值出现时间(箭头)及日降水方差(填色)的空间分布，其中柱形图为 18 个基准站日平均逐小时降水量序列($mm \cdot h^{-1}$)。

(西南风)的引导下,降水峰值位相具有由中部向北部传播的特征(Liang et al.,2017)。午后累积降水量及降水日变化幅度较强的地区是以定安-澄迈-儋州为中心的西北内陆一带,呈西南-东北走向,而东部和南部沿海地区日变化幅度减小。因为在弱的环境背景风下,山区迎风一侧不容易出现强降水,却有利于山区背风一侧形成较强的海风锋,导致强降水的发生(Liang et al.,2017)。为什么山区背风一侧容易形成较强的海风锋?我们将在下面的分析中,从大尺度海陆风强迫的角度进行解释。

5.1.1 暖季降水日变化的空间分布特征

图 5.3 利用 TRMM 卫星的降水资料得到的暖季海南岛及其周边区域逐 3 小时降水距平场的日变化(填色,mm);阴影区表征大尺度海洋区上正降水异常的向东传播为利用 TRMM 卫星降水资料得到的暖季海南岛周边海区及相近海岸降水距平场的日变化空间分布图。从大尺度角度上观察,海洋上的正距平降水主要出现在 02—14 时,具有从近海向远海东移的特征(如图阴影所示)。陆地降水主要出现在午后 14—20 时。同样受局地海陆风的影响,同纬度,同为陆地属性的海南岛和中南半岛沿岸,降水正位相的变化并不一致。例如,14 时,海南岛开始出现正降水距平,而中南半岛在 17 时才出现;23 时,海南岛转变为负降水距平,中南半岛依然为正的降水异常。

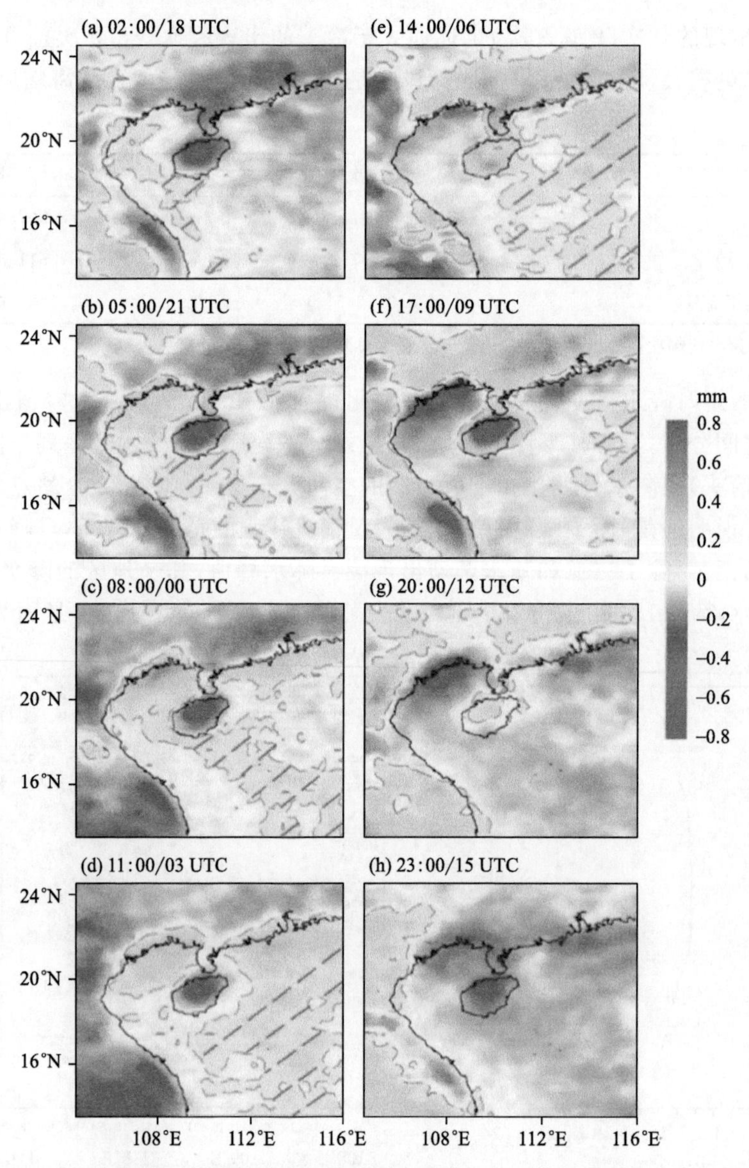

图 5.3 利用 TRMM 降水得到的暖季海南岛及其周边区域逐 3 h 降水距平场的日变化(填色,mm);阴影区表征大尺度海洋区上正降水异常的向东传播

以上描述的降水日变化现象，实际上与大尺度海陆风的调制紧密联系。海南岛身处南海，以大尺度视角来看，其降水的正位相应与大尺度海洋上降水东传的变化相契合；但受局地热力差异的约束，海南岛的正降水异常却出现在午后；从局地尺度来分析，海南岛降水正位相的变化应与同纬度的中南半岛一致，而实际上其正的降水距平出现（消失）都早于中南半岛。由此可见，除了局地尺度海陆风的强迫，海南岛降水的日变化也同样受到大尺度海陆风的影响。

5.1.2　近地面和低层大气环流的日变化

这一小节，我们将通过展示暖季短时降水日平均的大气环流日变化特征来进一步说明大尺度海陆风是如何影响海南岛降水。其中图 5.4 暖季 10 m 距平风（矢量箭头）及其辐合辐散（等值线，单位：$10^{-4}s^{-1}$）的空间分布，其中红色为正值，绿色为负值，等值线间隔为 0.2。(i)和(j)分别为 02 时和 14 时局地风场特征为暖季 10 m 水平风的距平及辐合辐散场的日变化。由于局地尺度的风场对海陆热力差异的响应比较快，也比较明显，如果仅仅从近地面上观察，比较难区分出大尺度海陆风的信号。因此，我们会同时给出暖季 850 hPa 水平风的距平及辐合辐散场，垂直速度的距平场的日变化空间分布图，为进一步辨别大尺度海陆风的特征。需要指明的是 850 hPa 上的垂直运动代表的是底层至 850 hPa 整层辐合辐散的积分，且由于受地转运动的影响，大尺度海陆风具有顺时针旋转的特点。

结合图 5.4 和图 5.5，可以发现：①02—05 时，大尺度环流正处于海风（偏南风）阶段，大尺度的海风在近海一侧辐合，伴随明显的上升气流。海南岛南部，中南半岛北部和华南的海岸线正处于大尺度海风的迎风一侧。近地面局地陆风与大尺度海风反向，加强气流的辐合抬升，于是在上述沿岸一带形成连续的辐合线。②08—11 时，属于大尺度海风（偏南风）向大尺度陆风（偏西风）过渡的时段。发展的陆风在大尺度海洋区域形成辐合上升气流，并推动辐合区从近海向外海移动（图 5.5c～e 中垂直速度所示）。辐合区的东移是降水正距平在大尺度洋面向东传播的原因。这个阶段，局地海陆风并未发展，但可以发现 11 时的大尺度陆风（图 5.5d）与 14 时海南岛西岸局地的海风（图 5.4e）同向，这对驱动当地海风的提前发展十分有利。③14 时，海陆热力差异明显，局地海风快速爆发，并在海南岛和中南半岛上辐合上升；此时大尺度陆风在海南岛西北沿岸为迎风一侧，在海南岛东南沿岸为背风一侧（图 5.5e），由此加强了西北部海风的发展，抑制了东南部海风的入侵，这就是西北内陆比东南部更容易形成强的海风锋的原因之一。17—20 时，大尺度的陆风在海洋区呈现辐散下沉的性质，海南岛也受到下沉气流的控制，局地辐合逐渐减弱。而中南半岛东岸并未受到大尺度辐散下沉气流的影响，同时大尺度陆风与当地海风同向，使局地辐合在 20 时依然显著。由此可见，在大尺度环流的强迫下，同纬度的海南岛和中南半岛正降水位相变化存在差异。④23 时，大尺度的陆风已转变为海风（偏东风）。此时，局地陆风初步发展，大尺度海风在近海开始辐合。直至 02 时，局地陆风发展旺盛后，大尺度海风在近海的辐合更加显著。

5.1.3　垂直环流

图 5.6 为暖季海南岛所在纬度平均的大尺度环流的垂直剖面图。利用剖面图可以进一步比较大尺度海陆风对海南岛的强迫作用。从图 5.6a～e 可知，大尺度环流的辐合上升支在 02—14 时有从近海逐步东移至远海的传播特征（如图虚线所示），表征大尺度海洋上降水正位相逐步东移过程。02—05 时，受限于局地下沉气流的影响，大尺度上升支越过海南岛，进入南海，使同纬度的南海率先出现正的降水异常；11 时，局地上升运动还未发展时，海南岛已受到大尺度垂直运动的影响，而此时中南半岛依然被大尺度的下沉气流所控制，因此海南岛比同纬度中南半岛较早出现正的降水距平。低层大尺度陆风（偏西风）和局地海风同向，加强了局地海风在海南岛西岸的辐合形式及来自北部湾的水汽输送，为西北内陆一带出现显著的午后降水提供有力的动力和水汽条件。17—20 时，大尺度下沉支东移至洋面上，海南岛的局地对流发展受到抑制，在 20 时已基本消亡，而中南半岛上的大尺度下沉气流已减弱，且大尺度陆风在中南半岛东岸有辐合的趋势，所以中南半岛降水也比海南岛消失得晚。

综合所述，可知无论海南岛或中南半岛，降水的日变化特征都不仅受局地尺度海陆环流的影响，也会同样受到大尺度海陆风的制约。对于海南岛而言，凌晨处于大尺度海风（偏南风）迎风一侧的南岸更容易出现正的降水距平；午后，处于大尺度陆风（偏西风）迎风一侧的西岸和北岸更容易出现正的降水距平。早

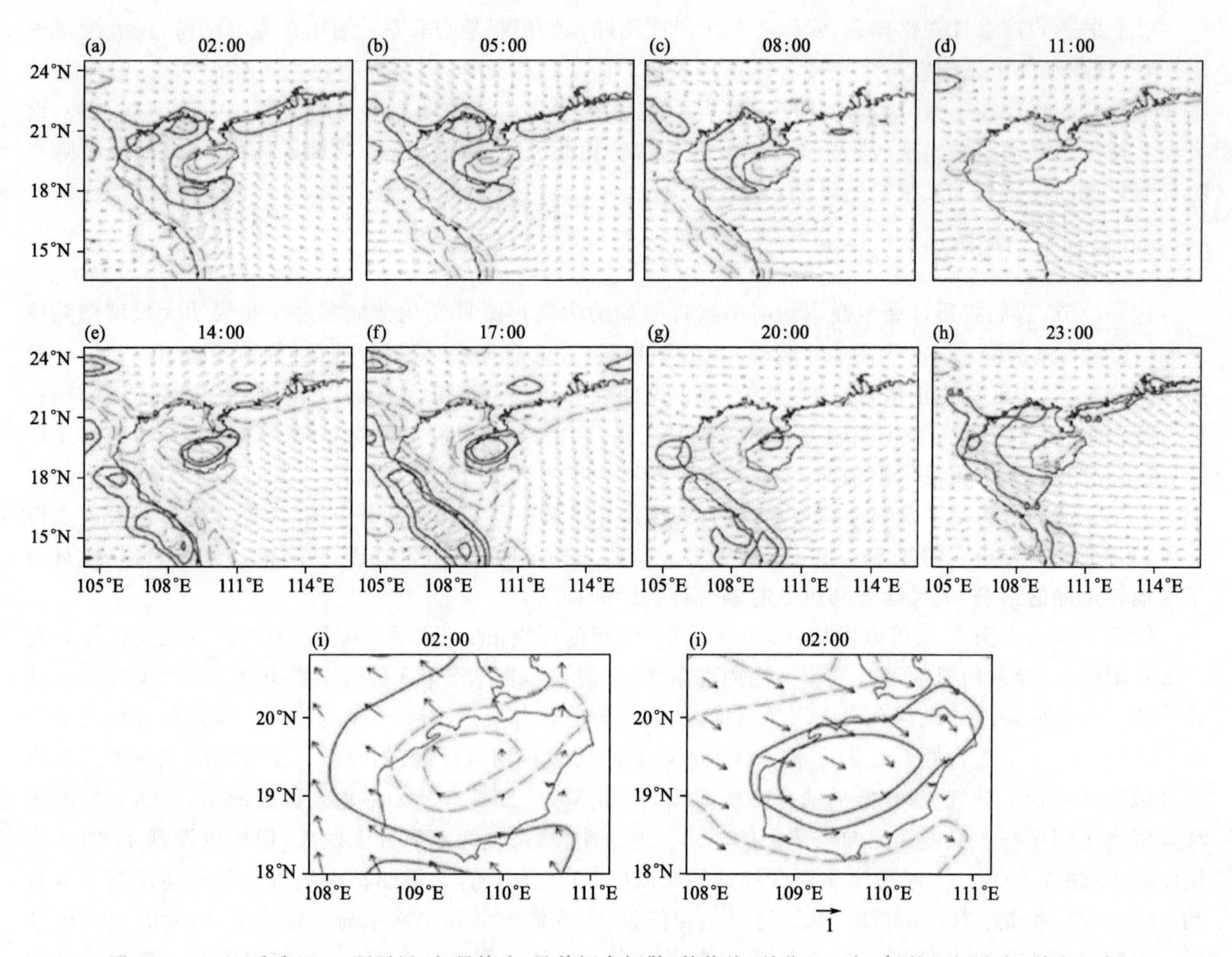

图 5.4　a～h：暖季 10 m 距平风（矢量箭头）及其辐合辐散（等值线，单位：$10^{-4}\ s^{-1}$）的空间分布，其中红色为正值，绿色为负值，等值线间隔为 0.2；(i)和(j)分别为 02 时和 14 时局地风场特征

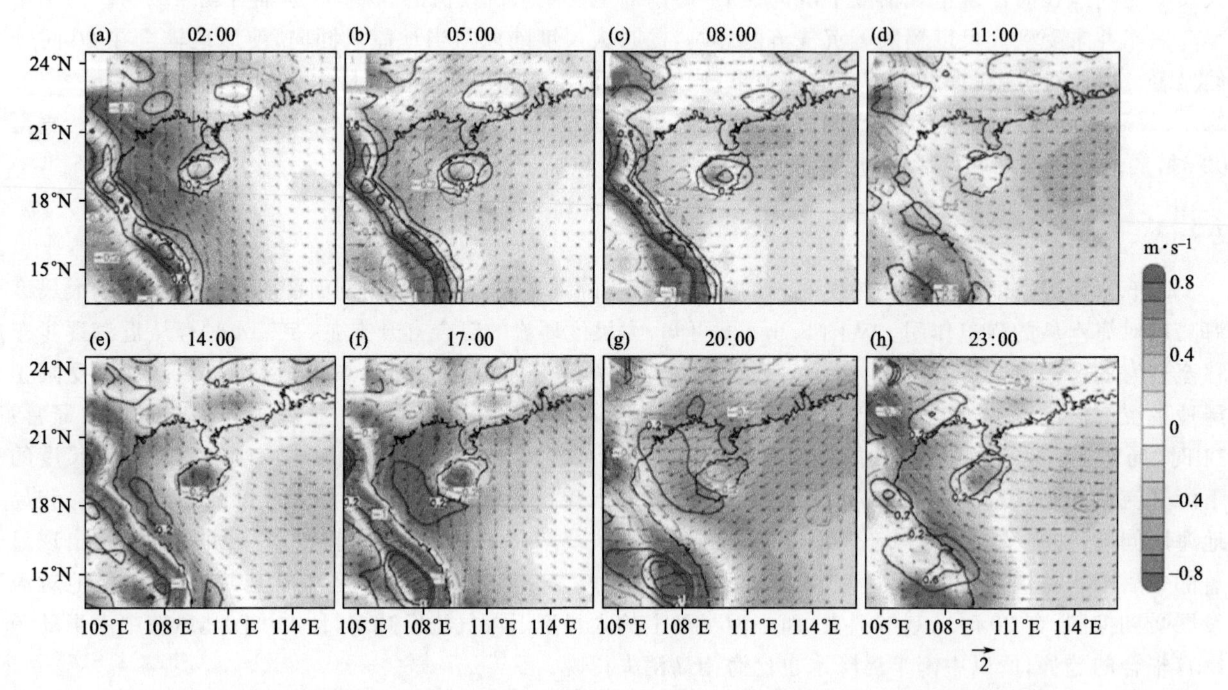

图 5.5　暖季 850 hPa 距平风（矢量箭头）及其辐合辐散（等值线，单位：$10^{-4}\ s^{-1}$）的空间分布，垂直速度距平场（$-\omega$）。其中，红色等值线为正值，绿色等值线为负值，等值线间隔为 0.2

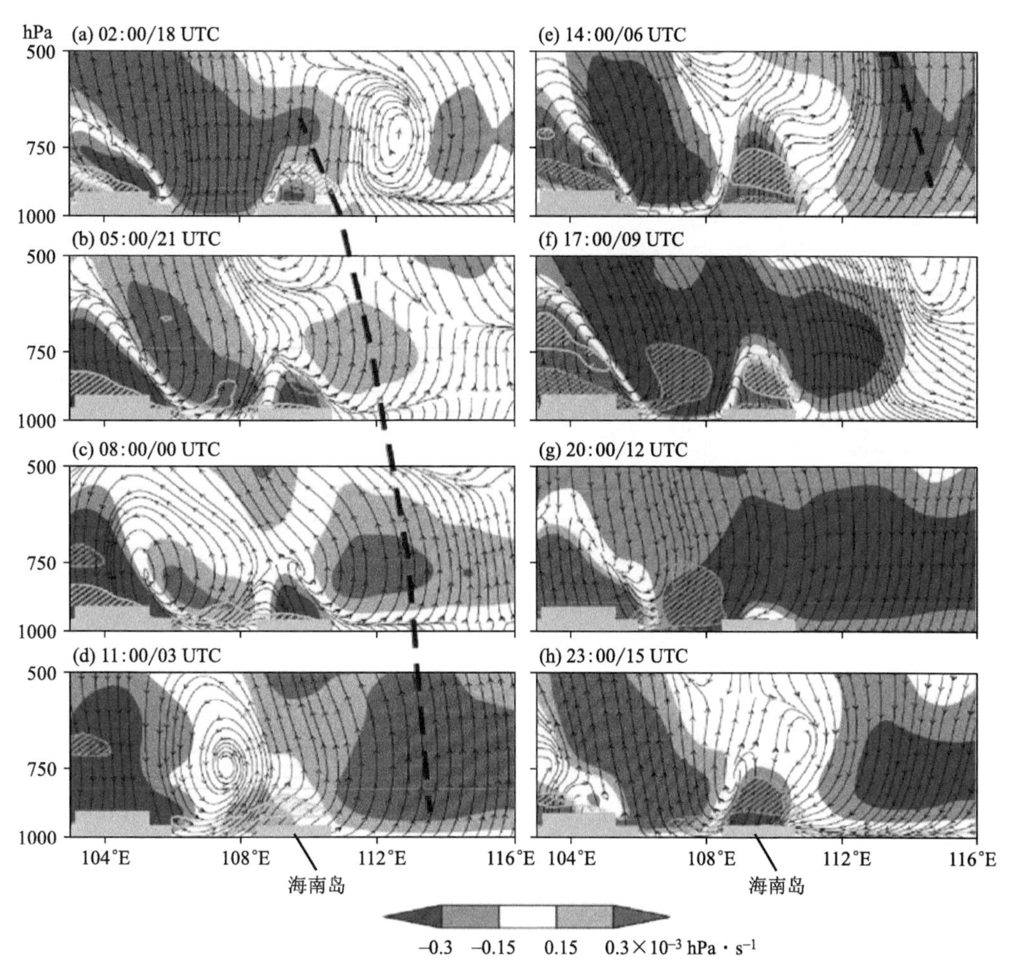

图 5.6　沿 18.5°～19.5°N 平均的暖季大气环流(流线)，垂直速度(填色，−ω)和相对湿度距平场(阴影)的垂直剖面图。黄(绿)色阴影代表相对湿度大于(小于)0.3%的区域

晨南部沿岸的降水是大尺度海风辐合东移所致，而午后内陆地区的降水在大尺度上升支的驱动下提前发展，在大尺度下沉支的抑制下，较早消失。

5.2　海陆风对海南岛夏季降水日变化的影响

5.2.1　海陆风与夏季降水日变化的演变

Zhu 等(2017)利用 1951 年至 2012 年的气象观测资料、2006 年至 2015 年 CMORPH(气候预测中心的 MORPHing 技术)卫星反演降水资料、WRF 数值模式等研究了海风和陆风环流对海南岛 5—6 月降水日变化的影响。研究结果显示，白天，随着陆海表面升温差异的增大，海风逐渐建立并加强，下午海风在向内陆推进时形成海风锋，而海风锋产生的低层辐合是引起午后降水峰值的主要原因。敏感性实验表明，岛屿地形的去除对下午降雨量的影响不大，陆海热力差异才是影响下午降雨的主要原因。

(1)降水、陆风和海风的日变化

逐时降水变化表明，在凌晨到早上(00:00-09:00)海南岛的降水很少，平均降雨量少于四周的海洋；在 06:00，沿海地区的测站开始出现离岸风，这是夜间陆风开始的标志(图 5.7b)；3 h 后的 09:00，风速增强且风向开始顺转，沿岸地区尤为明显(图 5.7c)；12:00，风向改为向岸方向，代表海风开始，同时，在海风辐合的内陆地区开始出现降水(图 5.7d)；在接下来的几个小时内(图 5.7e～f)，降水迅速加强，在 17:00 左右达到峰值，且强降水集中在海南岛的东北部，与海风的强辐合区相对应(图 5.7f)；此后，降水迅速减弱，到 03:00 降水几乎消失(图 5.7g～i)，风速也迅速减弱，且北部沿海开始转为陆风；21:00，岛上的风接近于静

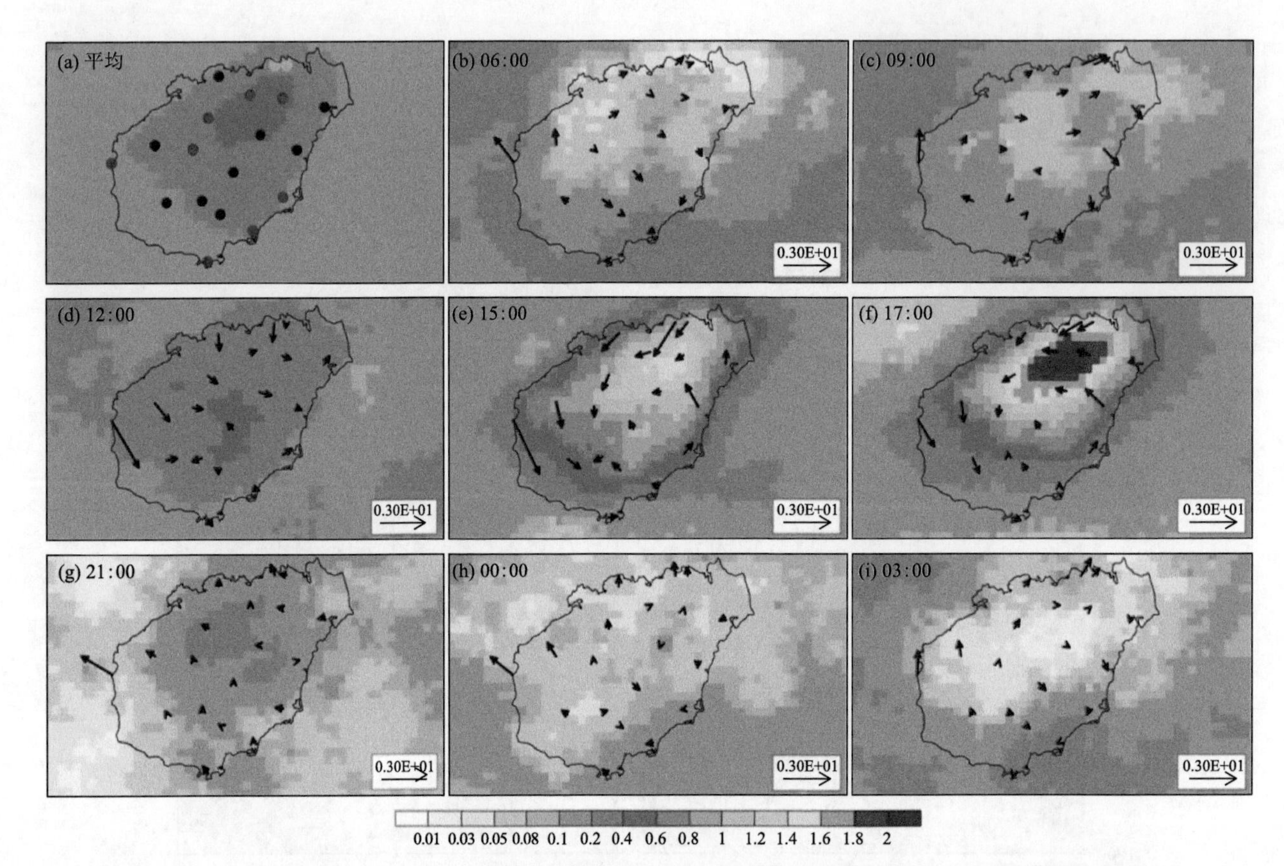

图 5.7 (引自 Zhu et al.,2017)5—6 月份 CMORPH 逐 3 h(除选取雨量最大的 17 时)累积降雨量(阴影区)10 a(2006—2015 年)平均值和风矢量 3 a(2008—2010 年)平均(17 时),(a)中标出了雨量站位置

风(图 5.7g);随着陆风缓慢加强,在东南沿海开始出现夜间降水(图 5.7h);之后夜间降水加强、范围扩大,直至 03:00 达到峰值和最大范围,而同时岛内陆地区降水几乎减少为零(图 5.7i)。

(2)降水和相关海陆风日变化的理想化模拟结果

基于将海南岛形状视为椭圆形的理想化模型模拟结果,研究将日变化分为 4 个阶段对海陆风与降水的关系进行讨论。

第一阶段(海风的建立):清晨,岛上的地表温度达到最低值,比周围的海洋要低几摄氏度(图 5.8b);之后由于太阳持续加热,岛上大部分地区的地表温度在 09:00 之前超过了海洋(图 5.8c);同时,岛东北部的地表温度大大低于其他地区,东北部升温较慢可能是由于前一天的午后降水使该区域湿度增加(图 5.10b),在早晨容易形成雾或冷池(图 5.9b);该区域上空的云层减弱了太阳辐射,继而减缓了局部升温;而此时在岛南部地区因存在正的水平温度平流(图 5.11a、b),导致该区域升温较快;海风沿着陆风最弱和升温速率最高的西南海岸线开始发展,而岛上的其他地区仍处于陆风的控制之下(图 5.8c);06:00,沿着岛屿海岸 3 km 以下的垂直方向出现了两个明显的陆风环流(LBC)(图 5.10b);南部 LBC 在 09:00 左右随温度梯度的逆转而迅速减弱,而另一个 LBC 则仍很明显(图 5.10c)。

12:00 之前,海风已在整个海岸线上完全建立(图 5.8d)。岛北部的升温速度比岛南部要快得多,这是由于南部沿岸地区上空的负水平温度平流造成的(图 5.11d);沿海岸线海风的前沿开始出现海风锋,尤其是在有着最大近地表温度梯度的最北部沿海(图 5.8d);同时,中低层主导风和向上运动(图 5.10d)将大量的水汽从海洋输送到内陆;云首先沿着海风形成(图 5.9c),然后产生降雨(图 5.9d 中的绿线);值得注意的是,在此期间,岛的西北部地区升温更快,而其他地区则变慢了(图 5.8d)。

第二阶段(海风和降水峰值):在岛上大部分地区,地表温度在 12:00—14:00 最高,然后迅速下降,海风在 12:00—14:00 也达到最强。15:00,由于蒸发冷却,整个降雨区的地表温度下降,并且由于持续的太阳加热,其他地区的地表温度略有上升(图 5.8e);中低层对流层的上升运动明显增强(图 5.10e);海风达到其峰值和最大的向内陆传播能力(图 5.8e);在垂直剖面上可以清楚地看到两个不同的海风环流(SBC),

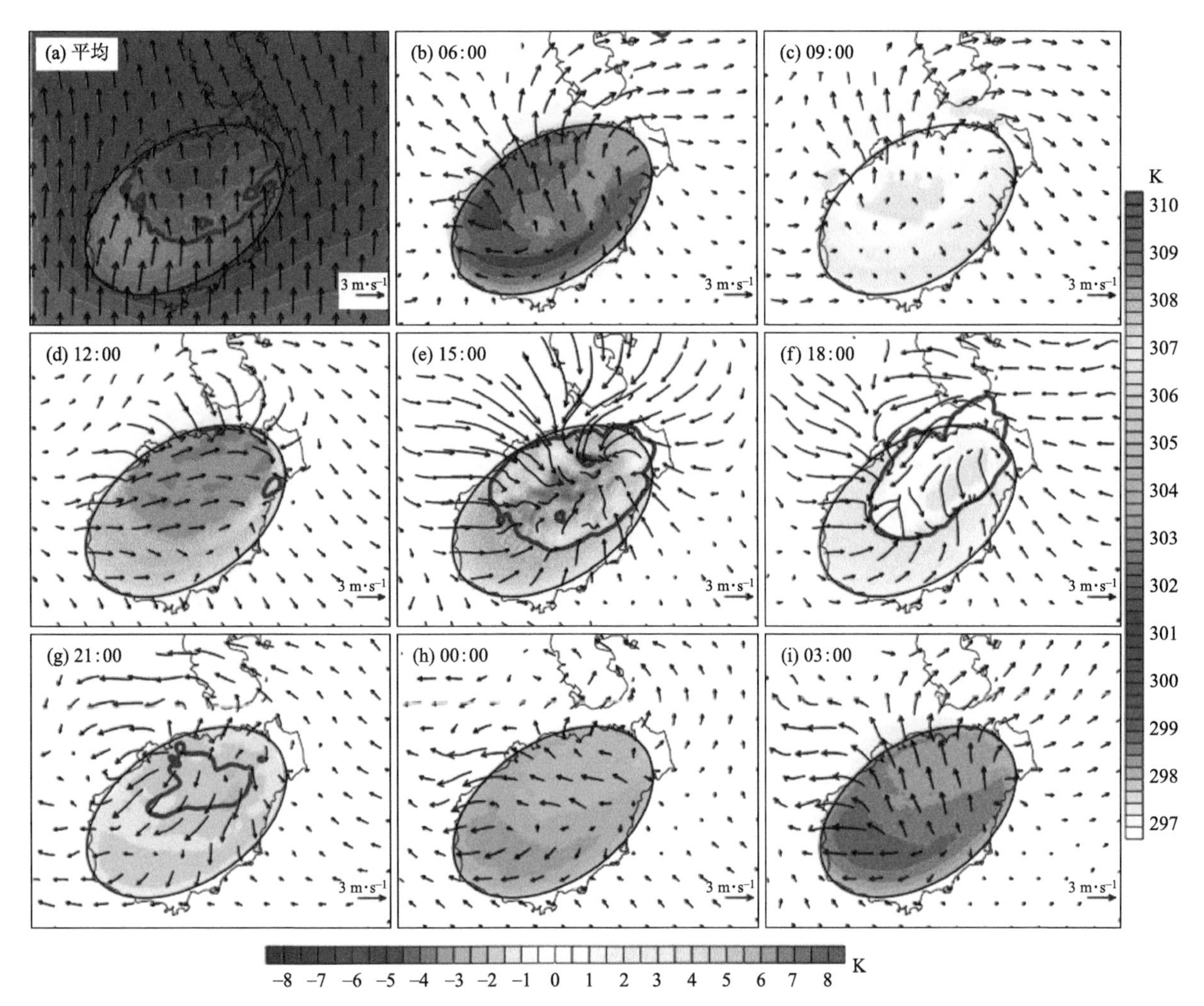

图 5.8　(引自 Zhu et al.,2017)(a)第二低模型层的 2 m 平均温度(阴影)和水平风(矢量);
(b-i)逐 3 h 2 m 平均温度扰动(阴影)和平均水平风扰动(矢量)。右边的色标用于(a)

其中在环岛北部的更强(图 5.10e);在整个对流层低层,盛行的西南风一直将湿空气从海洋输送到岛屿,而湿空气的低层辐合产生强烈的上升气流,使中层湿度增加(图 5.10e);这些因素有利于在岛的北翼形成深对流,从而沿着海风锋的降水明显增加。到 18:00,强的低层辐合和随后上升的暖湿空气(图 5.10f)使岛上降水达到最强;海风锋进一步向内陆移动,并在岛屿中心附近相互碰撞(图 5.8f),岛北部的厚湿度层使得降水最强(图 5.10f)。

第三阶段(陆风的建立):在这个阶段,对流迅速消散,日落之后,海风被陆风代替。在最初的几个小时,由于突然失去太阳热量,地表温度下降很快,在 18:00—19:00 达到 1.5 $K \cdot h^{-1}$ 左右。水平温度梯度开始反转,最终导致陆风的建立(图 5.8g 和 h)。21:00,大约日落之后 2 h,地表温度(图 5.8g)和整个边界层温度均迅速下降。同时,岛上主要受干的下沉气流控制(图 5.10g),降水逐渐减弱消失(图 5.9g)。到 00:00,随着温度的不断降低和近海温度梯度的增大,陆风循环已经建立,特别是在北部沿岸(图 5.10h);随着岛上下沉气流的增强,干空气被从高层输送到中低层;同时,在盛行风的影响下,岛北部地区上空湿度增加,因此岛北部湿度比岛南部大很多,此时云很快消散,降水几乎停止。

第四阶段(陆风峰值):在这个阶段,陆风达到最强;夜间辐射冷却会导致气温在大约 05:00 达到最低。从 00:00 到 03:00,陆风沿西北海岸迅速增强,随着海岸线表面温度的降低,陆风逐渐垂直于海岸线,并与低层盛行的风平行(图 5.8i)。在垂直截面上可以看到两个 LBC(图 5.9i),岛上盛行下沉气流(图 5.10i);陆风在 06:00 达到最强(图 5.8b),强烈的下沉气流也会导致中层更干;在地表附近,相对湿度的增加使空气变冷,并导致了低云和雾的形成(图 5.9b)。

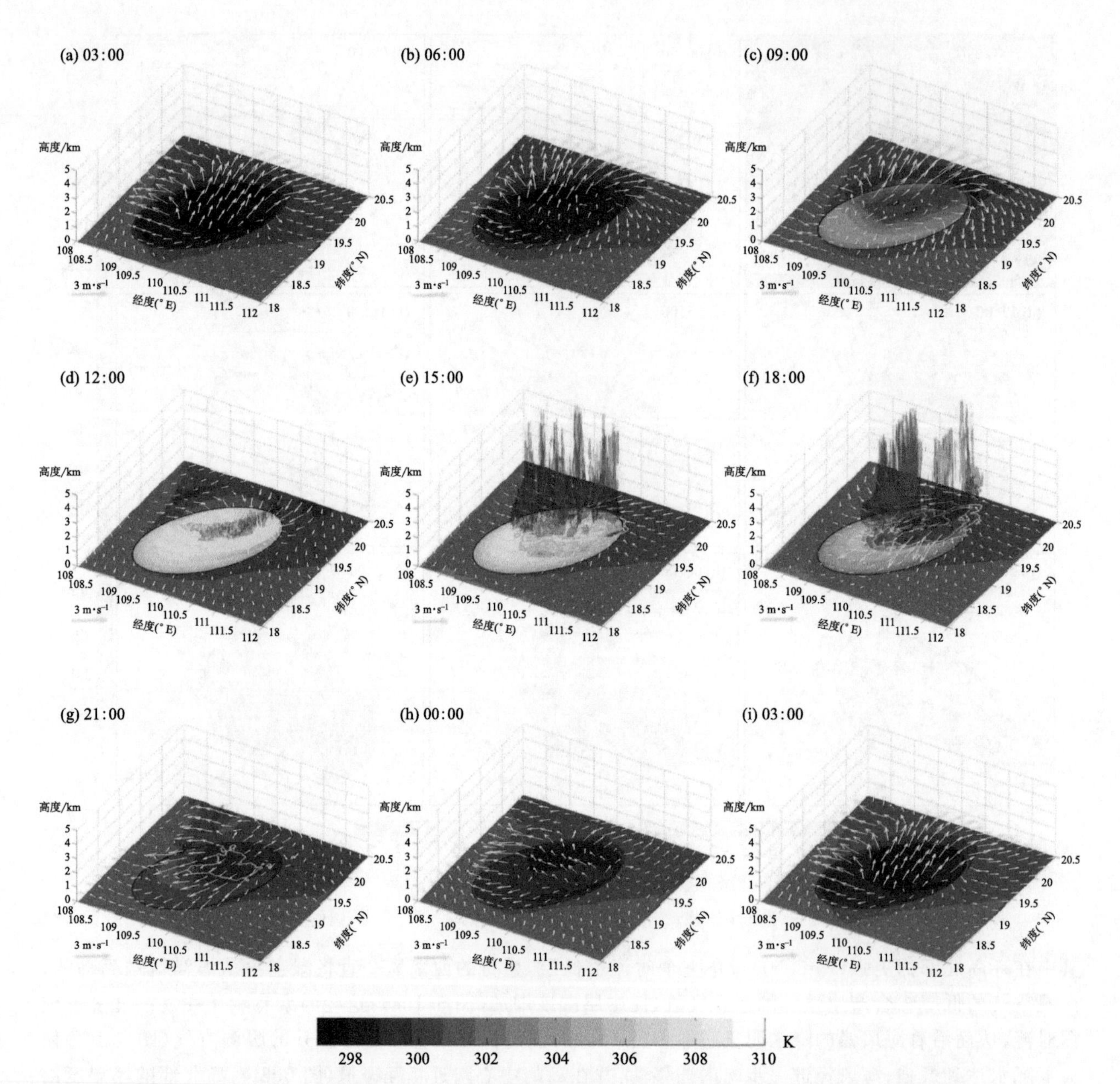

图 5.9 (引自 Zhu et al.,2017)对水平风(黄色矢量)第二低的模型层上的云水混合比(红色阴影)、2 m 温度(灰色阴影)、水平风扰动和逐 3 h 的小时累积雨量(绿色等值线)

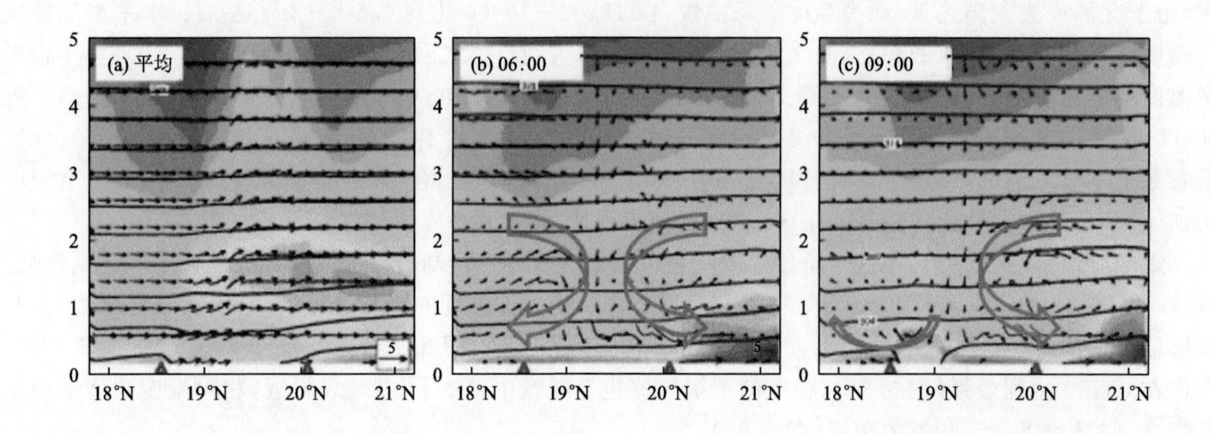

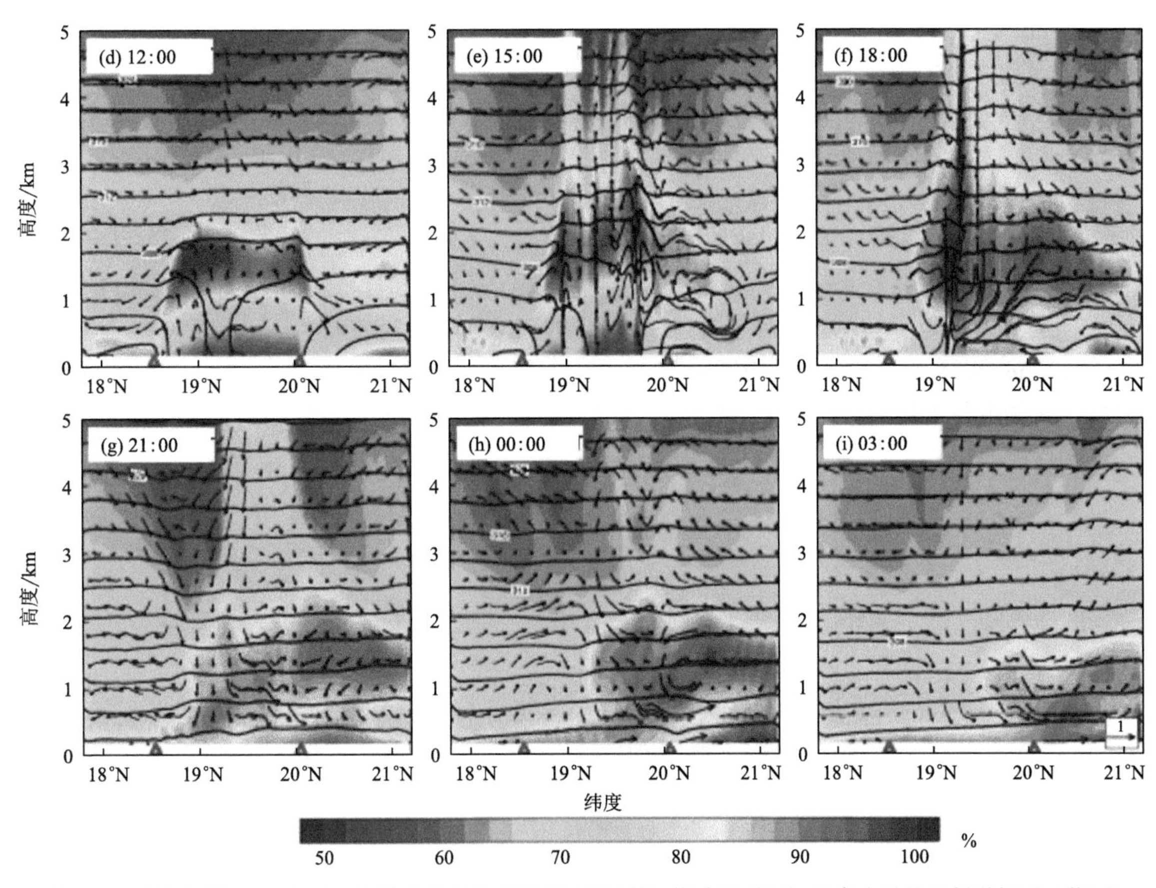

图 5.10 （引自 Zhu et al.，2017）沿南北向的相对湿度（阴影）、扰动风（矢量；垂直分量的比例增加了 5 倍）和温度（等温线）垂直剖面图：a. 是所有小时的平均；b～i. 为逐 3 h。每个图底线上的三角形表示岛的边缘

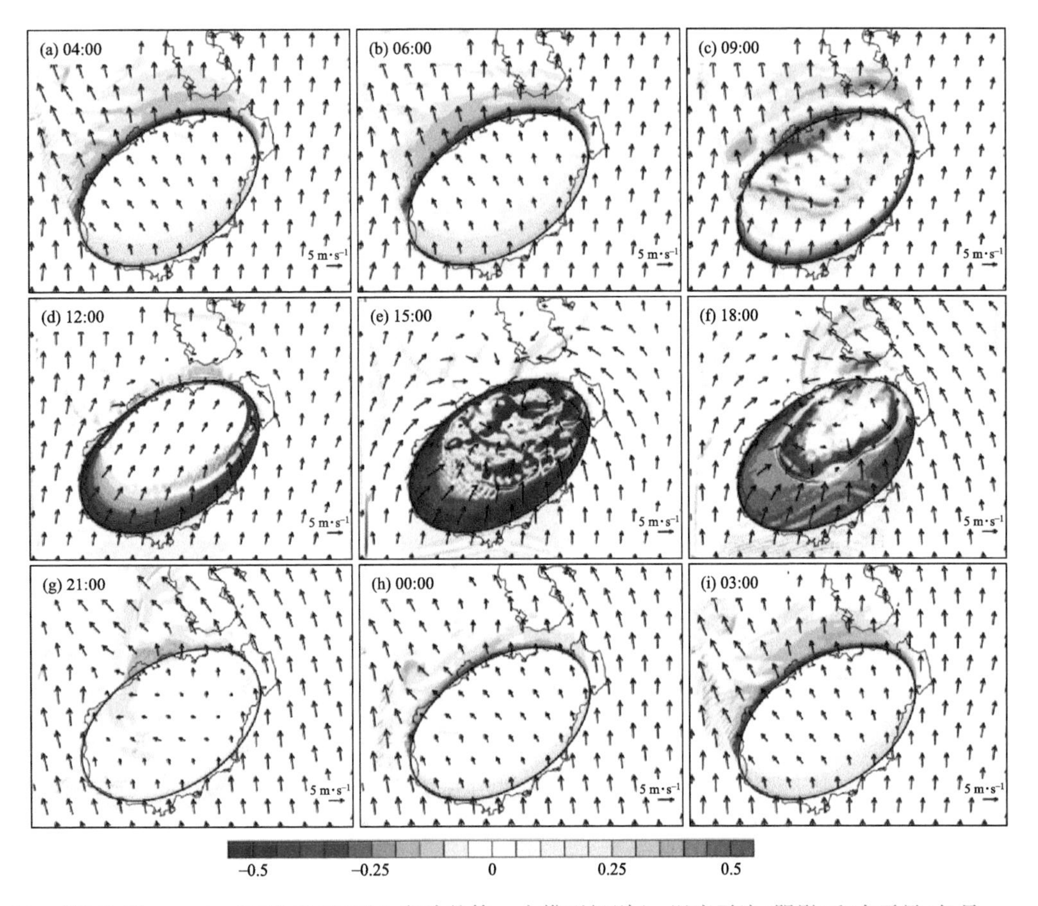

图 5.11 （引自 Zhu et al.，2017）在 IDEAL 实验的第一个模型级别上，温度平流（阴影）和水平风（矢量，m · s^{-1}）

5.2.2 弱季风背景下海陆风对降水日变化的影响

Zhu 等(2020)研究发现，在夏季，当海南岛处于弱的季风控制条件下，如果白天形成的海风锋向内陆推进时造成的低层辐合强于季风时，会导致降水量在下午出现一个明显的峰值；而在夜间(下半夜到早上)，受陆风的影响，一些沿海地区的降水量会出现另一个峰值。

分析以 1999—2018 年 4—6 月东亚夏季风影响期间海南岛受西南季风控制的天数(剔除热带气旋影响的日数)为研究对象，将挑选出的 933 d 按低层风速(WS)和相对湿度(RH)的大小(Hi-High，Mo-Moderate，Lo-low)组合分为 9 类(图 5.12c)，利用时空分辨率分别为 8 km 和 30 min 的 NOAA CMORPH (CPC morphing technique)全球降水分析资料，给出 9 类情况下海南岛降水量的逐时平均分布(图 5.12c)，并结合降水量和低层风场的逐时分布(图 5.13)探讨海陆风对海南岛降水的影响。

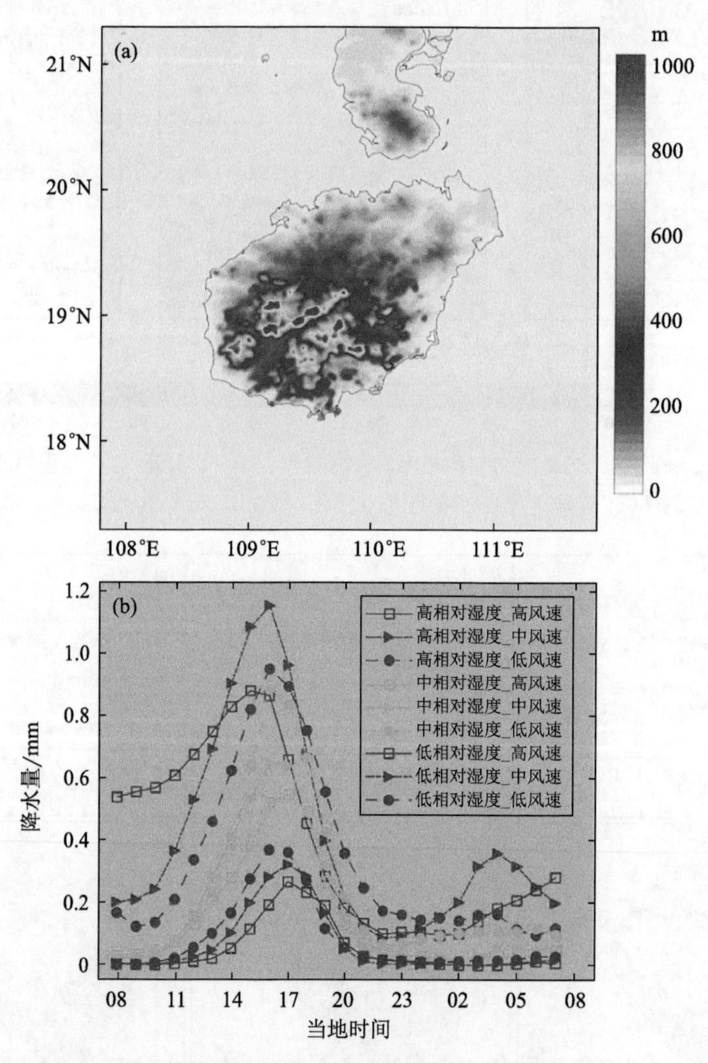

图 5.12 (引自 Zhu et al.，2020)a. 用于计算风、湿平均和地形高度的区域(阴影；m)；b. 每个类别的平均小时累积雨量

(1)海风对下午降水的影响机制

北京时间约 11 时起，因为岛屿陆地比四周海洋升温快，陆风开始逐渐转为海风(图 5.13a、e、i)。约 13 时，当向内陆推进当海风开始引起辐合时，降水开始出现。15 时，由海风造成的低层辐合达到最强(图 5.13c、g、k)，使得降水约在 16—17 时出现峰值(图 5.13d、h、l)。而降水的地点、范围和强度随风速的大小不同而不同(图 5.13 中的右两列)。当低层背景风风速更强时，海风造成的辐合区和对应降水的中心区域会被向岛的东北部推进(图 5.13c、g、k)。另外，当中等和较强的低层风足以削弱海风辐合时(图 5.13c、g)，会使岛上总的降雨量减弱。相反，在弱风速下，岛上的海风环流会相对更为强盛，并会造成更大范围的几乎覆盖全岛的辐合区(图 5.13k、l)，从而带来更大范围和更强的降水(图 5.13l)。在傍晚陆风开

始逐渐建立后，降水开始逐渐消散。以上分析表明，大尺度的强背景风可以抑制由白天的热量造成的海风环流，并将海风造成的辐合区向岛的东北部推进，同时减弱低层辐合的强度和范围，最终减少下午的总降雨量(图 5.12c、图 5.13)。

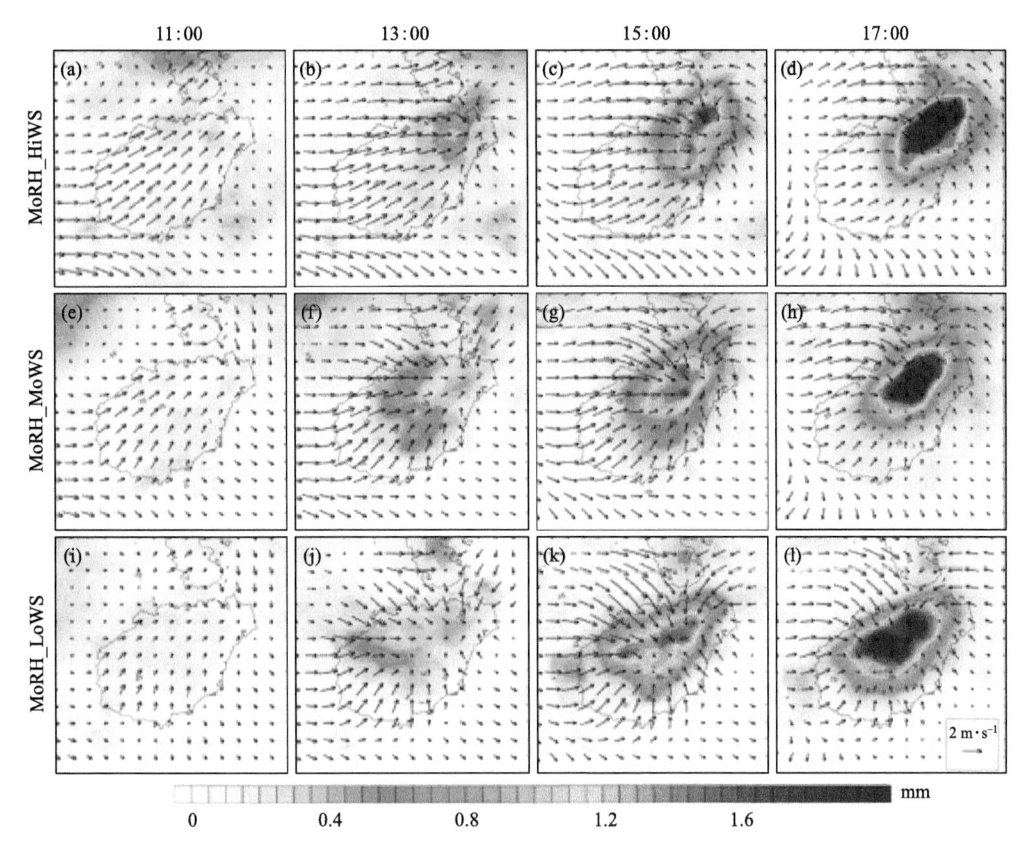

图 5.13　(引自 Zhu et al.,2020)北京时间 11 时到 17 时，每 2 h 的逐时累积雨量(阴影；mm)和地面水平风扰动(矢量；$m \cdot s^{-1}$)。不同行代表在中等湿度条件下(MoRH)的不同风类别：a～d. 高风速；e～h. 中风速；i～l. 低风速

(2)陆风对沿海地区早上降水的影响机制

研究发现，在低层高湿的情况下，海南岛降水除了下午以外，还在夜间(早上)存在第二个峰值，且降水集中分布在沿海地区。通过对 04—10 时低层高湿但不同风速对应的降水情况进行分析后发现，在高湿高风速情况下，降水总是集中在沿海地区；而在高湿中风速情况下，降水先在内陆山区开始，然后向沿海地区传播，导致这两种情况下在夜间(早上)降水峰值出现时间有所不同。对于高湿高风速情况，由强盛的环境风、地面摩擦和沿着海岸线的陆风产生的辐合足以触发对流，使得降水集中出现在沿海地区；而在高湿中风速情况下，沿着海岸线的辐合因风速较小不足以触发对流，而低层风会受到内陆山区的抬升作用，在 04 时左右在内陆先产生降水，随后降水在自身产生的冷池和不断加强的陆风作用下向沿海地区传播，并在约 06 时在海岸附近产生明显降水。

5.2.3　近海海表温度对海陆风和夏季降水日变化的影响

针对海南岛夏季降水日变化的研究发现，在海南岛南部沿岸和近海地区，近海海表温度的变化可以间接影响夜间陆风的强弱，进而影响该区域夜间降水的强弱(Rui et al.,2019)。该研究首先分析得出夜间降水量的增加是导致 2010 年 8 月海南岛南部沿岸及近海区域降水量明显高于 2011 年 8 月的主要原因；进而从大尺度环流为切入点，分析讨论了异常的大尺度环流不仅能改变上层空气的湿度，还可对地面风场和近岸海水上涌产生影响，而海水上涌的变化影响着海表温度的变化，后者间接影响着陆风和相应降水量的变化。

在 2010 年，受盛行的东南季风控制，海南岛南部沿岸风力较弱，冷海水的上涌被抑制，使得海南岛南部近海的海表温度超过 29 ℃(图 5.14a),海表温度的升高使陆海热力差异增大,导致夜间的陆风增强,进而导致南部沿岸地区雨量的显著增加。相反,2011 年由于盛行风有利于冷海水上涌,近岸海表温度降至 28 ℃(图 5.14b),较冷的海水使得白天的海风维持相对更长的时间,使得下午的降水量更大。

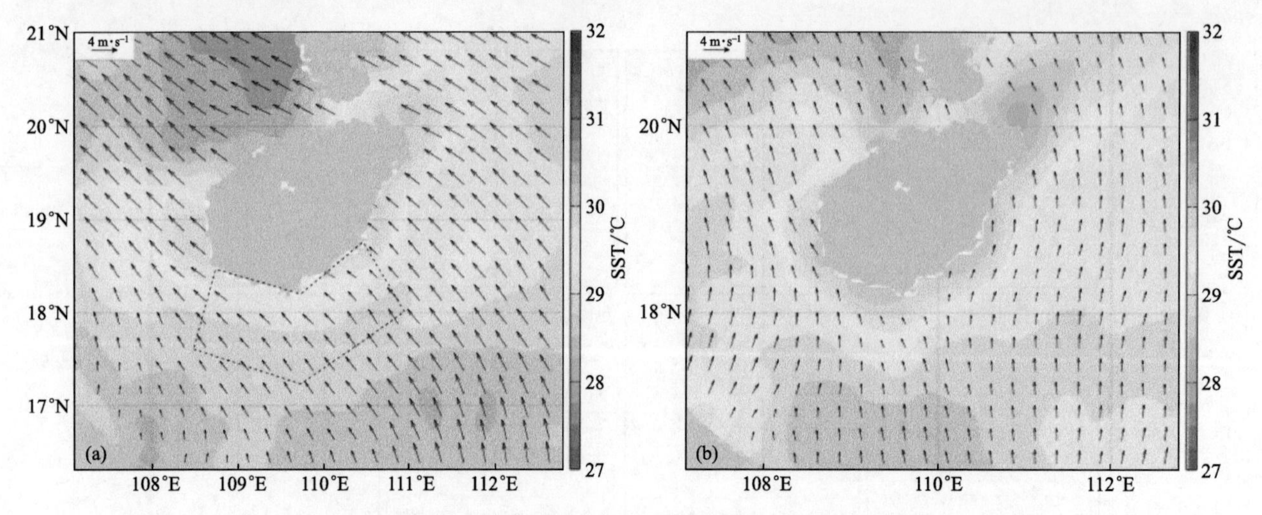

图 5.14 (引自 Rui Shi et al.,2019)月平均海表温度(彩色阴影,℃)和风场(矢量,m·s^{-1}):a. 2010 年 8 月;b. 2011 年 8 月。a 中的黑色虚线圈出了计算上涌指数 UIΔSST 和总近海降雨量的区域

Rui 等(2019)利用 WRF 数值模式对上述分析结果进行了模拟验证。采用不同海面温度对 2011 年 8 月进行模拟的敏感性实验表明,在大气环流异常年,弱的冷海水上涌可使海面变暖,从而使夜间陆风和海上辐合增强,最终导致夜间海南岛南部沿海地区的降雨加剧(图 5.15d);弱的上涌也同时减弱了白天海风的强度和程度,使辐合减弱,从而导致内陆地区降雨减少(图 5.15c)。相反,在大气环流正常年里,较强的海上上涌则抑制(增强)了陆(海)风,使得近海降雨量减少,但内陆降雨量增加(图 5.15a 和 5.15b)。

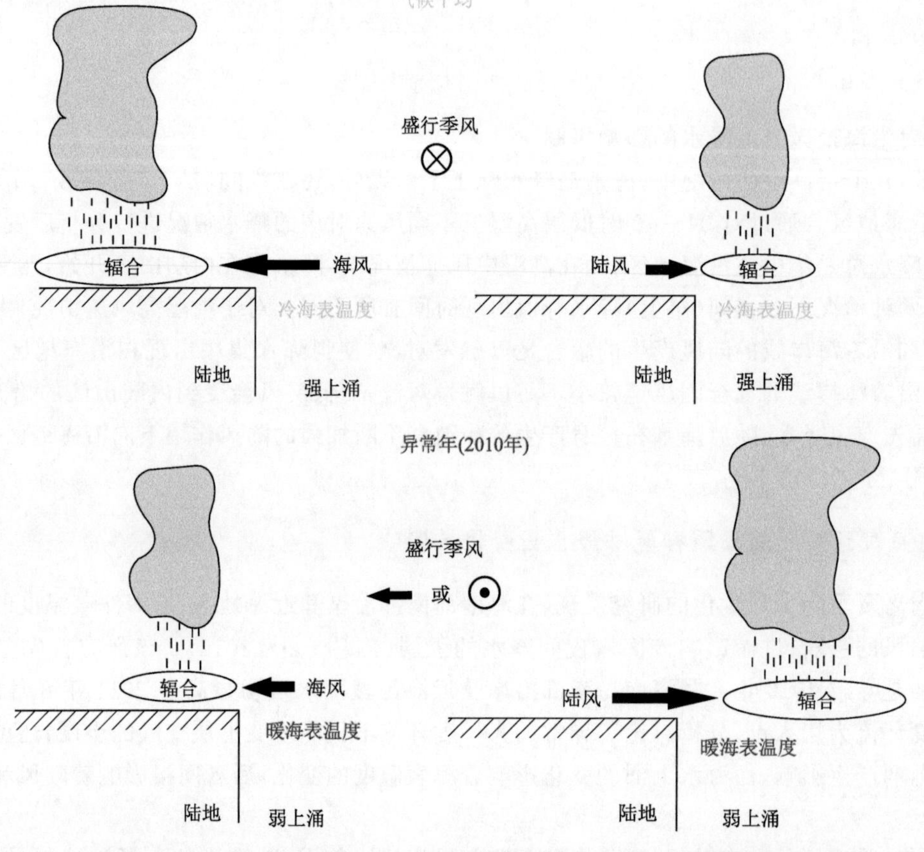

图 5.15 (引自 Rui et al.,2019)研究结果示意图(SST 代表海表温度)

5.3　海南岛海陆风、环境和地形对降水分布的综合作用分析

利用海南岛和周围海域共约 350 个自动观测站的近地表风和温度以及逐小时降水观测资料，分析海陆风演变及其与海南岛热力条件的关系。其中有 9 个海上站点作为海上资料代表站，其余站点作为岛上资料的代表站(图 5.16)。另外，使用资料还包括位于海口和三亚的两个 L 波无线电探空站(图 5.16)的数据，包括风、温度、压力和湿度的观测数据，用于分析海南岛的风、湿度和大气层结的垂直结构。L 波无线电探空仪数据的垂直分辨率为 5 m，每天在本地标准时间 08:00 和 20:00 观测。这些数据以 50 m 的垂直分辨率重新采样，足以描述大气状态的垂直结构。本研究中使用的地面自动站和 L 波无线电探空仪站的所有观测资料均由中国气象局提供，时间段为 2011—2015 年。此外，逐日 ERA-Interim 再分析资料通过 ECMWF 的公共数据集网站获得(Berrisford et al.，2011)，分辨率为 0.75°×0.75°，时间跨度为 5 a (2011—2015 年)。利用这些再分析资料中的 5 a 月平均 900 hPa 位势高度和风向资料分析了海南岛平均低空环流的特征。分析中不包括海南岛受台风影响的日数，因为台风会大幅度影响地表风和降水分布，从而偏离海风演变规律和岛内降水分布。

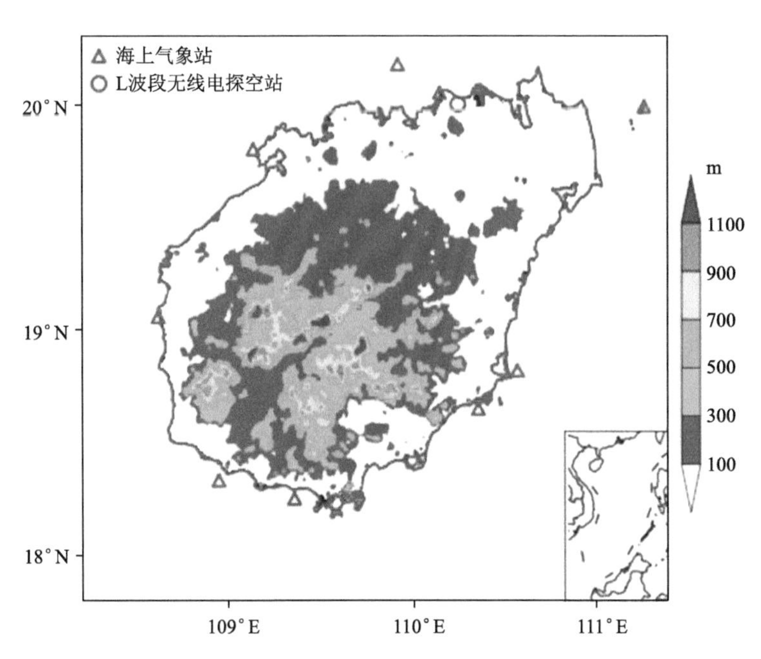

图 5.16　海南岛地形高度(颜色阴影；m)和观测站的分布情况

海风是由沿海陆界面的不同加热产生的一种局部热循环，这与当地地表特征密切相关，表现出明显的日变化。由于实际风是由局地海风和大尺度环境风共同组成，因此仅对沿海地区近海面海风的分析不会显示出清晰的海风演变。因此，在分析海风演变之前，需要从总体风中去除环境风。将环境风和海风完全分离出来很难，但一些研究已经提出了许多去除环境风影响来研究海风的方法(Qiu et al.，2013)。Xu 等(1992)基于可以通过压力梯度区分弱环境风的方式来研究海风演变。Yu 等(1987)将一定风速范围内的近地表风作为海风。朱乾根等(1983)通过计算风与每月平均风的差值来获得海风。另一种可行的方法是取以海风为基准的总体风的垂直分量。

考虑到从海量观测资料中提取海风的方便性和实用性，本研究采用朱乾根等(1983)使用的方法。同时，由于海风比环境风表现出更多的日变化特征，所以认为利用月平均风或日平均风代表环境风是合理的。基于这种考虑，采用近地表风的日较差(V′)作为海风分量，V′定义为

$$V_i' = V_i - \frac{1}{24}\sum_{i=1}^{24} V_i \tag{5.1}$$

其中 V 是总的近地表风，指数“i”表示 1 d 的小时数。此外，由于环境风不像海风那样每天都有变化，所以风日较差的长期平均值，如月平均值将进一步削弱环境风日变化的影响。相应地，为了分析山地、平原和

海洋之间的热量差异，也在方程(5.1)中定义使用了温度的日较差。然后分析海风引起的辐合，讨论它与降水的关系。其他变量，如地面降水量和 L 波无线电探空仪数据和 ERA-Interim 再分析数据的变量，将根据其总量进行分析。

本研究还在环境风的背景下进一步讨论了地形对海南 SBC 和海南岛降水的影响，以验证观测结果，并利用天气研究和预报(WRF)模型进行了大量数值模拟实验。WRF 模型是一个非流体静力学和可压缩模型，其中有许多物理参数描述了辐射、微物理、积云、地表和行星边界层等过程(Skamarock et al.，2008)。因为分析只集中在环境风的风向上，特别是在山的迎风和背风面，所以数值模拟的模型空间被简化为两个维度，分别是东西和垂直坐标。在东西方向以 1 km 的网格间距设置 480 个点，中间的岛屿有 160 个点，岛的两侧为 160 个点；垂直方向总共配置 41 个随地形变化的层。由于海风是浅层边界层环流，海南岛的山高一般不到 1 km，所以模型顶部为 10 km，高度满足数值模拟需求。根据图 5.17a 和 b 所示的海南岛的特点，给出模型的基础地表参数的大致配置。

平原和山区宽度为 30 km 和 50 km，坡度(高度除以宽度)分别为 3.3‰和 18‰，其土地用途分别为永久性湿地和常绿阔叶林。图 5.17c 说明了数值模拟的陆地、海洋和地形的总体设置。将海南岛中纬度(19°N)作为参考纬度，并选择(5 月至 9 月)海南岛受太阳辐射影响最强的一天(6 月 15 日)作为数值模拟的模拟日，模拟时间长度为从 08:00 到 20:00 的 12 h。数值模拟的日期和时间除了决定太阳入射角和太

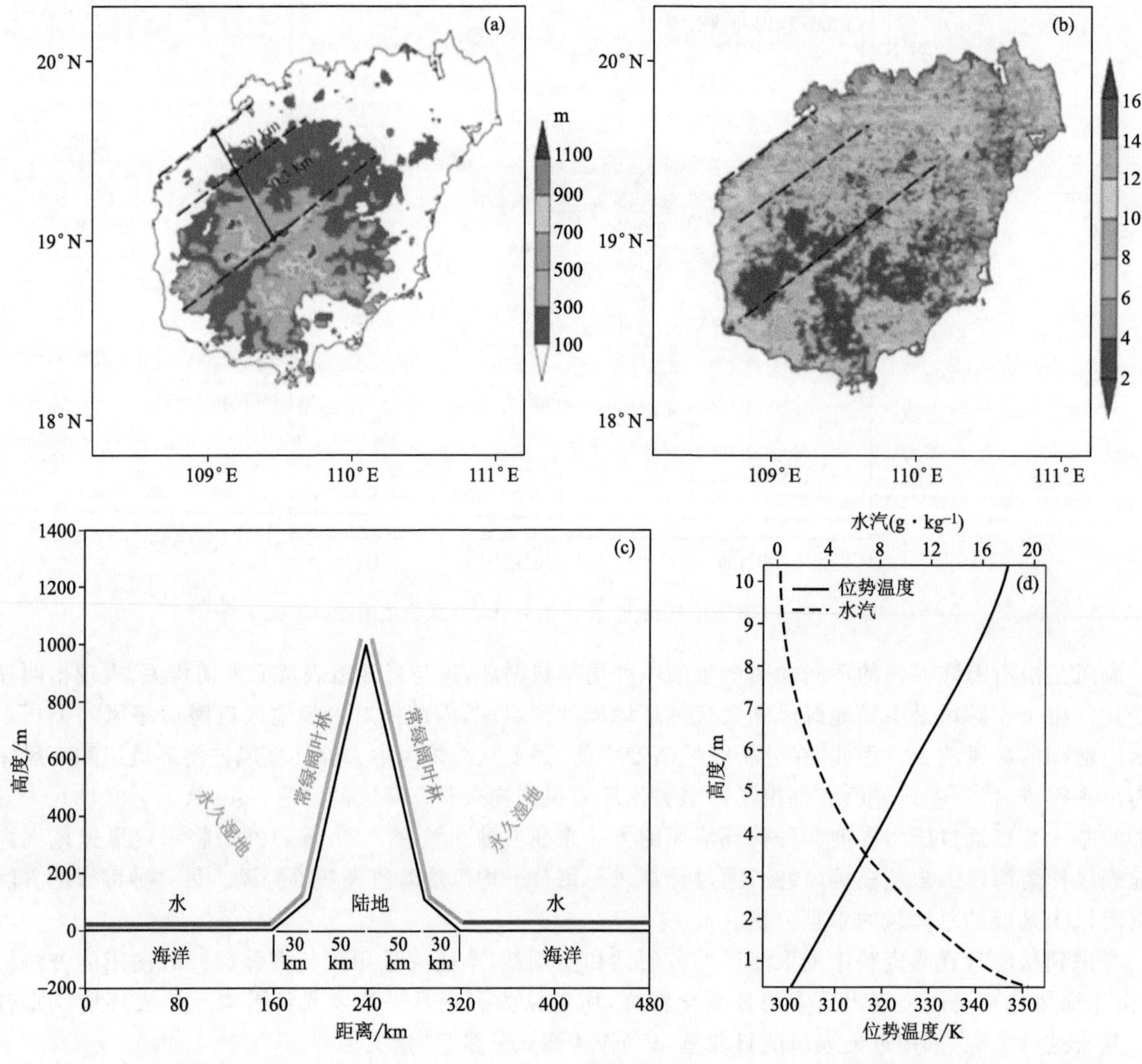

图 5.17 海南岛的地表特征：a. 地形高度(彩色阴影，m)和山脉宽度(标注)；b. MODIS 1 km 分辨率的土地利用指数('2'和'11'分别代表'常绿阔叶林'和'永久湿地'；其他指数指 WRF 中的 LANDUSE.TBL，版本 3.6.1；虚线如 a)。为数值模拟实验设置的参数如下：c. 山高(轮廓)和宽度(黑色标注线)和土地利用指数(颜色标签)；d. 初始位势温度(实线；K)和水汽(虚线线；$g \cdot kg^{-1}$)

阳高度外对其他没有明显影响。L波无线电探空仪数据被应用于模型初始化，WRF模型(Klemp et al.，1978a;Klemp et al.，1978b)采用开放的横向边界条件，允许气流超出模拟区域，对上游气流没有影响。2011—2015年4—9月平均位温和湿度剖面(图5.17d)用于初始化大气层结。这些位温和湿度剖面代表了最明显降水期间的大气层结和湿度。由于数值模拟在水平方向上是一维的，因此只考虑风速，分别指定值0和6 m·s^{-1}来表示无风和有风的情况。由于主要降水期间(4—9月)的月平均风速在高度10 km以下一般小于6 m·s^{-1}，故定义6 m·s^{-1}为环境风。忽略垂直风切变的影响，风速在垂直方向上是均匀的。进行四个数值模拟：M-W，NM-W，M-NR-NW和M-NR-W(表5.2)。将M-W和NM-W模拟的结果进行比较，以讨论在环境风下，地形对SBC和降水的影响。另外两个实验-M-NR-NW和M-NR-W--用于通过关闭长波和短波辐射方案来隔离地形的热效应，从而尽可能去除地形的热效应。表5.3列出了这四个数值模拟中应用的主要方案。

表5.2　数值模拟的配置

数值模拟方案	风速/(m·s^{-1})	长波和短波辐射	山地	湿度
M-W	6	包含	包含	包含
NM-W	6	包含	剔除	包含
M-NR-NW	0	剔除	包含	剔除
M-NR-W	6	剔除	包含	剔除

表5.3　用于四个数值模拟的主要物理参数化方案

边界层	陆面过程	长波辐射	短波辐射	微物理学	积云参数化
YSU方案 Hong et al.(2006)	Noah方案 Chen et al.(2001)	RRTM方案 Mlawer et al.(1997)	Dudhia方案 Dudhia(1989)	WDM6方案 Lim et al.(2010)	Kain-Fritsch方案 Kain(2004)

5.3.1　海风和辐合趋势

海风是由海陆温差驱动的局地热循环，计算2011—2015年海南岛的温度日较差(以下称为日较差)。同时，考虑到岛屿南部和西部存在明显的山脉，周围有平原(图5.16)，山地和平原之间的温度差异将对海南岛的温度变化梯度做出重要贡献。鉴于这种考虑，岛上的温度变化分为山区、平原和海区的温度变化。山区和平原区域定义为100 m以上和100 m以下的区域，分别覆盖110个和230个地面站点。

图5.18分别描述了2011—2015年平原-海洋和山地-平原的月平均温度距平的日变化。由于2011年8月—2012年10月以及2015年10月大部分海站的数据缺失，这期间的月平均平原-海洋温度距平被忽略。平原-海洋温度距平的日变化是明显且稳定的，表现为在2011—2015年期间，平原上在当地时间09:00—20:00时间段有较高温度距平，而在其他时间段较低。这表明，海南岛平原和海洋热力差异总体显著且稳定，在10:00—16:00期间最高温度距平对比超过1.2 K。在山区和平原地区之间，温度距平出现类似的显著日变化，在10:00—21:00期间表现为较高的温度，而在其他时间表现为较低的温度，表现出比平原-海洋差异约1 h的相位滞后。大部分时间，平原-海洋温度距平与山地-平原温度距平处于相同的昼夜阶段。例如，山地-平原和平原-海洋温度距平在10:00—18:00期间通常为正值，在21:00至次日09:00期间为负值。这将极大地提高海陆温差的梯度，以及海风的发展。此外，山地-平原温度距平差异的季节性变化明显，10月至次年4月最为显著，5月至9月明显减弱。这种山地-平原温度距平的季节变化很可能是由垂直入射太阳辐射的季节变化引起的，这在下面的分析中将得到进一步证明。

为研究风的日变化演变(以下简称风较差)，将海南岛的海岸线根据不同的方位分为6个区域(图5.19a)。图5.19b～g描述了这些地区2011—2015年月平均风日变化。白天海风(10:00—18:00)和晚上陆风(19:00至次日09:00)的风向偏离日变化明显，这对沿海地区是显而易见的。此外，每个沿海地区的风季节变化也很明显。具体来说，东北、东南和西部沿海地区的月平均白天(10:00—18:00)风偏离在3月左右显示出明显的向北转向，并且在9月附近明显开始向南返回；而北部、西北部和西南部沿海地区在5月左右明显向东转向，9月向西返回。每个沿海地区的方向在晚上(19:00至次日09:00)与白天相反。沿

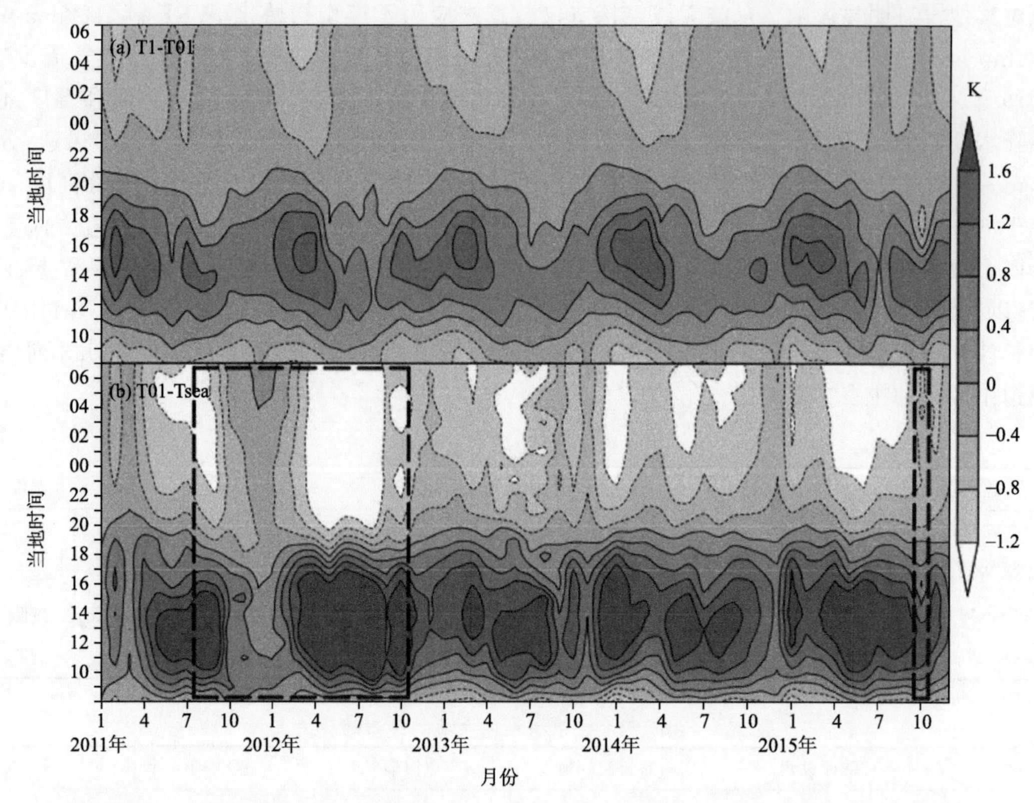

图 5.18 月平均温度距平(K)的日变化：a. 100 m 以上站点(T1)与 100 m 以下站点(T01)；b. 100 m 以下站点(T01)和海面站点(由于在这些时间段内只有海上一个测站的数据可用，所以标记为虚线矩形的时段可以忽略不计)

海地区风向转变的过渡时间点与山区-平原温度差差异相当一致，该温度差从 9 月明显增强，5 月明显减弱。因此，将冬季和夏季平均温度距平和风距平的水平分布(图 5.19)进行比较，来说明风和温较差分布之间的关系。从图 5.20 可以清楚地看到，10 月到 4 月，平均温度距平在下午(约 14:00)的最大中心和在早上(约 07:00)的最小中心均位于海南岛西南部，在那里下午有一个海风的辐合中心，而在早上则形成一个陆风辐散中心。

5—9 月，下午(大约 13:00)最高中心和早上(约 06:00)最小平均温度距平中心向北移动并显著增加。结果，海(陆)风的辐合(辐散)中心在下午(早上)沿海南岛沿海地区发展成为闭合的辐合(辐散)线。这两个时段的温度距平分布差异反映了从 3 月 21 日开始太阳直射辐射从赤道向北的移动。太阳直射辐射逐渐到达海南岛(19°～20°N)后，整个海南岛的温较差幅度趋于一致，导致全岛温较差同步增加或减小。这就很好地解释了为什么从 5 月到 9 月，山地-平原温差差异变得更小。

以上分析表明，海南岛的海风全年都是重要的。图 5.20 显示出，由于海风的发生，有明显的辐合趋势(小于 $2\times10^{-5}\ s^{-1}$)形成。辐合趋势有利于对流的触发。鉴于此，图 5.21 显示了 5 a(2011—2015 年)平均月平均散度距平的季节性变化。散度距平根据风距平进行计算。趋同倾向主要发生在白天。辐合的季节性变化明显，辐合面积小于 $2\times10^{-5}\ s^{-1}$ 主要位于 1—3 月的岛西南部，从 4—8 月逐渐延伸至覆盖全岛，最终从 9 月开始缩减，到 12 月仅为西南部地区。这与风距平或海风的水平分布季节性变化一致(图 5.20)。这个结果表明，一般来说，5—8 月期间海风引起的辐合趋势在海南岛所有沿海地区都会发生，但在其他月份主要是在西南部地区。

5.3.2 降水

与其他热带岛屿类似，积云对流对海南岛的强降水影响较大。在这种背景下，海风对海南岛降水的贡献量是值得研究的，因为与海风有关的辐合为全年对流提供了有利的触发条件。图 5.22 和图 5.23 分别描绘了 5 a(2011—2015 年)逐小时平均降水量和月降水频次的季节变化。

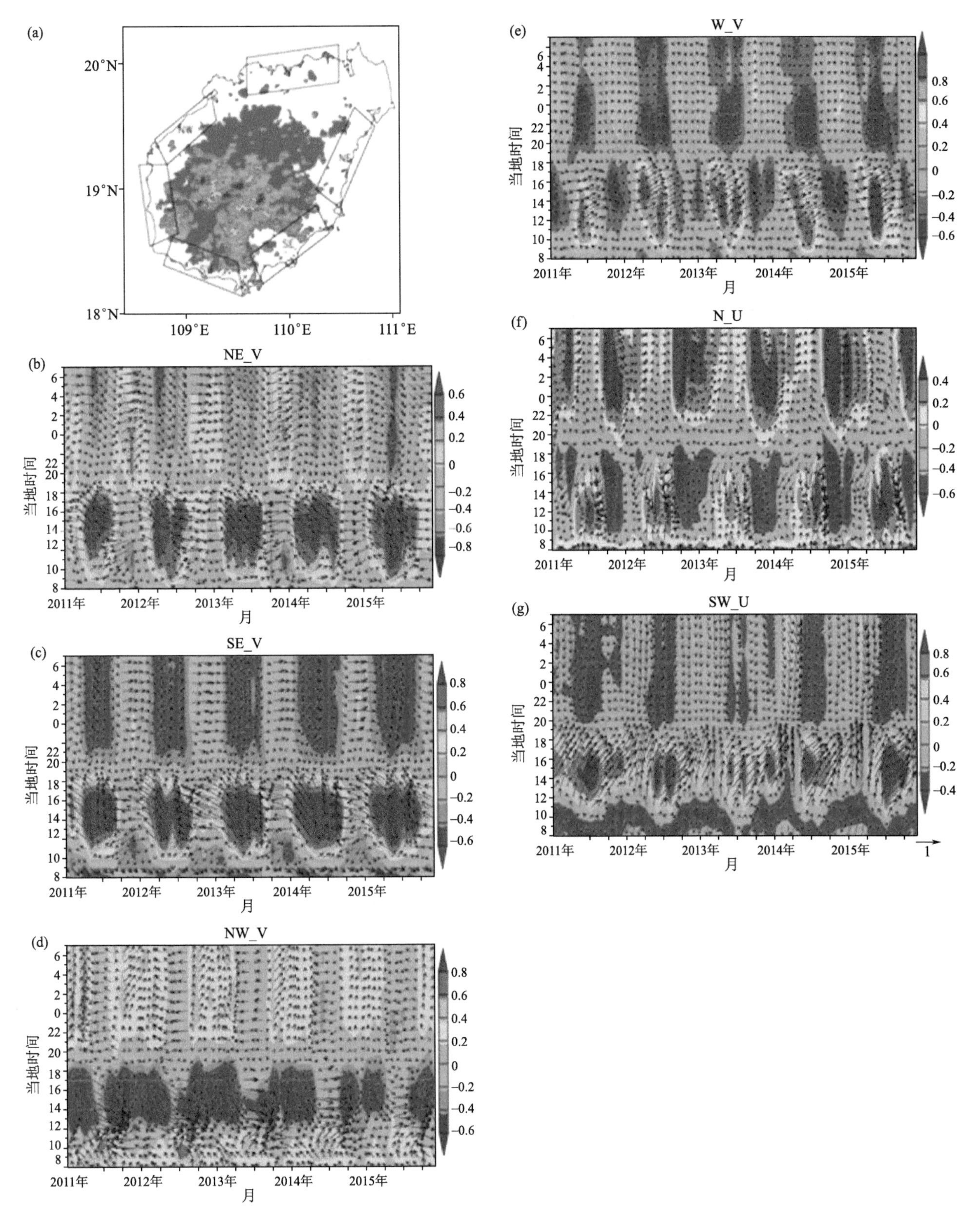

图 5.19 月平均风向风速的日变化(单位:$m \cdot s^{-1}$);b. 东北风(NE),c. 东南风(SE),d. 西北风(NW),东南风(SW) e. 西部(W),f. 北部(N),g. 西南部(西南部)沿海地区,b～e 中的彩色阴影代表月平均风的 y 分量,f～g 表示月平均风速距平的 x 分量;(a)中的四边形表示为 NE,SE,NW,W,N 和 SW 海岸定义的区域

从气候角度来看,海南岛白天降水比夜间降水更为显著。此外,从图 5.22 和图 5.23 中可以清楚地看到,较强降水(大于 1 $mm \cdot h^{-1}$)主要发生在 4—9 月,表现为高强度和高频率(每月超过 7 次)。因此,用统计降水量较强的地区来代表海南岛降水。在 4—8 月期间,降水主要先发生在西部和东部沿海地区,然

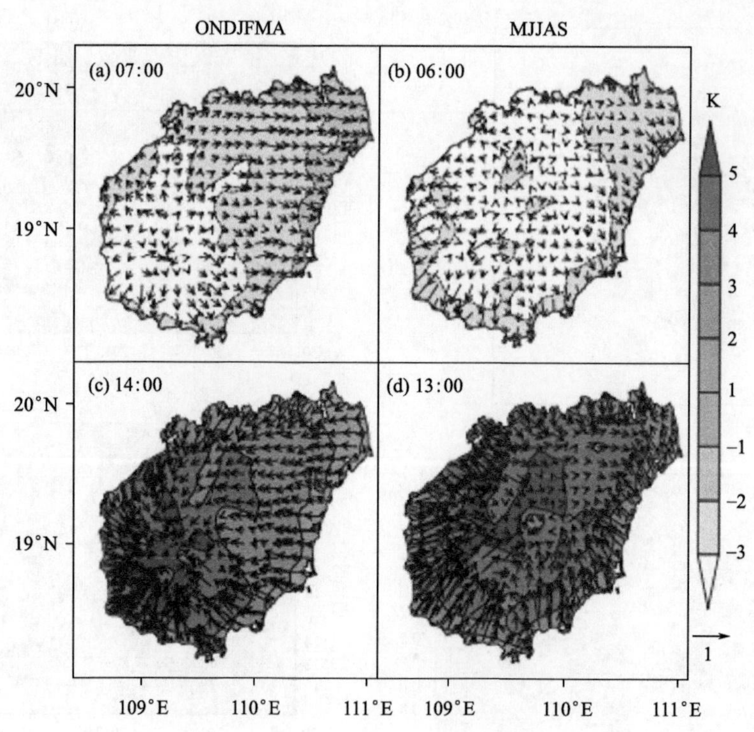

图 5.20　5 a(2011—2015 年)平均冬季(10 月至次年 4 月)(a,c)和夏季(5 月至 9 月)(b,d)半年平均风向量($m \cdot s^{-1}$)和温度(灰色阴影;K)距平。

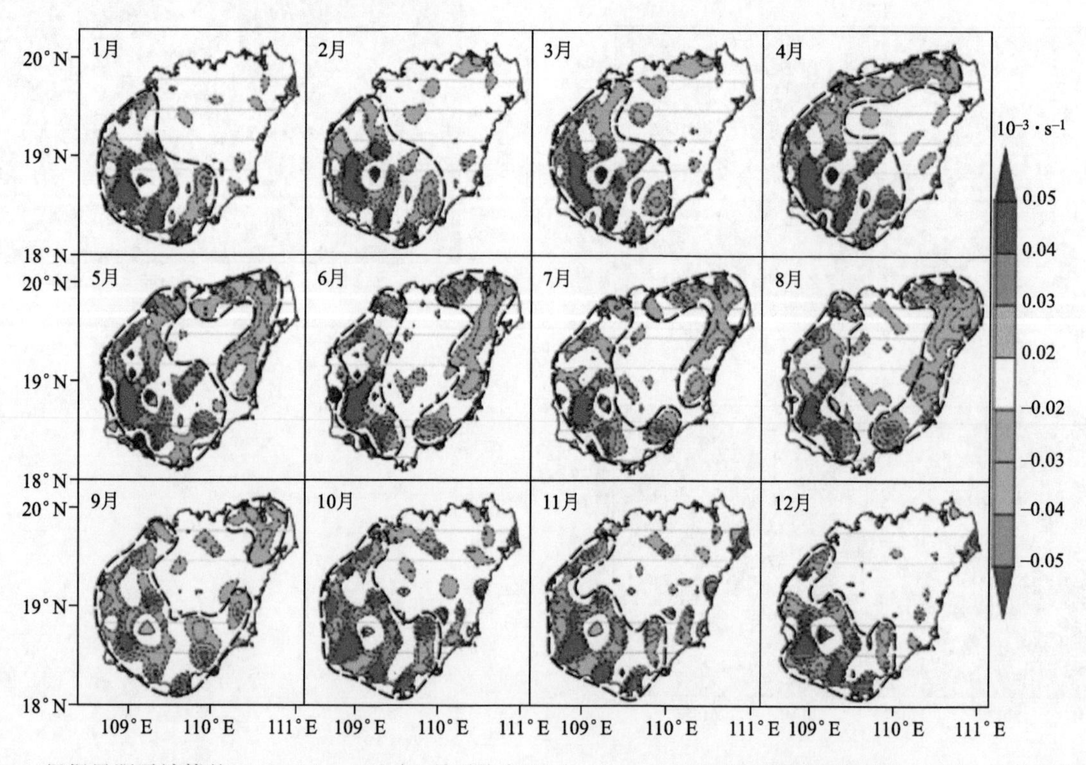

图 5.21　根据风距平计算的 5 a(2011—2015 年)月平均白天(12:00—17:00)平均散度距平(单位:$10^{-3} s^{-1}$)的季节变化。

后向东北或北方传播。然而,9 月份,降水更多发生并扩展到西南部和东南部沿海地区。海南岛上所有明显降水起初都在下午早些时候(大约 15:00)从较近的海岸附近发生。这表明海风引起的辐合趋势在对流启动中起着重要作用,因为海风引起的辐合在下午早期达到最大值,并且在 4—9 月在沿海各地更为明显。4—9 月的降水量较其他时段大,这可能是由于存在更多的水汽和更有利的不稳定条件,以及海风引起的更大的趋同趋势。此外,对明显降水的不同初始位置和传播特征还需要进一步研究,包括地形和环境风的

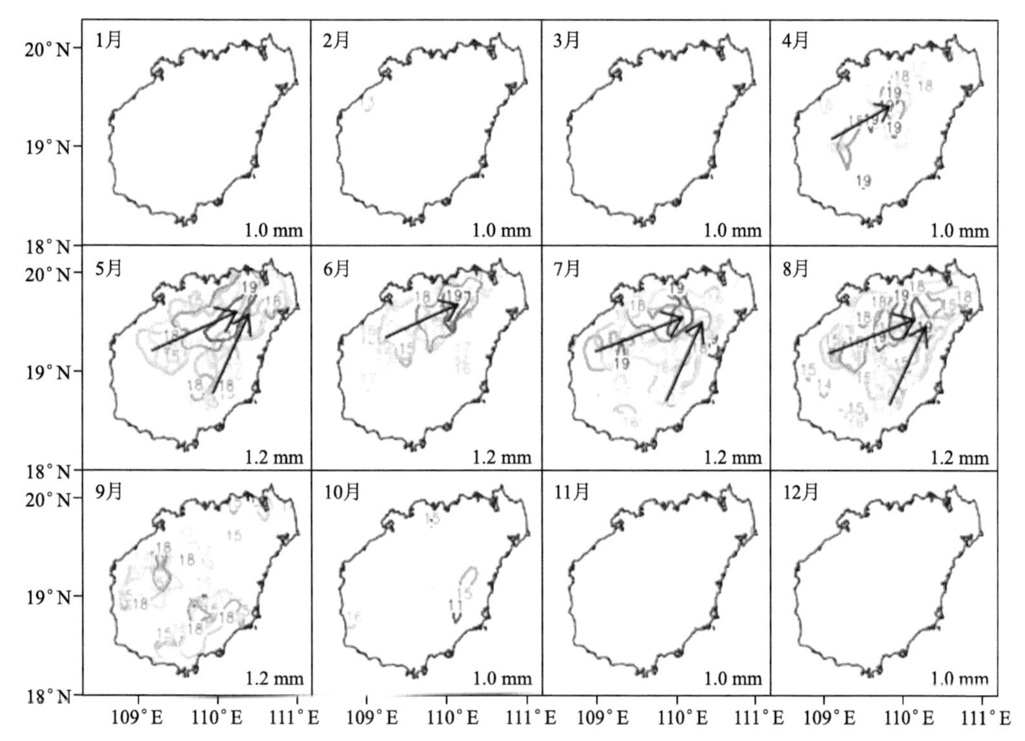

图 5.22 5 a(2011—2015 年)各月月平均 1 h 降水量(等值线;mm)的季节变化。等值线的标签表示当地时间(例如“18”表示 18:00)。每个子图的等值线是均匀的,并用图的右下角的值表示。箭头表示降水传播的方向

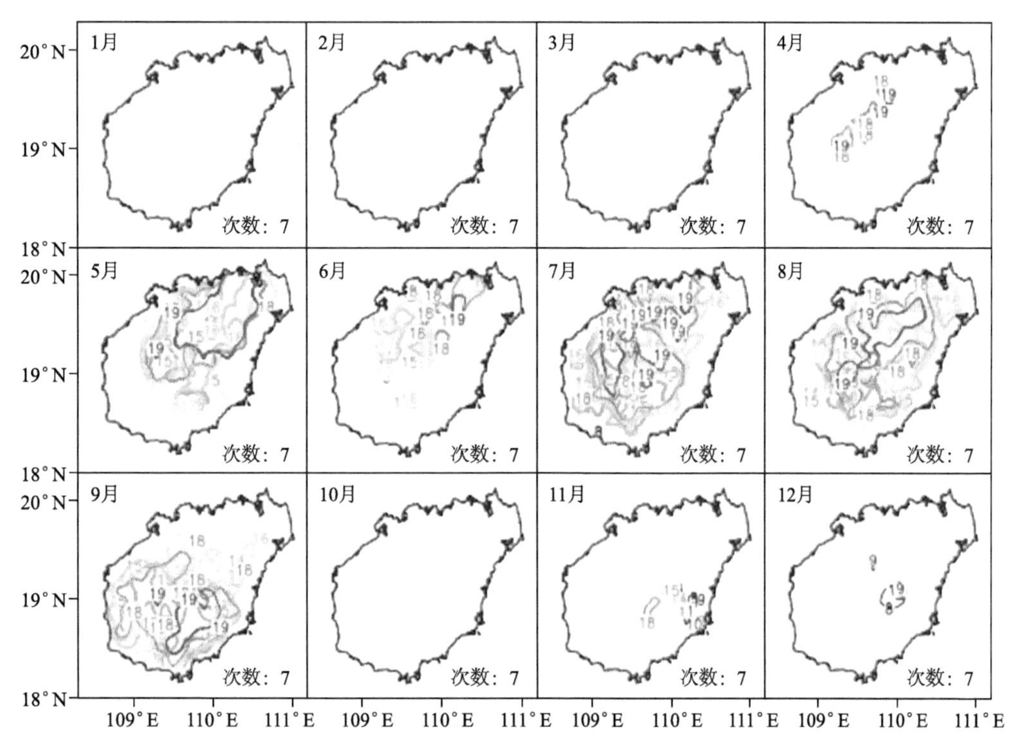

图 5.23 5 a(2011—2015 年)各月月平均逐小时降水频次的季节变化(等值线)。地形边界的标注表示当地时间,所有边界表示一个月内 7 次

影响。这些问题将在后面的章节中讨论。

5.3.3 环境条件

海风引起的辐合趋势可为对流提供良好的触发条件。在对流引起降水后,环境风将在其传播中发挥

重要作用，因为对流系统受环境风的引导。图 5.24 显示了在 14:00，海南岛 5 a(2011—2015 年)月平均 900 hPa 位势高度和风向的季节变化。3—4 月以及 8—9 月，海南岛的低层环流均有明显的转变。9 月至次年 3 月，海南岛受与大陆高原相关的东北风或偏东风的影响。4 月至 8 月，随着在中国西南部地区附近的低压的发生和发展，海南岛受到西南风的影响。这一方面解释了为什么 4 月到 8 月期间，海南岛的降水会向北传播；另一方面，由于下午高温区域向北扩张，海南岛北部 SBF 的辐合发展，对降水向北传播作出了重要贡献(图 5.25)。9 月份，西南和东南沿海地区降水量的增加是受近海偏西的环境风和 SBF 辐合向东北或偏北渗透的联合作用(图 5.24 和图 5.25)。

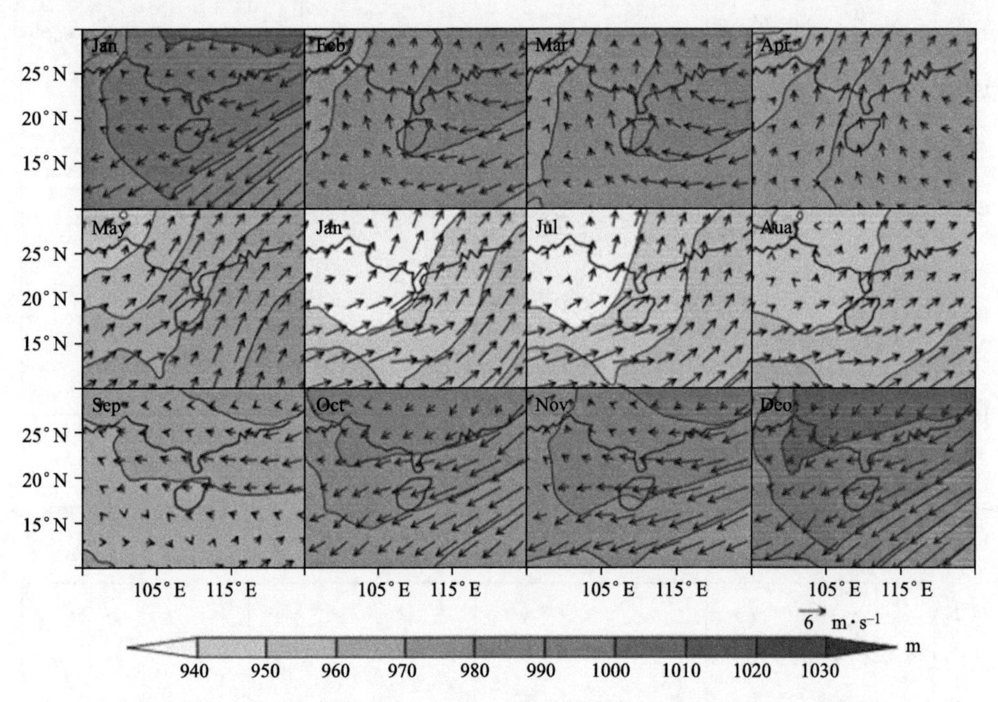

图 5.24　5 a(2011—2015 年)月平均 14:00 900 hPa 位势高度(灰色阴影；m)和风矢量($m \cdot s^{-1}$)
(取自 0.75°×0.75°ERA-Interim 再分析资料)

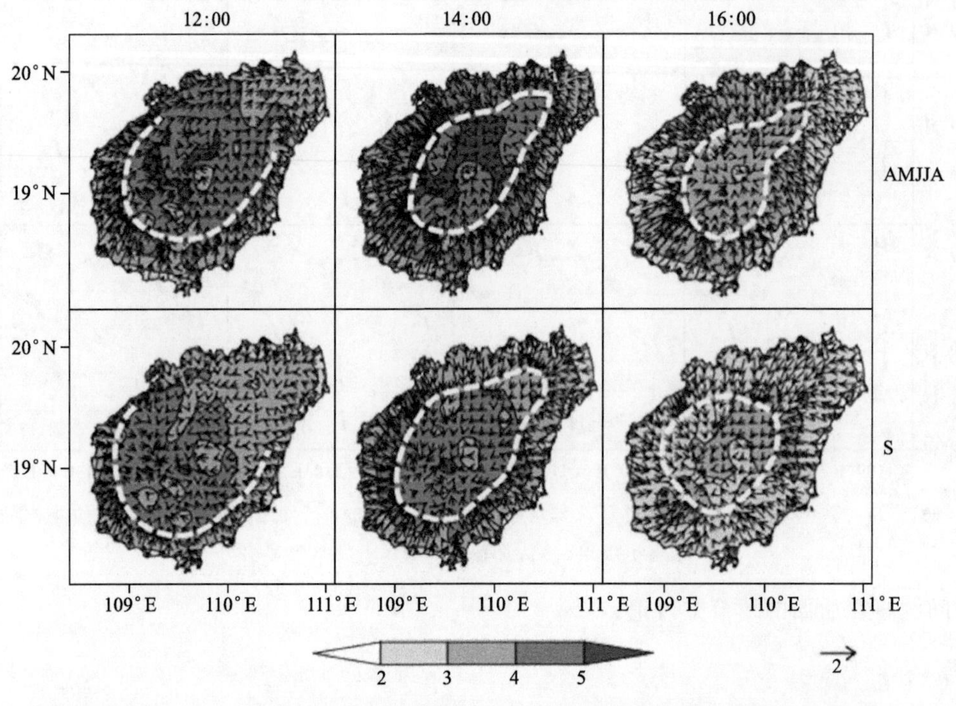

图 5.25　5 a(2011—2015 年)风矢量距平($m \cdot s^{-1}$)和温度距平(灰色阴影；K)的分布：
a～c. 4—8 月平均值，d～f: 9 月平均值，白色虚线表示与海风锋相关的辐合线

利用 08:00 高垂直分辨率的 L 波无线电探空资料分析海南岛上大气层结和风以及湿度的垂直廓线。没有对 20:00 的数据进行分析，是因为岛上大部分降水在那个时间已经消散。

图 5.26 描述了 2011—2015 年，海口和三亚 08:00 的风向、风速、相对湿度、假相当位温、对流有效位能(CAPE)、抬升凝结高度(LCL)和自由对流高度(LFC)。根据温度、压力和相对湿度等数据计算假相当位温、CAPE、LCL 和 LFC。三亚和海口的风廓线在风速上都有明显的规律性变化，因为在 5—9 月期间，低风速(低于 6 $m \cdot s^{-1}$)发生在高度 10 km 以下，而高风速(超过 10 $m \cdot s^{-1}$)在 10 月至次年 4 月期间通常发生在高度 3 km 以上。这意味着由于这段时间的环境风较弱，海风引起的辐合在 5—9 月对流的触发中起着更为重要的作用。另外，4 月和 9 月西风和东风分别低于 10 km 高度，5—8 月西南风或南风低于 5 km 高度。这与图 5.24 所示的海南岛的低空环流相一致。三亚和海口月平均相对湿度、假相当位温和 CAPE 剖面的年变化表明，海南岛的大气层结是明显不稳定的，并伴有 4—9 月强的 CAPE(超过 1100 $J \cdot kg^{-1}$)，而在其他月份则相当稳定，没有大 CAPE 值(小于 100 $J \cdot kg^{-1}$)。

4—9 月期间，岛上高相对湿度(超过 60%)的深度超过 5 km，而其他月份不到 3 km。与此同时，4—9 月海南岛上的 LFC 比其他月份(低于 4 km)低很多(低于 2 km)，整体而言 LCL(低于 600 m)较低。4—9 月和其他月份在大气层结、湿度和自由对流条件存在的明显差异可能是 4—9 月出现明显降水的主要原因。另外，10 月到次年 3 月，海南岛上空大的垂直风切变(范围在 1～10 km，超过 1.67 $m \cdot s^{-1} \cdot km^{-1}$)可能不利于深对流活动的形成。

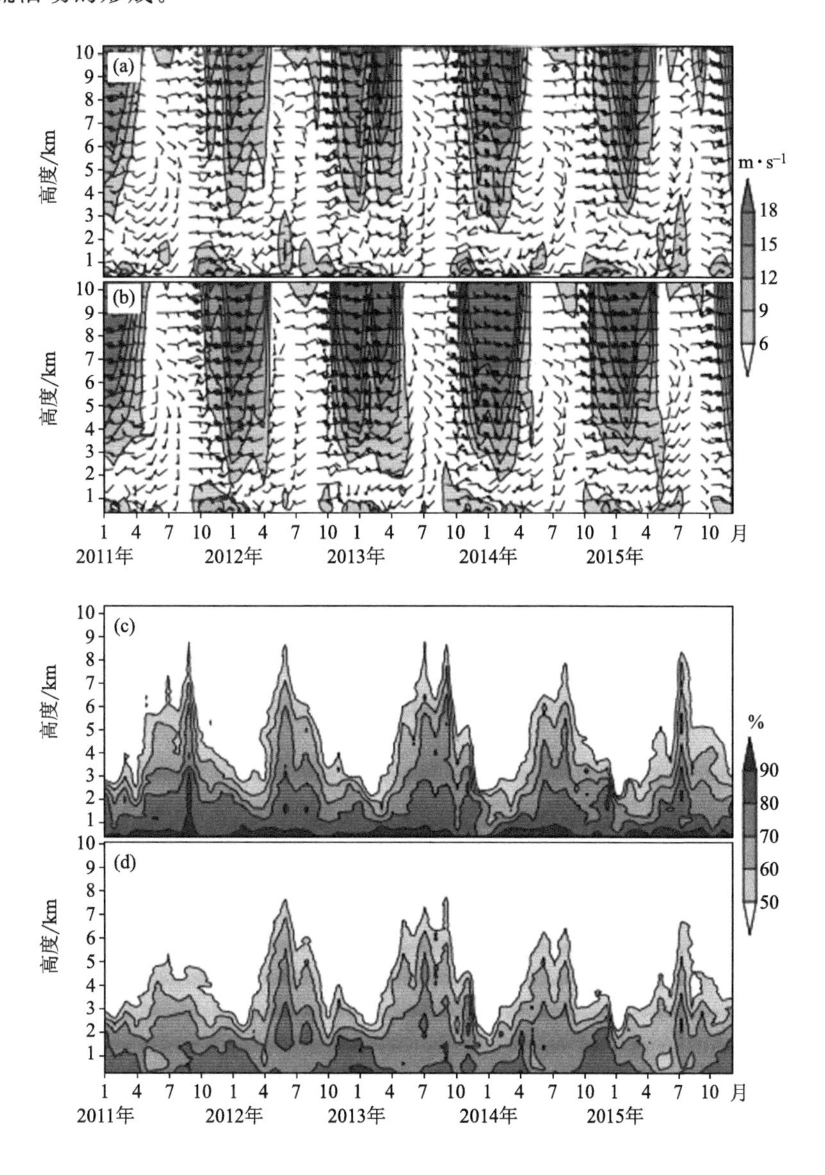

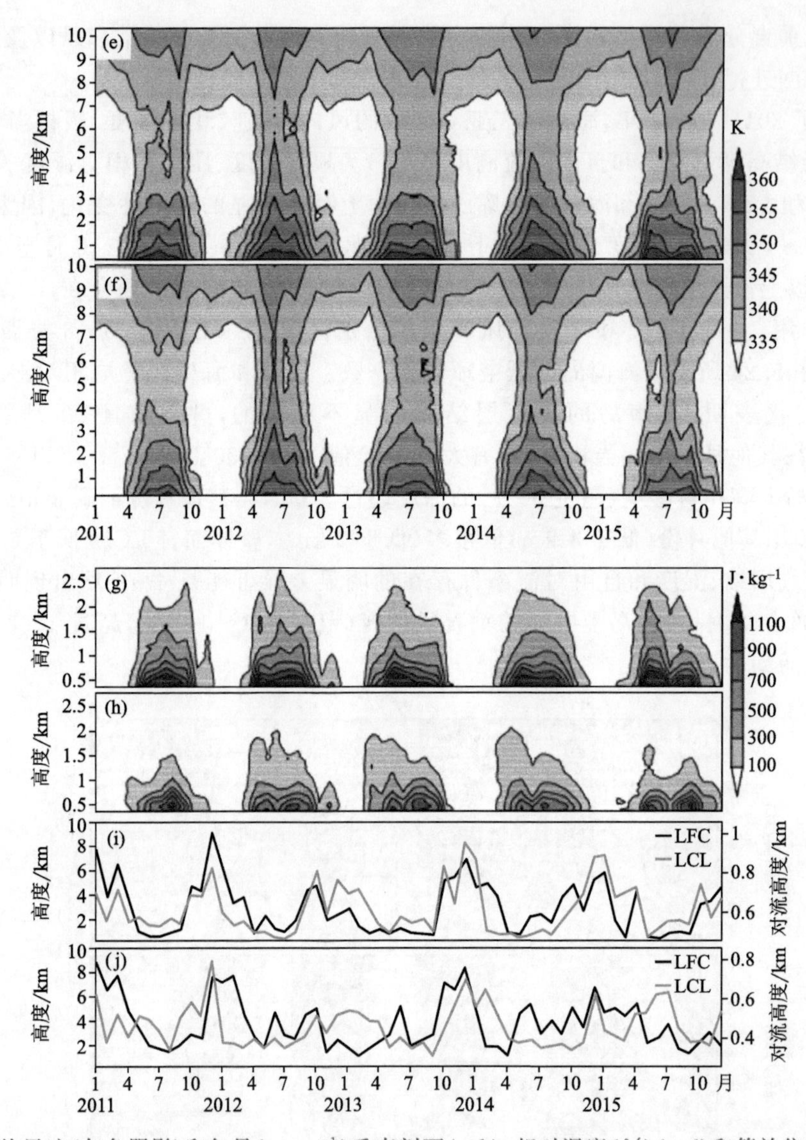

图 5.26　月平均风速(灰色阴影)和矢量($m \cdot s^{-1}$)垂直剖面(a,b),相对湿度(%)(c,d)和等效位势温度(K)(e,f)的月平均垂直剖面,对流有效位能($J \cdot kg^{-1}$)(g,h),显示在 08:00 时抬升凝结高度(LCL)和自由对流高度(LFC)(km)的月平均值(i,g);a,c,e,g,i 表示三亚站,b,d,f,h,j 表示海口站

5.3.4　对地形和环境风影响的数值模拟

回顾海南岛 5 a(2011—2015 年)月平均明显降水的位置,从月平均的角度来看,很明显,4—8 月,在西南风的影响下,西南部几乎没有出现明显的降水;9 月,在东风影响下,岛东部有少量降水(图 5.22～5.24 和 5.26a,b)。陆上气流对海风扰动形成的抑制是一部分原因(Bechtold et al.,1991;Arritt,1993;Atkins et al.,1997)。此外,考虑到图 5.16 所示的地形,可以推断,降水主要发生在山的背风坡。这个推测是合理的,因为 4—9 月的环境风相对较弱,这意味着山顶迎风面的环境风的抬升并不显著。为了进一步验证海南岛背风坡是否更有利于降水的形成,揭示其机制,采用 WRF 模型 3.6.1 版进行了几个半理想化的数值模拟试验,并介绍了这些数值模拟的设计和配置。

图 5.27 显示了 M-W 和 NM-W 模拟的扰动气压、向上垂直运动和水汽的演变。对于不涉及山脉的 NM-W 模拟,当岛上发生的强对流辐合造成陆上扰动气压显著低于海洋时,SBC 在靠近下风的海岸形成并在稍后渗入内陆。同时,在迎风海岸没有明显的 SBC 形成。这和许多研究结果相符(Bechtold et al.,1991;Arritt,1993;Atkins et al.,1997),陆上气流显著抑制了海风扰动的形成,而海上气流显著提高了 SBF 的强度。与 NM-W 实验相比,M-W 实验在山背风坡出现低得多的扰动气压,而在迎风坡和山顶附近形成明显高的扰动气压。因此,在山背风坡有更早(提前 4 h)和更强的 SBC 形成,其前部有更深更强的垂

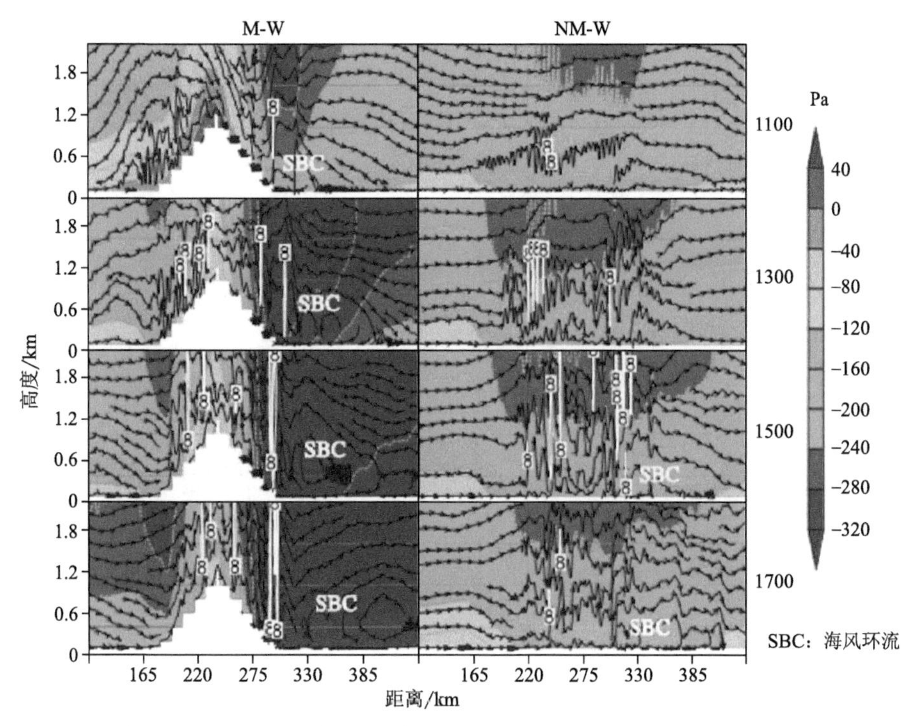

图 5.27　垂直速度(等值线；10^{-1} m·s^{-1})、扰动气压(彩色阴影；Pa)和数值模拟 M-W(左)和 NM-W(右)的流线的垂直剖面演变图。每行右侧的标签表示当地时间，SBC 表示海风环流

直向上运动。同样，山迎风坡一侧也没有出现明显的 SBC，这是受到岸上气流的影响。这表明在环境风的作用下山地显著增强了背风坡的低扰动气压，这进一步增强了背风坡 SBC 及其前侧的垂直上升运动。

图 5.28 给出了 M-W 和 NM-W 模拟的水汽、CAPE 和相当位温的演变。在 M-W 模拟中，强对流混合(由垂直方向的位温等值线或均匀分布的位温表示)转移到山的背风侧，而在 NM-W 模拟中强对流混合则主要发生在岛上。同时，与 NM-W 模拟(1.2 km)相比，由于山地对大气的明显加热，M-W 模拟的对流混合更强烈，深度约 1.8 km。在平地(在 NM-W 模拟中)和山地(在 M-W 模拟中)之上的大气加热导致显著的上升气流，这促进了低扰动气压的形成。高水汽(超过 18 g·kg^{-1})和陆上气流吻合很好。这些陆上气流对应于 M-W 和 NM-W 模拟实验中的迎风坡上的环境风和背风坡上的海风。此外，在 M-W 模拟中，由于 SBC 更强，在 SBF 中形成相当深厚的水汽积累。由于高 CAPE 的产生主要是由水汽积累造成的(Liang et al.,2013)，高 CAPE 和高水汽分布之间有很好的一致性。对比这两个实验，最大 CAPE(超过 1500 J·kg^{-1})是在山背风侧 SBF 附近形成的，在那里水汽的积累是最大的。这表明，山区的影响导致背风侧的 SBC 和其前垂直向上运动更强，因此在 SBF 附近会出现更强烈的水汽积聚和更高的 CAPE。至于 MW 和 NM-W 模拟(图 5.29)的 LCL 和 LFC 方面的自由对流条件的演变，由于有深厚的大量水汽(图 5.27 和 5.28)，在迎风面上的陆上环境风显示出非常低的 LCL 和 LFC，而由于海风相对干燥的回流(图 5.27 和 5.28)，在 SBF 背风侧的后部 LFC 较高。另外，由于 SBF 附近的大量水汽积累，两个模拟中的 LCL 和 LFC 在 SBF 上都有明显下降。由于流动扰动(在 M-W 实验中)或热对流运动(在 NM-W 实验中)和低 LFC 的综合影响，在迎风侧出现分散性降水，而由于强烈的前侧垂直向上运动和相对较低的 LFC(不到 2 km)，局部对流降水出现在背风侧的 SBF 附近(图 5.29)。

考虑山地地形作用的 M-W 模拟，由于山地迎风面的气流扰动更加剧烈，同时山背风侧的 SBF 更强，因此降水比不考虑山地地形影响的 NM-W 模拟更强。此外，SBF 在山背风侧产生的降水量(大于 5 mm·h^{-1})远大于山地迎风面的扰动产生的降水量(小于 2.5 mm·h^{-1})，这与上面的分析一致。

为了进一步研究环境风对山区的动力影响，通过关闭辐射传输过程来进行另外两个实验：M-NR-NW 和 M-NR-W(表 5.2)，以尽可能排除地形造成的热力影响。结果(图 5.30)显示，对于 M-NR-NW 实验，位温的垂直分布不随时间变化，因此不产生明显的扰动气压。这表明地形的热效应基本被排除在外。在此基础上，在 M-NR-W 实验中引入环境风，发现在山地迎风面产生明显的高扰动气压，在山背风面产生明显

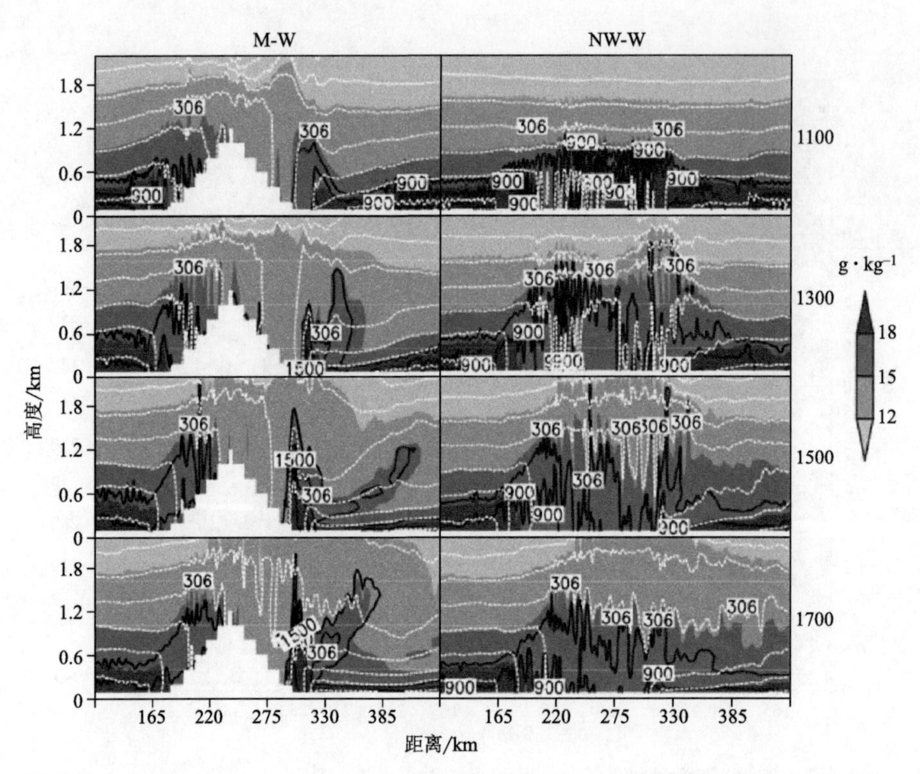

图 5.28　数值模拟 M-W(左)和 NM-W(右)中水汽(灰色阴影;g・kg^{-1})、对流有效位能(黑实线;J・kg^{-1})和位温(白色虚线;K)的垂直剖面演变图。每行右侧的标签表示当地时间。

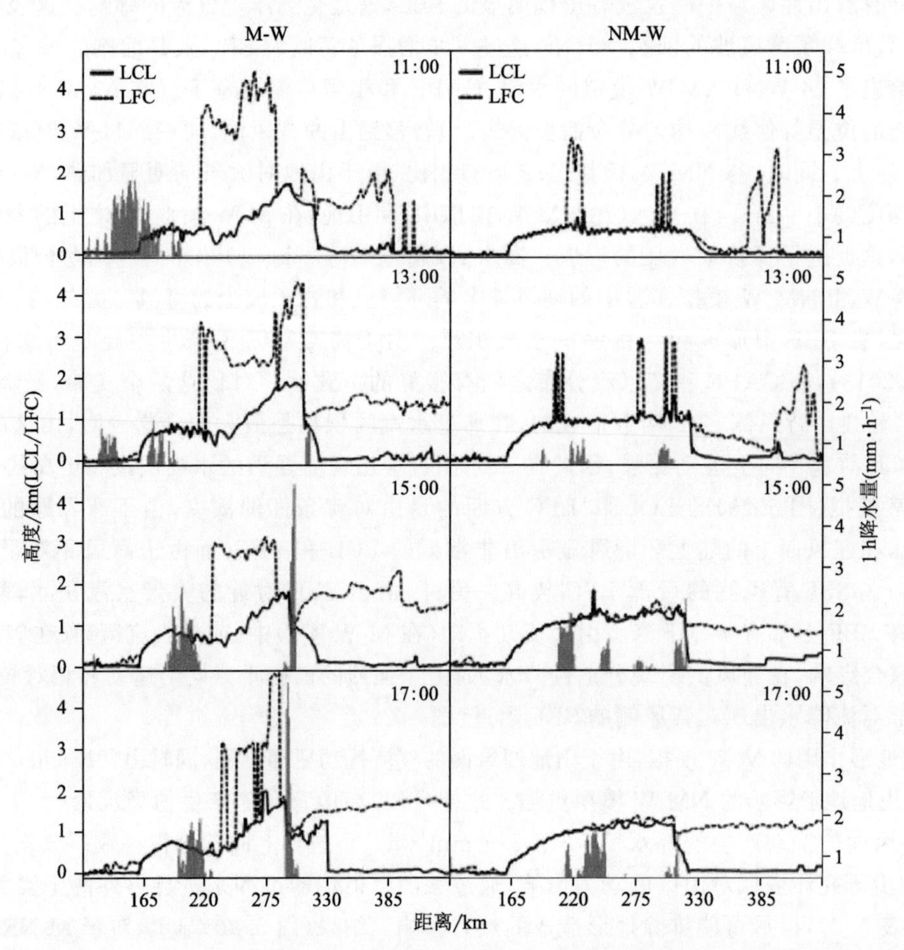

图 5.29　数值模拟 M-W(左)和 NM-W(右)的抬升凝结高度(LCL)(实线轮廓;km)和自由对流高度(LFC)(虚线轮廓;km)和 1 h 降水量(灰条;mm・h^{-1})。每个面板右上角的标签表示当地时间

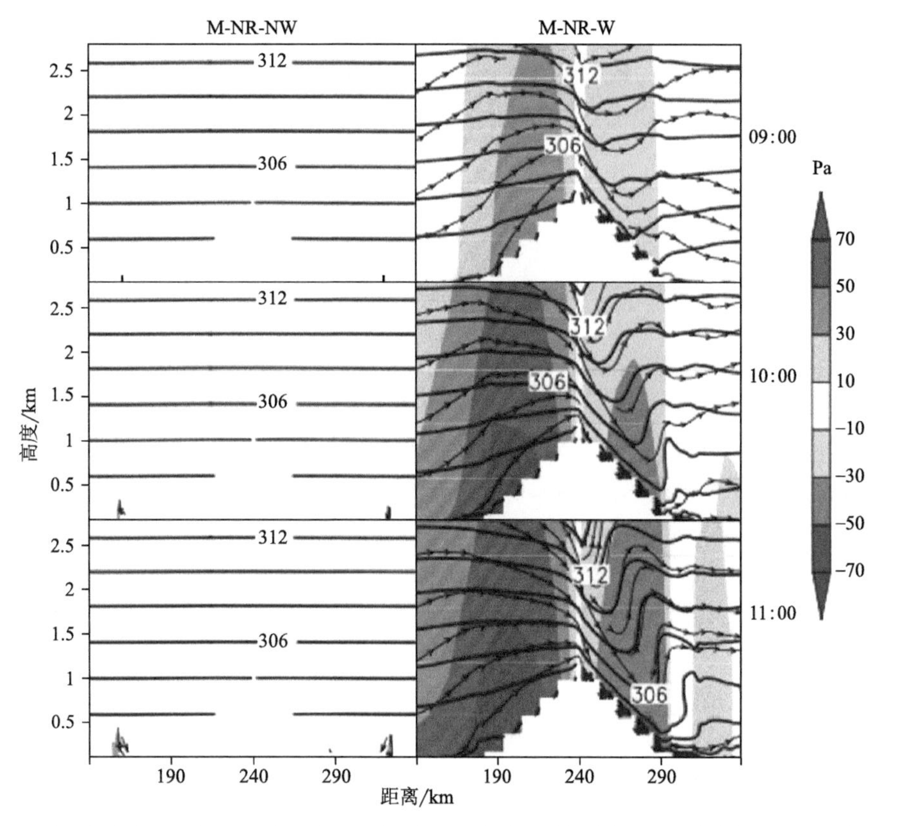

图 5.30　数值试验 M-NR-NW(左)和 M-NR-W(右)的位温(等值线;K),扰动气压(彩色阴影;Pa)和风流线的垂直剖面演变,每行右侧的标签表示当地时间

低的扰动气压。它证明了这种扰动气压分布主要是由于山区环境风的动力效应造成的。山体迎风面的高扰动气压主要是由山体对环境风的阻挡产生的,而环境风的垂直伸展则对背风侧低扰动气压的形成起着重要作用(图 5.31)。此外,由位温等值线向下曲率表示的较高位温的向下传播也促进了山背风侧低扰动气压的形成,以及前面提到的对流混合向山迎风坡一侧的移动。山背风侧较高位温的向下传播是由于山地环境风的绝热下降引起的。

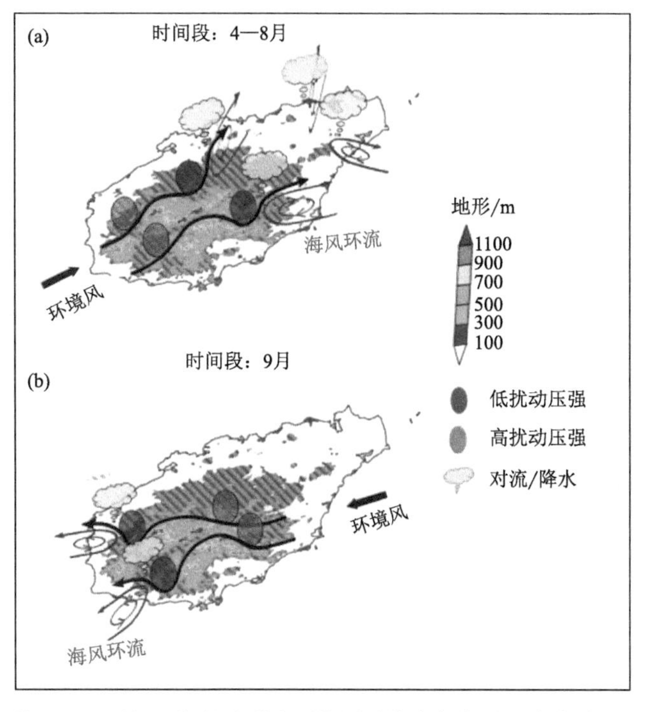

图 5.31　4—8 月(a)和 9 月(b)期间地形和环境风对海南岛海风和降水关系综合影响示意图

数值分析表明,在存在相对较弱的环境风(速度为 6 $m \cdot s^{-1}$)的情况下,山的热力和动力共同效应导致明显更强的 SBC、垂直向上运动、较高的 CAPE 和较强的背风侧水汽累积。这些导致了在背风坡低 LFC 和强降水的发生,这也是海南岛 4—9 月降水量最多时期的特征。

5.4 小结

5.4.1 暖季短时降水

本研究利用 Yu 等(2007)分解不同时长降水事件的方法,提取所有短时降水事件出现的日期,并通过合成分析方法,探讨大尺度环流日变化对海南岛降水的影响。

利用 Yu 等(2007)的分解方法,我们得到以降水峰值为(17 时)的午后对流降水主要持续时长为 1～7 h,这种短时降水出现的频次极高(81.3%),降水贡献较大(31.3%),是海南岛上日变化最明显的降水形式。在冷季,短时降水会出现早晨和午后两种降水峰值;在暖季,只有午后一种峰值。短时降水在暖季出现的频次远远大于冷季出现的次数,且降水贡献更显著。

暖季短时降水在海南岛南岸有早晨峰值,这与大尺度海风(偏南风)在海洋区域的辐合有密切联系。正降水距平在大尺度洋面上出现的时间为 02 时—14 时,降水落区紧随辐合区从近海东移至远海。其中 02 时—05 时在近海一侧,大尺度海风与迎风一侧的海岸线(华南沿岸,海南岛南部)的陆风反向,加强了其近海辐合的形势。另外,暖季短时降水在海南岛大部分地区都具有午后峰值的特征,以儋州、澄迈和定安为代表的西北内陆一带,降水日变化幅度最显著。这是因为 11 时—14 时,海南岛西北部海岸和大尺度陆风(偏西风)同向,东南部海岸和大尺度陆风反向,受大尺度陆风的强迫,西北部形成了更强的海风入侵形式(即形成强的海风锋),有利当地出现午后强降水。另外,同向的大尺度陆风促进局地海风提前爆发,海南岛午后降水出现较早于同纬度的中南半岛;而 15 时—17 时,受大尺度下沉气流的抑制,局地辐合很快在 20 时消失,海南岛午后降水结束也同样较早于中南半岛。

5.4.2 海陆风对海南岛夏季降水日变化的影响

Zhu 等(2017)利用气象观测资料、卫星反演降水资料、WRF 数值模式等研究了海风和陆风环流对海南岛 5—6 月份降水日变化的影响。研究结果显示,白天,随着陆海表面升温差异的增大,海风逐渐建立并加强,下午海风在向内陆推进时形成海风锋,而海风锋产生的低层辐合是引起午后降水峰值的主要原因。敏感性实验表明,岛屿地形的去除对下午降雨量的影响不大,陆海热力差异才是影响下午降雨的主要原因。研究基于将海南岛形状视为椭圆形的理想化模型模拟结果,将日变化分为 4 个阶段(海风建立,海风峰值和降水峰值,陆风的建立,陆风峰值)对海陆风与降水的关系进行讨论。

Zhu 等(2020)研究发现,在夏季,当海南岛处于弱的季风控制条件下,如果白天形成的海风锋向内陆推进时造成的低层辐合强于季风时,会导致降水量在下午出现一个明显的峰值;而在夜间(下半夜到早上),受陆风的影响,一些沿海地区的降水量会出现另一个峰值。

Rui 等(2019)针对海南岛夏季降水日变化的研究发现,在海南岛南部沿岸和近海地区,近海海表温度的变化可以间接影响夜间陆风的强弱,进而影响该区域夜间降水的强弱。分析表明,夜间降水量的增加是导致 2010 年 8 月海南岛南部沿岸及近海区域降水量明显高于 2011 年 8 月的主要原因。在 2010 年,受盛行的东南季风控制,海南岛南部沿岸风力较弱,冷海水的上涌被抑制,使得海南岛南部近海的海表温度超过 29 ℃,海表温度的升高使陆海热力差异增大,导致夜间的陆风增强,进而导致南部沿岸地区雨量的显著增加。相反,2011 年由于盛行风有利于冷海水上涌,近岸海表温度降至 28 ℃,较冷的海水使得白天的海风维持相对更长的时间,使得下午的降水量更大。

5.4.3 海陆风、环境和地形对降水作用

作为一个典型的热带岛屿,海南岛常常受到海风和对流的重要影响。一些观测分析表明,海风与海南岛降水之间存在密切关系。然而,还没用研究利用高分辨率观测资料对海南岛海风演变的统计特征进行

具体分析。此外,也没有通过考虑环境风和地形的影响,来分析海风与海南岛对流或降水之间的关系。本节利用2011—2015年高分辨率地面观测资料对海南岛海风演变进行了统计分析。根据海风和降水演变的特点,在地形、环境风和环境条件(利用L波无线电探空资料和ERA-Interim再分析资料确定)背景下讨论它们之间的关系。最后,通过引入海南岛地表特征和具有代表性的位温和湿度剖面来进行几个理想的数值模拟,以验证观测结果。

主要研究结果可概括如下。海南岛的山地-平原以及平原-海洋之间在全年都存在明显的温度差异。山地-平原和平原-海洋温差的昼夜相位重叠极大地促进了海陆热对比。

由于太阳直射辐射位置的季节性变化,海南岛的山区-平原温差差异在10月至次年4月期间加强,并在5—9月期间减弱,导致10月至次年4月在海南岛西南部地区出现下午升温峰值和早上降温峰值;而在5—9月,整个海南岛下午升温趋势和早晨降温趋势较为均匀。海南岛显著的热力对比,导致10月至次年4月在海南岛西南部地区,下午会出现明显的海风辐合中心,而在早晨会出现陆风辐散中心;而5—9月,在沿海地区下午会出现闭合的SBF辐合线,早上会出现陆风辐散线。与海风有关的趋同趋势为10月至次年4月岛西南部和5—9月整个海岸线的对流或降水提供了有利的触发条件。10月至次年3月,和大陆高压南缘的东北风相关的低湿度、稳定的大气层结、低CAPE,高LFC和强垂直风切变明显抑制了海南岛强降水的发生。相反,在4—9月,与西南低压东侧的偏南或西南风相关的高湿度、不稳定的大气层结、高CAPE、低的LFC和弱垂直风切变导致岛上降水增强,同时沿海地区的辐合趋势也对降水带来有利影响。此外,4—9月期间的环境风很弱(一般在10 km高度以下低于6 m/s),这大大有利于SBC的发生和与SBF相关的降水形成。

数值模拟显示,由于陆地对大气加热比海洋明显,导致在岛上和海上分别形成明显的低和高的气压扰动。然而,在环境风的作用下,明显的SBC只发生在背风岸附近,这与以前的一些研究结果一致,并且可能是由于环境风阻碍了迎风海风的回流,但在很大程度上促进下风向海风的回流。在此基础上,由于岛上山体的存在,在跃山气流的垂直延伸和绝热下降作用以及山体对大气的加热作用下,山背风坡一侧扰动气压比较低;而山体对环境风的阻挡有利于迎风一侧高扰动气压的形成,这也进一步抑制了迎风面上SBC的形成。这种明显较低的扰动气压导致在山背风侧形成较强的SBC和相关的锋面垂直上升运动。与此同时,在这个强的SBC前,会有更多的水汽积聚和由此产生的更高的CAPE。结果表明,强降水(超过5 $mm \cdot h^{-1}$)出现在山背风一侧SBC的前沿,伴有相对较低(小于2 km)的LFC;而由于气流扰动和低LFC(小于1 km)的综合作用,分散或弱的降水(小于2.5 $mm \cdot h^{-1}$)发生在山地迎风面。考虑到这些影响以及海南岛上山地的位置,4—8月,强降水一般最初出现在东部和西部沿海地区,然后向东北方向或北方传播,这是由西南风的引导和下午晚些时候在岛的北部地区SBFs的发展共同作用的结果。然而,在9月,强降水通常最初发生在东南和西南沿海地区,并且在海上东风和陆上SBFs渗透的影响下向局部地区扩展。

以前的一些研究(Schroeder,1977;Ramage et al.,1999)指出,当足够强的环境风越过岛的高山时,往往会在迎风坡上发生强降水。另一方面,除了迎风面SBF较小外,由低山(一般不到1 km)和弱环境风(高度10 km以下不到6 $m \cdot s^{-1}$,大降水期间)组合引起的弱迎风上升运动,可能会导致海南岛山区迎风面降水偏少。这表明,地形和环境风的不同特征以及不同的环境条件和SBC演变可导致明显不同的降水分布和演变。因此,对这些降水特征的研究需要利用高空间分辨率观测资料来详细分析这些因素。另外,本章从统计角度揭示了海南岛SBC与降水的关系。进一步研究SBC如何触发和增强降水系统的具体机制将有助于我们更好地了解海南岛降水的演变。此外,还需要具体分析除了环境风引导和SBF锋面的垂直上升运动之外,还有什么会对降水或对流在岛上的传播有重要影响。下一步工作将利用高分辨率数值模拟对海南岛海风影响下典型个例的降水系统演化进行研究。

第6章 海南岛海陆风对强对流触发及传播影响机制研究

海陆风是沿海地区重要的中尺度环流现象之一，是由海陆热力差异所引起的局地大气环流(曹德贵，1993；薛德强 等，1995；Miao et al.，2003，2009；Miller et al.，2003；Crosman et al.，2010)。海风锋(Sea Breeze Front)作为一种边界层中尺度辐合线与沿海地区雷暴、闪电和冰雹等强对流天气的产生、组织和发展关系密切(Skinner et al.，1994；Carey et al.，2000；Crook，2001；Fovell，2005；Azorin et al.，2015)。海风能提供抬升条件，诱发雷暴产生，同时雷暴的发展又能影响该地区的海风和海风锋(Chen et al.，2014)。本章把这种由海风(锋)引发的雷暴称之为海风雷暴(Sea Breeze Thunderstorms)(Pielke et al.，1991；May et al.，2002；Azorin et al.，2014；苏涛 等，2016a)。

6.1 海陆风对海南岛闪电活动的影响

本节主要研究海陆风对海南岛闪电活动的影响，寻找海陆风导致闪电活动特征的主要原因，以期帮助提高海南云地闪活动的预报能力。

6.1.1 数据和方法

闪电数据来自海南省气象局闪电定位监测网(共有5个测站，分别分布在海南岛的北部的海口市、东部的琼海市、西部的东元市、南部的三亚市和中部的琼中县境内)，资料年限为2007—2012年。闪电数据已经经过检验(Chen et al.，2010)，结果显示监测数据能够提供雷暴发生、移动路径等预报信息。

本研究所用逐时风数据来自海南省气象局中尺度气象自动站监测网(全岛共有371个自动站)。为了提高数据的准确率，如果某个自动站测得的风速与周围自动站相比，连续2 h以上出现极大或极小值，则该风速数据将被剔除。

6.1.2 聚类说明

对2007—2012年4—9月影响海南岛的850 hPa风场进行分类(剔除台风影响天)，共1098 d，剔除热带气旋影响320 d，对余下的778 d进行分类。共将风场分为以下4类：第1类，西南风；第2类，偏西风；第3类，偏东风；第4类，东南风。

6.1.3 各类逐3 h闪电频数分布情况

(1)第1类，西南风

从西南风情况下风场与闪电频次逐3 h分布(图6.1)来看，白天，随着陆地气温的逐渐上升并高于海洋，中午前后，海南岛自沿海向内陆地区的风逐渐转为由海洋吹向陆地的海风，北半部地区的偏北海风与偏南环境风辐合产生局地锋区，在热力条件的共同作用下，容易产生局地热对流，闪电随之产生，并主要分布在对流相对较强的近海内陆地区；午后，随着热量累积到最高，风速达到最大，海风进一步深入到更深更远的内陆地区，对流活动变得更为旺盛，闪电活动也相应达到最为旺盛的时段，强度加强，范围更广，同时，西部内陆地区的对流云系在西南环境风的作用下向北部内陆地区移动并加强，使北部内陆地区的对流活动变得最强，闪电发生的最多；傍晚开始，海风减弱，热力条件变差，对流活动趋于结束，闪电活动大幅减少；夜间和上午，全岛大部分地区雷电活动很少，但在南部沿海地区和南半部的近海地区仍会有少量闪电活动，原因可能为夜间偏北陆风和环境西南风在部分地区产生辐合而导致少量弱对流活动，其中下半夜在南部沿海陆地和近海闪电活动相对较多。

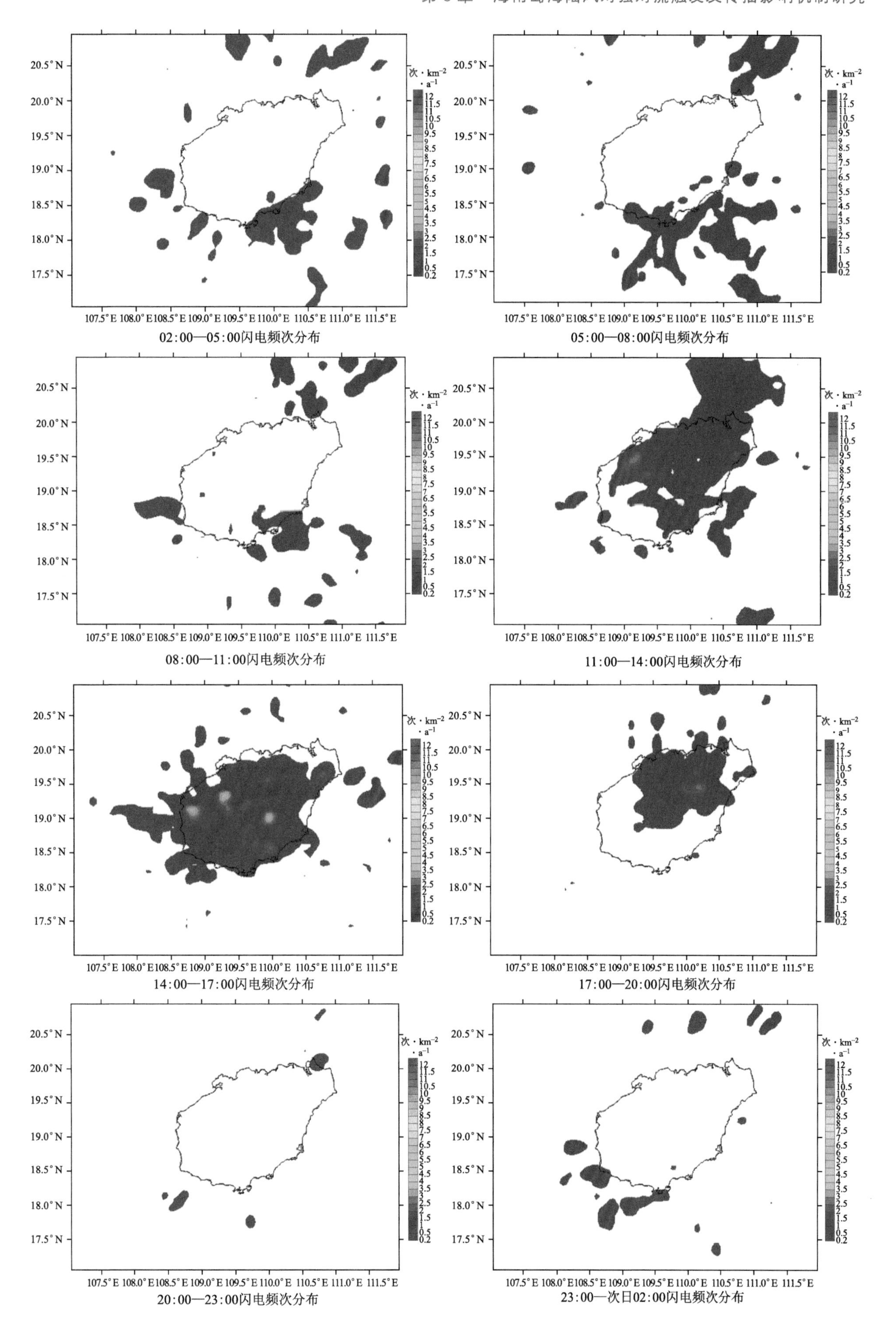
02:00—05:00闪电频次分布
05:00—08:00闪电频次分布
08:00—11:00闪电频次分布
11:00—14:00闪电频次分布
14:00—17:00闪电频次分布
17:00—20:00闪电频次分布
20:00—23:00闪电频次分布
23:00—次日02:00闪电频次分布
次·km⁻²·a⁻¹
107.5°E 108.0°E 108.5°E 109.0°E 109.5°E 110.0°E 110.5°E 111.0°E 111.5°E
20.5°N 20.0°N 19.5°N 19.0°N 18.5°N 18.0°N 17.5°N

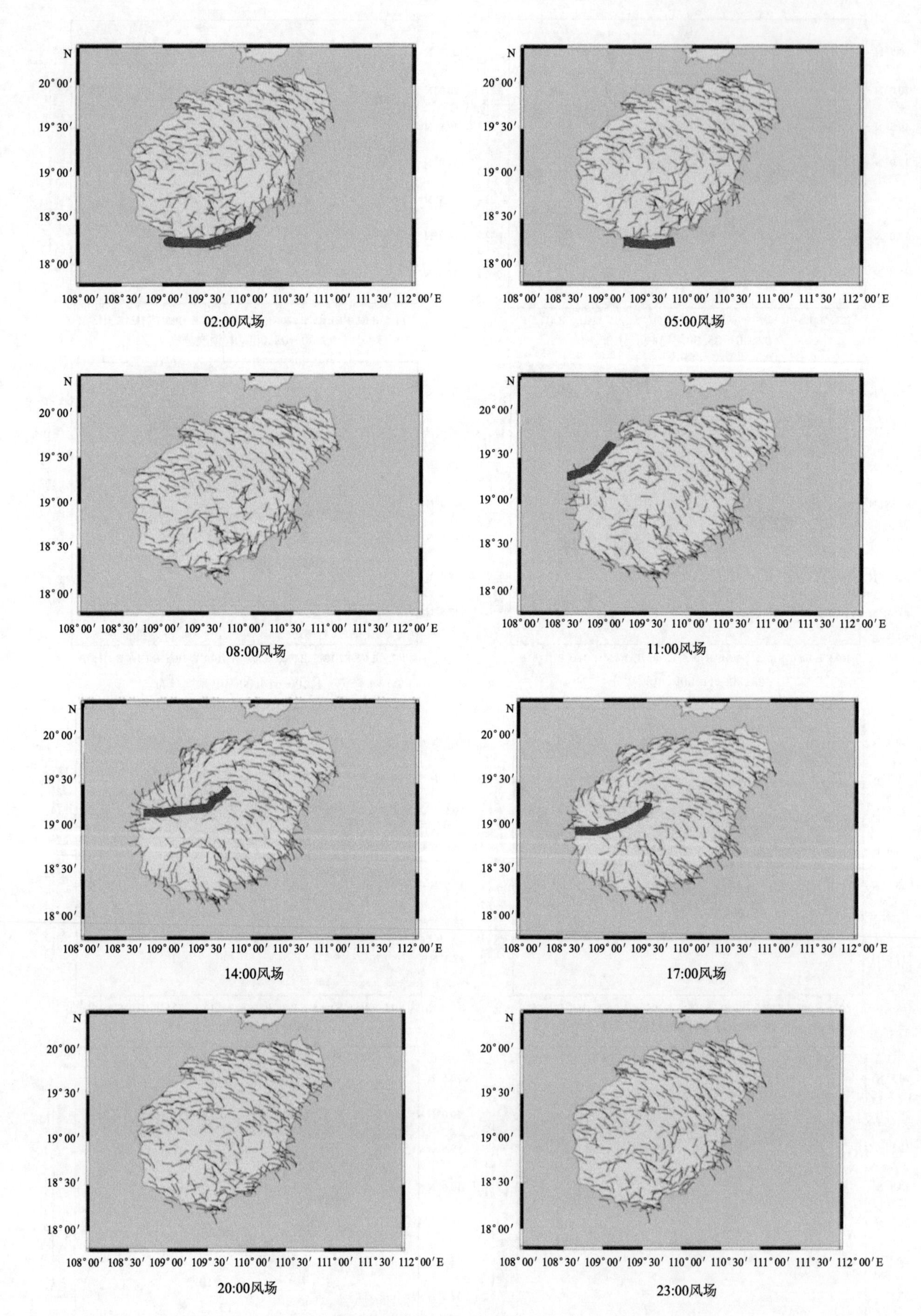

图 6.1 第 1 类西南风情况下闪电频次分布与风场情况

(2)第 2 类,偏西风

从偏西风情况下风场与闪电频次逐 3 h 分布(图 6.2)来看,同样是在中午前后,海岛陆地风开始逐渐转为由海洋吹向陆地的海风,在东部沿海和内陆地区偏东海风与偏西环境风辐合产生局地锋区,在西部和北部的内陆地区偏北海风与偏西环境风也有弱辐合产生,在以上这些地区,同样在热力作用的配合下,可产生局地对流,闪电随之产生;闪电活动同样在热量累积最高,对流活动最为旺盛的午后最为活跃,范围也由分散性变成区域性,在海风和环境风辐合明显的东半部地区闪电活动最为频繁;闪电活动同样从傍晚开始趋于结束;与第 1 类有别的是,下半夜不仅南部沿海陆地和近海海区闪电活动相对更为频繁,西部沿海陆地和近海海区的闪电也变得频繁起来,原因可能为夜间西部沿海地区的偏东陆风与环境西风辐合,导致局地对流的发生。

(3)第 3 类,偏东风

从偏东风情况下风场与闪电频次逐 3 h 分布(图 6.3)来看,与第 2 类偏西风的情况正好相反,中午前后,西部沿海和内陆地区偏西海风与偏东环境风辐合产生局地锋区,在北部和南部的地区的偏北和偏南海风分别与偏西环境风也有弱辐合产生,局地对流云中开始有闪电活动;对流活动仍在午后最为活跃,闪电强度加强,范围扩大,在偏西海风和偏东环境风辐合的西部地区甚至中部地区闪电活动最为剧烈,东南部的局部地区闪电活动也较多,原因可能为部分个例天数中环境风为东偏北风,与东南地区的东南海风辐合作用较为明显;此类环境风情况下,闪电活动与其他 3 类最大的差别在于,夜间海南岛西南部沿海陆地和近海海区的闪电活动存在较为明显的局地高密度中心。

(4)第 4 类,东南风

从东南风情况下风场与闪电频次逐 3 h 分布(图 6.4)来看,闪电活动特征同样与其平均东南环境风场相符。中午前后,在西北部地区,西北海风与东南环境风辐合,叠加热力作用,局地热对流开始发生发展,闪电活动随之迅速活跃起来,并在午后达到最强盛时期,傍晚又开始迅速减弱;与其他三类基本类似,夜间,在南部沿海地区和南半部近海也有闪电活动,但较其他三类偏少。

6.1.4　各类闪电活动总体特征

由图 6.5 可见,4—9 月闪电总体分布呈西北内陆最多,海南岛北半部比南半部多,陆地比海洋多的特点。

由图 6.6 可见,4 类情况下,海南闪电分布呈现明显的不同特征。第 1 类,即西南风类的情况下,海南闪电分布特征与 4—9 月总体特征最为相似,说明西南风情况下海南闪电发生的最为频繁,西南风是海南闪电发生的主导风向。由上节逐 3 h 分析结果可知,海南岛大部分地区,特别是西部和北部内陆地区,闪电主要发生在白天,特别是下午。因此,在西南背景风下,西部和北部内陆地区在白天吹由海洋吹向陆地的海风,即偏北风时,与环境风西南风产生辐合,为闪电的发生提供有利条件。另外,当辐合开始在西部内陆地区形成时,由于环境风为西南风,西部地区由局地锋区产生的对流云团在西南风的引导下,逐渐向东北方向移动,即向北部内陆地区移动,并同时加强发展,当其移动到达北部内陆地区时,亦可与该地区的对流云团合并,因此,导致北部内陆地区的闪电活动最为频繁和剧烈。

当环境风场为偏西风时,即在第 2 类情况下,海南岛东半部地区的闪电明显比西半部地区多。白天,随着陆地的快速升温,东半部沿海及部分内陆地区逐渐转吹偏东海风,与偏西环境风辐合,产生局地锋区,局地对流随之发展,为闪电发生发展提供条件。

第 3 类,即偏东背景风的情况下,原理与第 2 类相同,但闪电分布特征与第 2 类情况相反,海南岛东半部地区的闪电活动少于西半部地区,但总体闪电活动比第 2 类(偏西风)时偏弱。这可能与 850 hPa 环境风偏东风天数少于偏西风,或弱于偏西风,以及地形影响等原因有关。

在东南风背景下(第 4 类),海南岛西部内陆地区闪电活动最为频繁,表明西部沿岸及部分内陆地区在白天偏西海风和东南环境风产生辐合时,局地对流的发生发展导致闪电活动的增加。北部内陆地区为该类情况下闪电活动的次活跃区,表明北部内陆地区的局地对流活动弱于西部内陆地区。

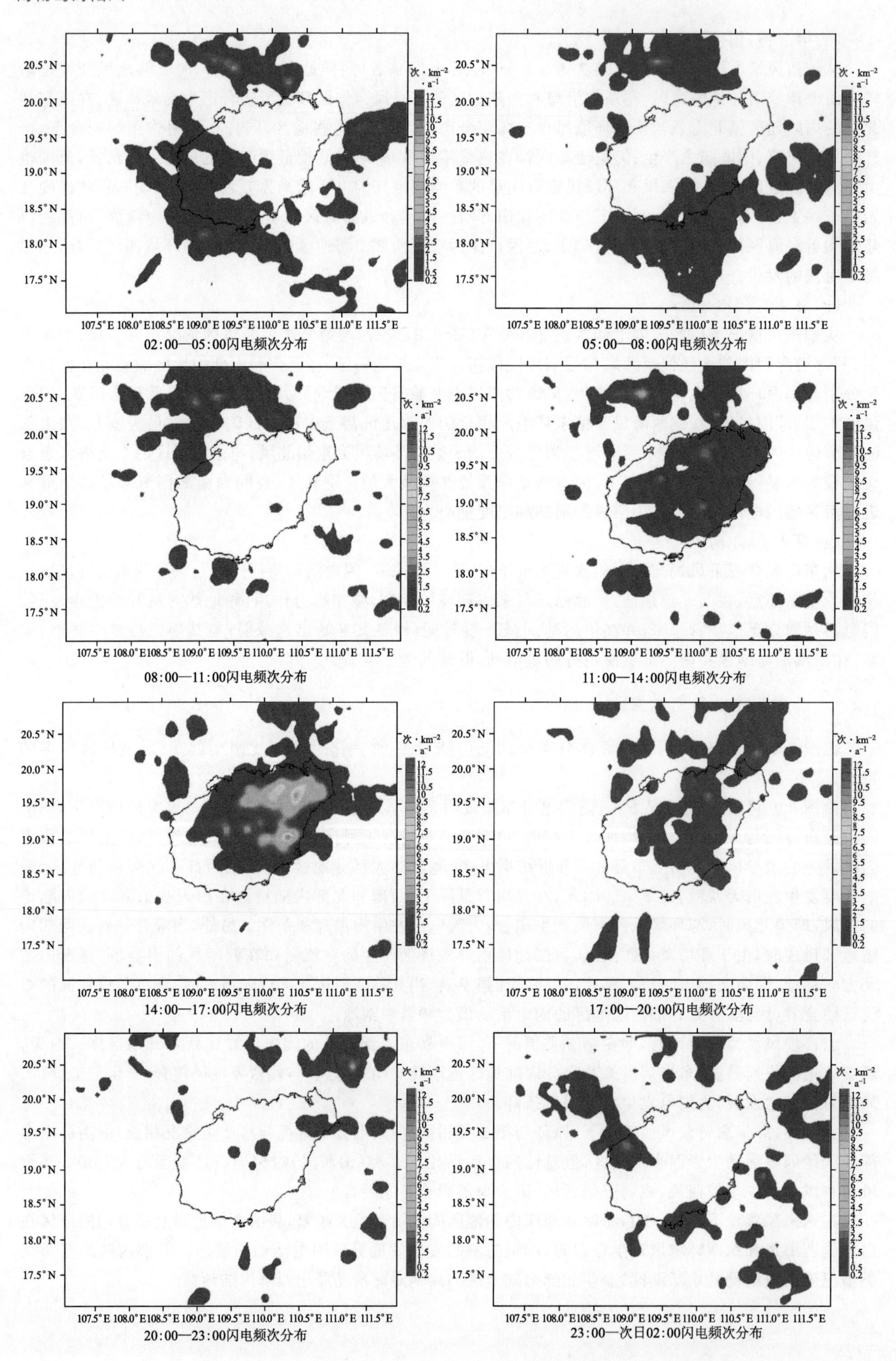

02:00—05:00闪电频次分布

05:00—08:00闪电频次分布

08:00—11:00闪电频次分布

11:00—14:00闪电频次分布

14:00—17:00闪电频次分布

17:00—20:00闪电频次分布

20:00—23:00闪电频次分布

23:00—次日02:00闪电频次分布

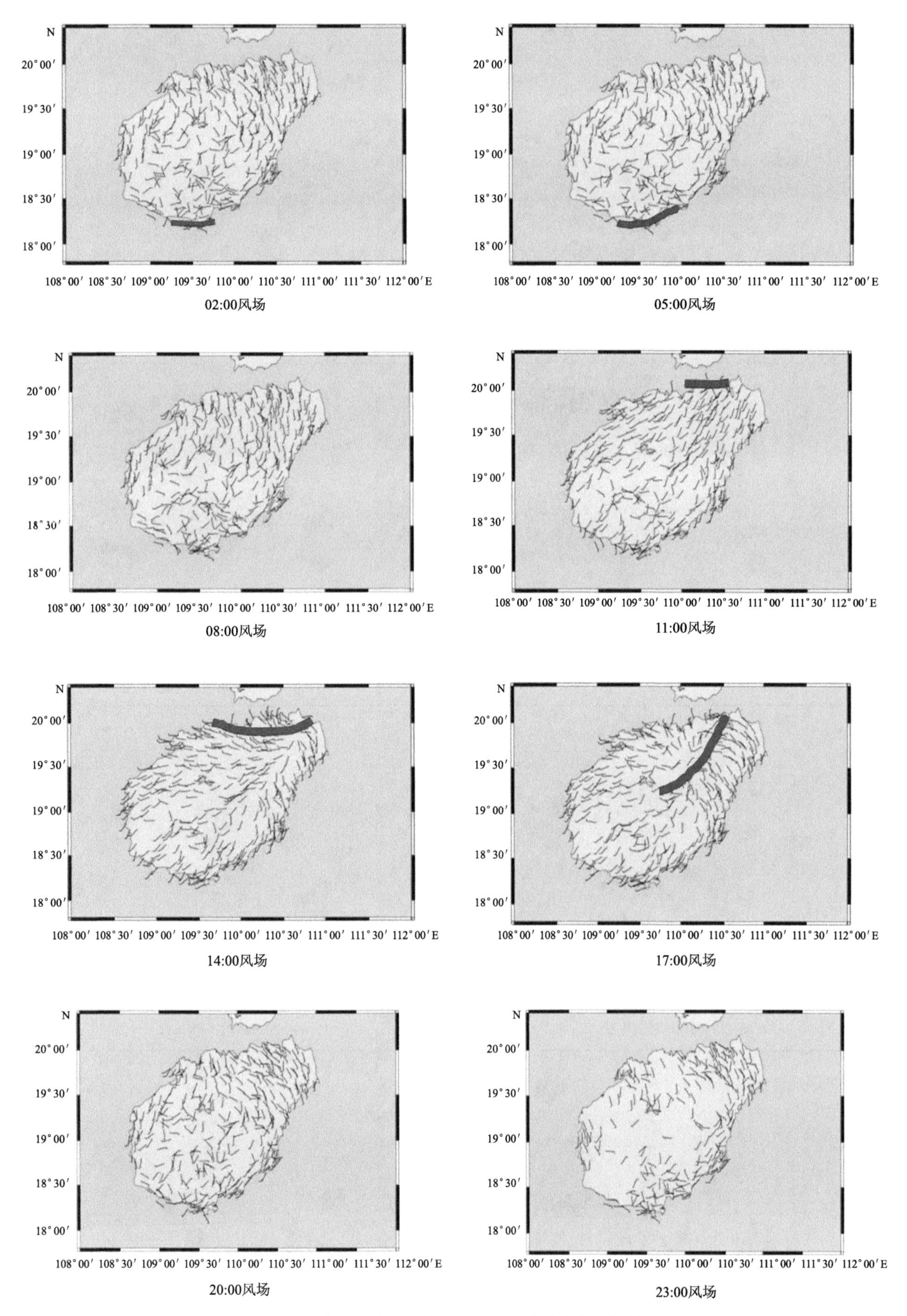

图6.2　第2类偏西风情况下闪电频次分布与风场情况

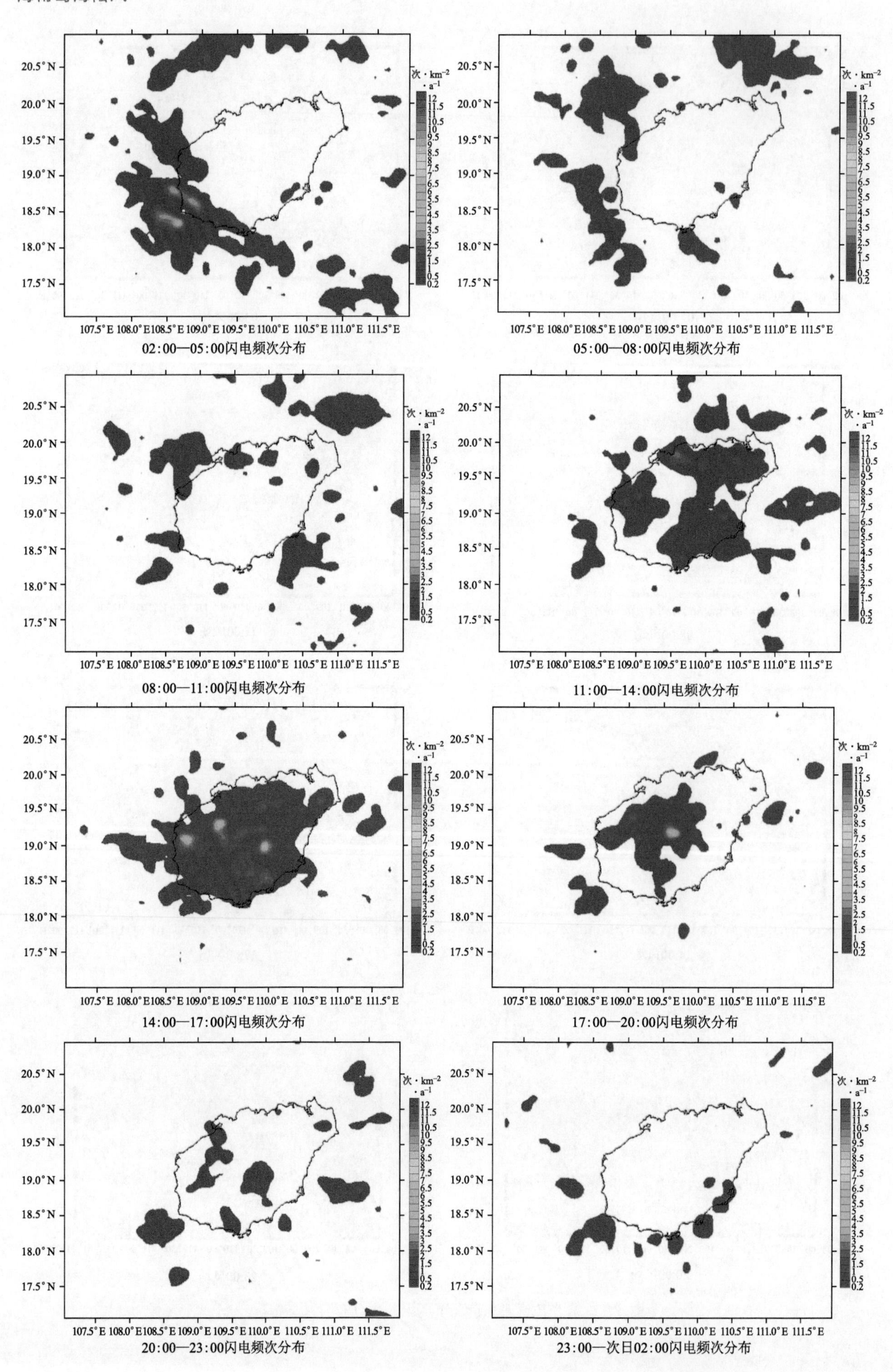

02:00—05:00闪电频次分布

05:00—08:00闪电频次分布

08:00—11:00闪电频次分布

11:00—14:00闪电频次分布

14:00—17:00闪电频次分布

17:00—20:00闪电频次分布

20:00—23:00闪电频次分布

23:00—次日02:00闪电频次分布

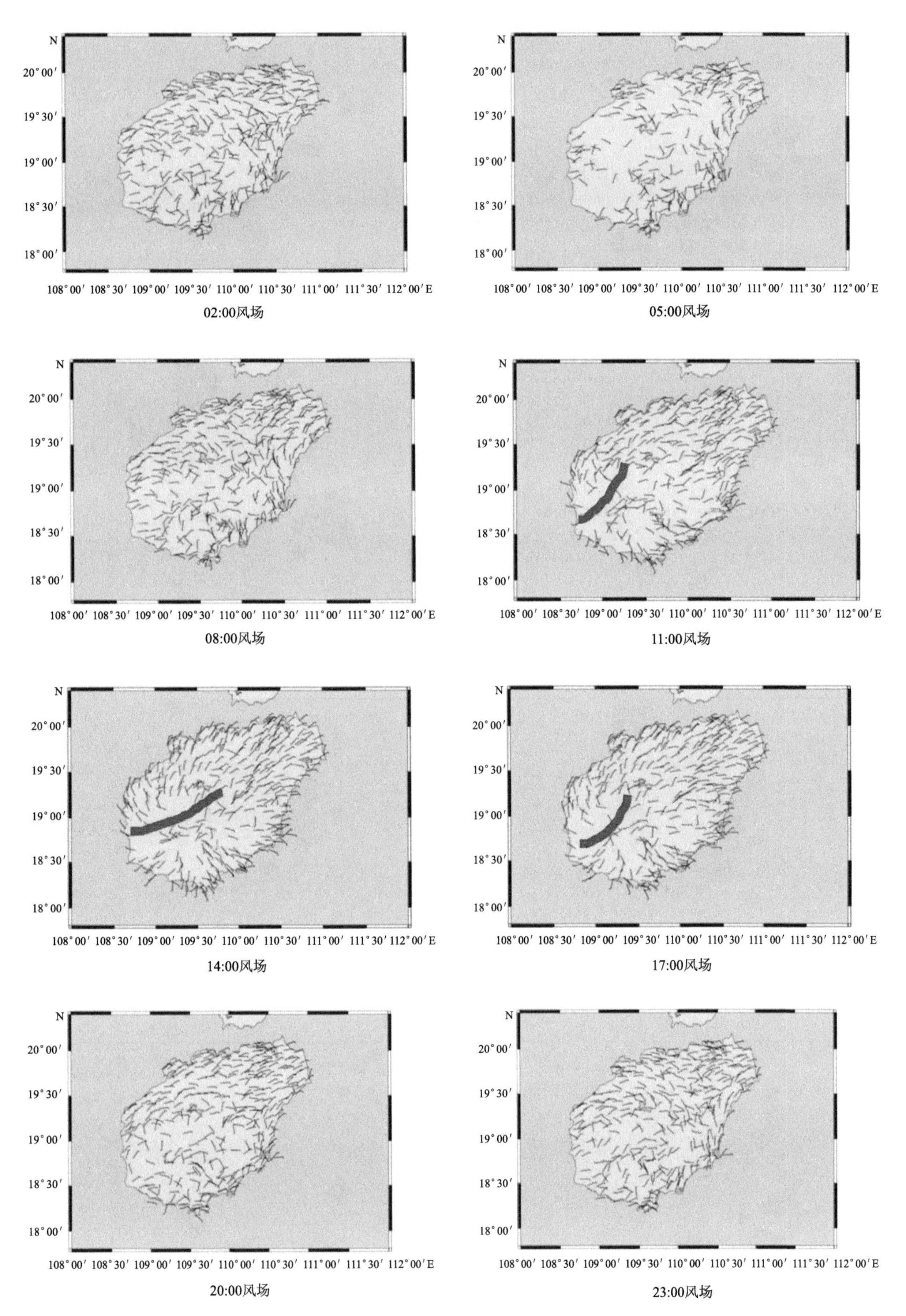

图 6.3　第 3 类偏东风情况下闪电频次分布与风场情况

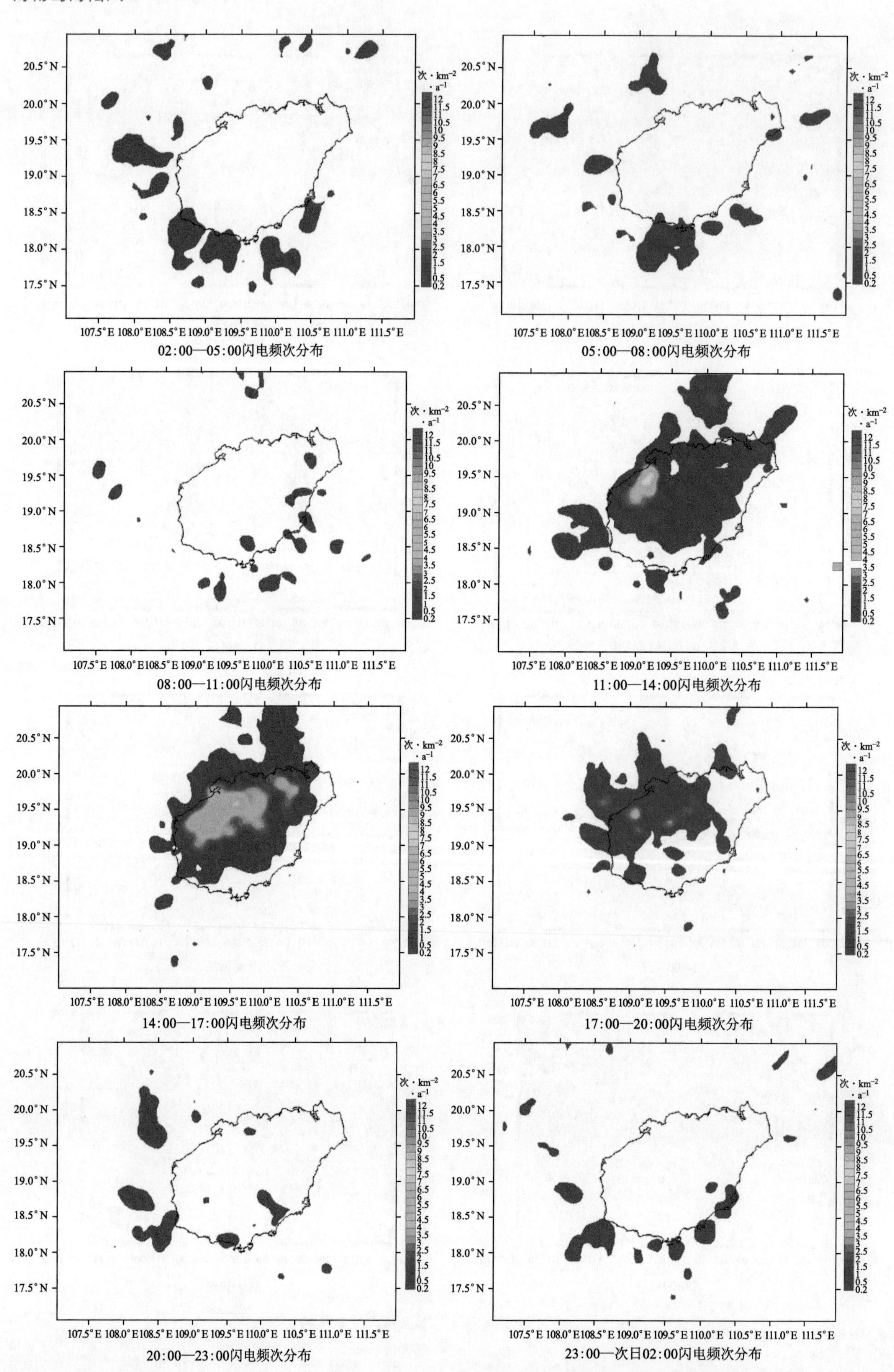

02:00—05:00闪电频次分布

05:00—08:00闪电频次分布

08:00—11:00闪电频次分布

11:00—14:00闪电频次分布

14:00—17:00闪电频次分布

17:00—20:00闪电频次分布

20:00—23:00闪电频次分布

23:00—次日02:00闪电频次分布

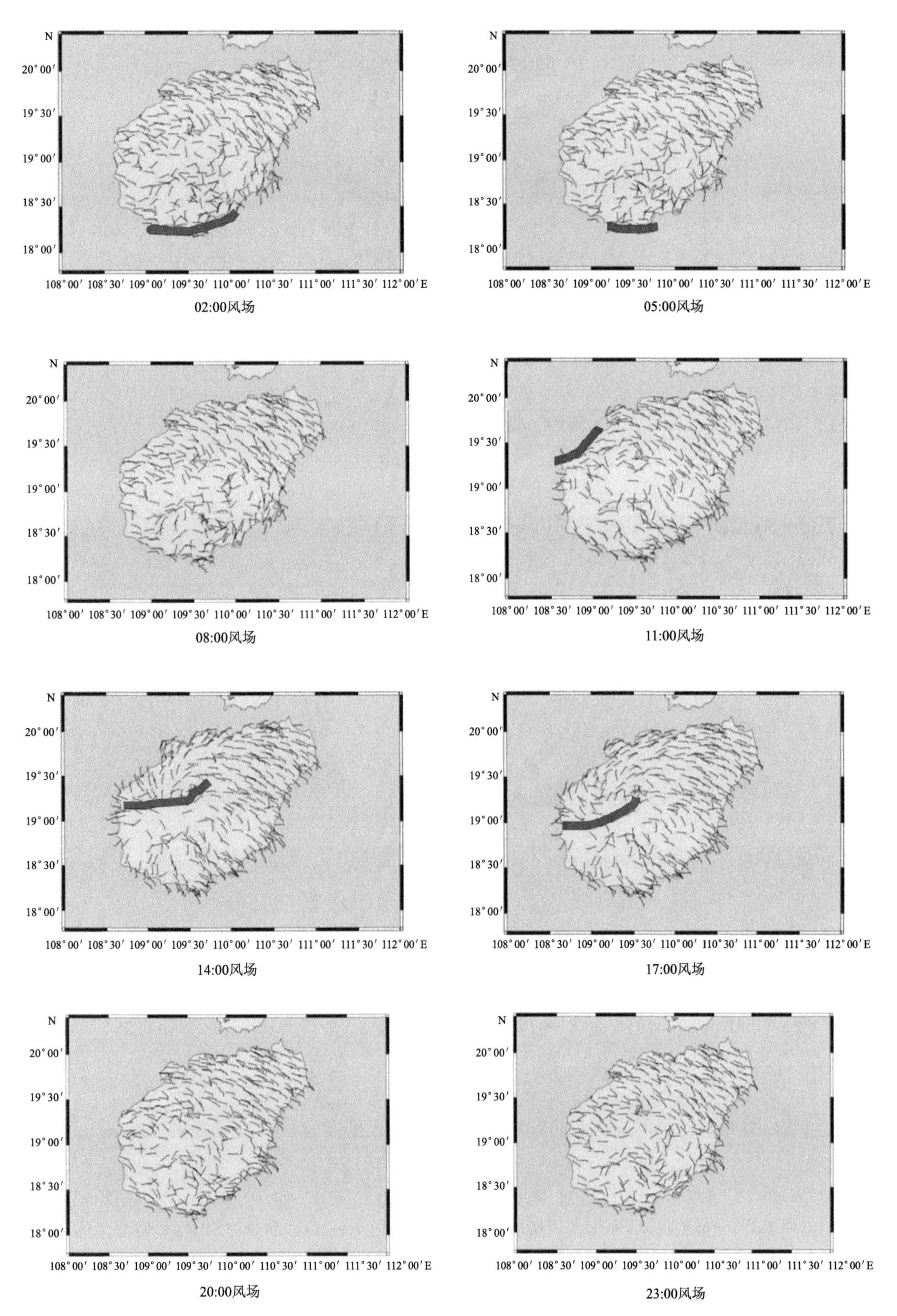

图 6.4　第 4 类东南风情况下闪电频次分布与风场情况

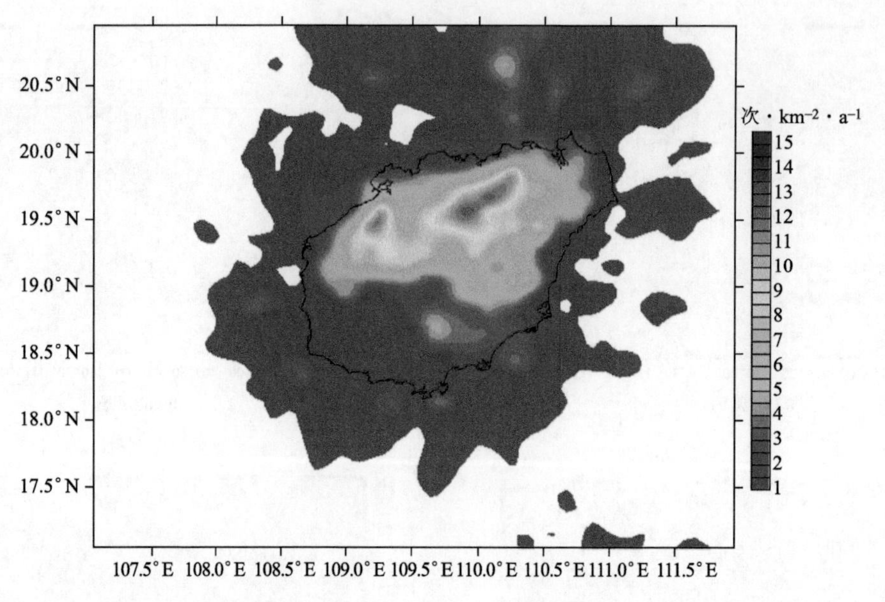

图 6.5 4—9 月总体闪电频次分布

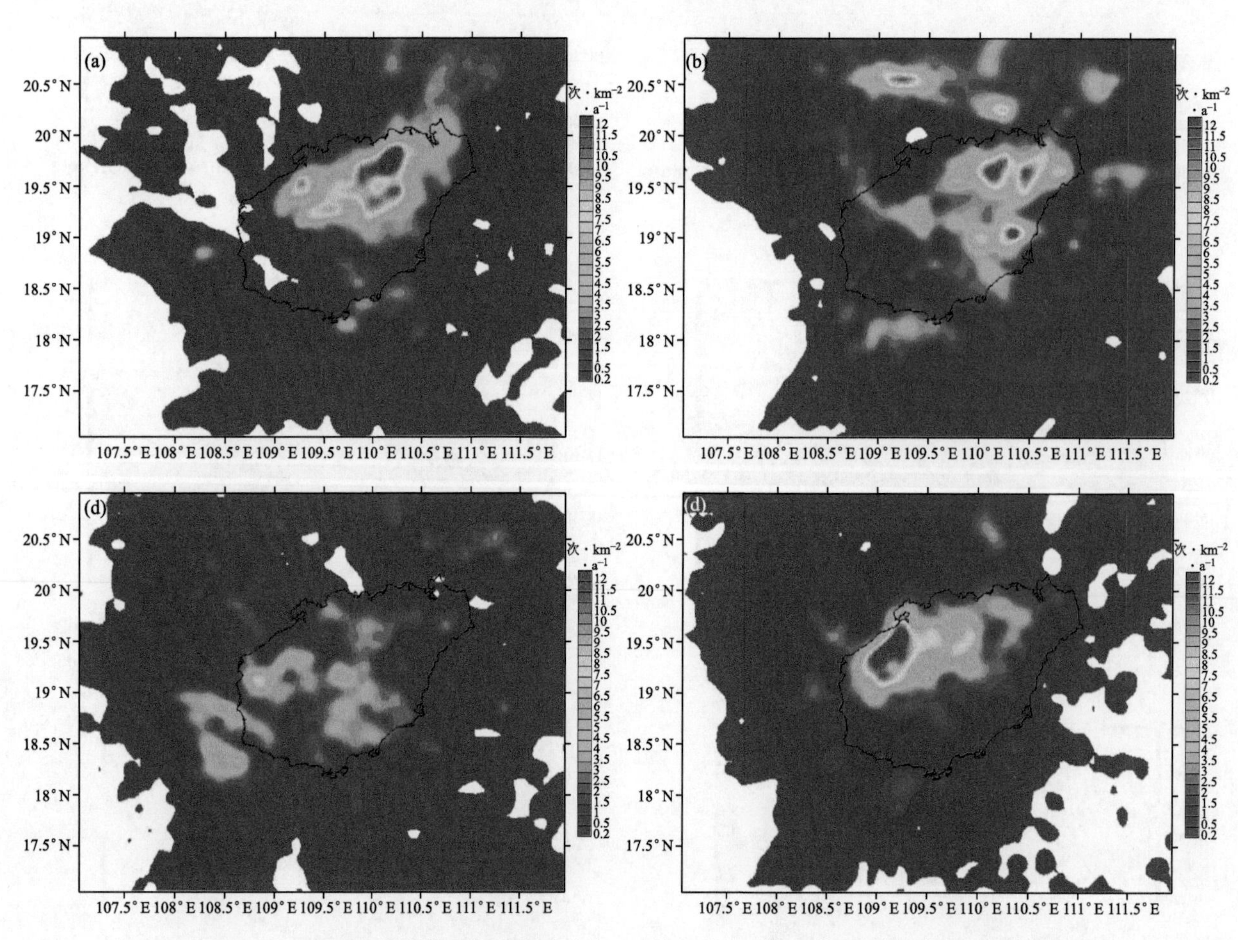

图 6.6 4—9 月各类条件下闪电频次分布：a. 第 1 类；b. 第 2 类；c. 第 3 类；d. 第 4 类

图 6.2 中看到，各类情况下，海南岛西部和北部内陆地区闪电活动普遍最为频繁，而南部地区闪电活动均较弱且易在下半夜形成，分析原因可能为：①4—9 月，南部地区白天最高气温较其余地区偏低，热力条件相对较差；②4—9 月，南部地区在白天吹偏南海风，而环境风多为偏南风，或偏西和偏东风，产生局地辐合的条件不足或相对较差；③南部地区夜间吹偏北陆风，可与偏南环境风产生辐合，但夜间热力条件较白天明显不足。

6.2 海南岛海风雷暴结构的数值模拟研究

本节利用WRF-ARW模式，对2012年7月20日发生在海南的一次海风雷暴过程进行了数值模拟，结合台站常规观测资料、雷达资料、卫星资料以及探空资料分析了此次雷暴的三维结构、发展演变过程及其触发机制，讨论了海南岛复杂地形下海风雷暴的具体特征。并在此基础上选择不同的短波、长波辐射参数化方案(Dudhia＋RRTM、RRTMG＋RRTMG)对此次海风雷暴过程进行了模拟，讨论了辐射过程对当地海风雷暴模拟的影响及其可能的物理机制，以利于更好的了解海风诱发雷暴的机理，提高其预报预警水平。

6.2.1 资料和方法

(1)资料说明

研究所选用的资料主要包括气象台站温、压、湿、风等常规观测数据和当地雷达数据，NCEP-FNL提供的1°×1°逐6 h全球分析场资料，自动站与CMORPH(The Climate Prediction Center Morphing Method)融合的1°×1°逐时降水资料，国家卫星气象中心的风云卫星遥感资料，欧洲中期天气预报中心(European Centre for Medium-Range Weather Forecasts，ECMWF)的ERA-Interim资料，NOAA/ESRL(National Oceanic and Atmospheric Administration/Earth System Research Laboratory)提供的探空资料。

(2)选取个例

2012年7月20日下午，海南岛南北两侧的海风在向内陆传播的过程中发生碰撞，造成了强雷暴天气。整个雷暴过程从15:00 BST(北京时，下同)开始，到18:00趋于结束，强降水主要集中在南部地区。从当天的天气形势可以看出，500 hPa西风槽位于贝加尔湖至内蒙古一带，华南地区受副热带高压外围控制，海南处于副高的底后部；850 hPa海南周围的等值线稀疏，水平气压梯度较小，背景风场相对较弱，没有明显的天气系统。

此次雷暴过程的降水落区主要集中在南部的保亭和五指山等地，局地性较强，同时岛屿的东北部也存在着对流活动，并在定安附近形成了小雨量级的降水(图6.7a)。地面观测数据显示，在此次雷暴过程中保亭站的降水量最大，单站小时降水量达到了61 mm。在该站的温度-对数压力图上(图6.7b)，当地对流有效位能(Convective Available Potential Energy，CAPE)达到了2523 J·kg^{-1}，而对流抑制能量(Convective Inhibition，CIN)很小，有利于强对流和雷暴的形成，可降水量(Precipitable Water，PW)大于5 cm，降水条件相对较好。相当黑体亮温(Black Body Temperature，TBB)能反映出降水和对流活动的分布情况，其量值大小与降水强度存在较好的对应关系，亮温越低表示对流越活跃(卓鸿 等，2012)。

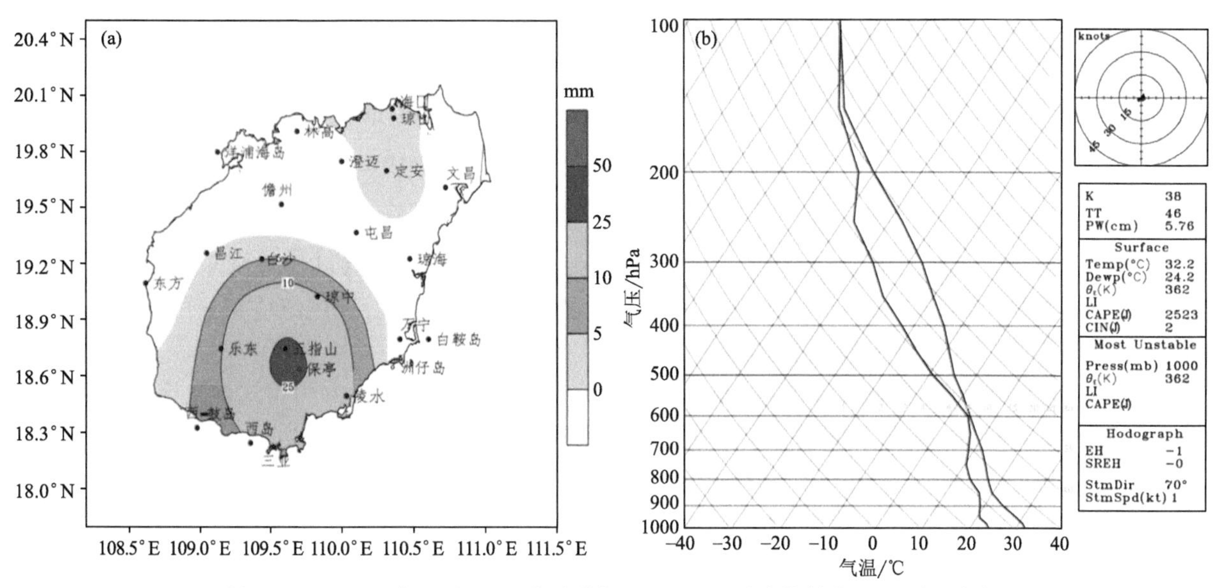

图6.7 a. 2012年7月20日自动站与CMORPH融合资料的24 h累积降水(单位：mm)；b. 2012年7月20日14:00保亭站的T-ln$P$图

从云顶亮温的演变(图 6.8)可以看出,15:00 左右海南南部和东北部有对流活动形成,对应着保亭、五指山和定安降水过程的开始,16:00—17:00 对流活动的范围迅速扩大,强度明显增强,之后系统逐渐减弱消散,雷暴过程趋于结束。

此次海风雷暴发生在较为稳定的环流形势中,具有突发性特征,持续时间短、降水强度大、局地性强,是一次典型的雷暴单体事件,其发生发展与低层的海风环流有关。本节选取此次海风雷暴过程作为研究对象,对其进行观测诊断和数值模拟分析,探讨海风与雷暴之间的关系。

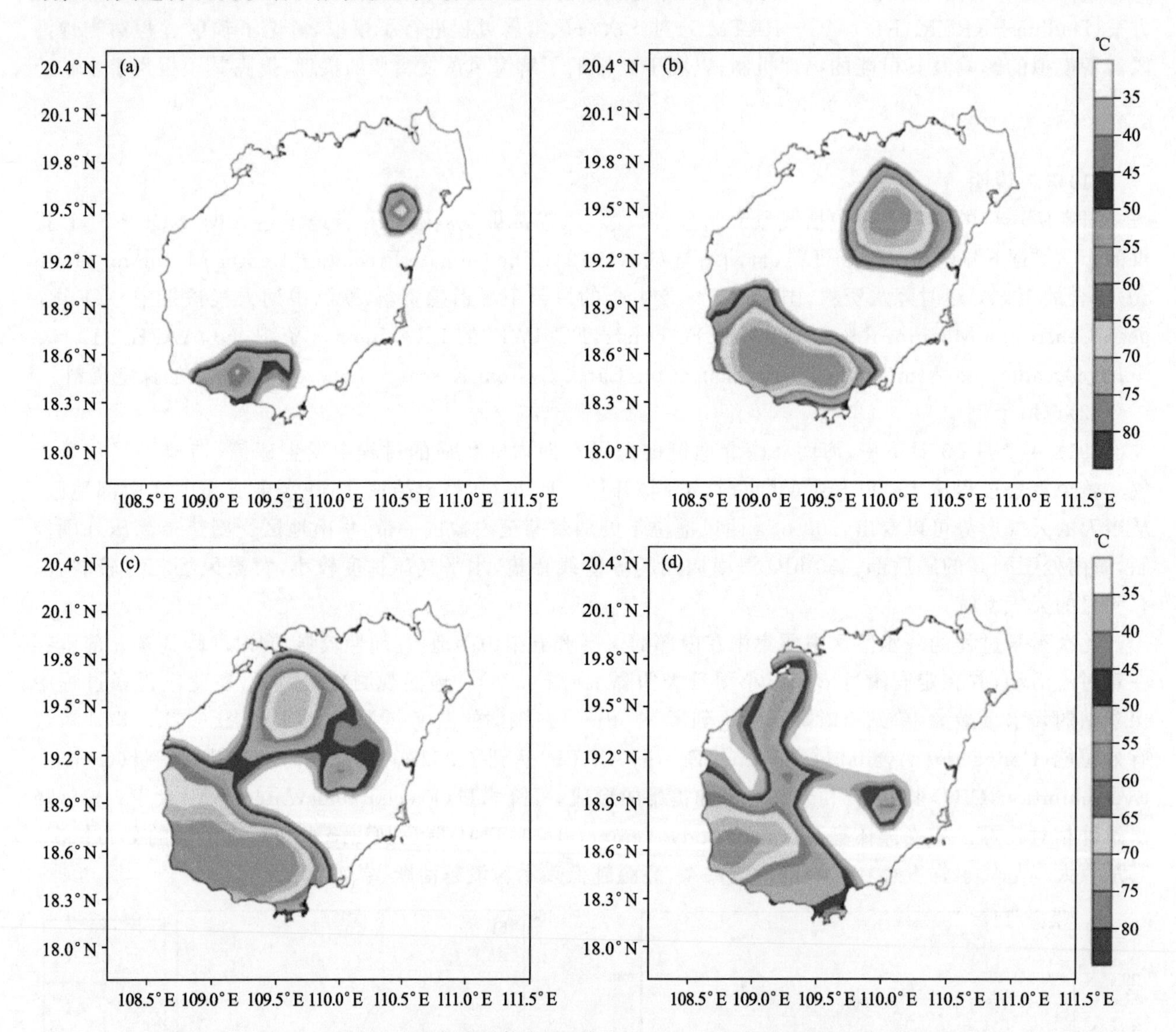

图 6.8　2012 年 7 月 20 日的相当黑体亮温(单位:℃):a. 15:00;b. 16:00;c. 17:00;d. 18:00

(3)模式定制

本研究采用中尺度模式 WRF-ARW(Skamarock et al.,2008)对此次海风雷暴的演变过程和三维结构进行了数值模拟。WRF-ARW 模式是新一代可压缩的非静力平衡模式,正广泛应用于中小尺度对流系统的模拟,对海风雷暴有一定的模拟能力(Wissmeier et al.,2010)。

此次模拟的起始时间为 2012 年 7 月 19 日 02:00 BST,积分 46 h,前 22 h 为模式调整(spin-up)时间。试验所选用的物理参数化方案如表 6.1 所示,其中 D3 和 D4 区域因为水平格距小于 5 km,所以并未使用积云对流参数化方案(Wang et al.,2015)。模式的初始场和边界条件由 NCEP-FNL1°×1°的再分析资料提供,模拟采用双向反馈的四重嵌套方案(图 6.9a),模式的最外层区域覆盖了亚洲大部分地区,包含了各个尺度的背景强迫信息;模式最里层嵌套区域为海南岛及其周边海域,陆地和海洋的比例约为 1:1,有利于海风的充分激发。模式嵌套区域的水平分辨率分别为 27 km、9 km、3 km、1 km;垂直方向为不等间距的 35 个 σ 层,模式层顶气压为 100 hPa。模式采用了 WRF(V3.6)中新的地理数据和 NCEP 的 MODIS_30 s

土地类型利用数据,能够相对准确的反映出海南岛的地形和土地利用情况。

海南岛地势复杂,西南部山地高耸,以五指山、雅加大岭和鹦哥岭三大山脉为核心,向外逐级递减,构成了典型的环形层状地貌(图 6.9b),是研究复杂地形下海风雷暴的理想区域。海南的土地利用类型以农田(黄色)和森林(绿色)为主,城市(红色)多分布在以海口和三亚为代表的沿海地区(图 6.9c)。

表 6.1　模式重要物理参数化方案的设置

物理过程	选用的参数化方案
短波辐射	Dudhia 方案(Dudhia,1989)
长波辐射	RRTM 方案(Mlawer et al. ,1997)
微物理学	Lin 等方案(Lin et al. ,1983)
积云参数化(仅 D1、D2)	Kain-Fritsch 方案(Kain,2004)
边界层	YSU 方案(Hong et al. ,2006)
陆面过程	Noah 方案(Chen et al. ,2001)

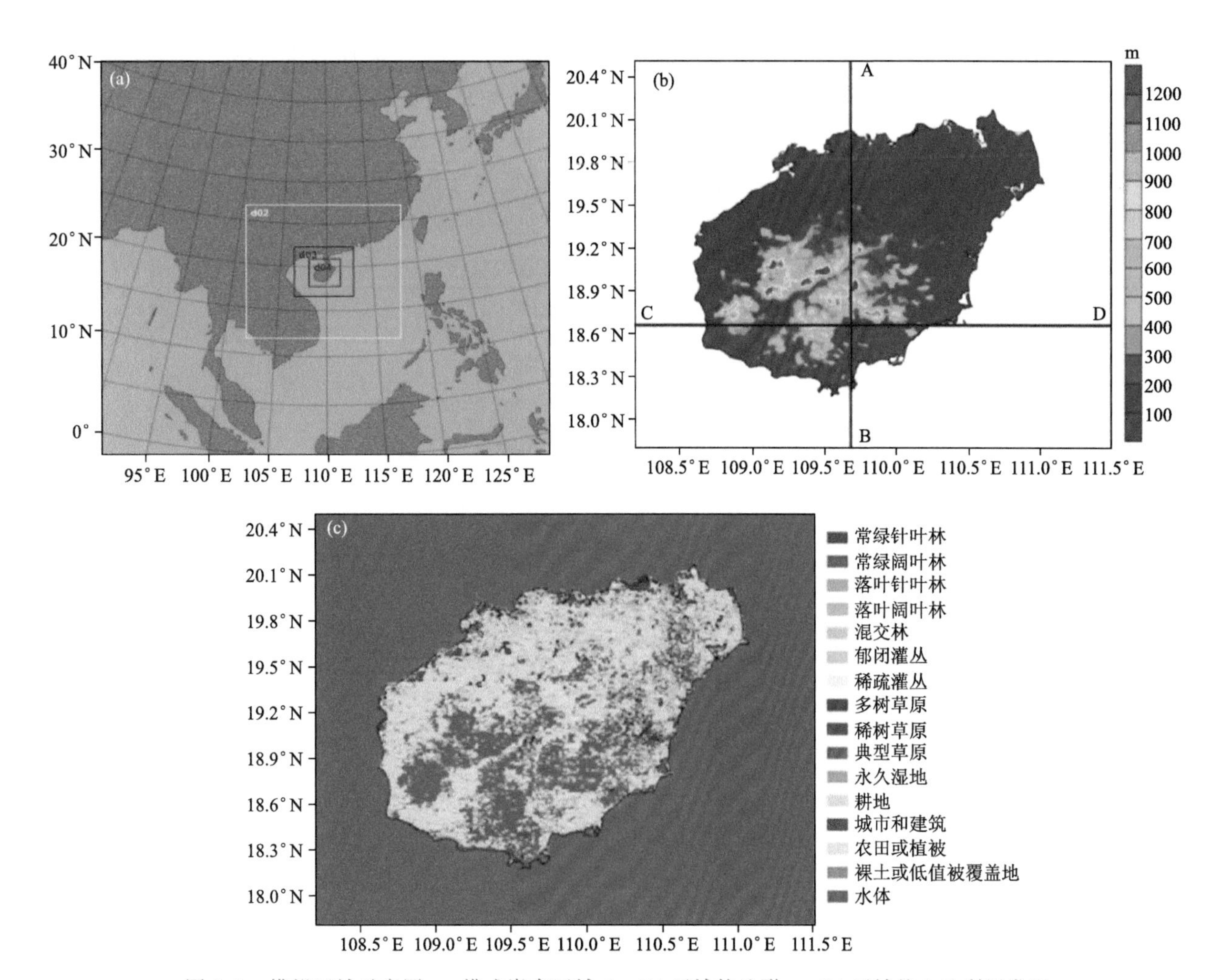

图 6.9　模拟区域示意图:a. 模式嵌套区域;b. D4 区域的地形;c. D4 区域的土地利用类型

6.2.2　模拟与观测的比较

本研究利用台站提供的实际观测资料,通过观测与模拟结果的比较,验证此次海风雷暴过程的模拟效果。选取观测资料比较完整的 10 个站点,计算下列统计参量并与模拟结果进行对比:

平均偏差:

$$\mathrm{MBE}=\frac{1}{N}\sum_{i=1}^{N}\Phi_i \tag{6.1}$$

均方根误差：
$$\mathrm{RMSE}=\left[\frac{1}{N-1}\sum_{i=1}^{N}(\Phi_i)^2\right]^{1/2} \tag{6.2}$$

模拟与观测之间差值的标准差：
$$\sigma=\left[\frac{1}{N-1}\sum_{i=1}^{N}(\Phi_i-\mathrm{MBE})^2\right]^{1/2} \tag{6.3}$$

相关系数：
$$R=\frac{N\sum_{i=1}^{N}X_iY_i-\sum_{i=1}^{N}X_i\cdot\sum_{i=1}^{N}Y_i}{\sqrt{N\sum_{i=1}^{N}X_i^2-(\sum_{i=1}^{N}X_i)^2}\cdot\sqrt{N\sum_{i=1}^{N}Y_i^2-(\sum_{i=1}^{N}Y_i)^2}} \tag{6.4}$$

其中 X 和 Y 分别表示观测和模拟结果，Φ 是两者之间的差值；N 表示所选时间和空间上的样本数($N=m\times n$)，m 是空间站点数，n 是预报的时间节点数。当 $m=1$ 时，统计参量计算的是模式在某一站点附近的模拟情况；当 $n=1$ 时，可以评估某时刻模式对全岛的模拟效果。这些统计公式常用来定量评估数值模式的性能(Miao et al.，2007，2008)。MBE 可以衡量观测值和模拟值之间的偏差，RMSE 反映的是由于模式参数化方案(如积云对流方案、辐射方案等)和局地特征的不连续性(如地形、植被覆盖、土地利用等)所造成的模式系统误差(Zhong et al.，2005)，σ 表示由观测本身以及模式初始和边界条件的不确定性所带来的随机误差。各站的统计结果显示，此次过程整体的模拟效果不错，要素场的日变化趋势与观测结果相似，但是白沙、琼中、五指山、保亭等内陆山区的模拟效果没有沿海地区好，系统误差 RMSE 相对较大(表6.2)，这可能是由于山区复杂地形和下垫面的不连续增加了模拟的难度。从各时刻全岛的模拟情况可以看出(表略)，全天都有着较好的模拟效果，能较为准确的反映雷暴过程的主要特征，但是在雷暴发生期间，气象要素的剧烈变化难以精确的模拟出来，模拟效果不如天气系统稳定的时刻。

表 6.2　温度、风速、湿度、气压观测值和模拟值的对比统计

测站		琼山	海口	东方	昌江	白沙	琼中	琼海	五指山	保亭	三亚
温度/℃	MBE	0.61	0.58	0.84	0.83	0.98	0.82	0.36	1.02	0.96	1.10
	RMSE	0.71	0.74	1.16	1.09	1.27	1.38	0.79	1.31	1.34	1.12
	σ	0.32	0.41	0.45	0.38	0.50	0.49	0.31	0.55	0.52	0.43
	R	0.93	0.91	0.88	0.91	0.89	0.87	0.96	0.85	0.86	0.89
风速/(m·s^{-1})	MBE	0.96	0.60	1.08	1.28	1.00	1.20	1.24	1.28	1.08	0.97
	RMSE	1.23	0.91	1.29	1.33	1.46	1.44	1.22	1.54	1.43	1.10
	σ	0.62	0.50	0.60	0.57	0.64	0.56	0.63	0.62	0.64	0.52
	R	0.87	0.95	0.85	0.86	0.84	0.90	0.93	0.84	0.85	0.92
相对湿度/%	MBE	1.40	2.20	3.60	4.00	6.84	4.00	1.30	5.20	4.60	3.80
	RMSE	1.58	2.43	2.96	2.31	5.46	4.12	1.71	4.07	4.94	2.23
	σ	1.27	1.61	1.84	2.10	2.23	1.91	1.39	2.12	1.68	1.61
	R	0.90	0.94	0.86	0.88	0.79	0.89	0.94	0.78	0.88	0.91
气压/hPa	MBE	0.84	1.08	0.60	1.32	1.38	1.26	0.94	1.64	1.17	1.24
	RMSE	1.23	1.30	1.21	1.24	1.85	1.83	1.18	1.70	1.72	1.30
	σ	0.78	0.71	0.73	0.83	0.94	0.86	0.89	0.98	0.93	0.84
	R	0.85	0.85	0.82	0.83	0.71	0.71	0.84	0.72	0.73	0.81

选取琼海、陵水、东方、海口四个站点，分别代表海南岛东南西北四个方向，将各站点实际观测的近地面风场与模拟结果进行对比，了解当天海南岛的风场特征和海陆风的具体表现。在亚洲夏季风的影响下，海南岛月平均(2012 年 7 月)近地面风场主要表现为偏南风，风向在白天出现了较小的扰动，但在总体上基本保持稳定(图 6.10)。雷暴发生当天风向的日变化与平均后的演变相差较大，岛屿的东部、南部和北部都存在明显的风向转变，由夜间的离岸风变为白天的向岸风，转向的角度接近于 180°；风速在白天有着显著的增加，与平均场的变化基本一致，但午后最大风速要略大于平均的最大风速，表现出了典型的海风特征。由于偏西背景风的存在，岛屿西部东方站的风向变化较小，一直维持着海洋吹向陆地的偏西风。

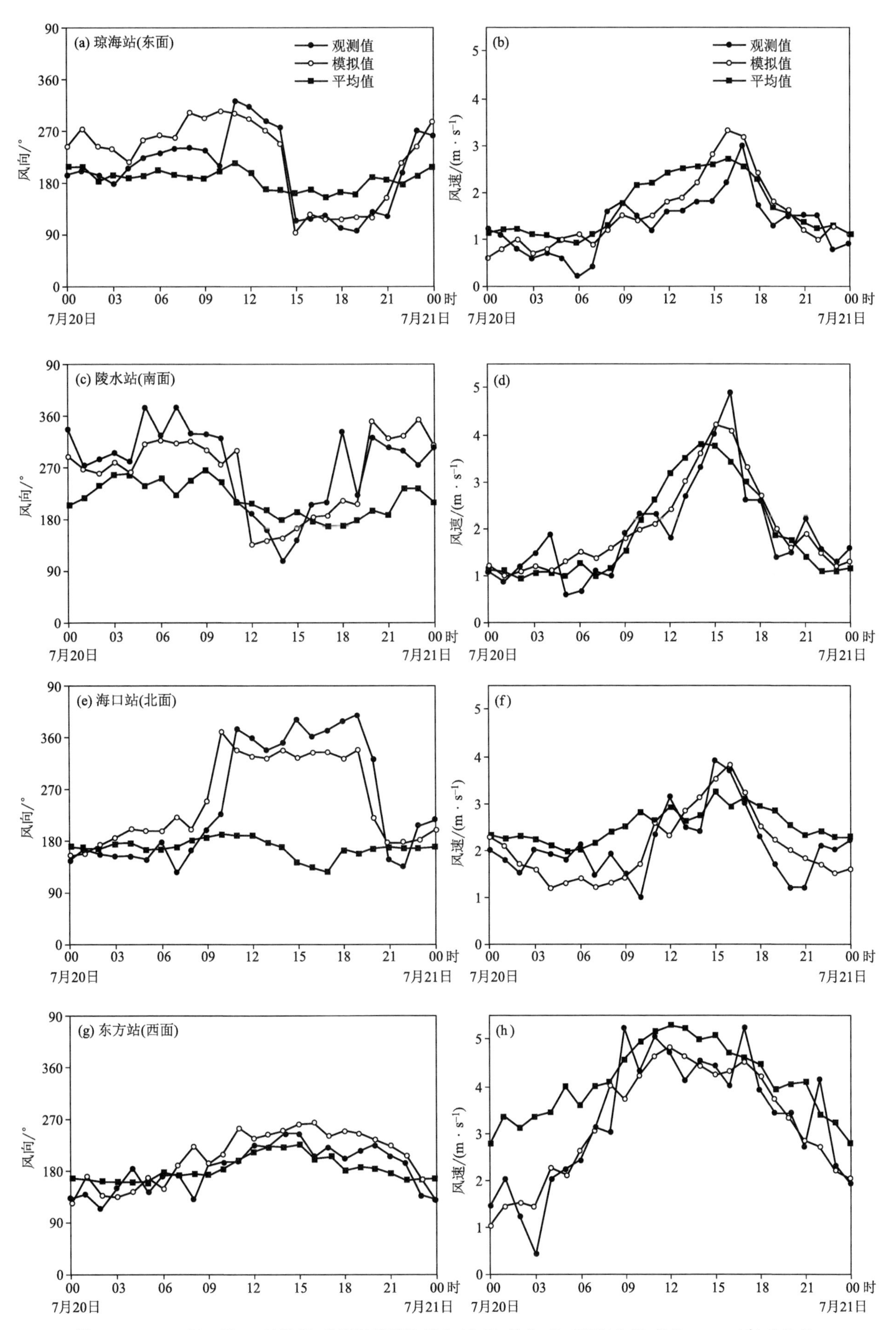

图 6.10　2012 年 7 月 20 日模拟、观测及月平均风向(左侧,单位:°)、风速(右侧,单位: $m \cdot s^{-1}$)的比较:
a,b. 琼海站;c,d. 陵水站;e,f. 海口站;g,h. 东方站

各站风速的日变化曲线比较相似，随着海风的发展，风速逐渐变大，最大风速都出现在午后，说明白天海风的强度大于夜间陆风，在偏西背景风的影响下，海风在各站的表现有所不同，西部东方站风速偏大，东部琼海站风速偏小。岛屿东西两侧的海陆风特征与偏西背景风密切相关，琼海站海风的开始时间相对较晚，直到午后才逐渐形成海风，东方站全天都表现为向岸风，在背景风的阻挡下夜间陆风难以形成；而岛屿南北两侧受背景风的影响较小，海风都在上午爆发，持续到傍晚结束，但是南北两侧的海风也存在差异，在岛屿南部复杂地形的作用下，陵水站海风的开始时间迟于北部海口站，该站风向风速波动频繁，演变过程没有海口站规律。通过观测和模拟的对比可以发现，两者的日变化曲线接近，说明模式对近地面风场有着较好的模拟能力，反映了海风的主要特征。

从海口站风廓线的对比(图 6.11a)来看，模拟风速、风向随高度的变化与观测结果较为吻合，变化趋势和转折点基本一致，说明模式较好地模拟出了雷暴发生当天大气的垂直结构。图 6.11b 是 7 月 20 日 15:00—18:00 累计降水量的对比，从图中可知，本次海风雷暴过程的局地性比较强，降水主要集中在保亭、五指山附近，保亭的降水达到了暴雨量级，模拟的降水区域和降水强度与观测结果基本相同。模拟的最大降水不是正好出现在保亭站，而是在其南侧，这可能是由于观测站的分布不够密集，造成了观测的最大降水出现在保亭的假象，使得观测和模拟的降水落区出现了小的偏差。从雷达观测数据与模拟结果的对比(图 6.12)可以看出，模式能较好的模拟出雷暴出现的时间和地点，模拟的雷达反射率因子与观测值相差不大，对流中心的反射率因子大致保持在 50 dBZ 以上。总的来说，此次海风雷暴过程的模拟效果相对较好，能基本反映出雷暴单体的相关信息。

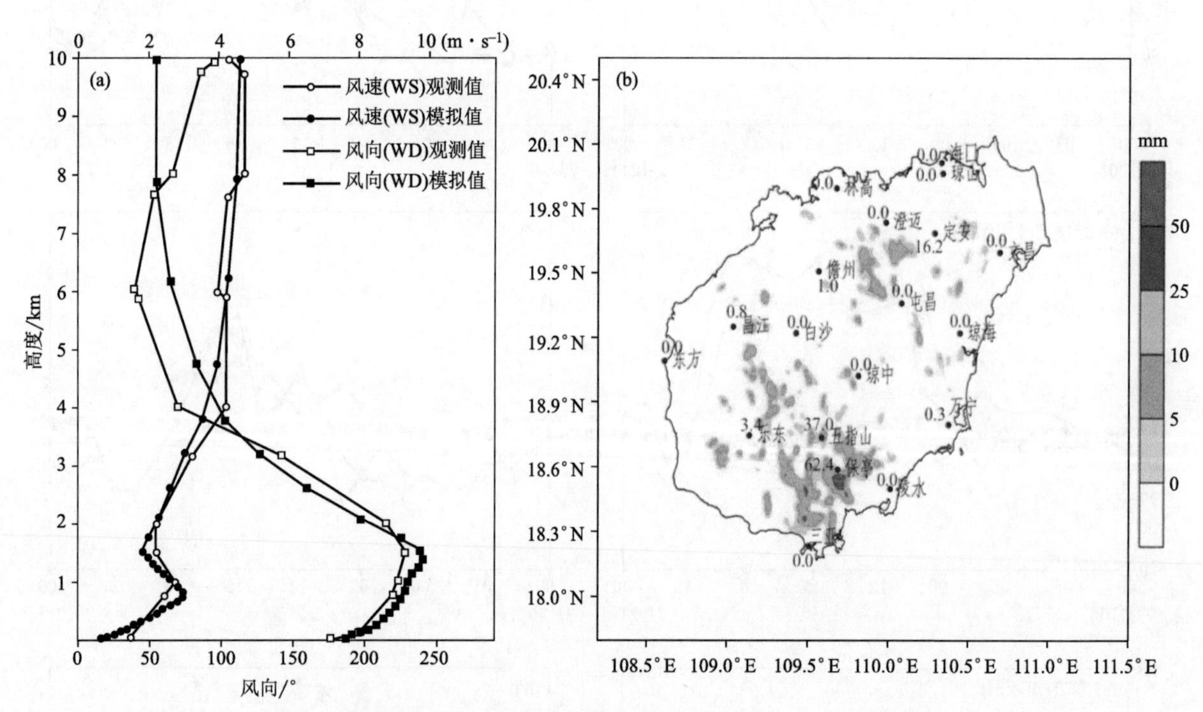

图 6.11 a. 08:00 海口站模拟与观测风速(WS,单位：m · s^{-1})、风向(WD,单位:°)的比较；
b. 15:00—18:00 模拟(阴影)和观测(数值)累计降水量(单位:mm)的比较

6.2.3 水汽条件和假相当位温特征

雷暴是一种剧烈的天气现象，在其发生发展期间会产生强烈的垂直运动，从而导致近地面的各种气象要素发生变化(陈洪滨 等,2012)。随着海风雷暴的逐渐移近，保亭站的气象要素表现为气压涌升、气温骤降、风速增大，这种气象要素的明显变化对雷暴的发生有一定的指示作用，能为强对流天气的预报提供一些先兆特征。

海南岛四面环海，在热带海洋的影响下，常年都具有较好的水汽条件(图 6.13)，这使得海南当地的对流以湿对流为主，雷暴过程常伴有降水产生。在此次雷暴发生之前，保亭、五指山等南部山区的相对湿度

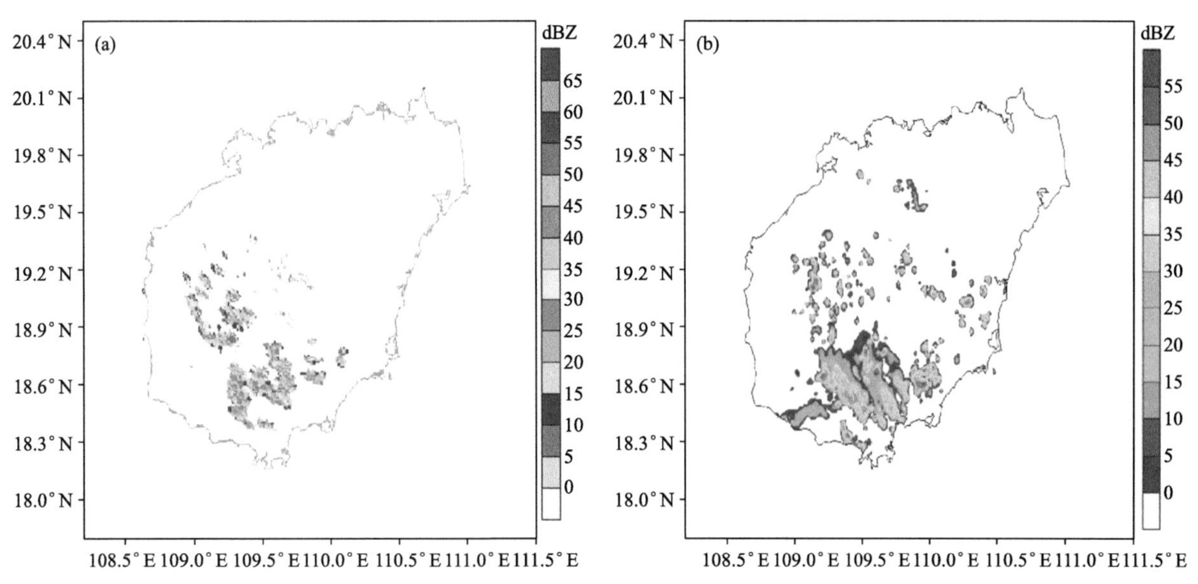

图 6.12　2012 年 7 月 20 日 16:00 反射率的比较：a. 雷达观测的反射率(单位：dBZ)；b. 模拟的反射率(单位：dBZ)

达到了 90%以上(图 6.13a)，为这次雷暴过程在该地区的降水提供了条件。海南岛低层海风相互作用形成了一条海风辐合带(图中用黑色粗线标记)，在该辐合带的影响下，岛屿东南沿海存在一条水汽高值带与之相对应。而南部山区充沛的水汽可能与植被覆盖有关，植被的蒸腾作用能使局地的水汽含量增加，同时森林中风速小、气温低，有利于水汽的保持(Kelliher et al.，1997)。五指山、鹦哥岭等山区的下垫面以常绿林为主(图 6.9c)，森林覆盖率接近 100%，因此该地区的水汽含量比较高，同时相对湿度的气候场也表现出了森林覆盖区的水汽含量大于其他下垫面区域的特征(图 6.13b)。

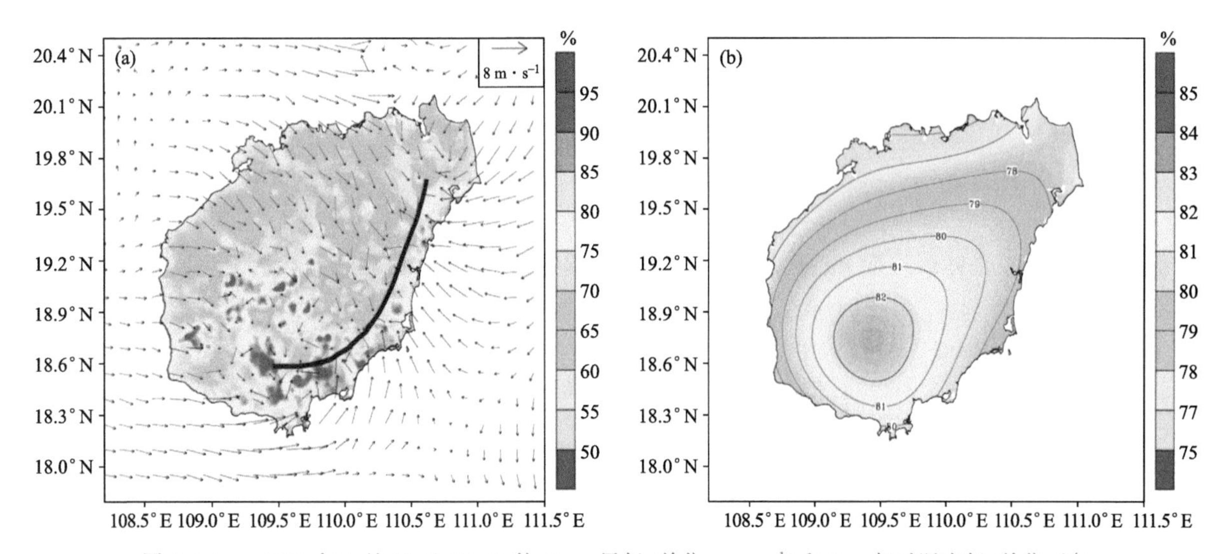

图 6.13　a. 2012 年 7 月 20 日 15:00 的 10 m 风场(单位 $m \cdot s^{-1}$)和 2 m 相对湿度场(单位：%)(图中黑色粗线所标记的位置为海风辐合带)；b. 海南岛近 30 a 7 月份平均的 2 m 相对湿度场(单位：%)

热带地区水汽源汇和动力输送是约束水汽循环、影响水汽分布的有效机制(平凡 等，2007)，考虑到此次雷暴主要是由海南岛南北两侧经向海风相互碰撞造成的，为了讨论在海风输送作用和地形动力阻挡下当地水汽条件的变化，本节经雷暴中心(18.65°N，109.7°E)作一条经向剖面(图 6.9b 中 AB 线)，讨论海风向内陆推进过程中物理量的垂直分布情况。

图 6.14 给出了该剖面图上水汽混合比的分布，从图中可以看出 09:00 混合比的等值线相对平稳，陆地上的水汽低于两侧的海洋，等值线呈现两侧高中间低的“V”字型，这是因为海洋下垫面的含水量比陆地高得多，从而影响了低层的湿度；随着时间的推移，两侧的海风开始向内陆输送水汽，使得内陆的水汽含量逐渐增加，并产生了波动，同时随着太阳辐射能量在地面的积聚，下垫面的蒸发作用迅速增强，湍流、对流

等垂直运动越发活跃，更易将低层的水汽输送到高层，“V”字型逐渐变成了“A”字型，表示陆地上空的湿度高于海洋。保亭、五指山等强降水区的混合比在 15:00 达到最高，近地面超过了 20 g·kg^{-1}，为该地区的降水提供了条件。

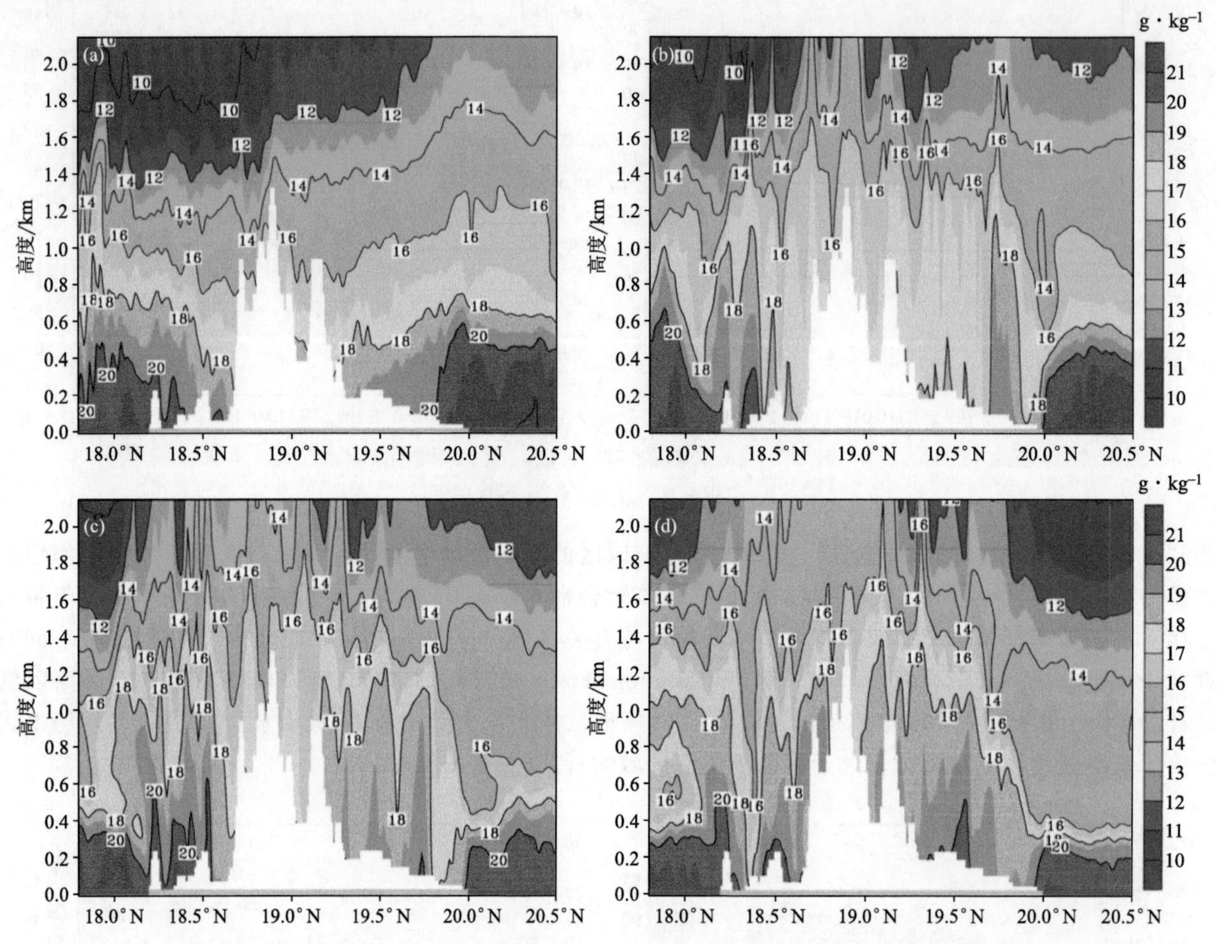

图 6.14 2012 年 7 月 20 日沿图 6.9b 中 AB 线水汽混合比(单位:g·kg^{-1})的垂直剖面图:a. 09:00;b. 12:00;c. 15:00;d. 18:00(横坐标上的蓝色区域代表海洋，灰色区域代表陆地；白色区域是被地形覆盖的部分)

假相当位温 θ_{se} 是体现温度、气压、湿度等综合特征的物理量，它对强对流天气的发生发展有着较好的指示意义(郑永光 等,2007)。由于海南岛的最高地形在 1.8 km 左右，常规意义上的 850 hPa 高度层上存在被地形覆盖的虚假信息。为了便于分析，本文选择在 2.0 km(约 800 hPa)高度层上讨论相关物理量的变化。从 2 km 高度上 θ_{se} 的分布(图 6.15a)可以看出，海南岛南部山区和东部沿海为 θ_{se} 的高值区，最大

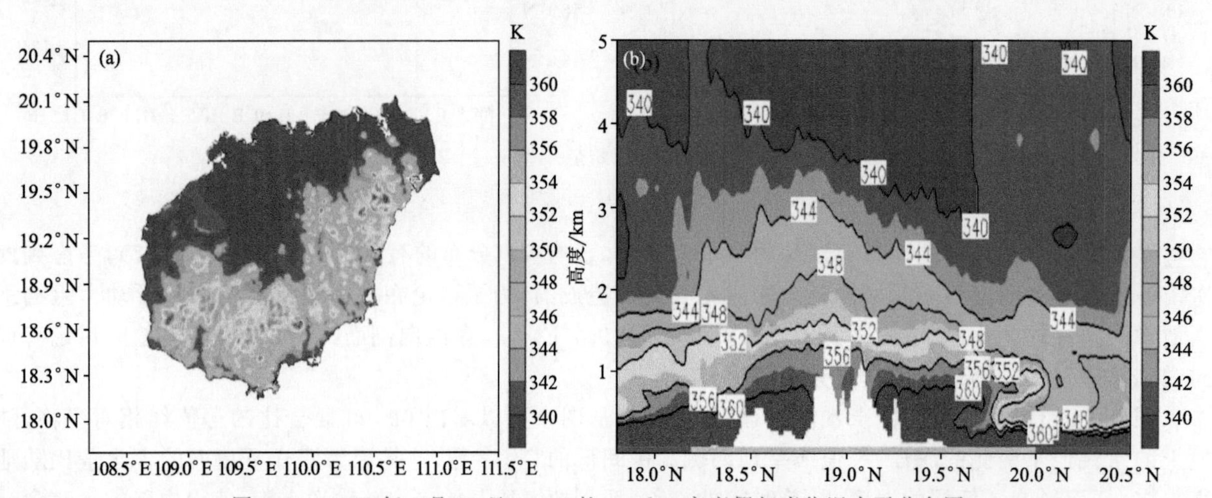

图 6.15 2012 年 7 月 20 日 15:00 的 a. 2 km 高度假相当位温水平分布图；b. 沿图 6.9b 中 AB 线的假相当位温垂直剖面图(单位:K)

值在 360 K 以上，对应着高能暖湿气流区，暖湿气流的存在能有效的加强当地的对流不稳定（刘建勇 等，2012），造成了南部保亭、五指山以及东北部定安等地的对流活动。假相当位温随高度的变化是引起对流性不稳定局地变化的主要原因之一（韩丁 等，2013），在图 6.15b 中，假相当位温呈现出随高度增加而减小的总体趋势，在热带海洋的影响下，海南岛南北两侧及其邻近海域低层的假相当位温都超过了 360 K，但海洋上 θ_{se} 高值区的厚度明显小于陆地，其 344 K 等值线处于高度 2 km 以下，而在陆地上却接近 3 km 高度。海南岛南部的 θ_{se} 随高度增加严格减小，低层等值线比较密集，垂直递减率大，表示该地区低层受暖湿气流控制，高层为较为干冷的气流，属于对流不稳定性层结，一旦有合适的扰动就能触发对流上升运动；而在海南岛北部 19.7°N 附近，高度 1 km 以下的 θ_{se} 等值线呈钩状，表示有冷空气侵入到近地面层，干冷与暖湿空气在此处交汇，下暖上冷的不稳定层结遭到破坏，使得海南岛北部对流活动的形成变得相对困难。

6.2.4　水平结构特征

海风雷暴发生当天，海南岛背景风场较弱，没有明显的天气系统，海-陆间的局地环流比较清楚，容易被识别和捕捉。从风场随时间的演变（图 6.16）可以看出，20 日上午海南受偏西背景风控制（图 6.16a），气流受到山区的阻挡，出现绕流和爬坡。爬坡的气流到达山区时不再呈现规则的西南风，而是表现为比较混乱的风场；绕流的部分在海南东北部形成偏西、西北气流。岛屿的北侧海域存在较弱的偏北风，可能是受到了南亚大陆残余陆风的影响。随着太阳辐射的增强，海陆热力差异逐渐增加，海风开始在沿海地区形成（图 6.16b），东部沿海出现了海风的辐合，随后海风进一步增强发展并不断地向内陆推进。15:00—18:00 海风发展到最为强盛的阶段（图 6.16c 和图 6.16d），在海南岛的东部沿海到南部山区一带，形成了明显的

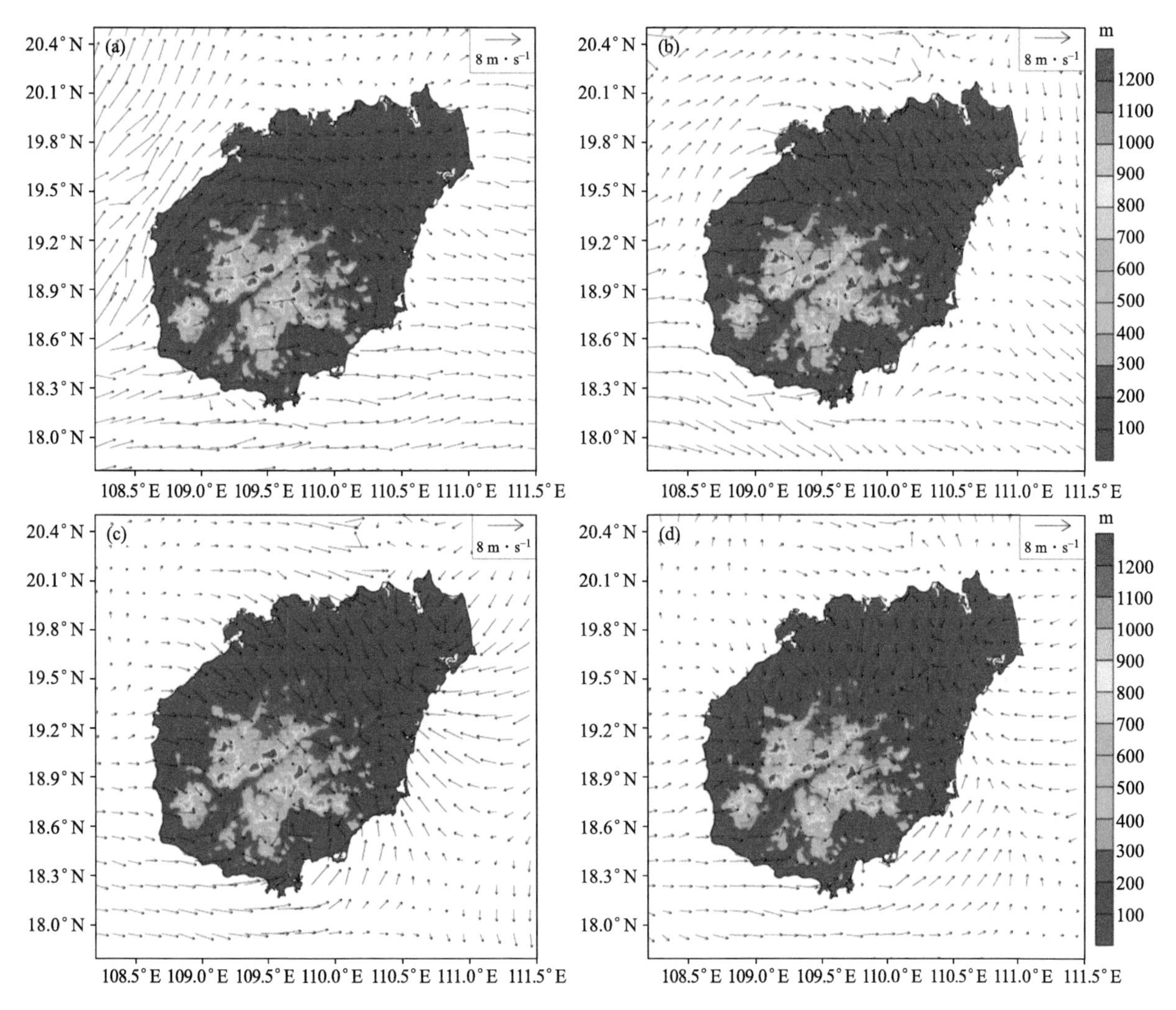

图 6.16　2012 年 7 月 20 日的 10 m 风场（单位：m·s^{-1}）：a. 09:00；b. 12:00；c. 15:00；d. 18:00，图中阴影表示地形高度（单位：m）

辐合系统，分别对应着保亭、五指山以及定安的对流活动和降水（图 6.7a）。海南岛海风的这种分布规律、发展过程和持续时间与之前张振州等(2014)所得到的结论是一致的。当地的海风辐合线通常由向内陆传播的北部海风与受地形阻挡的南部海风相遇形成，同时在热带海洋的影响下，当地海风消散得比较晚，持续时间较长，直到傍晚仍然保持活跃。

沿海复杂地形是影响海陆风和海风雷暴的重要因子之一(Sow et al.，2011)。海南岛地势复杂，表现为典型的环形层状地貌，是研究复杂地形下海风雷暴的理想区域。从 10 m 风场和地形的剖面图（图 6.17）可以看出，07：00 左右岛屿北部沿海已经开始有海风形成，随着时间的推移逐渐向南传播，传播的过程中海风得到发展，风向发生调整，风速逐渐增大。南部海风的形成相对较晚（11：00 左右），但是海风形成初期风速就比较强，接近 4 m·s^{-1}，这可能是由于岛屿南部地形复杂，较弱的海风难以维持和传播；只有当海陆温差足够大，海风比较强时，它才能克服山地的阻挡，逐渐向内陆传播。南北两支海风向内陆传播的距离明显不同，北部地势相对平坦，有利于海风的侵入，海风向内陆传播的距离长，同时海风在向内陆传播的过程中逐渐增强，海风抵达鹦哥岭山脉(19.3°N)时，偏北风速已经达到 6 m·s^{-1}，使得海风能越过山脉继续向南传播，海风越山后强度有所减弱，风速变成了 4 m·s^{-1}；而南部海风的形成和发展受到了地形的阻挡，向北传播的距离相对较短，未能形成明显的越山气流。15：00 左右南北两支海风在山脉南侧的保亭(18.65°N，109.7°E)附近相遇，并造成了当地的雷暴天气和强降水活动。

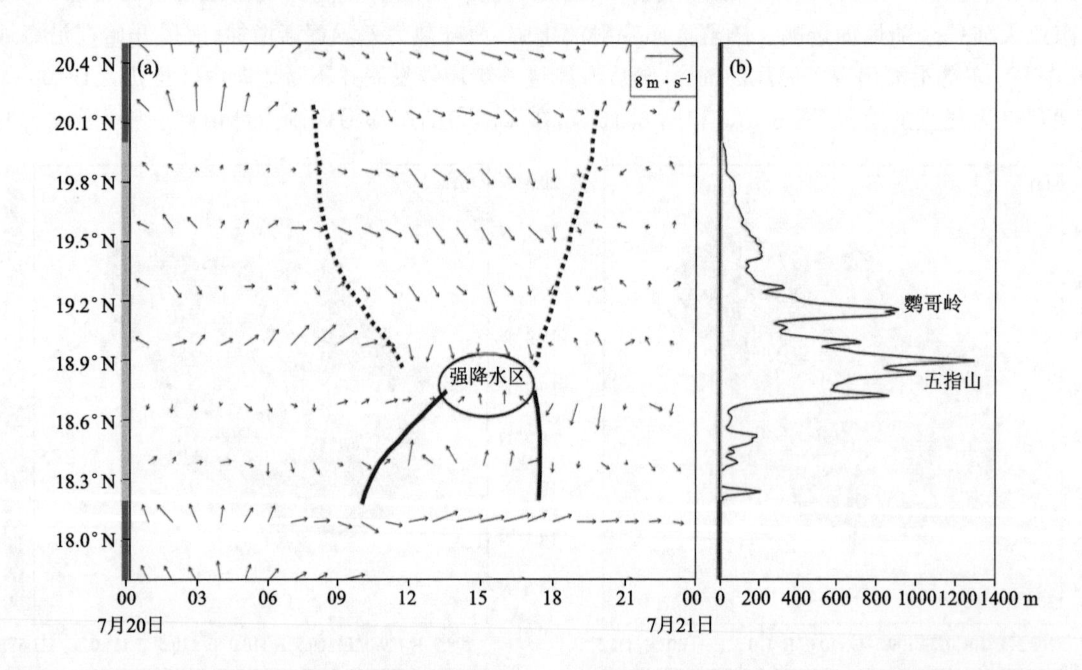

图 6.17　a. 2012 年 7 月 20 日沿图 6.9b 中 AB 线的 10 m 风场（矢量箭头，单位：m·s^{-1}）时间-经向剖面图（图中虚线包围的部分表示北部海风，实线包围的表示南部海风）；b. 是对应的地形剖面

气象雷达可以扫描对流系统的三维层面，展现其平面影像和垂直状况，能直接反映出雷暴的结构和强度，同时雷达反射率与降水强度之间也存在着指数关系(Uijlenhoet，2001)。图 6.18 表示雷暴发生期间雷达反射率的演变，从中可以看出，雷暴形成阶段（图 6.18a），雷达反射率的分布比较散乱，强度较弱，最大反射率在 40 dBZ 左右，这种大范围的零散对流主要是由午后辐射增暖所造成的。雷暴成熟阶段（图 6.19b），保亭及其西侧逐渐发展形成了两条西北-东南走向的强回波带，图 6.12a 中观测的雷达回波以及图 6.11b 中模拟的降水也呈现出了类似的带状分布，表明除了保亭有雷暴发生之外，其西南侧也存在弱的雷暴单体，但是由于当地没有观测站记录，所以在实况上未能发现该地区的雷暴活动和降水，这也表明常规观测不易捕捉到完整的雷暴信息。17：00—18：00 太阳辐射的变化导致了海风强度的减弱，从而无法为对流提供足够的抬升条件，雷暴开始进入消散阶段，整个雷暴过程趋于结束（图 6.18c 和图 6.18d）。

海风辐合带不仅能够影响低层环流场和水汽的分布，还能改变当地的散度和涡旋特征，为对流的发展提供动力学条件。图 6.19a 是雷暴发展旺盛时期(16：00)海南岛 2 km 高度散度场和降水量的叠加，图中

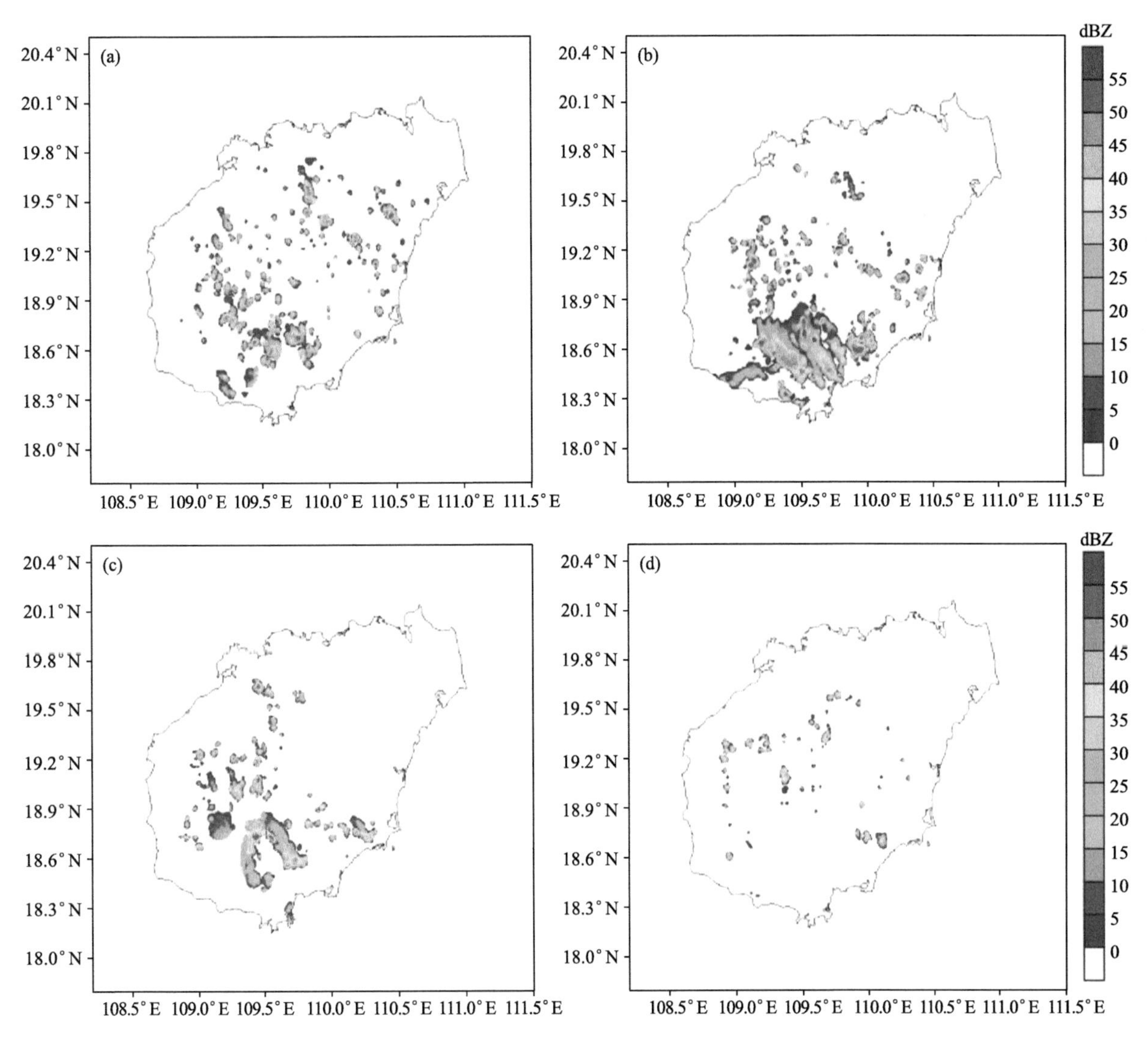

图 6.18　2012 年 7 月 20 日的模拟反射率(阴影,单位: dBZ) (a)15:00;(b)16:00;(c)17:00;(d)18:00

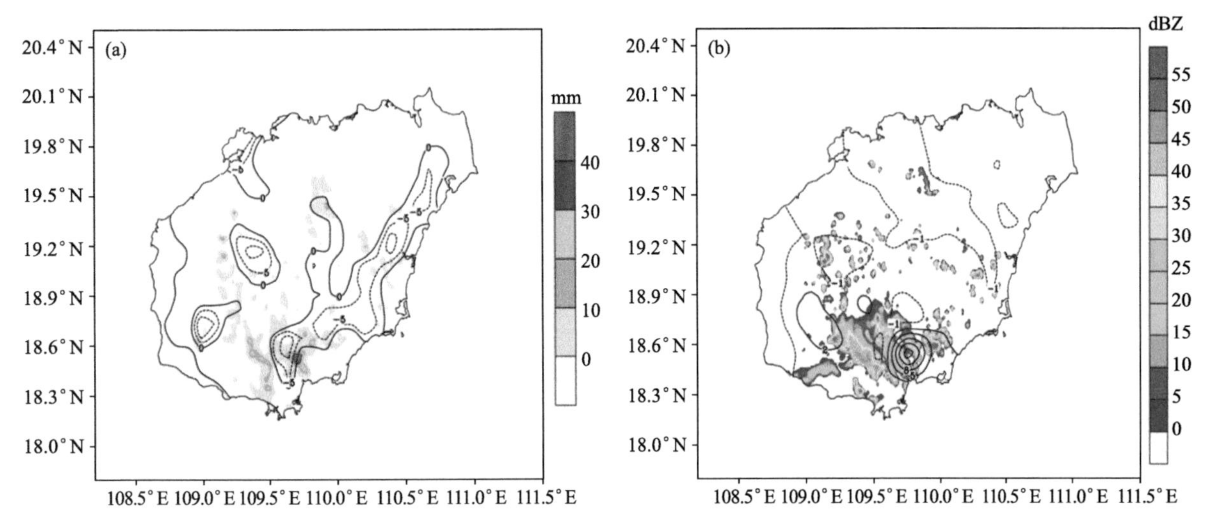

图 6.19　2012 年 7 月 20 日 16:00 的 a. 2 km 高度水平散度场(等值线,单位:$10^{-4}s^{-1}$)和小时降水量(阴影,单位:mm);b. 2 km 高度垂直螺旋度(等值线,单位:10^{-6} m · s^{-2})和模拟的 2D 反射率(阴影,单位: dBZ)

的散度低值区与风场上的辐合带相对应。虽然海风辐合带附近存在有利的水汽条件和上升运动，但此次雷暴过程主要发生在辐合带南端的保亭站附近，东部沿海辐合区并未形成明显的降水。雷暴的发生发展需要充沛的水汽、较强的抬升运动以及不稳定层结等条件，所以东部沿海辐合线上没有形成强对流可能是受到了当地层结状况和不稳定能量的限制，该问题将在后面加以讨论。垂直螺旋度(Vertical Helicity)是垂直速度与涡度垂直分量的乘积，是描述环境风场气流旋转程度和运动强弱的动力参数，可以有效地表征潜在不稳定能量的释放，准确地反映强对流系统的动力场结构(Lilly,1986;Molinari et al.,2008;冉令坤等,2009)。从垂直螺旋度的分布(图 6.19b)可以看出，雷暴发生期间保亭、五指山等地的低层存在一个等值线高值区，与该时刻的雷达反射率以及降水的分布一致，表明该区域有较强的涡旋和垂直运动。此次雷暴与低层海风所形成的辐合带密切相关，辐合带南端的动力学条件有利于雷暴的发展，海风辐合能引发低层的涡旋和垂直运动，触发局地强对流活动。

6.2.5 垂直结构特征

上述水平风场和环流场的分布揭示出雷暴的发生发展与低层的海风辐合密切相关。为了更加深入地了解低层海风增强垂直运动从而诱发雷暴产生的具体过程，本节对海风雷暴的垂直结构进行了讨论。首先从风场的垂直分布(图 6.20a)可以看出，海南岛低层表现为南北海风的辐合，岛屿北部的海风相对强盛，低层的偏北风达到了 6 $m \cdot s^{-1}$ 以上，海风的厚度接近 2 km；岛屿南部的海风相对较弱，风速不大，海风厚度不到 1 km，但其海风环流结构比较完整，18.7°N 附近表现出了海风头部(Sea Breeze Head,SBH)的特征，而且在 1 km 高度上存在明显的海风回流，这可能与地形和高空风有关，南部的陡峭地形，阻挡了海风的推进，强迫气流抬升从而形成了高空回流；同时高空的偏南风也有利于海风回流的形成。向南传播的北部海风克服地形阻挡与南部较为浅薄的海风在保亭(18.65°N,109.7°E)附近相遇，并与海风回流和越山气流相互作用，造成了该地区的垂直运动，但其表现得并不是特别的强盛，中心垂直风速约为 2.0 $m \cdot s^{-1}$。地形的阻挡减弱了海风的强度，导致其辐合产生的强垂直运动主要集中在 2～3 km 以下，未能伸展得太高。低层上升运动对应着强的正螺旋度中心，但是由于受到垂直运动延伸高度的限制，高层只显示出弱的螺旋度负值区，并未形成强的负值中心。图 6.20b 给出的是保亭站垂直速度和雨水混合比随时间和高度的变化，等值线所表示的垂直速度与阴影区所表示的云水混合比之间有着很好的对应关系，雷暴发生期间存在较强的垂直运动和较大的雨水混合比，垂直速度的最大值约为 2.0 $m \cdot s^{-1}$，出现在高度 2 km 附近，雨水混合比的高值中心为 2.0 $g \cdot kg^{-1}$，出现在高度 1 km 附近。虽然垂直运动和雨水混合比的高值中心都出现在低层，但其在垂直方向上却伸展得比较高，雨水混合比 0.2 $g \cdot kg^{-1}$ 的阴影区甚至延伸到了 5～6 km 高度处。

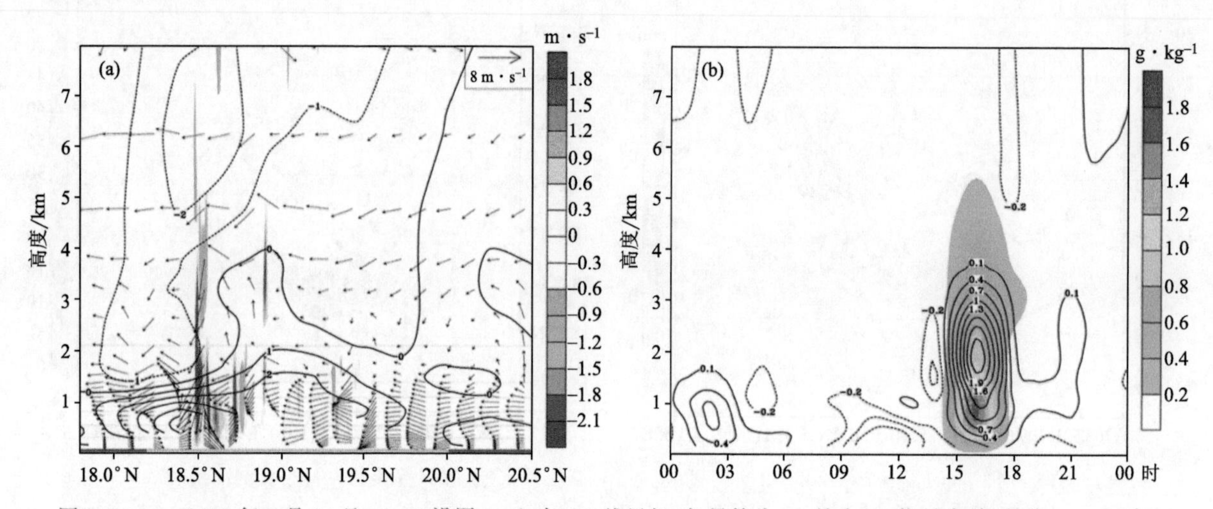

图 6.20 a. 2012 年 7 月 20 日 16:00 沿图 6.9b 中 AB 线风场(矢量箭头，w 扩大 10 倍后合并，单位：$m \cdot s^{-1}$)、垂直速度(阴影，单位：$m \cdot s^{-1}$)和垂直螺旋度(等值线，单位：10^{-5} $m \cdot s^{-2}$)的剖面图；b. 2012 年 7 月 20 日的垂直速度(等值线，单位：$m \cdot s^{-1}$)和水汽混合比(阴影，单位：$g \cdot kg^{-1}$)的时间-高度剖面图

沿保亭(18.65°N,109.7°E)分别作经向和纬向剖面(图 6.21 和图 6.22),以便讨论雷暴的发生发展在经纬向上的差异,图中雷达反射率的演变能直接反映出雷暴强度和位置的变化。由于受到地形分布的影响,雷暴在经向和纬向上的表现明显不同。从雷暴形成到消散的过程中(15:00—17:00),雷暴单体向北移动了 10 km 左右,但向西却移动了近 30 km,雷暴向北移动的距离明显小于向西移动的距离;同时雷暴在北移的过程中减弱消散的速度相对较快,17:00 已经趋向于消亡,回波主体强度小于 30 dBZ,但雷暴的西移受地形影响较小,雷暴在 17:00 仍然表现得比较强盛,雷达回波接近 50 dBZ。此次海风雷暴的垂直结构与一般内陆雷暴基本相似,但也存在不同于常规雷暴的地方。此次雷暴的发生发展过程中,虽然当地的垂直运动没有超过 3 km,垂直风速也不是太强,但是雨水混合比的分布却达到了 5～6 km(图 6.20),雷达反射率更是伸展到了 10 km 以上。海南岛位于低纬地区,受热带海洋影响大,水汽、动力和热力条件都比较有利,所以海风辐合和垂直抬升条件不需要太强就能克服对流抑制达到自由对流高度,自主的发展对流,这也是海南岛常年雷暴频发的主要原因之一。

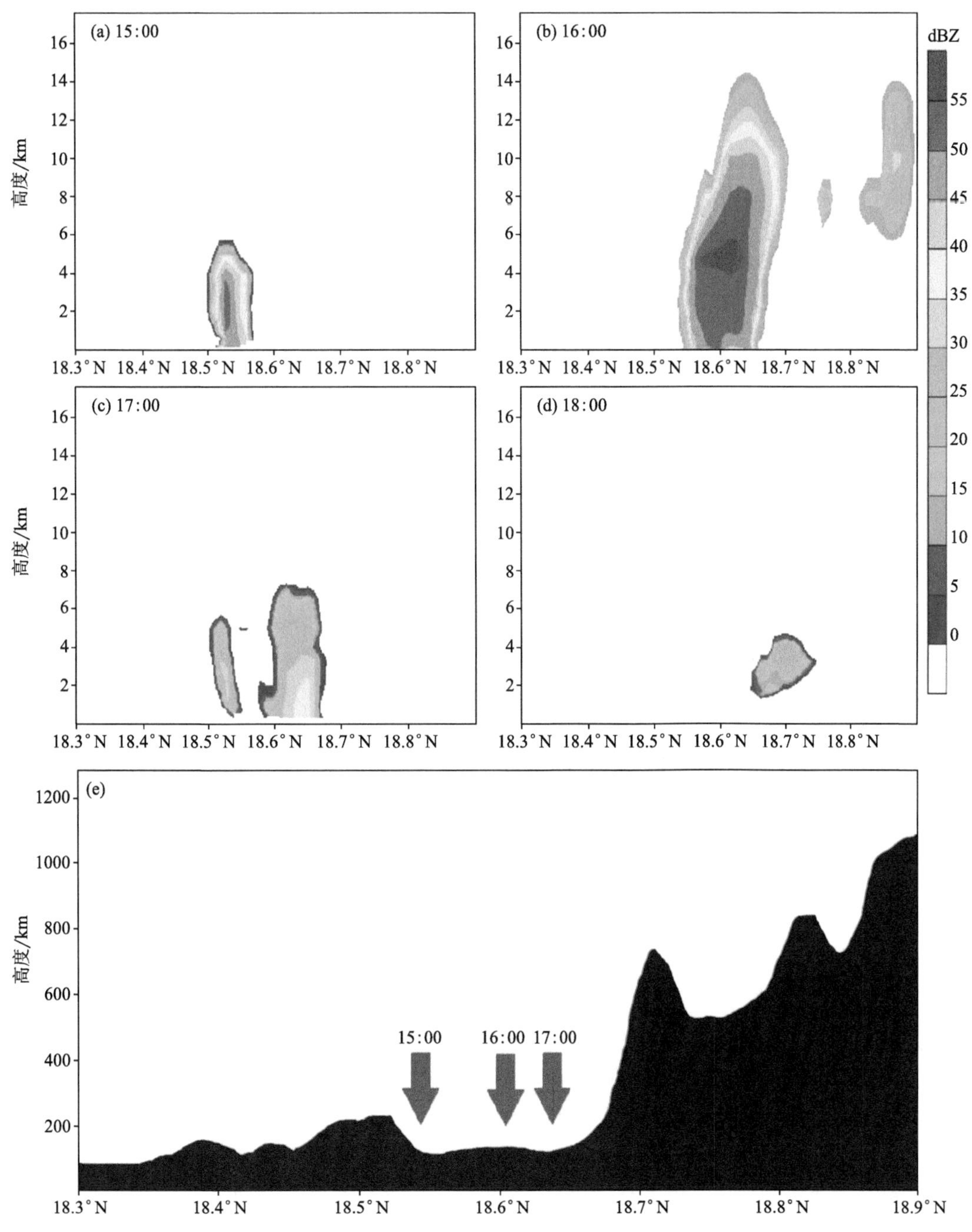

图 6.21　2012 年 7 月 20 日沿保亭(18.65°N,109.7°E)的模拟反射率经向剖面图(单位: dBZ) (a. 15:00; b. 16:00; c. 17:00; d. 18:00)和地形高度剖面图(单位:m)以及雷暴各阶段的位置(箭头)(e)

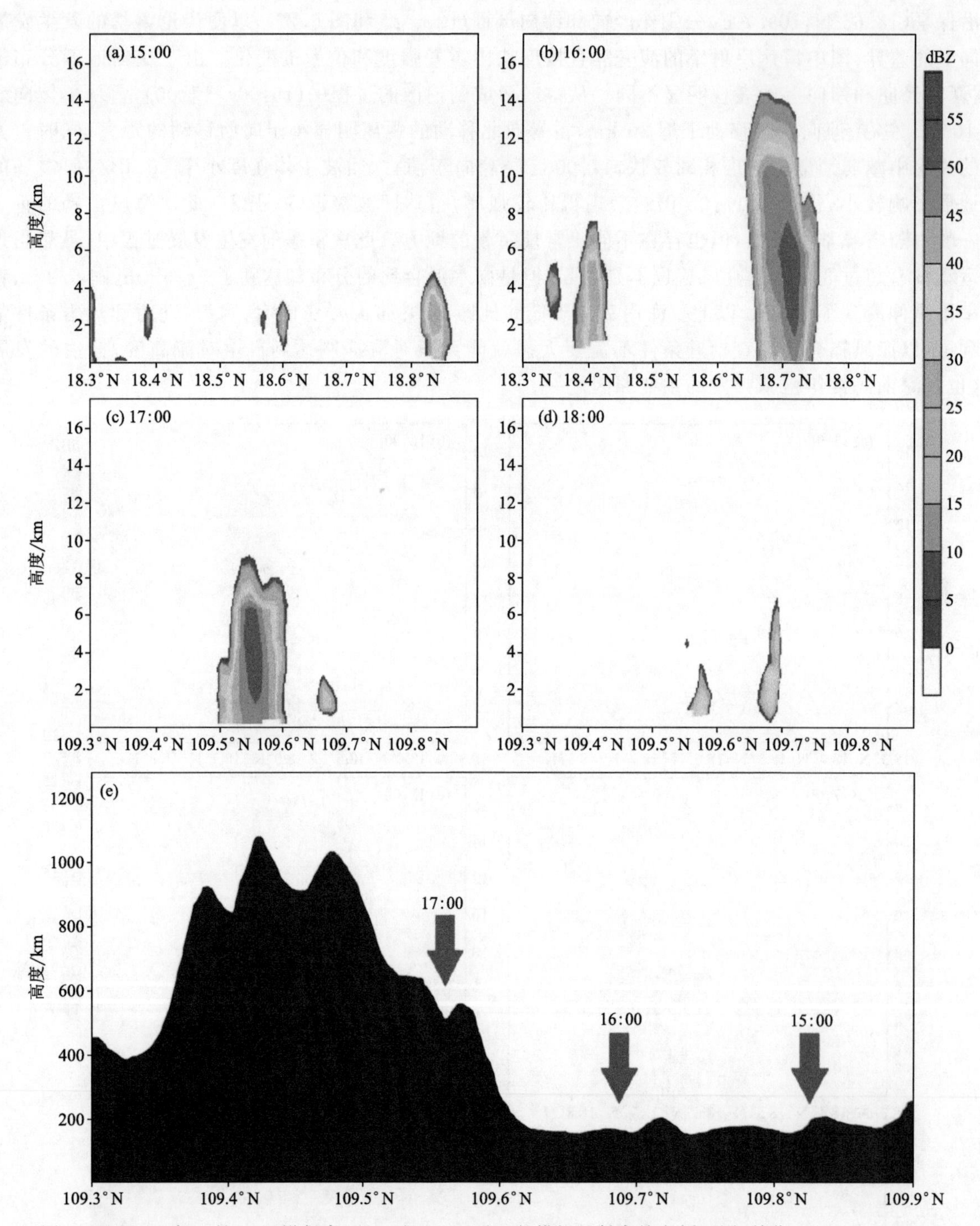

图 6.22　2012 年 7 月 20 日沿保亭(18.65°N,109.7°E)的模拟反射率纬向剖面图(单位：dBZ)(a. 15:00；b. 16:00；c. 17:00；d. 18:00)和地形高度剖面(单位:m)以及雷暴各阶段的位置(箭头)(e)

6.2.6　局地能量分析

前文在分析雷暴的水平结构时发现岛屿东部沿海的海风辐合未能诱发雷暴可能与当地的层结状况和不稳定能量有关，本节将在这一部分对局地能量和层结状况进行重点讨论。在描述大气对流潜势的参数中，对流有效位能和对流抑制能量的物理意义最为清晰(Moncrieff et al.，1976；Colby，1984)，对流有效位能越大，对流抑制能量越小，则雷暴或深厚湿对流就越容易发生。图 6.23a 是对流有效位能的分布情况，其分布类型与相对湿度(图 6.13a)以及低层散度(图 6.19a)一致，高值区在东南沿海的海风辐合带附近，有利于该区雷暴等强对流天气的发生发展，但在图 6.23b 中东部沿海基本处于阴影区，表示该地区有着较高的的对流抑制能量，强对流难以形成和发展。东南沿海地区低层海风辐合所产生的抬升运动只能促使对流抑制能量较低的南端产生对流活动，而东部沿海虽然位于辐合带上，但同时也处在较大的对流抑制区中，海风的垂直运动无法克服当地的对流抑制，从而不能形成有组织的对流。

考虑到保亭单站对流参数演变的随机性太强，文中根据雷暴的发生发展过程(图 6.18)，对雷暴发生区域(18.4°—18.9°N，109.4°—110°E)的对流参数进行平均，得到相关物理量的演变曲线(图 6.24)。图 6.24a 中显示出雷暴发生前 CAPE 比较大，超过了 2000 J・kg^{-1}，CIN 比较小，处于 10 J・kg^{-1} 以下，为雷暴的形成提供了有利的条件。两者在 15:00 左右都存在一个明显的拐点，这恰好是雷暴发生的时间。雷暴发生后不稳定能量得到释放，有效位能迅速衰减，对流抑制能量上升，对流潜势减弱，层结逐渐趋于稳定。因此分析对流参数演变曲线的突变位置，对雷暴发生的时间有一定的指示和预报意义。边界层高度(Planetary Boundary Layer Height，PBLH)和自由对流高度(Level of Free Convection，LFC)能反映出低层大气的湍流活动和层结状况(图 6.24b)。随着时间的推移，通常太阳辐射会逐渐增强，边界层高度不断增加，当太阳辐射减弱时，边界层高度会随之减小，但是由于雷暴的存在，在其强垂直运动的影响下，保亭站附近的边界层高度在 1 km 左右维持了一段时间，直到雷暴活动结束才再次开始减小。在自由对流高度之下，气块的抬升需克服对流抑制，当气块突破该高度层后可以通过浮力做功来获得能量，从而使对流得到发展，在雷暴发生过程中自由对流高度较低，位于 700 m 附近，意味着当地对流的触发不需要太强的扰动，单纯的海风辐合完全可以诱发雷暴的产生。

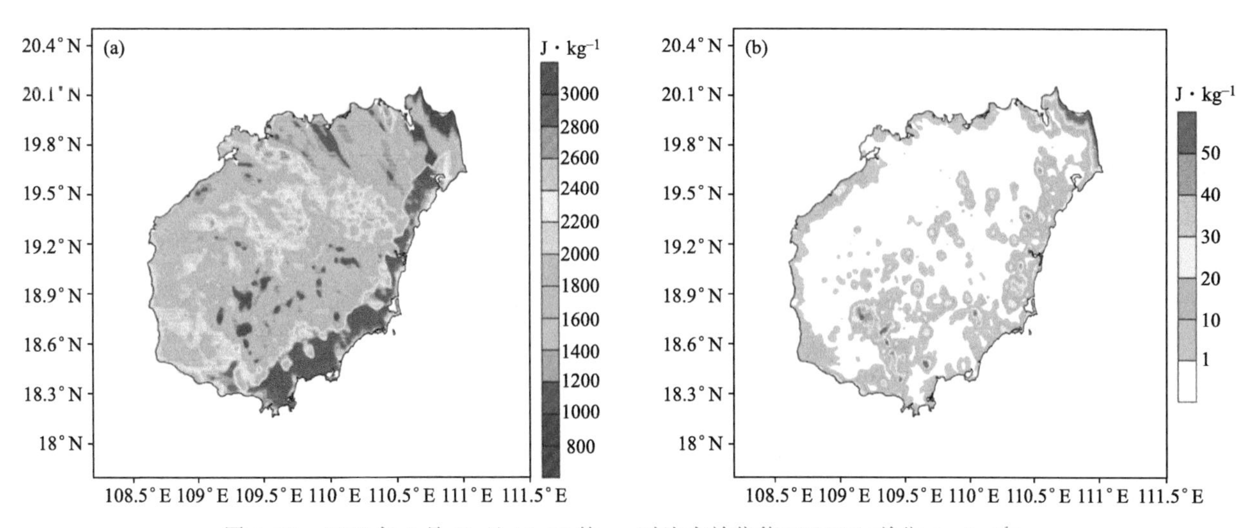

图 6.23　2012 年 7 月 20 日 15:00 的：a. 对流有效位能(CAPE)(单位：J・kg^{-1})；
b. 对流抑制能量(CIN)的水平分布(单位：J・kg^{-1})

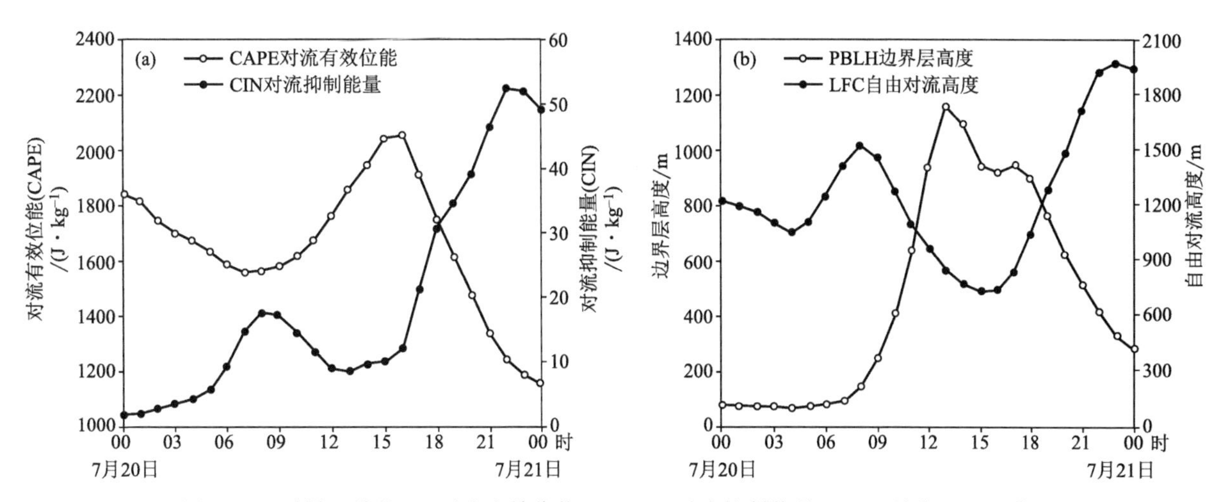

图 6.24　雷暴区域的：a. 对流有效位能(CAPE)、对流抑制能量(CIN)(单位：J・kg^{-1})；
b. 边界层高度(PBLH)、自由对流高度(LFC)随时间的演变(单位：m)

6.3 海南“3.20”大范围强冰雹过程特征分析

2013 年 3—4 月海南岛先后 5 d 观测到冰雹，为近 10 a 冰雹日数最多的春季，其中 3 月 20 日出现的冰雹范围和强度属历史罕见。本节研究主要应用常规资料、海南省乡镇自动站和海口多普勒雷达资料对“3.20”冰雹过程进行中尺度分析，以期寻找海南岛强烈冰雹的预报着眼点和预报指标。

2013 年 3 月 20 日 17 时至 19 时 30 分，海南岛北部的定安、屯昌、澄迈、儋州和临高 5 个市(县)共 12 个乡镇先后观测到冰雹，冰雹直径大多达到或超过 20 mm，部分乡镇伴有 8 级以上雷雨大风，屯昌县南坤镇测得最大阵风 9 级(23.3 $m \cdot s^{-1}$)。这次冰雹过程范围之广、强度之强属海南岛历史罕见。

6.3.1 冰雹天气成因

(1)环流背景

2013 年 3 月 19 日起，500 hPa 华北槽加深东移，槽底位于 30°N 附近，20 日 08 时，长江以北我国大部地区以经向环流为主，引导地面冷空气快速东路南下，海南岛北部地区有干急流；南支槽位于云南东部至中南半岛北部。200 hPa 海南岛处于急流入口右侧强辐散区。850 hPa 和 925 hPa 冷切位于南岭附近，华南中南部至南海中部有暖脊(图 6.25)。地面低涡中心 19 日位于贵州、云南和广西交界处附近，海南岛受低压槽控制；20 日凌晨，随着冷锋快速东路南下，低涡中心逐渐填塞并南落至中南半岛北部，14 时冷锋越过南岭到达两广(广东、广西)中部，以后减弱锋消，海南岛仍处于低压槽中；受持续的偏南风和锋前增温影响，20 日白天海南岛气温持续升高，北部内陆地区普遍升至 35～37 ℃。海南岛“3.20”大范围强烈冰雹发生在地面低槽高温区内，是海南冰雹发生的主要天气形势之一，但与张涛等(2012)、叶爱芬等(2006)等分析的广东冰雹常发生在地面锋面附近有所区别。

(2) 层结稳定度

3 月 20 日 08 时海口站 T-ln$P$ 图(图 6.25)显示，600 hPa 附近有干冷空气，中层的干冷空气和高温高湿的地面环境使得大气层结极不稳定，有利于强对流的发生发展。海南岛上空 200 hPa(47 $m \cdot s^{-1}$)存在高空急流，低层垂直风切变大，1000～850 hPa(约 0～1.5km)垂直风切变达到 8.2 $m \cdot s^{-1} \cdot km^{-1}$，属于较强的垂直风切变。925 hPa 边界层附近存在较强逆温，午后随着地面温度升高，逆温层是否能被破坏呢？20 日 08 时海口站地面露点 T_d=20.9 ℃，通过 T-ln$P$ 图求出对流温度 $T_g \approx 36$ ℃，而当日下午地面最高气温 T_{max} 在 35 ℃以上，$T_{max} \geqslant T_g$，逆温层积累的大量不稳定能量有条件得以释放，发生热雷暴的可能性很大(朱乾根 等，2007)。

6.3.2 触发机制

(1) 海陆风辐合线和地形

在西南低压槽控制下，背景风场为偏南风或西南风，受焚风效应影响，海南岛白天陆地温度快速升高，北部和西部沿海地区海风逐渐加强并深入内陆；海南岛北部多 100 m 以下台地，中南部为 500～600 m 的山地，高峰为中南部的五指山在 1500 m 以上，局地加热不均匀，因此海陆风辐合线在山脉北侧长时间维持。在适宜的环境背景下，地形和海陆风辐合线抬升作用将触发对流单体生成发展。

3 月 20 日 10 时前后，海南岛西北部地区海风加强，在临高、儋州至白沙一带形成偏北风和偏南风辐合线；12 时以后，北部(海口、澄迈)沿海海风加强，NE-SW 向辐合线朝着东南方向缓慢移动；随着热力条件增强，受地形抬升和海陆风辐合线触发，14:02 在白沙东北部半山区出现回波单体，以后沿着辐合线不断有新生单体生成发展；16 时以后，在文昌、定安到琼中一带形成偏南风和东南风辐合线并原地加强，18 时前后，在琼中北部的半山区不断有新生单体生成，沿着辐合线向东北偏东方向移动(图 6.26)。

(2) 低层弱冷空气

海口站多普勒雷达风廓线(VWP)产品(图 6.27)显示，14:39 前后，1.5～2.1 km 高度开始由偏西风转为西北风，以后逐渐扩展到 2.4 km；19:18 开始，2.4 km 高度逐渐向下逆转为西南风，19:42 1.5 km 高度也转为西南风。整个过程中 2.4 km 以上层均为一致的西南风。

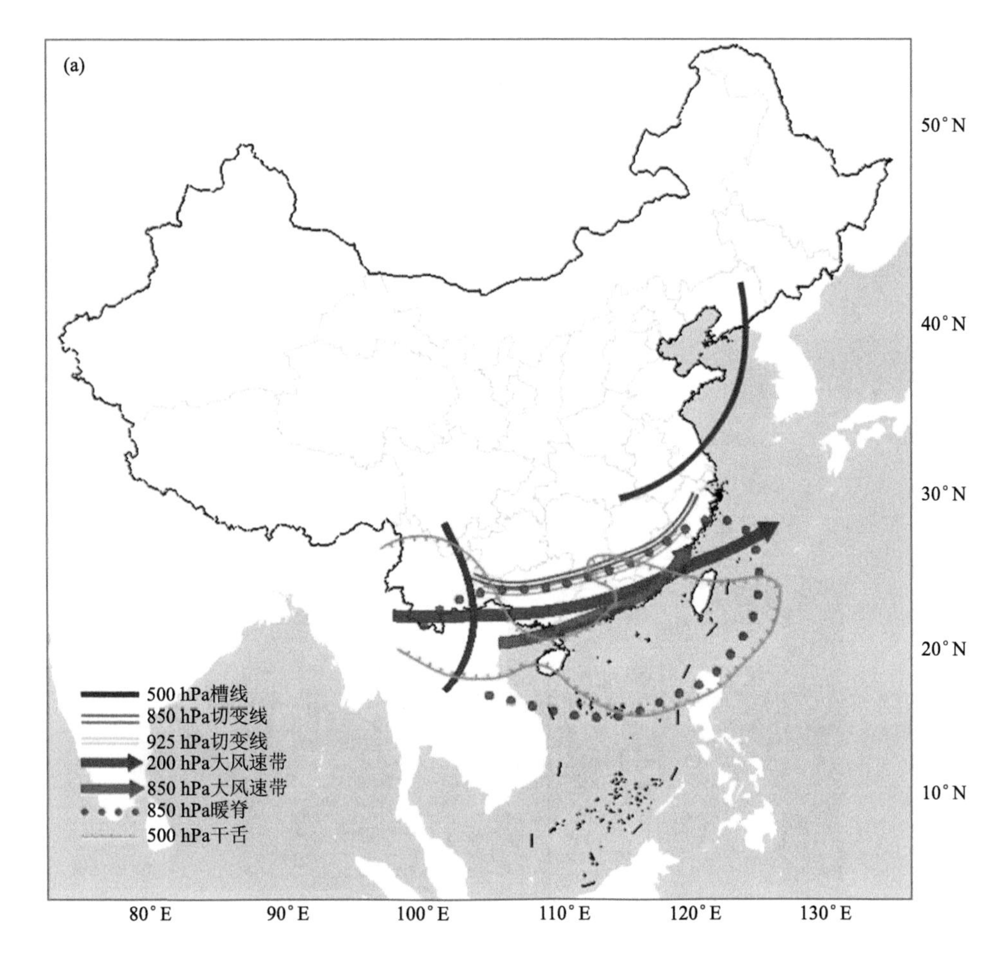

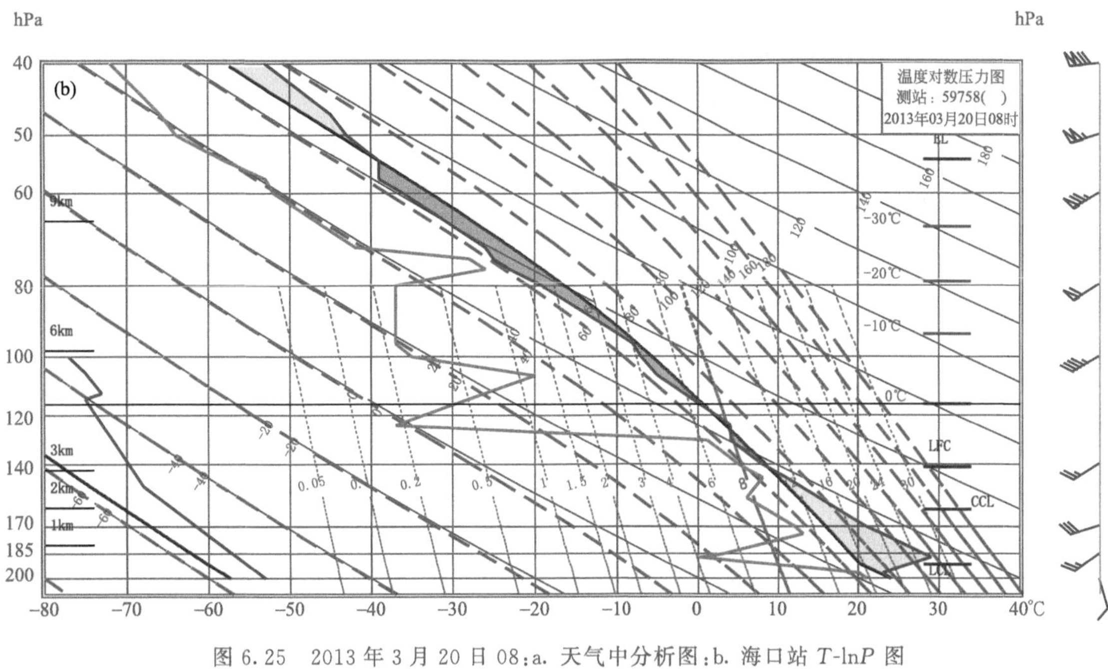

图 6.25 2013 年 3 月 20 日 08：a. 天气中分析图；b. 海口站 T-ln$P$ 图

分析 20 日 20 时 850 hPa 和 925 hPa 实况场，两广中南部和海南北部为 24 h 负变温区。说明 20 日 14：39—19：42 弱冷平流是由低层扩散至海南岛北部地区，在 1.2 km 边界层附近形成冷式切变，触发了对流单体有组织化发展成为超级单体，期间先后有 4 个超级单体发展成熟，造成海南岛罕见的大范围强烈冰雹过程。

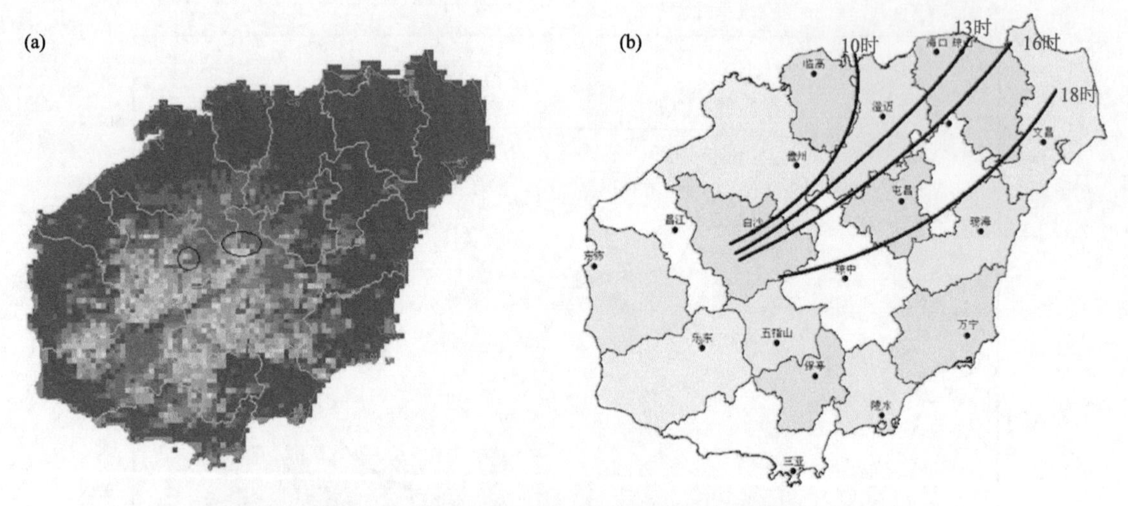

图 6.26　海南岛地形(圆圈处为初始回波生成地)(a)和海陆风辐合线移动路径图(b)

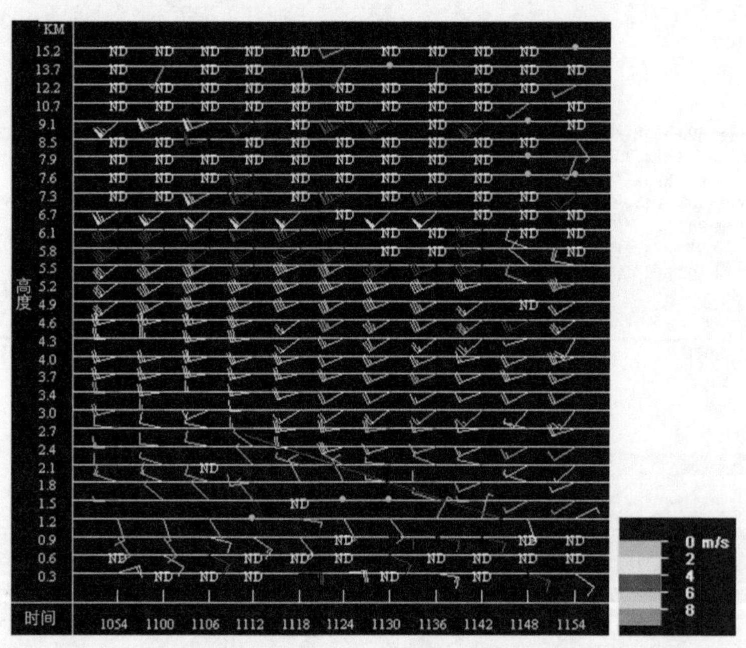

图 6.27　2013 年 3 月 20 日 19:54 海口站多普勒雷达风廓线图
(图中红色斜线表示该高度范围内风向出现逆转)

6.3.3　4 个超级单体发展演变特征

(1) 超级单体A

对流单体A 16:11 前后在琼中北部海陆风辐合线附近生成发展，16:23 0.5°仰角最大反射率因子达到 55 dBZ 以上，以后迅速发展为超级单体并向西北方向移动进入澄迈境内，17:35 以后在澄迈境内减弱消散(图 6.28a)。从 20 日 08 时 T-ln$P$ 图得知，引导层(700～500 hPa)为 WSW 风，－20 ℃层高度为 7681.2 m，0 ℃层高度 4590 m，据统计，海南岛近 10 a 冰雹日的 0 ℃层高度集中在 4.3～5.1 km，－20 ℃层高度为 7.6～8.4 km，可见这次冰雹的 0 ℃层和－20 ℃层高度在近 10 a 冰雹日中是偏低的。超级单体A 属于左移风暴。从反射率因子沿径向剖面图可以看出，55 dBZ 强回波高度伸展至 9 km 附近，位于－20 ℃层高度以上，最大反射率因子达到 60 dBZ，回波顶在 14 km 附近，出现低层弱回波区和中高层回波悬垂，低层弱回波区位于超级单体 A 移动方向的左后方(图 6.29)。

16:29，超级单体A 在 2.4°和 3.4°仰角径向速度图首先发现中反气旋，17:05 向上伸展到 6.0°仰角，一直维持到 17:29，最大旋转速度为 16 m・s^{-1}(图 6.29)，而 0.5°和 1.5°仰角中反气旋特征不明显。超级单体 A 率先在澄迈产生冰雹，维持时间短，没有造成雷雨大风，影响较小。

(2)超级单体 B1 和 B2 分裂过程

16:29 前后沿着海陆风辐合线在超级单体 A 西南部的白沙东北部有新的对流单体 B 生成。对流单体 B 沿着辐合线向东北方向移动，16:59 前后在儋州东南部分裂为两个单体，以后左移风暴 B1 沿 NNE 方向经临高移入澄迈，右移风暴 B2 沿 ENE 方向经屯昌移入定安，19:30 前后左移风暴 B1 和右移风暴 B2 分别在澄迈近海和文昌东部减弱消散(图 6.28b)。

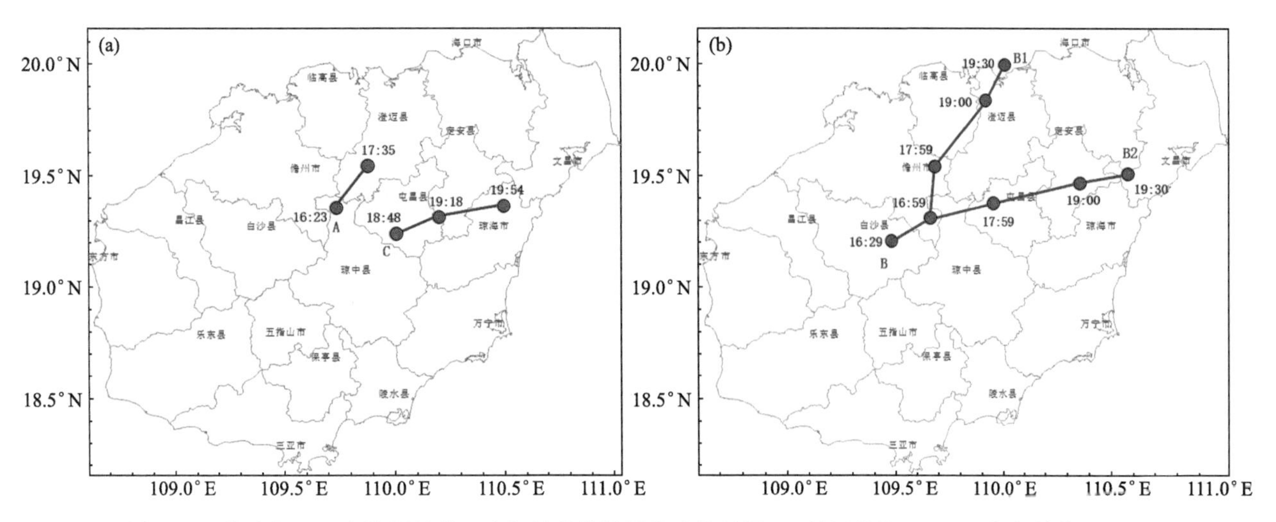

图 6.28　海南“3.20”大冰雹过程 4 个超级单体风暴移动路径图：a. 超级单体 A、C；b. 超级单体 B1、B2

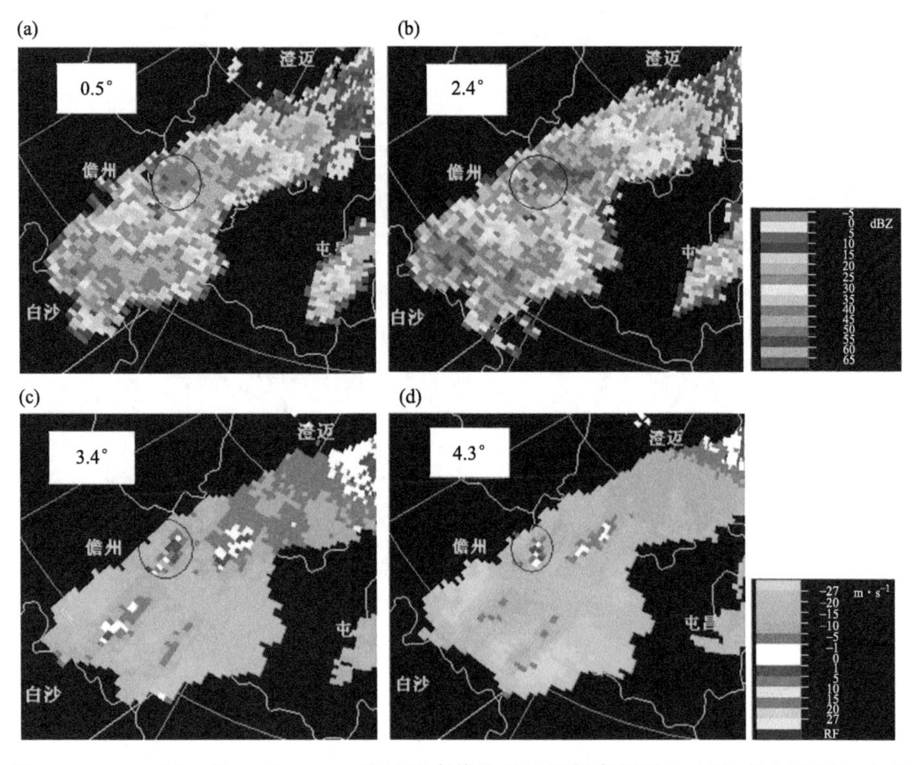

图 6.29　2013 年 3 月 20 日 17:05 海口站多普勒雷达反射率因子(a,b)和径向速度(c,d)图

17:29 左移风暴 B1 率先发展成熟，0.5°仰角最大反射率因子达到 60 dBZ 以上；17:35 右移风暴 B2 0.5°仰角最大反射率因子也达到 55 dBZ 以上。反射率因子图显示，17:35 左移风暴 B1 和右移风暴 B2 在 1.5°、2.4°和 3.4°仰角上同时出现了三体散射回波，右移风暴 B2 维持到 18:36，左移风暴 B1 一直维持到 19:00；18:11 左移风暴 B1 沿移动方向左侧在 1.5°和 2.4°仰角出现旁瓣回波。从反射率因子沿径向和纬向剖面图可以看出，左移风暴 B1 和右移风暴 B2 55 dBZ 强回波高度伸展至 13 km 附近，最大反射率因子超过 65 dBZ，回波顶在 18 km 以上；均出现三体散射造成的“火焰”回波、低层有界弱回波区和中高层回波悬垂；左移风暴 B1 低层弱回波区位于其移动方向的左后方，右移风暴 B2 低层弱回波区位于其移动方向

的右后方(图 6.30)。

左移风暴 B1 在 2.4°仰角径向速度图 17:11 开始出现中反气旋，随后向上向下伸展到 4.3°和 0.5°仰角；0.5°仰角 17:53—19:12 表现为明显的反气旋性辐散流场，其他仰角则表现为纯反气旋旋转，与陈晓燕等(2011)分析的黔西南州左移风暴低层反气旋式辐合流场并不一致；左移风暴 B1 最大旋转速度出现在 3.4°仰角为 26 m · s^{-1}。右移风暴 B2 在 3.4°仰角径向速度图 17:35 开始出现中气旋，先向上后向下伸展到 6.0°和 0.5°仰角；4.3°仰角中气旋特征一直维持到 19:12；右移风暴 B2 最大旋转速度也出现在 3.4°仰角为 21 m · s^{-1}(图 6.30)。左移风暴 B1 在儋州和临高产生冰雹，并伴有 8 级雷雨大风；右移风暴 B2 在屯昌和定安产生冰雹，屯昌出现了 8～9 级的雷雨大风。

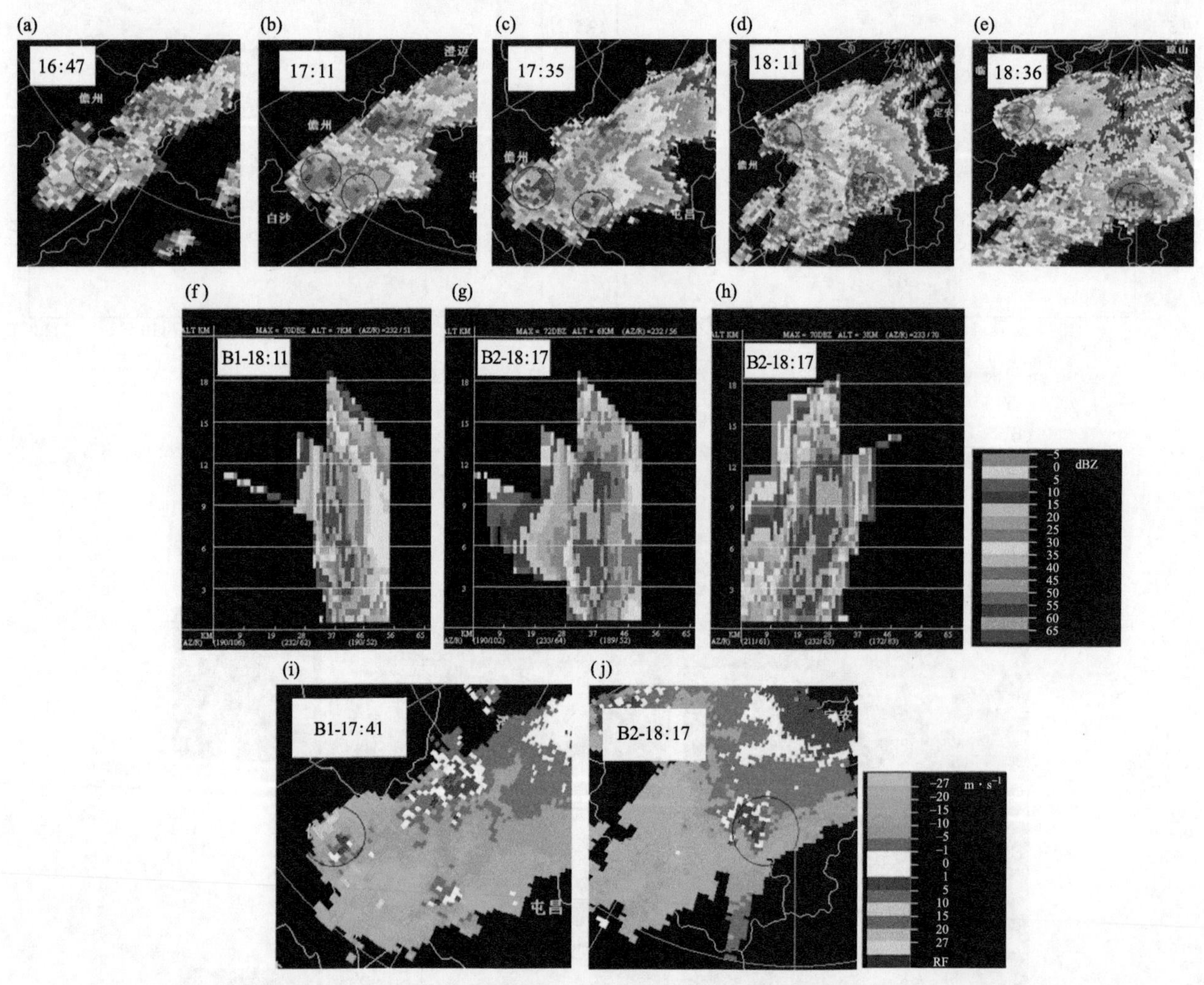

图 6.30　2013 年 3 月 20 日海口站多普勒雷达反射率因子(B1 和 B2 风暴分裂过程)(a～e)及其沿径向、切向剖面(f～h)和 3.4°仰角径向速度(i,g)图

(3)超级单体 C

超级单体 C 18:23 前后在右移风暴 B2 西南部的琼中和屯昌交界处生成，沿着地面辐合线向 ENE 方向移动，18:48 前后在屯昌中东部地区加强为超级单体，0.5°仰角最大反射率因子达到 55 dBZ 以上，3.4°仰角出现三体散射。以后超级单体 C 转向偏东方向移动，经定安南部，19:36 进入琼海(图 6.28a)，三体散射回波维持到 19:48。超级单体 C 于 19:54 以后在琼海境内减弱消散。沿反射率因子径向剖面图显示，55 dBZ 强回波高度伸展至 9 km，回波顶在 13km 附近；19:42 55 dBZ 强回波高度逐渐回落到 7 km，回波顶也下降到 9 km 附近；最大反射率因子超过 65 dBZ，出现低层有界弱回波区和中高层回波悬垂，低层弱回波区位于超级单体 C 移动方向的右后方。19:42 2.4°仰角沿超级单体 C 移动方向左侧出现旁瓣回波，由旁瓣产生的假尖顶回波伸展至 14 km 附近(图 6.31)。

19:24—19:42，超级单体 C 在 3.4°和 4.3°仰角径向速度图出现中反气旋，最大旋转速度为 14 m · s^{-1}

(图 6.31)。超级单体 C 在屯昌和定安产生冰雹,并伴有 8 级雷雨大风。超级单体 C 中气旋和三体散射在琼海境内维持了 2~3 个体扫,伴随着低层有界弱回波区、中高层回波悬垂、旁瓣和假尖顶回波,说明此次过程琼海虽然没有冰雹观测报告,但也应该出现冰雹。

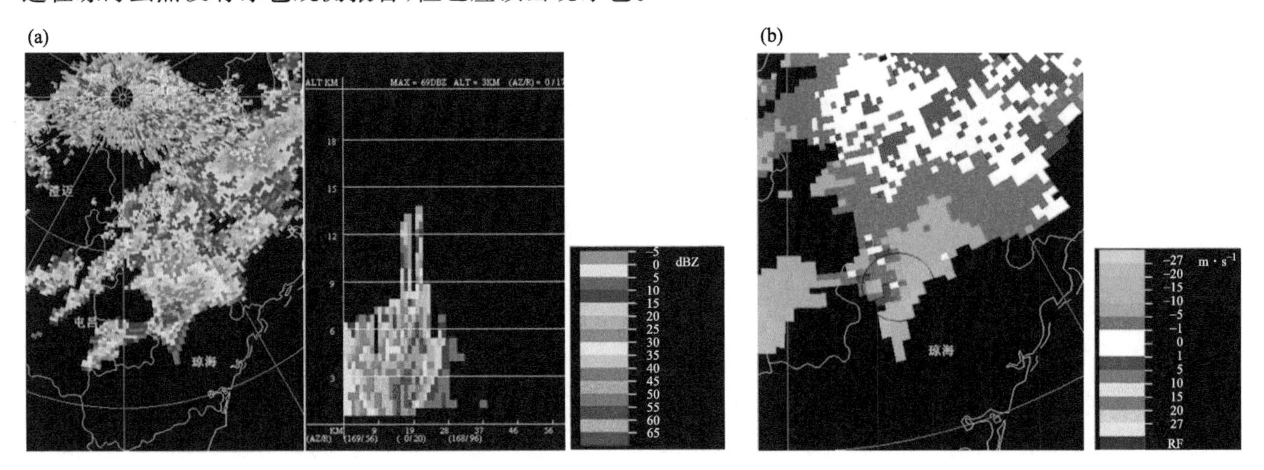

图 6.31　2013 年 3 月 20 日 19:42 海口站多普勒雷达反射率因子及其沿径向剖面(a)和 3.4°仰角径向速度(b)图

通过以上对 4 个超级单体发展演变特征的分析,把出现三体散射、中(反)气旋的最初时刻与冰雹观测的初始时间进行对比发现(表 6.3),三体散射出现时间对冰雹预报有 5~20 min 提前量,与郭艳(2010)统计江西大冰雹三体散射指标时指出利用三体散射预报大冰雹的时间提前量最大达到 77 min 有较大差距,这是因为郭艳(2010)使用的冰雹资料来源于江西省危险天气报告,测站密度较小,更不容易捕捉冰雹的初始时刻;中(反)气旋出现时间对冰雹预报的提前量为 7~30 min。因此,在适宜的 0 ℃层和−20 ℃层高度下,多普勒雷达观测到三体散射或中(反)气旋时立即发布冰雹警报,最长可以提前 20~30 min。

表 6.3　4 个超级单体出现三体散射、中(反)气旋与冰雹观测的初始时间对比表

超级单体	冰雹出现时间	三体散射出现时间	中(反)气旋出现时间
A	17:00	/	16:29
B1	17:30	17:35	17:23
B2	17:56	17:35	17:35
C	19:08	18:48	19:24

6.3.4　垂直液态水含量变化与冰雹的对应关系

垂直液态水含量 VIL 值表示的是将反射率因子数据转换成等价的液态水值,并且假定反射率因子是完全由液态水反射得到的(俞小鼎 等,2006)。因此,VIL 值与反射率因子值有很好的对应关系。普查海南岛“3.20”大冰雹过程发现,VIL 值≥40 $kg \cdot m^{-2}$ 对应组合反射率因子中最大反射率因子≥60 dBZ。从 A、B1、B2 和 C 4 个超级单体观测到冰雹的初始时刻与 VIL 值变化对比图(图 6.32)可以看出,冰雹发生

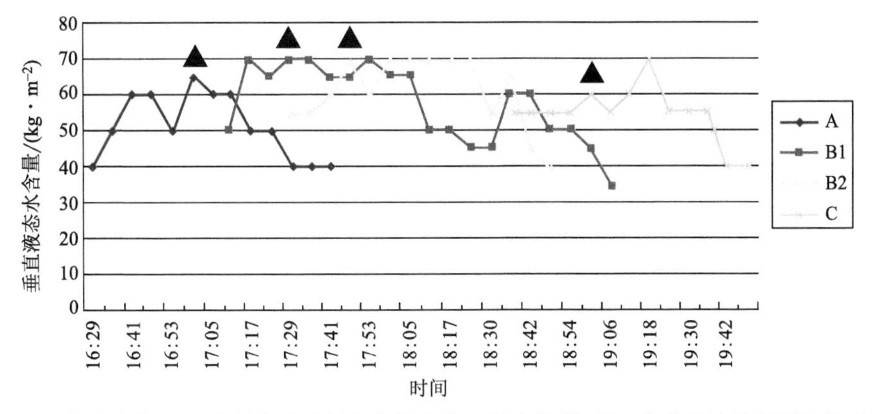

图 6.32　海南岛“3.20”强烈冰雹过程垂直液态水含量变化图(黑三角处为冰雹观测初始时刻)

前 VIL 值都有一个跃增的过程，普遍达到 65 kg·m^{-2} 时开始出现冰雹，当 VIL 值跃增到 60 kg·m^{-2} 时发布冰雹警报，一般能提前 1～3 个体扫时间。冰雹开始出现一段时间后，VIL 值逐渐下降，当 VIL 值＜40 kg·m^{-2} 时冰雹过程结束。张正国等(2012)研究表明，广西冰雹云的识别指标为 VIL≥43 kg·m^{-2}，而近 10 a 海南冰雹个例 VIL 值均在 60 kg·m^{-2} 以上，远超过广西的阈值。另外，“3.20”大冰雹过程中屯昌、儋州、临高和定安先后有 6 个乡镇出现了 8 级以上大风，VIL 值在上升、下降和维持大值区时都有大风出现。大风出现时间与 VIL 值变化没有很好的对应关系。

6.4 与海风环流相关的海南岛对流触发和传播的数值研究

本节基于高分辨率数值模拟，研究了海风环流(SBC)对海南岛对流触发和传播的影响。

6.4.1 观测结果

华南地区，包括海南岛，在前汛期(4—6 月)常受到活跃于中印半岛和华南地区的西南槽的影响。2013 年 5 月 11 日海南岛的一个对流个例就是在这种情况下发生，并受到 SBF 的显著影响，故本研究取该个例为研究的重点。

个例研究中使用的资料包括：逐小时近地面风和温度资料、0.5 h 间隔的雷达反射率资料，来自中国气象局的三亚当地标准时间的风速廓线资料，以及来自 NCEP 的 1°×1°再分析资料(Kalnay et al.，1996)。由于华南地区附近槽线的东移延伸，在海南岛西部形成一个弱槽，带来强盛的低层西南气流和向海南岛输送的充沛水汽(图 6.33b 和图 6.33c)。弱槽前方的西南风不强，有利于海南岛 SBC 的发生。在弱槽下，一个低舌在地面向东延伸至海南岛，致使造成海南岛受较强近地面偏北风的影响(图 6.33d)。

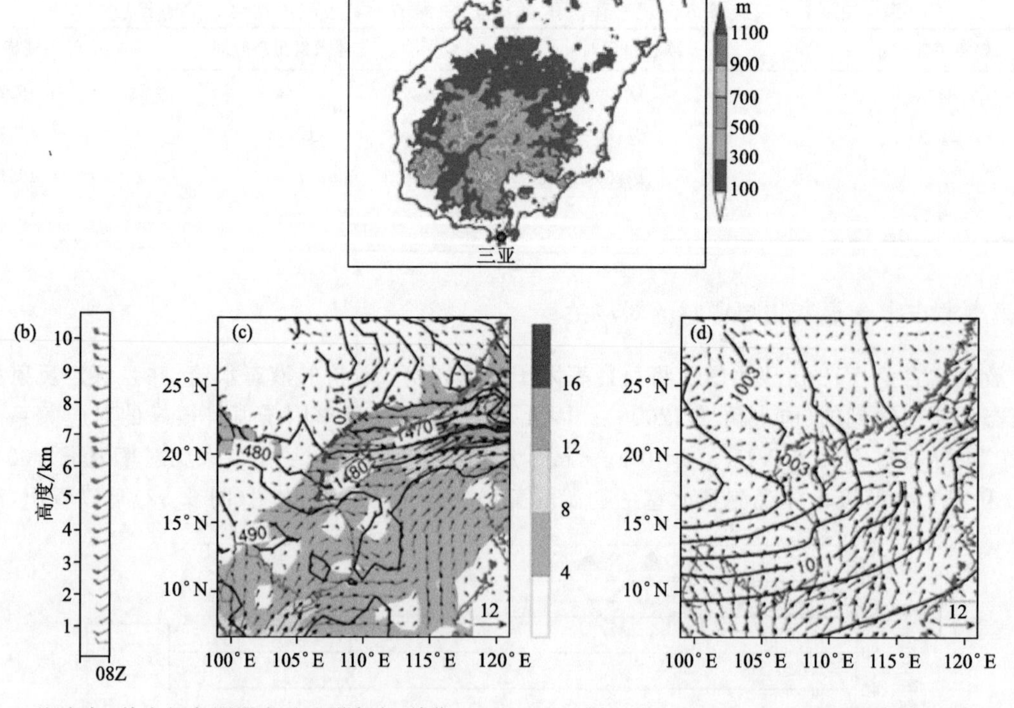

图 6.33 a. 海南岛，其中颜色阴影表示地形高度(单位：m)；b. 2013 年 5 月 11 日 08:00 三亚站风廓线(单位：m·s^{-1})；三亚站的位置在 a. 中标出；c. 2013 年 5 月 11 日 14:00 的 850 hPa 位势高度(等值线；单位：gpm)，风矢量(单位：m·s^{-1})和水汽通量(彩色阴影；单位：g·cm^{-1}·hPa^{-1}·s^{-1})；d. 2013 年 5 月 11 日 14:00 时的平均海平面气压(等值线；单位：hPa)和近地表风矢量(单位：m·s^{-1})。

受低空西南气流影响，在雷达上可见一条组合反射率带(以下称 RB，图 6.34a 中的 L1)在海面上形成并经西海岸移至海南岛。在 RB L1 进入海南岛之前，另一个值得注意的 RB(图 6.34a 中 L2)在山顶附近形成。之后，RB L1 在西南气流影响下向东传播，而 RB L2 保持不变。当 RB L1 接近 RB L2 的时候，一个新的 RB(图 6.34a 中的 L3)在 RB L2 的下游方向生成。RB L1 与 RB L2 合并，导致在下游方向连续形成两个 RB(图 6.36 中的 L4 和 L5)。由 RB L1 与 RB L2 合并形成的 RB(RB L12)逐渐衰减，而新生的 RB(RBL3，RB L4 和 RB L5)稳定地在环境风的下游方向传播。最后，它们在海南岛东海岸合并成一个长的 RB(图 6.34a 中的 L345)。在 RB L3，L4 和 L5 向东传播期间，从东海岸吹来的显著海风抑制 RB 继续向前传播，这意味着海风可能会在 RB 的形成和维持中起着重要作用。

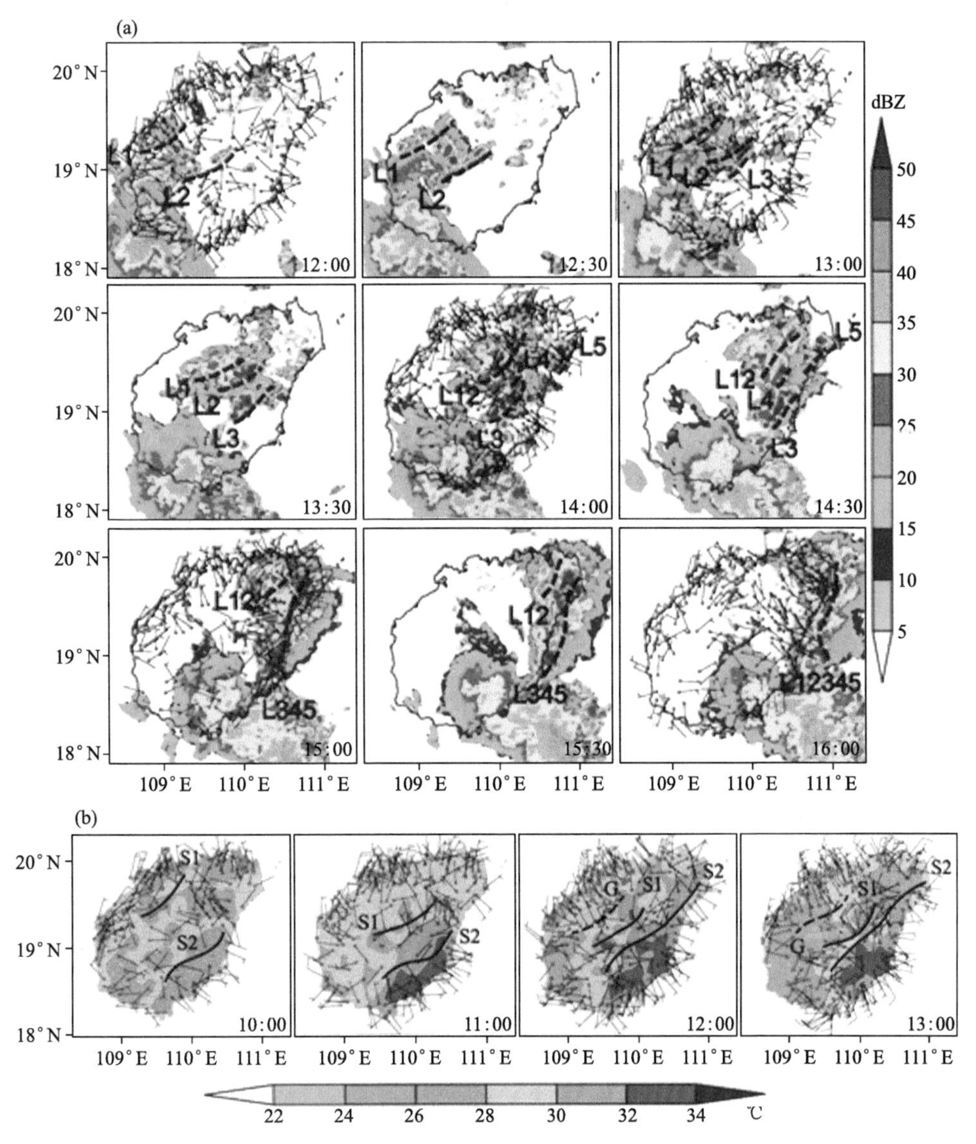

图 6.34 2013 年 5 月 11 日海南岛：a. 雷达组合反射率(彩色阴影；单位：dBZ)、近地表风天气(单位：m・s^{-1})和 b. 近地表温度(彩色阴影；单位：K)、风矢量(单位：m・s^{-1})观测数据，a 中标记为 L1-L5，L12，L345 和 L12345 的虚线表示较强的组合反射带(RB)，b 中的实线和虚线分别表示海风锋(S1 和 S2)和与 RB L1 相关的阵风锋(G)

从海南岛近地面风场和气温演变来看(图 6.34b)，静态 RB L2 与从岛西部沿海生成并最终移到山顶附近的 SBF(图 6.34b 中的 S1)密切相关。另一条沿着岛东部沿海生成的 SBF(图 6.34b 中的 S2)是由于岛东部地区近地表温度的快速上升导致海风形成的结果。当近地面温度持续升高并向内陆延伸时，SBF S2 向西推进到海南岛内陆地区。除了近地面偏北环境风的影响外，随着近地面高温向内陆的延伸，SBF S1 向内陆的渗透也得以加强(图 6.34b 和 1d)。可以看出，在 13:00，RB L3 在几乎与 SBF S2 一条线处生成(图 6.34a 和 2b)，这表明 SBF S2 可能对 RB L3 的生成有极大贡献。此外，在近地风中可见与 RB L1

相关的阵风锋(图 6.34b 中的 G),在阵风锋后部,风向垂直指向阵风锋的移动方向。从 13:00 开始,RB L3,L4 和 L5 的连续生成和它们的传播均发生在 SBF S2 的后方(东侧)(图 6.34a),表明 SBF S2 的动力和热力结构及其后部结构可能对这些 RB 的生成和发展具有重要影响。因此,接下来,我们对这个个例进行模拟以进一步研究这些对流带的生成和传播,特别是分析 SBF 对它们有何影响。

6.4.2 数值模拟和检验

利用被广泛应用于中尺度天气现象研究的高级区域预测系统(ARPS)模型(版本 5.2.12)(Kiefer et al.,2014;Xue et al.,2014;Pan et al.,2016)来进行数值模拟。ARPS 模型是非静力和可压缩模型,具有地形跟踪垂直坐标,由俄克拉何马大学风暴分析和预测中心开发。

模拟配置为,三维网格间距 27(d01)、9(d02)和 3 km(d03),域大小分别为 275×243、243×243 和 211×195(图 6.35)。取海南岛作为域中心。在垂直剖面中,从地面 50 m 以上到双曲正切伸展高度的顶部共设置 61 个层。模拟都是从 2013 年 5 月 11 日 08:00 开始的,有 12 h 的跨度。模型初始化使用 1°×1°NCEP 再分析数据集。侧面外域(d01)的边界条件也使用这些 6 h 间隔数据,而两个内域(d02 和 d03)的横向边界条件是由它们各自的外域(d01 和 d02)的模型输出来提供。通过使用 ARPS 数据分析系统(ADAS),域 d01 的模型输出对逐 6 h 探空和逐 3 h 地面观测资料进行优化,以提供给 d02 更好的横向边界条件。d02 的模型输出也进行了类似的优化,但是是对逐 6 h 探空、逐 1 h 地面观测资料,以及来自海口和三亚两台雷达的逐小时雷达反射率资料(标记在图 6.33a)进行优化,从而为 d03 提供更好的横向边界条件。

最后,利用 08:00 探空、地面和雷达反射率资料对 d03 的初始条件进行优化。用于三个域模拟的主要物理参数化方案保持不变,如表 6.4。本研究使用最内层(d03)的模型输出结果,下面先对其进行验证。

表 6.4 用于模拟的主要物理参数化方案

微物理学	边界层	辐射	积云参数化
WSM6 方案 [Hong and Lim,2006]	1.5 阶 TKE 动能方案 [Sun and Chang,1986]	NASA 大气辐射传输 参数化方案	Kain-Fritsch 方案 [Kain and Fritsch,1990,1993]

图 6.36a 为模拟的海南岛雷达组合反射率的演变。与观测结果相比,模拟 RB 的整体演变大概推迟了一个小时,模拟的雷达反射率稍强(小于 10 dBZ)(图 6.34a)。但是,对山顶静态 RB 的方向和位置再现得很好(图 6.34a 和图 6.36a 中的 L2)。RB 从西部沿海随着西南环境风移动到海南岛上也被很好的模拟出来,尽管经向分量有些偏大(图 6.34a 中的 L1 和图 6.36a)。RB L1 和 L2 的合并,以及在它们碰撞合并后 RB3、L4 和 L5 的生成和向下游传播也被很好的模拟出来(图 6.34a 和图 6.36a),只是位置上有些偏差。此外,组合 RB(RB L12)的衰减,RBs L3、L4 和 L5 连接后在岛东部沿海融合形成一个 RB 也被模拟出来(图 6.34a 中的 L12、L3、L4 和 L5,图 6.36a)。三亚的模拟风廓线(图 6.36b)显示海南岛上的环境风随高度升高从偏弱的西南风转为强的西风,这基本与观测结果一致。

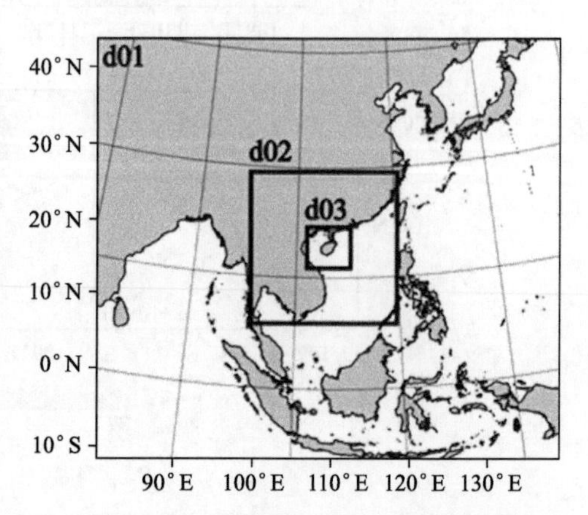

图 6.35 模拟中使用的三个域分辨率分别为 27 km(d01),9 km(d02)和 3 km(d03)

图 6.36c 描述了模拟的海南岛近地面温度和风的演变分布。与观测结果(图 6.34b)相比,近地面温度和风模拟结果的分布演变也延迟了一个小时。模拟的温度稍低(低于 4 K),部分原因是在模型中最低高度为 50 m,而不是距离地面 2 m。尽管有这些偏差,还是可以看出,海南岛东部沿海地区起初有明显的温度升高,然后随着时间的推移向内陆增强并延伸,导致从东海岸向西即岛内陆渗透的海风的形成。模拟的 RB(图 6.36a 中的 L3)在 14:00 在靠近该海风的前端生成(图 6.36c 中的 S2)。除了模拟 SBF S2 的位置稍偏东以外,这与图 6.34b 所示的观测结果非常一致。与 RBs L2 和 L1 相关的向东推进的 SBF S1 和阵风锋 G,以及北部沿海附近近地面的偏北环境风也都被分别模拟出来(图 6.34b 和图 6.36c)。

根据以上分析，尽管存在一些小的偏差(主要包括个例 RB、BFs 和阵风锋的强度和位置，以及发展的初始时间等)，但对 RBs 演变、相关 SBF 和阵风锋的分布，以及海南岛环境风的垂直分布都给出了合理的模拟。因此，模拟的结果可以被应用于以下的进一步分析。

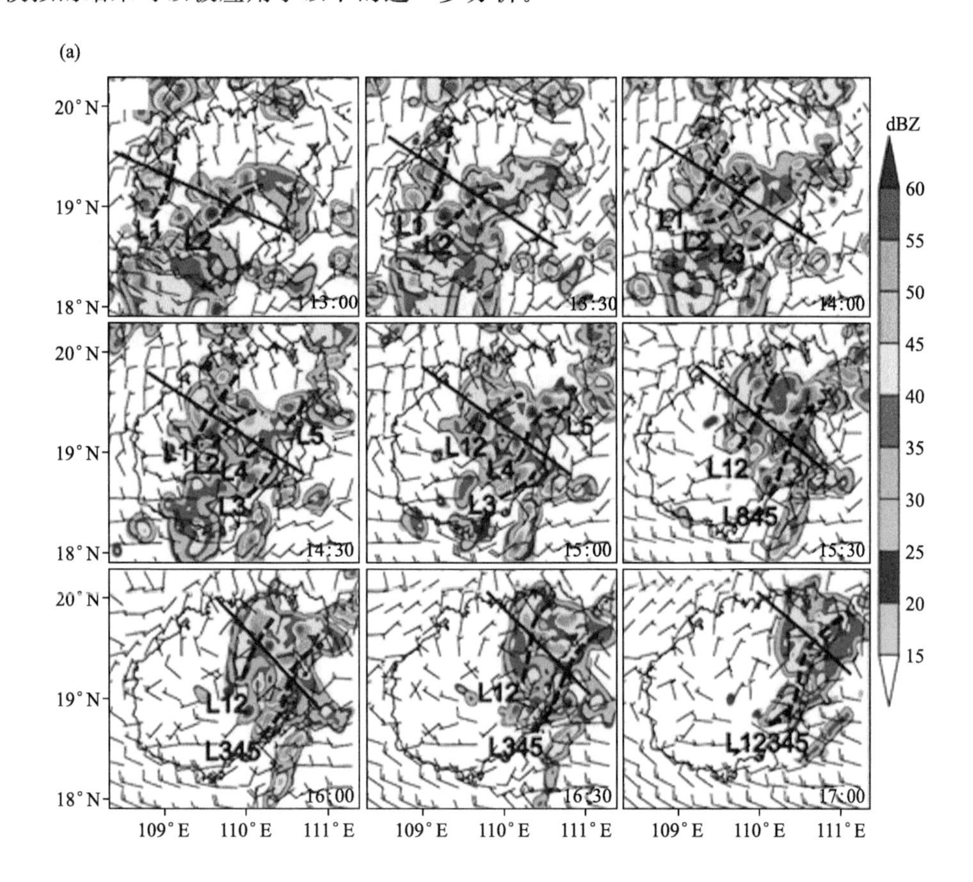

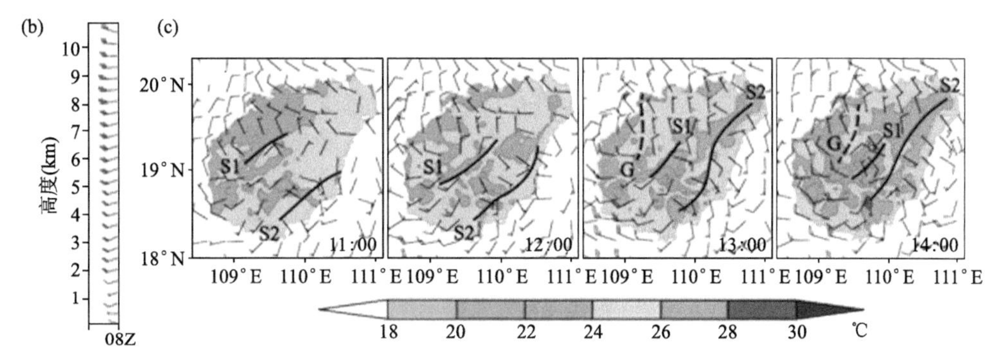

图 6.36 a. 模拟雷达组合反射率(彩色阴影；单位：dBZ)和近地表风(风羽；单位：$m \cdot s^{-1}$)；b. 近地表温度(彩色阴影，单位：K)；c. 2013 年 5 月 11 日 08 时三亚观测到的风廓线(单位：$m \cdot s^{-1}$)的演变，每个小图右下角标注的是当地时间。(a)中标记为 L1-L5，L12，L345 和 L12345 的虚线表示高反射率带(RB)，(c)中的实线和虚线分别表示海风锋(S1 和 S2)的位置和与 RB L1 相关的阵风前锋(G)的位置。(a)中的实线表示图 6.40，6.41b，6.42，6.43a 和 6.44a 中做垂直剖面的位置。

6.4.3 模拟结果

根据 RBs 的演变(图 6.36a)，模拟的天气个例可以简单地分为两个阶段：对流启动阶段和对流传播阶段。对流启动阶段侧重于在山顶附近形成的 RB L2，它的形成可能与当地地形和海风环流系统有关。本研究中不再进一步研究 RB L1 的形成，因为这个 RB 最初是在海上而不是在海南岛陆地上生成的。对流传播阶段研究对流系统的传播机制以及 SBC 在这些系统中的作用，因为这些对流系统在传播到 SBF 或其后部时得以持续发展(图 6.36c 中的 S2)。

(1)阶段1:对流启动

从雷达组合反射率和近地表风的演变来看,在RB L2形成之前(图6.37),直到SBF S1到达该区域,靠近山顶的RB L2并不呈明显的带状。模拟的SBF S1的渗透也与观测到的一致(图6.34b)。因此,RB L2的形成与SBF S1密切相关。同时,既然海南岛上有明显的山脉,地形环流可能和SBC相互作用,促进沿着RB L2的对流发展(图6.35a)。因此,本节旨在进一步研究SBC和地形环流对RB L2形成的影响。

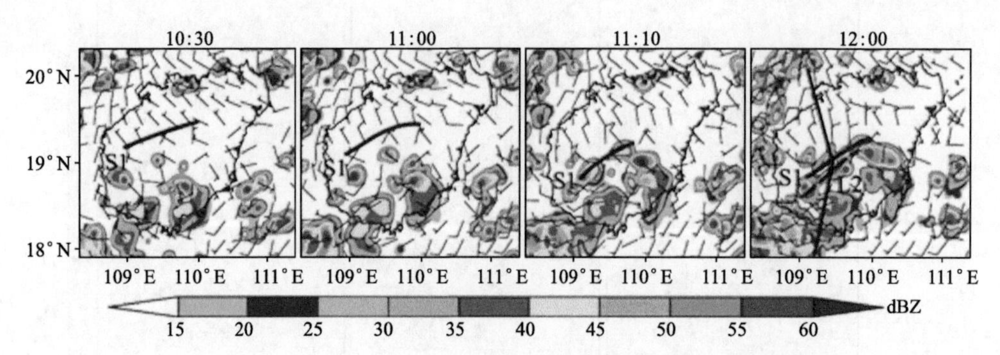

图6.37 图6.36a中RB L2形成期间,模拟的海南岛雷达组合反射率(彩色阴影;单位:dBZ)和近地表风垂直风向 near-surface wind barbs(单位:m·s^{-1})的演变。每个小图上的时间是当地时间。实线和虚线分别表示图6.36中的SBF S1和RB L2,实线(12:00)表示图6.38中垂直剖面的位置

图6.38a描绘了沿着山脉两侧的风向(图6.37中实线)做气流和扰动气压的垂直剖面的演变。明显的SBC和谷风环流(VBC)分别出现在岛的西北部沿海地区和山脉的北侧(图6.38a中10:00)。SBC的前沿对应于图6.37中的SBF S1。根据环境风向(西南向),山的北侧是背风面,南面是迎风面。山背风面的低扰动气压得以加强,使SBC向上推进到山顶,最终SBC与VBC合并(图6.38a)。山上的气流也有助于加速海风和谷风的回流。然而,在山脉的迎风面,偏南气流通常在2 km以下盛行,没有明显的SBC和VBC形成,这是由于高扰动气压对海风和谷风生成有强抑制作用,以及环境风对上部回流的抑制作用。

值得注意的是,在图6.38a中10:30到11:00期间,在山的迎风面低扰动气压的形成与移入到垂直剖面范围(如图6.37所示)的许多对流系统有关。随着这些系统的衰变和沿垂直剖面的环境风分量增加,迎风面的高扰动气压显著增强(图6.37和图6.38a)。在背风侧明显的低扰动气压主要由山两侧强的加热空气和垂直伸展的热绝热下降过山气流结合而成,而迎风面上的高扰动气压主要是由环境风的阻塞造成的。这些结果是由我们前期研究中基于下垫面特征和位温曲线进行的数值模拟得出的。当偏南风靠近山脉迎风面时,不均匀的地形作用激发出强扰动。这种扰动不断传播到山顶,并在前方强烈阻挡VBC,导致在该区域附近产生并维持强烈的上升运动(图6.38b)。当SBC与VBC在山背风面结合成为一个大的垂直环流系统时,上升运动达到最大值(图6.38a中12:00),从而使RB L2发展成形(图6.38b中12:00)。因此,在山的背风侧,而不是迎风侧,有利于SBC和VBC的发生,而且强烈的上升运动发生在VBC或组合垂直环流的前部。

温度和位温垂直剖面的演变(图6.38c)显示,山上的近地面温度明显高于同一高度的大气温度。这是因为山体表面对空气的加热作用更为明显,这大大有助于在山的两侧形成低扰动气压。相比明显的空气加热,对环境风的阻挡作用对扰动气压的影响更大,这就导致在迎风面有更高的扰动气压(图6.38a)。由于在岛东部沿海地区近地面温度的明显上升(图6.36c),在山的迎风面最高气温出现在平地上。结果,在山的迎风面上的位温等值线都是从地面延伸到山顶。相反,在山背风面,平地上空气温度比在山上低得多,因为近地面偏北环境风从岛的北部海岸不断带来相对冷的海洋空气到岛上图(6.36c和图6.38c),这也与观测结果一致(图6.33d和图6.34b)。在平地和山背风面之间的明显的温差导致位温等值线水平于平坦的地面,但垂直于山背风面(图6.38c)。图中连接位温等值线转折点的虚线(图6.38c)表示内部热边界层(ITBL)的顶部,低于(高于)其的大气为中性或不稳定(稳定)。根据大气热力学方程,就位温而言($d\theta/dt=Q$,其中θ和Q是潜在温度和非绝热加热),从平地流出被山地背风面($Q>0$)加热的冷空气将会

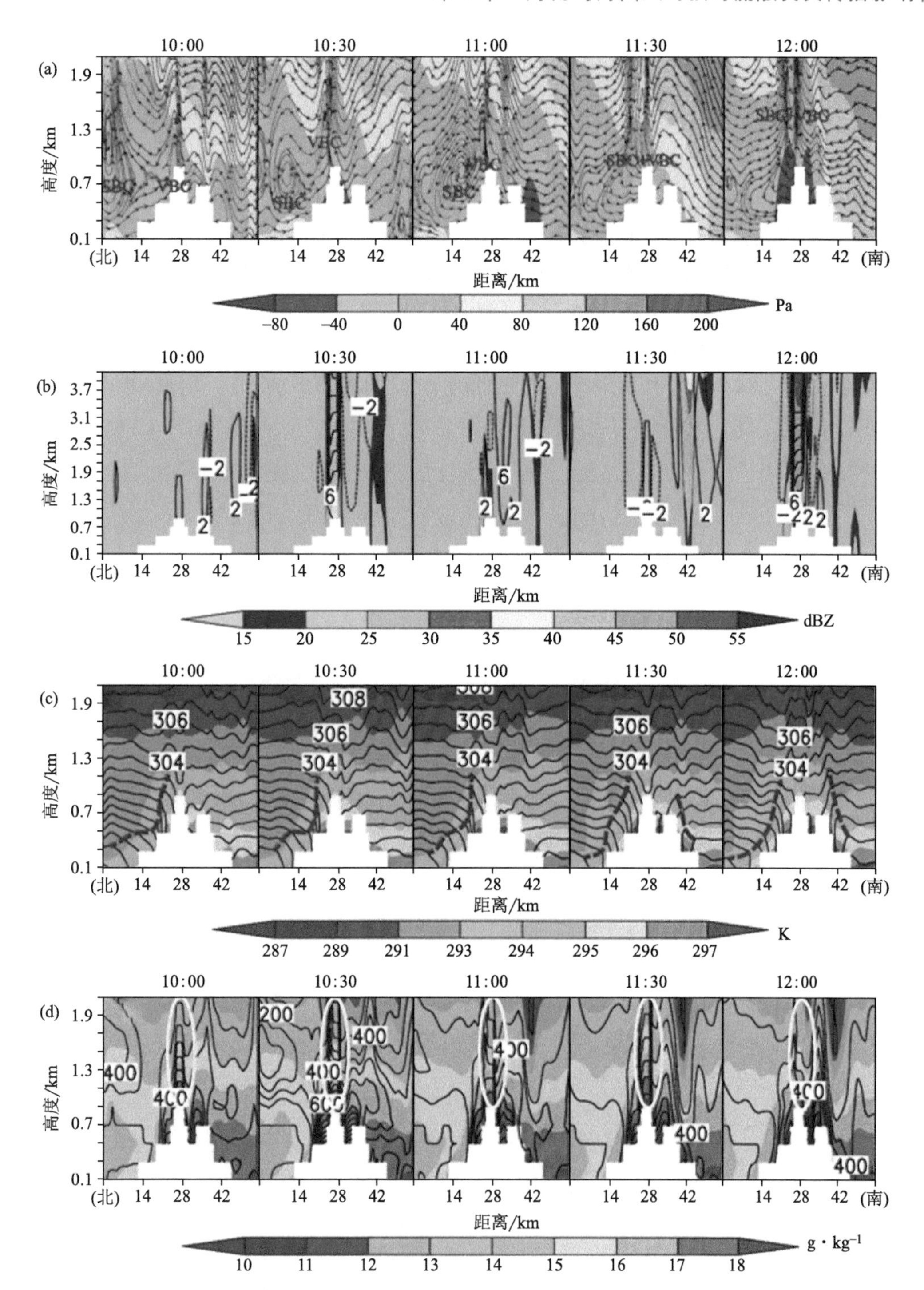

图 6.38 垂直剖面演变：a. 扰动气压(彩色阴影；单位：Pa)和环流；b. 雷达反射率(彩色阴影；单位：dBZ)和垂直速度(等值线；单位：m·s^{-1})；c. 温度(彩色阴影；单位：K)和位温(等值线；单位：K)；d. 通过图 6.37 中线的位置做的水汽(彩色阴影；单位：g·kg^{-1})和 CAPE(等值线；单位：J·kg^{-1})的垂直剖面

移动越过(或接近)温度等值线以获得更高的位温($d\theta/dt>0$)。因此，垂直取向的位温等值线有利于限制空气沿山的两侧升起，这充分说明了为什么海风和谷风在山的背风面向上传播的高度很浅薄(图 6.38a)。而且，ITBL 的顶部(图 6.38c 中的虚线)从山背风侧的山脚随着时间的推移明显接近山峰。这清楚地表明了由于陆风和冷的海风使山脉大气更稳定，SBC 会向山脉的移动。

由于海南岛四面环海，水汽分布很大程度上受向岸风的影响，向岸风为岛屿带来大量的水汽。因此，充沛水汽主要位于山的背风面，那里的海风比较旺盛，在山迎风侧和其相邻的平原上，盛行均匀而深厚的偏南风流(图 6.38d)。同时，背风面的谷风或海风与来自迎风面的偏南风之间的辐合，导致在山顶附近聚积更多的水汽。伴随着这种显著水汽积聚，最大的 CAPE 也在山顶上形成(图 6.38d)。这个大 CAPE 的势能释放造成山顶附近更强烈的垂直上升运动，和通过强烈的垂直上升运动传输积聚的水汽，从而在山顶附近形成 RB L2(图 6.38a 和图 6.38d 中的 12:00)。山顶附近大的 CAPE 主要由高温和丰富的水汽共同触发而成(图 6.38c 和图 6.38d)，这大大增加了气团的温度使其达到自由对流高度(LFC)，因此增加了气团和环境之间的正温差(正浮力)。然而，在山的迎风面，平原上的 CAPE 远低于山顶附近；虽然两个区域的温度差不多高，水汽也基本丰富(图 6.38c 和图 6.38d)。根据 LFC 的定义、均衡水平(EL)和 CAPE，以及斜温图(Moncrieff and Miller，1976；Iribarne 和龙芯，1981；Blanchard，1998；高桥罗，2012)，可以推断出高温和大量的水汽在较高的高度，如山地高度，可能会导致 LFC 略低，在环境温度和湿度廓线在高层几乎相同的时候，会产生更高的 EL，从而导致产生更大的 CAPE(图 6.39b)。海南岛 LFC 和 EL 的分布充分证明了这一理论(图 6.39a)，山区有比周围平原更低的 LFC 和高得多的 EL。因此，由于山区有较高的温度和丰富的水汽，容易产生更高的 CAPE。

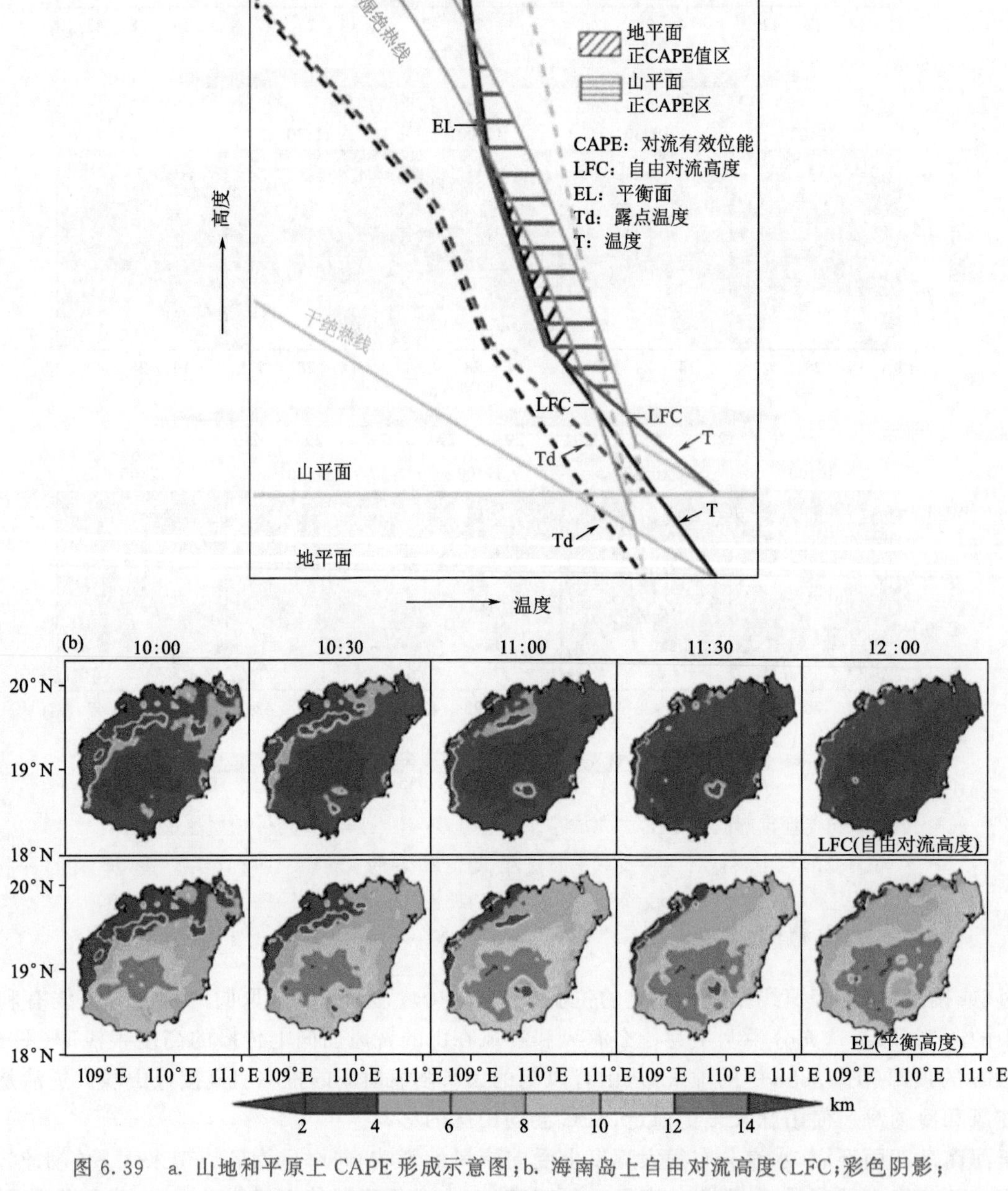

图 6.39　a. 山地和平原上 CAPE 形成示意图；b. 海南岛上自由对流高度(LFC；彩色阴影；单位：km)和平衡高度(EL；彩色阴影；单位：km)的分布。

上述分析表明，SBC 和 VBC 主要发生在背风面，而不是山的迎风面。SBC 沿着山脉的背风面向上运动，最终与 VBC 相结合。山迎风面的环境风扰动不断向山顶传播，最终与组合垂直环流的前部相结合，导致山顶附近强烈的上升运动。背风侧 SBC 输送的水汽和迎风侧的偏南环境风在山顶强烈辐合，导致大量的水汽累积。同时，山顶因高度更高而具有更高的温度和更多的水汽，从而在山顶形成更高的 CAPE。这个大 CAPE 的势能释放造成山顶附近更强烈的垂直上升运动，和通过强烈的垂直上升运动传输积聚的水汽，从而在山顶附近形成 RB L2。

(2)阶段 2：对流传播

RB L2 在山顶附近形成后，RB L1 从西部沿海随西南环境风向东北方向移动，与 RB L2 相碰撞(图 6.36a)。在它们碰撞后，几个值得注意的 RB(RB L3，L4 和 L5)连续出现在 RB L2 的后方(环境风的下游)(图 6.36a)。SBFS2 和其后方的环流似乎在这些 RB 的波浪式传播中起到重要作用(图 6.36a 和图 6.36c)。对这些 RB 发展和演变机制的研究是本节的重点。

图 6.40 显示了沿垂直与 RB 方向(图 6.36a 中的实线)的水汽和雷达反射率的垂直剖面。RB 很好地符合顺时针涡旋(C1-C6)和逆时针涡旋(CC1-CC2)的上升或下降运动。沿几乎垂直于几个 RB 的环境风的下游方向，将顺时针涡旋 C1-C6 按照顺序进行标注。与上升气流相关的雷达反射率明显增强，而与下沉气流相关的则明显衰减。RB L1 随着环境风的强烈下沉扰动生成，常常导致强降水(图 6.40 中 13:30)。RB L2 北侧的组合垂直环流在 12:00 后被辐合抬升至更高的高度，进而消失不见(图 6.38a 中 12:00)，并且其后部的海风 RB L1 被切断(图 6.36a 和图 6.40 中的 13:30)。与扰动下沉相关的出流在山体北侧被抬升，并与来自山体南侧的 C1 前部相碰撞，导致强烈的垂直上升运动和 RB L2 的维持(图 6.40 中的 13:30)。

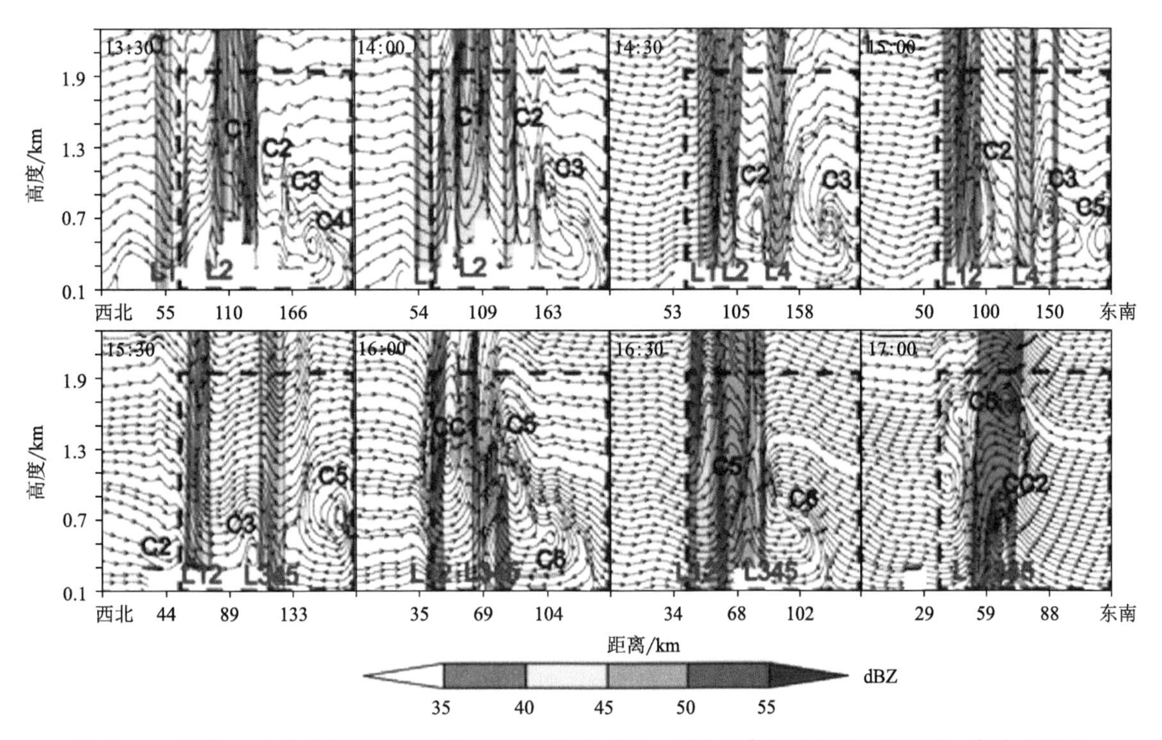

图 6.40 沿图 6.36 中的线的雷达反射率(彩色阴影；单位：dBZ)和水汽垂直剖面的演变。每个小图的左上角标记的时间是当地时间。L1，L2，L4，L12，L345 和 L12345 表示图 6.36a 中的 RB(反射带)。C1-C6 表示顺时针涡旋，CC1 和 CC2 表示逆时针涡旋。虚线三角形表示图 6.42 中垂直剖面的位置。

环境气流穿过强烈的垂直上升气流，释放了大量的势能后在其后部急剧下降。强烈的下降气流袭击 C2 的前沿，触发出更强烈的垂直上升运动和相应的强反射率。当 RB L1 在环境风的引导下接近 RB L2 时，与 RB L1 相关的出流连续阻碍 C1 的前锋，导致 C1 的明显抬升和 RB L2 的维持(图 6.40 中的 14:00)。同时，穿过与 RB L2 相关的垂直上升运动的下沉气流继续阻碍 C2 前侧维持的强垂直上升运动。在接下来的一小时内(图 6.40 中的 14:30 和 15:00)，C2 前沿前进到 RB L2，同时 RB L1 向东移动与 RB L2(L12)结合。结果,在 C2 前方激发出更强烈的垂直上升运动和更高的反射率。另一方面,当下沉气流穿过 C2 前方的强烈垂直上升运动抵达 C3 前方时,在 C3 前方触发出与 RB L4 相对应的新的强垂直上升运动。之后,当 C2 和 C3 移动到 RB L12 和 L4 的上游后明显减弱(图 6.40 中的 15:30),而 RB L4 与 RB L3 和 L5 合并成组合 RB(RB L345)(图 6.36a 中的 15:30)。在此期间,C5 的前方向西传播并与 RB L345 碰撞,产生强烈的垂直上升运动,从而维持了 RBL345 的强度(图 6.40 中的 16:00)。同时,RB L12 的出流受到 C5 前方和 RB L12 回旋下沉气流的强烈阻挡后,在 RB L12 的前方形成一个逆时针涡旋(CC1)。C5 的前部继续向西渗透并与 RB L12 相撞,导致 RBL12 显著增强(图 6.40 中的 16:30)。C5 后面的强下沉气流切断了在它后面的涡旋(C6),而 C6 后面的强下沉气流进一步阻挡了吹过来的海风。强烈的垂直上升气流使 RB L345 向 C6 前方移动并得以维持其强度(图 6.36a 和图 6.40 中的 16:30)。最后,C6 传播到内陆地区并抬升 C5,然后在向上抬升的 C5 的下沉气流的强烈影响下,C6 转变为逆时针涡旋(CC2)。相应地,RB L12 与 RB L345 结合(图 6.36a 和图 6.40 中的 17:00)。组合的 RB(RB L12345)强度明显弱于 RB L12 和 L345,因为没有强烈的垂直上升运动被触发。而且,没有更多的 RB 在 CC2 后面形成,因为下沉气流对海风的阻挡,没有明显的涡旋形成并与越过 RB L12345 的气流相互作用。

分析表明,这个个例的对流传播与向东推进的 RB L1 及其与静态的 RB L2 连续碰撞,以及和 RB L2 后面 VBC 和 SBC 相关的垂直涡旋的向西渗透密切相关。因此,确定 RB L1 向东移动和垂直涡旋向西移动的动力来源是值得仔细研究的。图 6.41 显示了海南岛扰动气压的水平分布及沿图 6.36a 中线做水汽和扰动气压的垂直剖面的演变。最低的扰动气压在下午早些时候位于山区,然后向东移动到岛的东部地区并随后扩大。东移的最低扰动气压与图 6.36c 所示的近地面高温的演变非常一致,即海南岛东部地区的近地表气温在下午明显上升。这表明发生在岛东部的最低扰动气压主要是由地表附近的热效应引起的。岛东部地区最低扰动气压的加强对岛东部沿海附近向陆压力梯度(从高压到低压)的形成,以及 SBC 的西向渗透非常有利(图 6.41a 和图 6.41b 中的 14:30 和 15:00)。同样,由山体表面加热生成的低扰动气压(图 6.38b),有利于 VBC 的形成和向上推进(图 6.41a 和图 6.41b 中的 13:00—14:00)。而且,除了山区和岛东部地区最低的扰动气压之外,与 RB L1 前面的环境偏南风相关的相对较高的扰动气压有助于加强锋线附近的向陆压力梯度(图 6.41 中的实线),使得 RB L1 持续向内陆移动。

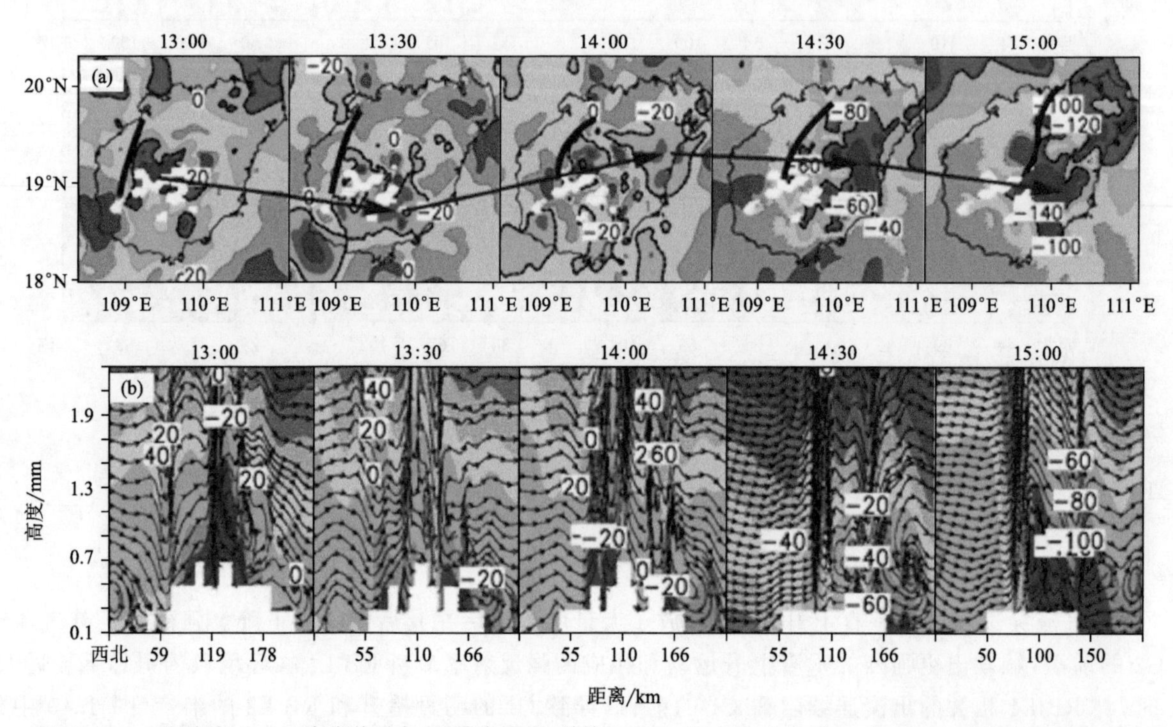

图 6.41 a. 海南岛 700 m 高度扰动气压(彩色阴影;单位:Pa)分布,曲线表示图 4a 中 RB L1 前缘的大致位置;b. 扰动气压垂直剖面(彩色阴影;单位:Pa)和沿图 4a 中的线的水汽垂直剖面的演变

顺时针涡旋的起源与向东移动的 RB 的持续相互作用是需要分析的另一个方面。因此，从图 6.36a 的剖面中特别提取出与这些顺时针涡旋相关的水汽，并与里查森数(Richardson Number, Ri)和零水平速度(以下为零速度)线的分布相叠加(图 6.42)。在 14:00，同时考虑到 RBs、近地表风和 SBF S2(图 6.36a 和图 6.36c)的水平分布，以及雷达反射率和水汽的垂直剖面(图 6.40)，C2 锋线很可能是 SBC 的前沿。此外，C1 更像一个 VBC，形成在山的背风面并在山顶的明显低扰动气压的吸引下推进到山顶。在 1330(图 6.42)，C2-C4 明显在相同的 SBC 内，在 C2 前端的底部产生的零速线垂直伸展到锋线的顶部，然后穿过 C2-C4 的中心下沉到它的后部。同时，0 和 1 之间的 Ri 值(0 ＜Ri ＜1)表示动态不稳定(Sha et al.，1991；Rao and Fuelberg，2000；Mctaggart-Cowan and Zadra，2015)，尤其出现在涡旋的底部并延伸到它们锋线的上部，极大地有利于这些涡旋的形成。如 Miles 和 Howard(1964)和 Sha 等(1991)所指出的那样，KH-Bs 出现在当强动态不稳定区域出现涡旋滚动，并沿着零速线移动时；C3 和 C4 可能是 C2 锋线后面的 KHB。穿过 C2 锋线的下沉气流将 KHB C3 与 C2 分离开来，分开的方式是通过将它们之间的零速度线断开，使 C3 前端变为 SBC 的新前沿(图 6.42 中的 14:00)。

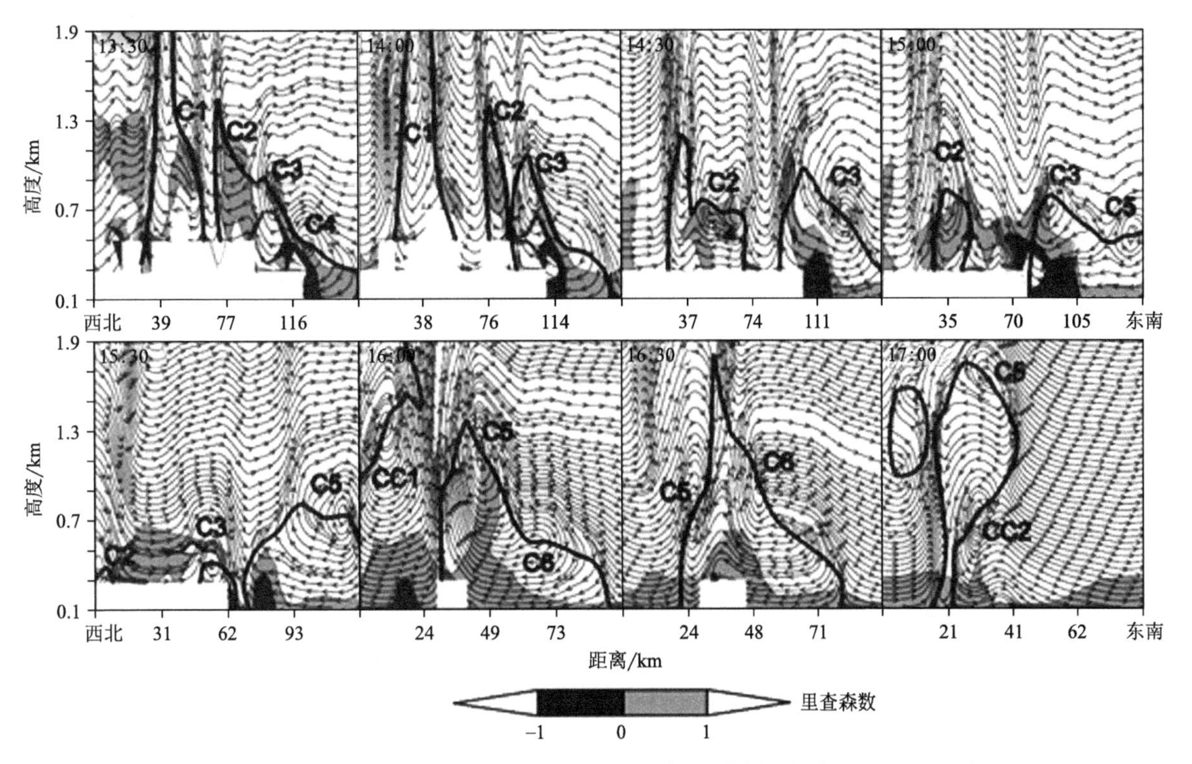

图 6.42 里查森数(阴影)和水汽垂直剖面的演变；垂直剖面的位置由图 6.40 中的虚线三角形表示。在每个小图的左上角标记的时间是当地时间。每个小图中的实曲线为零速度等值线，C1-C6 和 CC1-CC2 分别表示图 8 中的顺时针和逆时针涡旋。

之后(图 6.42 中的 14:30 和 15:00)，由于穿过 C2 的下沉气流持续阻碍 C3 的前沿，C3 前方附近 Ri 值在 0 和 1 之间向上延伸到 C3 的中心，促进 KHB C5 的生成及其向后(向东)沿零速线的传播(图 6.42 中的 15:00)。同样，随着 C3 向西前进到 RB L345 的背面(图 6.40 中的 15:30)，穿过 C3 的下沉气流将来 KHB C5 从 KHB C3 分开，C5 的前锋成为 SBC 的新前沿(图 6.42 中的 15:30)。

随后(图 6.42 中 16:00 后)，虽然 0 到 1 之间的 Ri 值仍然出现在 C5 中心的下面，但在 C5 后面并没有 KHB 形成，因为通过 C5 的强烈下沉气流切断了向岸的海风并抑制了相关的 SBC。相反，一个小的顺时针涡旋(C6)出现在 C5 后面的零速线附近。这个漩涡随后发展，保持 RB L345(图 6.40 和图 6.42 中的 16:30)的强度，并且最终演变为逆时针涡旋(CC2)并强烈地抬升 C5(图 6.42 中的 17:00)。除了上面提到的有利的动态条件，大气不稳定性和水汽供应对对流系统在传播过程中的发展同样重要。

图 6.43 显示了这个 CAPE 在对流扩散期间垂直和水平分布的演变情况。注意图中的实线和虚线分

别表示向西推进的涡旋前沿和与向东移动的RB相关的横向涡流的下沉气流的前沿。高CAPE最初发生在这两个前沿之前(13:30)。随着两个前沿向前移动(向西或向东),高CAPE明显得到释放,导致前沿的垂直上升运动也大大加强。注意到在岛西部地区向西移动的涡旋前部没有高CAPE再生,而高CAPE在岛东部SBC的新前沿(C2,C3和C5的前线)之后相继再生。

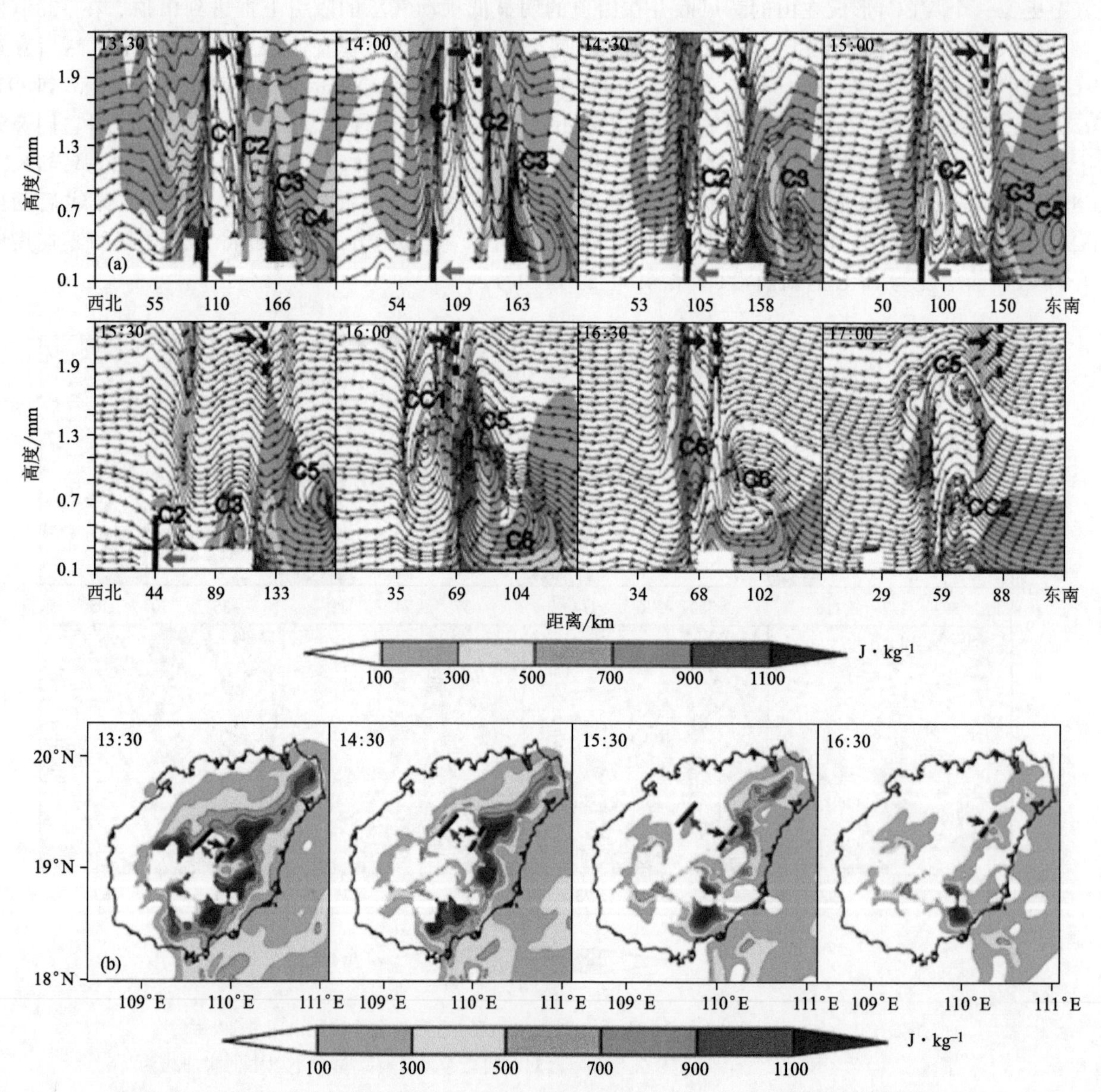

图6.43　a. 经图6.36a中线的CAPE(彩色阴影;单位:J·kg^{-1})和水汽的垂直剖面演变,C1-C6和CC1-CC2分别表示图6.40中的顺时针和逆时针涡旋;b. 海南岛500米高度处CAPE(彩色阴影;单位:J·kg^{-1})分布。每个子图的左上角标记的时间是当地时间,实线和虚线分别表示与向东传播的RB(反射率带)和向西渗透的海风锋有关的下沉气流的锋线

图6.44给出了水汽的水平和垂直分布的变化,大量水汽(超过18 g·kg^{-1})最初出现在两条前沿的前面。随着前沿的前进,岛上东部丰富的水汽持续出现在新的SBF之后,而岛上西部地区的水汽逐渐消散。这些丰富的水汽区域是由两个前沿前部的向岸风积聚而产生的。陆风分别对应于岛西部的偏东的环境风,岛东部偏西的海风,它们分别从海洋为海南岛输送充沛的水汽。而且,高CAPE和充沛水汽分布之间的良好一致性表明高CAPE的产生主要是由于水汽的积累,这也被Liang等(2013)所证实。因此,在岛东部SBFs后面相继形成的水汽积聚和相关的高CAPE非常有利于对流系统向下游(向东)的发展;然而在岛西部,由于缺乏足够的水汽和高CAPE,抑制了对流系统向上游(向西)发展。

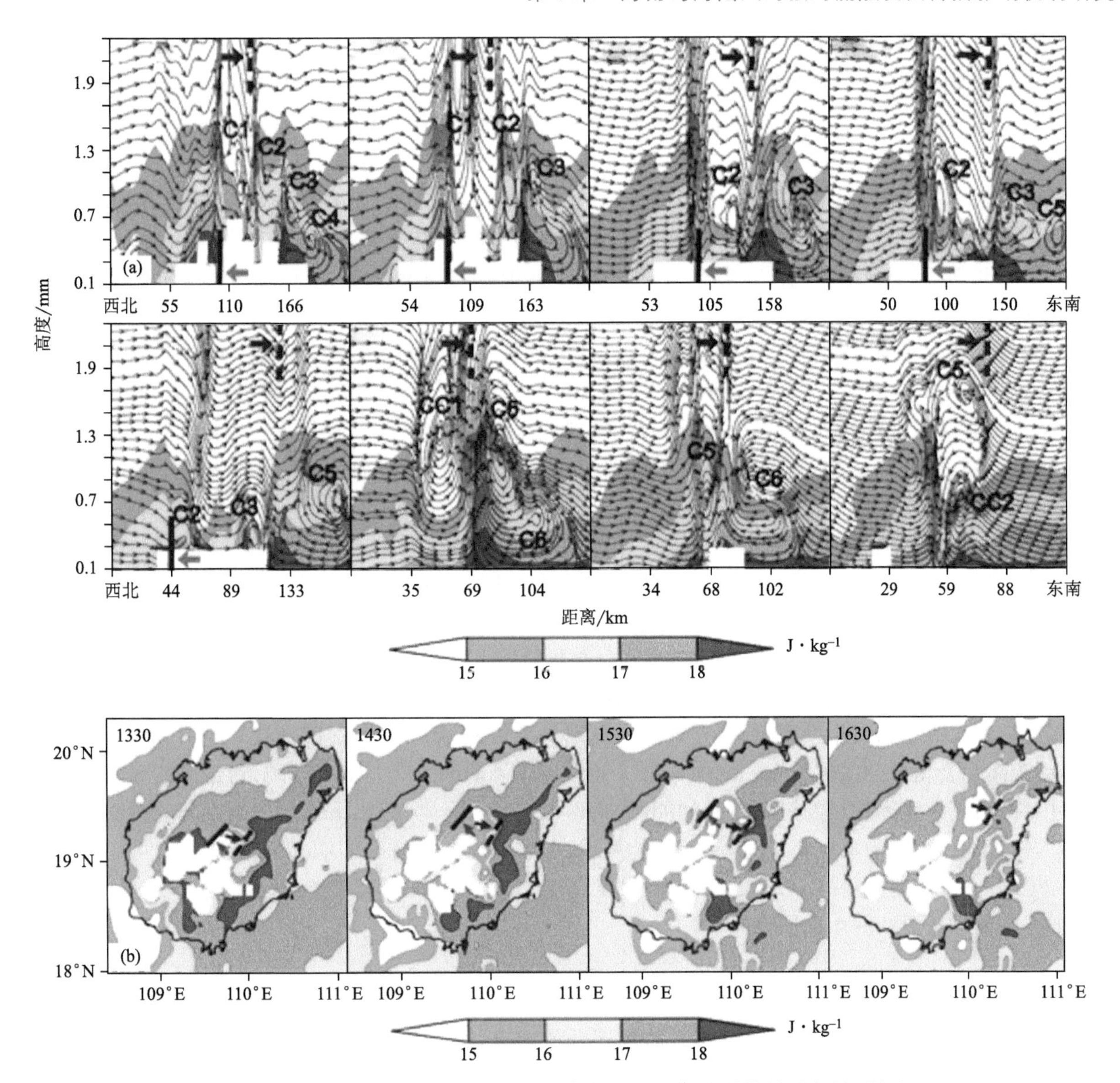

图6.44　a. 图6.40中水汽(彩色阴影;单位:g · kg^{-1})和涡旋的垂直剖面演变;
b. 海南岛500 m高度水汽分布(彩色阴影;单位:g · kg^{-1})。每个子图的左上角标记的时间是当地时间,
实线和虚线分别表示与向东传播的RB(反射带)和向西渗透的海风锋相关的下沉气流的锋线

6.5　小结和讨论

6.5.1　海陆风对海南岛闪电活动的影响

本节先分析了海陆风对海南岛闪电活动的影响,结果表明,在海南闪电频发的春夏季节,海陆风是造成海南岛大部分地区白天闪电活跃的原因之一,更重要的是,它是造成南部沿海地区夜间闪电比白天更为活跃的主要原因。这些发现对提高海南岛闪电活动的发生时间和落区预报准确率提供了一定的帮助,但如何将海陆风对闪电活动的影响进一步量化,如海陆风造成的阵风锋达到何种强度时易导致强闪电的发生,可预警提前量有多少等等,都是有待我们进一步探讨的问题。

6.5.2　海南岛海风雷暴结构的数值模拟研究

之后利用WRF-ARW模式(V3.6),对2012年7月20日发生在海南的一次海风雷暴过程进行了数值模拟,结合台站常规观测资料、雷达资料、卫星资料以及探空资料分析了此次雷暴的三维结构、发展演变过程及其触发机制，讨论了海南岛复杂地形下海风雷暴的特征。

海风雷暴发生当天，岛屿四周存在明显的风向转变，海风特征典型，同时 WRF 模式较为准确的反映出了海风的主要特征以及雷暴的相关信息。海南岛的低层海风和植被覆盖造成了独特的水汽分布形式，为当地雷暴活动产生降水提供了有利条件。雷暴发生当天，海南岛南部表现为对流不稳定性层结，有利于对流活动的形成和发展；而在岛屿北部，低层冷空气的入侵破坏了下暖上冷的不稳定层结，使得该地区对流的触发变得相对困难。海南岛的海风形成后，逐渐发展并向内陆推进，在地形的作用下，南北两支海风在保亭附近相遇，形成了显著的海风辐合区，影响当地的散度和涡旋特征，为对流的发展提供了有利的动力学条件，最终造成了当地的雷暴天气。

沿海雷暴特别是强雷暴的产生通常依赖于海风与其他中尺度系统的相互作用，单纯的海风辐合是难以形成触发机制的(Carbone et al.，2000；王彦 等，2011)，但是由于海南岛位于低纬地区，受热带海洋的影响较大，水汽和热力条件长期保持着有利于对流发展的状态，抬升条件只需要使气块克服对流抑制达到自由对流高度，不稳定能量就能得到强烈的释放，对流可以自主的发展和加强，因此海南岛单纯海风的辐合也能触发当地的强雷暴。

海南岛地理位置特殊，自由对流高度通常比较低，容易触发对流，只要局地对流抑制不强，微弱的扰动都有可能触发强对流的产生，所以在探讨海南岛的海风雷暴时，不仅要关注海风(锋)的发展情况，还需要分析当地对流抑制能量的分布状况。同时局地能量和对流参数的演变能够指示和预报海风雷暴发生的区域和时间。雷暴发生前 CAPE 比较大，CIN 小，为雷暴的发生发展提供了有利条件，雷暴发生后不稳定能量得到释放，有效位能迅速衰减，对流抑制能量开始上升，标志着雷暴系统进入消亡阶段。

在整个海风雷暴的发生发展过程中，地形的作用不可忽视，复杂的地形影响着当地海风雷暴的发生地点、移动距离以及雷暴的主体强度。文中考虑了地形对海风雷暴的动力阻挡作用，对地形热力效应并没有展开过多的讨论。海风在诱发沿海雷暴的同时，雷暴也能影响海风，海风雷暴的发生发展能改变地表的气象要素，使近地面形成中尺度高压，抑制海风的发展，导致海风的维持时间明显缩短，陆风提前爆发(Chen et al.，2014)。文中主要分析了海风对雷暴的触发作用，并没有讨论雷暴影响海风的具体表现，希望在今后的工作中能进行更加深入的研究。

6.5.3　海南“3.20”大范围强烈冰雹过程特征分析

(1)西风槽后中层干冷急流叠加在南支槽前暖湿气流上，形成热力不稳定层结；高空急流入口区右侧的强辐散和较大的垂直风切变有利于对流有组织发展；

(2)这次大范围强烈冰雹发生在地面低槽高温区内，逆温层破坏后积累的大量不稳定能量得以释放；海陆风辐合是海南低槽类冰雹主要的触发机制，地形抬升和边界层弱冷空气入侵加速了大冰雹的产生；

(3)这次冰雹过程先后由 4 个超级单体产生，其中 B1 和 B2 为分裂风暴；A 和 B1 超级单体属于左移风暴，低层弱回波区位于移动方向左后侧，出现中反气旋；B2 和 C 超级单体属于右移风暴，低层弱回波区位于移动方向右后侧，出现中气旋；B1 和 C 超级单体出现旁瓣回波和假尖顶回波；B1、B2 和 C 超级单体均具有三体散射结构；

(4)在适宜的 0 ℃层和－20 ℃层高度下，多普勒雷达观测到三体散射或中(反)气旋时立即发布冰雹警报，最长可以提前 20～30 min；冰雹发生前 55 dBZ 回波顶冲破－20 ℃层，同时 VIL 值都有一个跃增的过程，普遍达到 65 kg·m^{-2} 时开始出现冰雹，当 VIL 值跃增到 60 kg·m^{-2} 时发布冰雹警报，一般能提前 1～3 个体扫时间，当 VIL 值＜40 kg·m^{-2} 时冰雹过程结束。目前我们仅对近 10 a 海南冰雹特征进行了初步统计，预报指标还有待完善，下一步要全面进行天气分型和特征统计，力求寻找海南大冰雹的预报着眼点和预报指标。

6.5.4　与海风环流相关的海南岛对流触发和传播的数值研究

在以前的工作中，通过对海南岛海风和降水的统计分析，我们已经说明了海南岛的主要降水主要出现在 4 月到 9 月期间。这种降水倾向于发生在海南岛山脉的背风面上，并在环境风和 SBFs 发展的影响下得以传播。基于这项工作，对流的发生和传播可以分为两类，即发生在 4 月到 8 月，9 月。同时，在这期间

(4 月至 9 月)SBC 的发生几乎遍及海南岛的整个海岸线，这主要是由于环境风弱，且强烈的太阳辐射引起大的陆-海热比。所以，考虑到海南岛的地形时，强 SBC 常发生在对流的初始位置和对流传播的路径上。但是，对与海南岛 SBC 相关的对流启动机制，特别是对 SBC 与地形环流相互作用在该机制中所发挥的作用，并没有进行具体研究。此外，关于 SBC 对对流传播影响的研究也很少。因此，本研究对发生在 4—8 月中的一个典型个例进行高分辨率数值模拟，模拟采用中尺度 ARPS 模式及其同化系统(ADAS)，来研究海南岛 SBC 促进对流发生和传播的机制。除了 RB 和 SBF 的位置和强度，以及初始对流时间方面的一些微小偏差之外，该模拟能够合理良好地捕捉到个例的关键特征。在这个前提下，进行进一步研究，主要研究结果如下：

(1)日出后海南岛山区强烈的空气升温使得山脉成为低扰动气压的中心，极大地促进了 VBC 和 SBC 的发生。然而，山的迎风面对环境风的阻挡抑制了空气加热的影响，导致形成较高的扰动气压。因此，迎风面没有明显的谷风和海风。同时，环境风强烈抑制了谷风和海风上的回流。相反，山上空气的加热以及山脉流的垂直延伸和绝热下降大大有利于形成明显低的扰动气压，并在山背风侧出现明显的山谷风和海风。由于回流气流和山脉流的流动方向相同，因此山脉流也有助于加快山谷风和海风之上的回流。

(2)对流启动(如图 6.45 中的阶段 1 所示)：山背风侧的低扰动气压不断吸引 SBC 前进到山顶，最终促进 SBC 与 VBC 结合。另一方面，当环境风靠近迎风面的山脉时，持续出现明显的扰动。扰动不断传播到山顶，与 VBC 的前沿相反，在山顶附近产生大的垂直上升运动。当扰动与来自背风侧的组合垂直环流发生碰撞时，会使垂直上升运动大大加强。此外，由于在背风侧海风和迎风侧环境风的水汽输送之间的强烈辐合，在山顶上水汽得大量积聚。同时，由于高温和山上充沛水汽的共同作用，山顶出现最高 CAPE。高 CAPE 的释放极大地增强了山顶上方的垂直上升运动，并且通过增强的垂直上升运动输送丰富的水汽，导致在该区域附近出现了明显的 RB。

3)对流传播(如图 6.45 中的阶段 2 所示)：由于强烈的太阳辐射，下午在海南岛东部地区地表附近出现温度大幅上升和更大范围的高温。结果，低扰动气压中心逐渐从山区向岛东部转移，导致岛东部沿海附近 SBC 的发生和向内陆(向西)渗透。在环境风引导下从海上向东传播的 RB 与山顶附近的 RB 相结合，形成更强的 RB(图 6.45 中的 R1)。同时，在 RB R1 和 SBC(图 6.45 中的 KHB K1)前方附近形成丰富的水汽和相应的高 CAPE。穿过 RB R1 的环境气流急剧下降，这是由于 RB R1 强烈的垂直上升运动释放了强势能。下沉气流强烈抑制 K1 前沿，触发附近的高 CAPE，这大大增强了锋线的垂直上升运动。因此，由于增强的垂直上升运动在前沿附近向上输送大量水汽，所以在 K1 前部形成新的 RB(图 6.45 中的 R2)。RB R1 向前移动并与 RB R2 结合成为更强的 RB(图 6.45 中的 R12)。KHBs K1 和 K2 由于 RB R12 气流的下降而分离，而 K2 前沿则成为 SBF，那里有新的大量水汽和高 CAPE 形成。类似地，由于通过 RB R12 流向 K2 前缘的反向作用所促成的强大的锋面上升气流引起的丰富水汽的垂直运输，以及高 CAPE，K2 的前沿有新的 RB 生成(图 6.45 中的 R3)。K1 嵌入 RB R12 的后部并迅速衰减，因为它被 RB R12 后面的气流大大抑制，并且不再通过触发 CAPE 而增强。RB R12 继续向 K2 前方移动并维持其强度，因为 K2 前端附近有明显的垂直上升运动和 CAPE 的支持。同时，RB R12 的下沉气流将 KHBs K2 和 K3 分离，而 K3 前沿成为新的 SBF。RB R3 传播到 K3 前方，在强垂直上升运动和高 CAPE 以及充沛水汽的支持下再发展。之后，K3 后部没有出现明显的 RB，因为 K3 的强下沉气流切断了 SBC。此外，RB R12 在环境风的引导下逐渐减弱，直至与 RB R3 发生碰撞。

这项研究的结果表明了 KHBs 在对流传播中的重要作用。因此，如何捕获 SBF 后部的 KHBs 是值得考虑的问题。利用双多普勒激光雷达进行三维观测是一种很好的方式，可以深入了解相对较短距离内 SBC 气流的具体垂直结构(Hironori et al.，2008)。具有更好的模型设置和同化技巧的高分辨率数值预测可能是捕捉 KHBs 演变的一个很好的选择(Chen et al.，2015)，但这需要付出相当大的努力和计算资源。同时，SBC 的截断可以认为是在 SBF 后面形成新的 KHB 的结束，而 SBC 的截断可以通过高分辨率近地表风和雷达风剖面来判断。此外，对流带与 SBF 之间的碰撞角度(本研究中大约为 180°)可能是影响对流向下游(向海)波状传播发生的重要因素，因为在强对流系统的阵风锋与 90°角的 SBF 之间发生碰撞期间，没有出现明显的波状对流传播(Liang et al.，2013)。本课题将在今后的工作中利用海南岛近几年夏季前期雷达反射率资料对这两类碰撞事件进行分析。

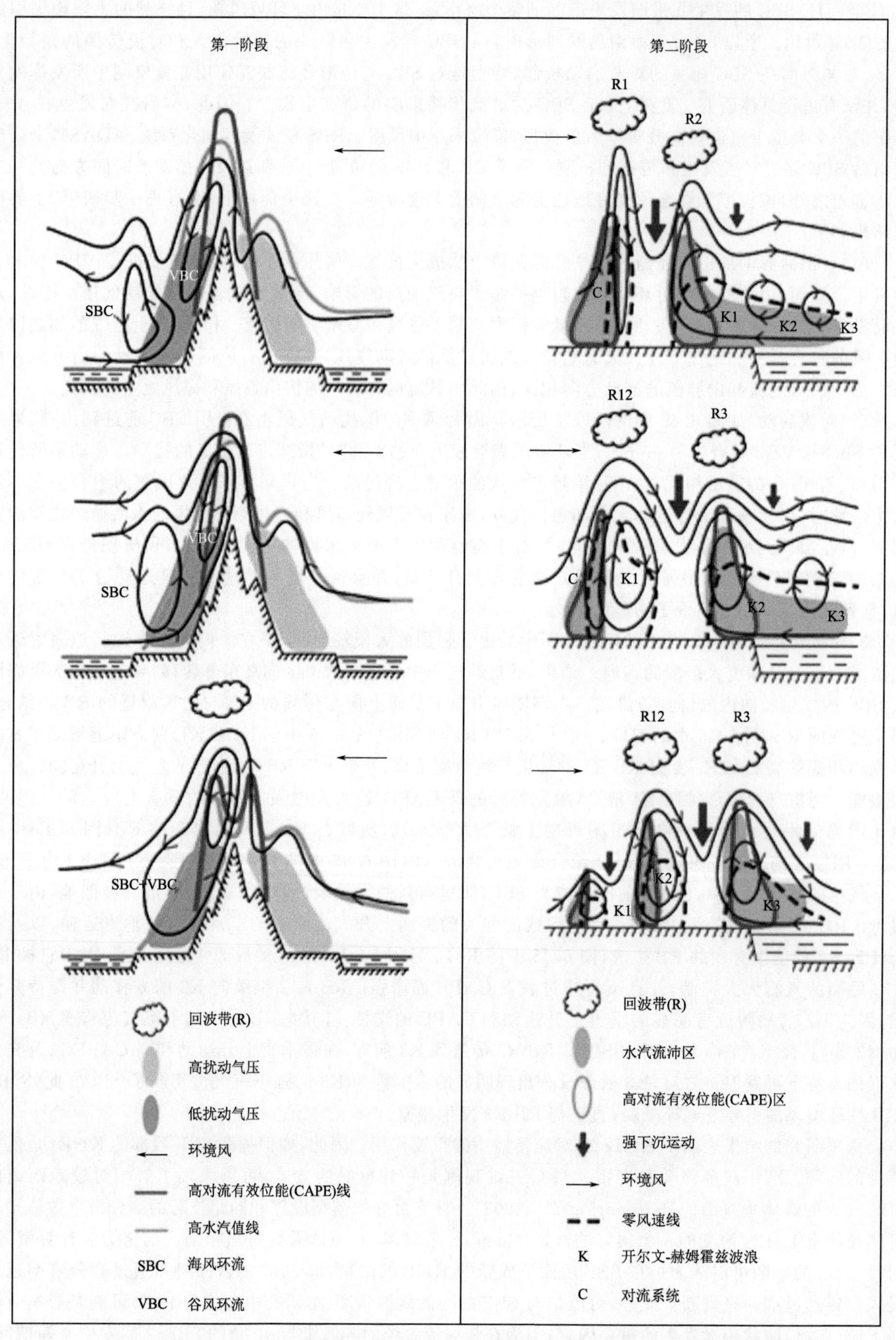

图 6.45 山区 RB(反射率带)形成(第一阶段),以及 RB 在海南岛传播(第二阶段)的示意图

参考文献

曹德贵,1993. 大气辐射交换对海风模拟结果的影响[J]. 南京气象学院学报,16(4):425-431.

陈洪滨,朱彦良,2012. 雷暴探测研究的进展[J]. 大气科学,36(2):411-422.

陈晓燕,付琼,岑启林,等,2011. 黔西南州一次分裂型超级单体风暴环境条件和回波结构分析[J]. 气象,37(4):423-431.

陈训来,王安宇,李江南,等,2007. 香港地区海陆风的显式模拟研究[J]. 气象科学,27(5):473-480.

陈焱源,魏敏捷,1985. 海陆风研究进展[J]. 气象科技(1):11-15.

董海鹰,邵玲玲,李德萍,等,2008. 青岛奥帆赛期间海风锋触发的对流性降水特征[J]. 气象,34(51):47-53.

付秀华,李兴生,吕乃平,等,1991. 复杂地形条件下三维海陆风数值模拟[J]. 应用气象学报,(2):113-123.

高笃鸣,李跃清,蒋兴文,等,2016. WRF 模式多种边界层参数化方案对四川盆地不同量级降水影响的数值试验[J]. 大气科学,40(2):371-389.

高素华,黄增明,张统钦,等,1988. 海南岛气候[M]. 北京:气象出版社:189.

郭艳,2010. 大冰雹指标 TBSS 在江西的应用研究[J]. 气象,36(8):40-46.

韩丁,严卫,叶晶,等,2013. 基于 CloudSat 卫星资料分析东太平洋台风的云、降水和热力结构特征[J]. 大气科学,37(3):691-704.

洪雯,王毅勇,2010. 非均匀下垫面大气边界层研究进展[J]. 南京信息工程大学学报(自然科学版),2(2):155-161.

黄安宁,张耀存,朱坚,2008. 物理过程参数化方案对中国夏季降水日变化模拟的影响[J]. 地球科学进展,23(11):1174-1184.

金皓,王彦昌,1991. 三维海陆风的数值模拟[J]. 大气科学,15(5):25-32.

李慧丰,袁德辉,1985. 浙江沿海海陆风的初步分析[J]. 东海海洋(1):12-16.

李嘉鹏,银燕,金莲姬,等,2009. WRF 模式对澳洲一次热带深对流系统的模拟研究[J]. 热带气象学报,25(3):287-294.

梁钊明,高守亭,王彦,2013. 渤海湾地区一次碰撞型海风锋天气过程的数值模拟分析[J]. 气候与环境研究,18(6):733-745.

廖菲,洪延超,郑国光,2007. 地形对降水的影响研究概述[J]. 气象科技,35(3):309－316.

刘建勇,谈哲敏,张熠,2012. 梅雨期 3 类不同形成机制的暴雨[J]. 气象学报,70(3):452-466.

刘燕飞,隆霄,王晖,2015. 陕西中西部地区一次暴雨过程的数值模拟研究[J]. 高原气象,34(2):378-388.

蒙伟光,李昊睿,张艳霞,等,2012. 珠三角城市环境对对流降水影响的数值模拟研究[J]. 大气科学,36(5):1063-1076.

苗世光,孙桂平,马艳,等,2009. 青岛奥帆赛高分辨率数值模式系统研制与应用[J]. 应用气象学报,20(3):370-379.

平凡,罗哲贤,2007. 热带对流热量与水汽收支的数值模拟研究[J]. 地球物理学报,50(5):1351-1361.

平凡,罗哲贤,2009. 热带对流活动日变化的模拟研究[J]. 物理学报,58(6):4319-4327.

冉令坤,楚艳丽,2009. 强降水过程中垂直螺旋度和散度通量及其拓展形式的诊断分析[J]. 物理学报,58(11):8094-8106.

盛春岩,2011. 不同天气尺度系统风下的海风发生发展过程对比分析[J]. 海洋科学,35(1):88-97.

宋洁慧,寿绍文,刘旭,等,2009. 宁波一次典型夏季海陆风过程观测分析和数值模拟[J]. 热带气象学报,25(3):336-342.

苏涛,苗峻峰,蔡亲波,2016a. 海南岛海风雷暴结构的数值模拟[J]. 地球物理学报,59(1):59-78.

苏涛,苗峻峰,韩芙蓉,2016b. 海风雷暴的观测分析和数值模拟研究进展[J]. 气象科技,44(1):47-54.

孙贞,高荣珍,张进,等,2009. 青岛地区 8 月一次海风环流实例分析和 WRF 模拟[J]. 气象,35(8):76-84.

陶诗言,1980. 中国之暴雨[M]. 北京:科学出版社:107-111.

汪雅,苗峻峰,谈哲敏,2013. 宁波地区海一陆下垫面差异对雷暴过程影响的数值模拟[J]. 气象学报,71(6):1146-1159.

汪雅,苗峻峰,谈哲敏,2015. 陆面过程参数化对宁波地区雷暴过程模拟的影响[J]. 大气科学学报,38(3):299-309.

王赐震,宋西龙,1988. 山东半岛北部沿海的海陆风[J]. 海洋学报,10(6):678-686.

王静,苗峻峰,冯文,2016. 海南岛海风演变特征的观测分析[J]. 气象科学,36(2):244-255.

王树芬,1990. 一次由海风锋触发的强对流天气分析[J]. 大气科学,14(4):504-507.

王语卉,苗峻峰,蔡亲波,2016. 海南岛海风三维结构的数值模拟[J]. 热带气象学报,32(1):109-124.

王子谦,段安民,吴国雄,2014. 边界层参数化方案及海气耦合对 WRF 模拟东亚夏季风的影响[J]. 中国科学:地球科学,44(3):548-566.

辛吉武,许向春,蔡杏尧,2008. 海南儋州雷暴天气气候特征分析[J]. 气象,34(1):100-106.
许格希,郭泉水,牛树奎,等,2013. 近 50 a 来海南岛不同气候区气候变化特征研究[J]. 自然资源学报,28(5):799-810.
许启慧,苗峻峰,刘月琨,等,2013a. 渤海湾西岸海风时空演变特征观测分析[J]. 海洋预报,30(1):9-19.
许启慧,苗峻峰,刘月琨,等,2013b. 渤海湾西岸海陆风特征对城市热岛响应的观测分析[J]. 气象科学,33(4):408-417.
薛德强,郑全岭,钱喜镇,等,1995. 山东半岛的海陆风环流及其影响[J]. 南京气象学院学报,18(2):293-299.
叶爱芬,伍志芳,程元慧,等,2006. 一次春季强冰雹天气过程分析[J]. 气象科技,34(5):583-586.
尹东屏,吴海英,张备,等,2010. 一次海风锋触发的强对流天气分析[J]. 高原气象,29(5):1261-1269.
俞小鼎,姚秀萍,熊廷南,等,2006. 多普勒天气雷达原理与业务应用[M]. 北京:气象出版社:2.
宇如聪,李建,陈昊明,等,2014. 中国大陆降水日变化研究进展[J]. 气象学报,72(5):948-968.
曾旭斌,1989. 斜坡地形下城市热岛和陆风相互作用的三维数值模拟[J]. 大气科学,13(3):358-366.
翟国庆,高坤,俞樟孝,等,1995. 暴雨过程中中尺度地形作用的数值试验[J]. 大气科学,19(4):475-480.
翟武全,李国杰,孙斌,等,1997. 海南岛附近四季风场的中尺度环流[J]. 热带气象学报,13(4):315-322.
张涛,方翀,朱文剑,等,2012. 2011 年 4 月 17 日广东强冰雹天气过程的成因及特征分析[J]. 气象,38(7):814-818.
张雅斌,马晓华,冉令坤,等,2016. 关中地区两次初夏区域性暴雨过程特征分析[J]. 高原气象,35(3):708－725.
张振州,蔡旭晖,宋宇,等,2014. 海南岛地区海陆风的统计分析和数值模拟研究[J]. 热带气象学报,30(2):270-280.
张正国,汤达章,邹光源,等,2012. VIL 产品在广西冰雹云识别和人工防雹中的作用[J]. 热带地理,32(1):50-53,93.
郑永光,陈炯,葛国庆,等,2007. 梅雨锋的典型结构、多样性和多尺度特征[J]. 气象学报,65(5):760-771.
周伯生,汪永新,俞建国,等,2002. 广东阳江沿海地区海陆风观测结果及其特征分析[J]. 热带气象学报,18(2):188-192.
朱抱真,1955. 台湾的海陆风[J]. 天气月刊(附刊):1-11.
朱乾根,林锦瑞,寿绍文,等,2007. 天气学原理和方法[M]. 北京:气象出版社:7.
朱乾根,周军,王志明,等,1983. 华南沿海五月份海陆风温压场特征与降水[J]. 南京气象学院学报,6(2):150-158.
卓鸿,赵平,李春虎,等,2012. 夏季黄河下游地区中尺度对流系统的气候特征分布[J]. 大气科学,36(6):1112-1122.
ABBS D J,PHYSICK W L,1992. Sea-breeze observations and modelling:A review[J]. Australian Meteorological Magazine, 41:7-19.
ADAMS E,1997. Four ways to win the sea breeze game[J]. Sailing World,March:44-49.
ARRITT R W,1993. Effects of the large-scale flow on characteristic features of the sea breeze[J]. Journal of Applied Meteorology,32:116-125.
ATKINS N T,WAKIMOTO R M,1997. Influence of the synoptic-scale flow on sea breezes observed during CAPE[J]. Monthly Weather Review,125:2112-2130.
AZORIN M C,SANCHEZ L A,CALBO J,2009. A climatological study of sea breeze clouds in the southeast of the Iberian Peninsula (Alicante,Spain)[J]. Atmósfera,22(1):33-49.
AZORIN M C,TIJM S,EBERT E E,et al,2014. Sea breeze thunderstorms in the eastern Iberian peninsula. Neighborhood verification of HIRLAM and HARMONIE precipitation forecasts[J]. Atmospheric Research,139:101-115.
AZORIN M C,TIJM S,EBERT E E,et al,2015. High resolution HIRLAM simulations of the role of low-level sea-breeze convergence in initiating deep moist convection in the eastern Iberian Peninsula[J]. Boundary-Layer Meteorology,154(1): 81-100.
BAJAMGNIGNI G A S,STEYN D G,2013. Sea breezes at Cotonou and their interaction with the West African monsoon[J]. International Journal of Climatology,33(13):2889-2899.
BECHTOLD P,PINTY J P,MASCART P,1991. A numerical investigation of the influence of large-scale winds on sea-breeze-and inland-breeze-type circulations[J]. American Meteorological Society,30:1268-1279.
BERRISFORD P,DEE D,POLI P,et al,2011. The ERA-Interim Archive,version 2. 0[J]. nihon seirigaku zasshi journal of the physiological society of japan.
BORNE K,CHEN D,NUNEZ M,1998. A method for finding sea breeze days under stable synoptic conditions and its application to the Swedish west coast[J]. International Journal of Climatology,18(8):901-914.
BOUGEAULT P,LACARRÈRE P,1989. Parameterization of orography-induced turbulence in a mesobeta-scale model[J]. Monthly Weather Review,117(8):1872-1890.
BRETHERTON C S,PARK S S,2009. A new moist turbulence parameterization in the community atmosphere model[J]. Journal of Climate,22(12):3422-3448.
CAREY L D,RUTLEDGE S A,2000. The relationship between precipitation and lightning in tropical island convection:A C-

Band polarimetric radar study[J]. Monthly Weather Review,128(8):2687-2710.

CHEN T C,YEN M C,TSAY J D,et al,2014. Impact of afternoon thunderstorms on the land-sea breeze in the Taipei basin during summer:An experiment[J]. Journal of Applied Meteorology and Climatology,53(7):1714-1738.

CHEN Y L,GUO D Y,LI F,2010. Testing and Analysis on Lightning Direction Finder Data in Hainan Province[J]. Journal of Meteorological Research and Application,31(1):94-97(in Chinese).

CHIBA O,KOBAYASHI F,NAITO G,et al,1999. Helicopter Observations of the Sea Breeze over a Coastal Area[J]. Journal of Applied Meteorology,38(4):481-492. D.

CLARKE R H,1984. Colliding sea-breezes and the creation of internal atmospheric bore waves:Two-dimensional numerical studies[J]. Meteorol. Mag. ,32:207-226.

COLBY F P,1984. Inhibition as a predictor of convection during AVE-SESAME Ⅱ[J]. Monthly Weather Review,112(11):2239-2252.

CRAIG R A,Katz I,Harney P J,1945. Sea breeze cross sections from pyschrometric measurements[J]. Meteorological Society,26(10):405-410.

CROOK N A,2001. Understanding hector:The dynamics of island thunderstorms[J]. Monthly Weather Review,129(6):1550-1563.

CROSMAN E T,HOREL J D,2010. Sea and lake breezes:A review of numerical studies[J]. Boundary-Layer Meteorology,137(1):1-29.

DIMITROVA R,SILVER Z,ZSEDROVITS T,et al,2016. Assessment of planetary boundary-layer schemes in the Weather Research and Forecasting mesoscale model using Materhorn field data[J]. Boundary-Layer Meteorology,159:589-609.

FOVELL R G,2005. Convective initiation ahead of the sea-breeze front[J]. Monthly Weather Review,133:264-277.

FURBERG M,STEYN D G,BALDI M,2002. The climatology of sea breezes on Sardinia[J]. International Journal of Climatology,22(8):917-932.

GRENIER H,BRETHERTON C S,2001. A moist PBL parameterization for large-scale models and its application to subtropical cloud-topped marine boundary layers[J]. Monthly Weather Review,129(3):357-377.

HAURWITZ B,1947. Comments on the Sea-Breeze Circulation[J]. Journal of the Atmospheric Sciences,4:1-8.

HONG S Y,NOH Y,DUDHIA J,2006. A new vertical diffusion package with an explicit treatment of entrainment processes [J]. Monthly Weather Review,134(9):2318-2341.

HSU S A,1988. Coastal Meteorology[M]. ,,San Diego:University of California Press:260.

HUANG H J,LIU H N,HUANG J,et al,2015. Atmospheric boundary layer structure and turbulence during sea fog on the Southern China coast[J]. Monthly Weather Review,143(5):1907-1923.

HUANG Q Q,CAI X H,SONG Y,et al,2016. A numerical study of sea breeze and spatiotemporal variation in the coastal atmospheric boundary layer at Hainan Island,China[J]. Boundary-Layer Meteorology,161(3):543-560.

HUANG W R,CHAN J C L,WANG S Y,2010. A planetary-scale land-sea breeze circulation in East Asia and the western North Pacific[J]. Quarterly Journal of the Royal Meteorological Society,136:1543-1553.

HUANG W R,WANG S Y,2014. Impact of land-sea breezes at different scales on the diurnal rainfall in Taiwan[J]. Clim Dyn,43,1951-1963.

HUGHES M,HALL A,FOVELL R G,2009. Blocking in areas of complex topography and its influence on rainfall distribution[J]. Journal of the Atmospheric Sciences,66(2):508-518.

IRIBARNE J V,GODSON W L,1981. Atmospheric Thermodynamics[M]. Dordrecht:D Reidel Publishing Company.

JEFFREYS H,2007. On the dynamics of wind[J]. Quarterly Journal of the Royal Meteorological Society,48:29-48.

KELLIHER F M,HOLLINGER D Y,SCHULZE E D,et al,1997. Evaporation from an eastern Siberian larch forest[J]. Agricultural and Forest Meteorology,85(3-4):135-147.

KIEFER M T,HEILMAN W E,ZHONG S Y,et al,2014. Multiscale simulation of a prescribed fire event in the New Jersey Pine Barrens using ARPS-CANOPY[J]. Journal of Applied Meteorology and Climatology,53,793-812.

KLEMP J B,LILLY D K. 1978a. Numerical simulation of hydrostatic mountain waves[J]. Journal of the Atmospheric Sciences. 35:78-107.

KLEMP J B,WILHELMSON R,1978b. The simulation of three-dimensional convective storm dynamics[J]. Journal of the Atmospheric Sciences,35:1070-1096.

KONDO H,1990. A numerical experiment on the interaction between sea breeze and valley wind to generate the so-called

"Extended Sea Breeze"[J]. J Meteor Soc Japan,68:435-446.

KRISHNAMURTI T N,KISHTAWAL C M,2000. A pronounced continental-scale diurnal mode of the Asian summer monsoon[J]. Monthly Weather Review,128,462-473.

KRUIT R J W,HOLTSLAG A A M,Tijm A B C,2004. Scaling of the seabreeze strength with observations in the Netherlands[J]. Bound Lay Meteor,112(2):369-380.

LI P W,LAI E S T,2004. Application of radar-based nowcasting techniques for mesocale weather forecasting in Hongkong [J]. Meteorological Applications,11(3):253-264.

LIANG Z,WANG D,2017. Sea breeze and precipitation over Hainan Island[J]. Quarterly Journal of the Royal Meteorological Society,143,137-151.

LIANG Z M,GAO S T,WANG Y,2013. Numerical simulation study of a collision-type sea breeze front case in the Bohai Bay region[J]. Climatic and Environmental Research. 18:733-745.

LILLY D K,1986. The structure,energetic s and propagation of rotating convective storms. Part II:Heli city and storm stabilization[J]. Journal of the Atmospheric Sciences,43(2):126-140.

LIN W,WANG A,WU C S,et al,2001. A case modeling of sea-land breeze in Macao and its neighborhood[J]. Advances in Atmospheric Sciences,18(6):1231-1240.

MA S,ZHOU L,ZOU H,et al,2013. The role of snow/ice cover in the formation of a local Himalayan circulation[J]. Meteorology and Atmospheric Physics,120(1-2):45-51.

MAY P T,JAMESON A R,KEENAN T D,et al,2002. Combined wind profiler/polarimetric radar studies of the vertical motion and microphysical characteristics of tropical sea-breeze thunderstorms[J]. Monthly Weather Review,130(9):2228-2239.

MCTAGGART C R,ZADRA A,2015. Representing Richardson number hysteresis in the NWP boundary layer[J]. Monthly Weather Review,143,1232-1258.

MIAO J F,CHEN D,BORNE K,2007. Evaluation and comparison of Noah and Pleim-Xiu land surface models in MM5 using GÖTE2001 data:Spatial and temporal variations in near-surface air temperature[J]. Journal of Applied Meteorology and Climatology,46(10):1587-1605.

MIAO J F,CHEN D,WYSER K,et al,2008. Evaluation of MM5 mesoscale model at local scale for air quality applications over the Swedish west coast:Influence of PBL and LSM parameterizations[J]. Meteorology and Atmospheric Physics,99 (1):77-103.

MIAO J F,KROON L J M,ARELLANO V G D,et al,2003. Impacts of topography and land degradation on the sea breeze over eastern Spain[J]. Meteorology and Atmospheric Physics,84(3-4):157-170.

MIAO J F,WYSER K,CHEN D,et al,2009. Impacts of boundary layer turbulence and land surface process parameterizations on simulated sea breeze characteristics[J]. Annales Geophysicae,27(6):2303-2320.

MILES J W,HOWARD L N,1964. Note on a heterogeneous shear flow[J]. J Fluid Mech,20:331-336.

MILLER S T K,KEIM B D,TALBOT R W,et al,2003. Sea breeze:Structure,forecasting,and impacts[J]. Reviews of Geophysics,41(3):1-31.

MOLINARI J,VOLLARO D,2008. Extreme helicity and intense convective towers in hurricane Bonnie[J]. Monthly Weather Review,136(11):4355-4372.

MONCRIEFF M W,MILLER M J,1976. The dynamics and simulation of tropical cumulonimbus and squall lines[J]. Quarterly Journal of the Royal Meteorological Society,102(432):373-394.

NAKANISHI M,NIINO H,2006. An improved Mellor-Yamada Level-3 model:Its numerical stability and application to a regional prediction of advection fog[J]. Boundary-Layer Meteorology,119(2):397-407.

NAKANISHI M,NIINO H,2009. Development of an improved turbulence closure model for the atmospheric boundary layer [J]. Journal of the Meteorological Society of Japan,87(5):895-912.

NITIS T,KITSIOU D,KLAIC Z B,et al,2005. The effects of basic flow and topography on the development of the sea breeze over a complex coastal environment[J]. Quarterly Journal of the Royal Meteorological Society,131(605):305-327.

OHASHI Y,KIDA H,2002a. Local circulations developed in the vicinity of both coast land in land urban areas:A numerical study with a mesoscale atmospheric model[J]. Journal of Applied Meteorology,41:30-45.

OHASHI Y,KIDA H,2002b. Numerical experiments on the weak-wind region for med ahead of the sea-breeze front[J]. J Meteor Soc Japan,80:519-527.

OHASHI Y,KIDA H,2002c. Effects of mountain and urban areas on daytime local-circulations in the Osaka and Kyoto regions[J]. J Meteor Soc Japan,80:539-560.

PAN Y J,XUE M,GE G Q,2016. Incorporating diagnosed intercept parameters and the graupel category within the ARPS cloud analysis system for the initialization of double-moment microphysics:Testing with a squall line over South China[J]. Monthly Weather Review,144,371-392.

PEARCE R P,1955. The calculation of a sea-breeze circulation in terms of differential heating across the coastline[J]. Quarterly Journal of the Royal Meteorological Society,81:351-381.

PIELKE R A,SONG A,MICHAELS P J,et al,1991. The predictability of sea-breeze generated thunderstorms[J]. Atmosfera,4(2):65-78.

PLEIM J E,2007. A combined local and nonlocal closure model for the atmospheric boundary layer. part I:Model description and testing[J]. Journal of Applied Meteorology and Climatology,46(9):1383-1395.

PRTENJAK M T,GRISOGONO B,2007. Sea/land breeze climatological characteristics along the northern Croatian Adriatic coast[J]. Theoretical and Applied Climatology,90(3-4):201-215.

QIU X N,FAN S J,2013. Progress of sea-land breeze study and the characteristics of sea-land breeze in three coastal areas in China[J]. Meteorological Monthly,39:186-193.

RAMAGE C S,SCHROEDER T A,1999. Trade wind rainfall atop Mount Waialeale,Kauai[J]. Monthly Weather Review, 127:2217-2226.

RAMIS C,JANSA A,ALONSO S. 1990. Sea breeze in Mallorca. A numerical study[J]. Meteorology and Atmospheric Physics,42(3-4):249-258.

RANDALL D A,DAZLICH D A,HARSHVARDHAN,1991. Diurnal Variability of the Hydrologic Cycle in a General Circulation Model[J]. Journal of the Atmospheric Sciences,48:40-62.

RAO P A,FUELBERG H E,2000. An investigation of convection behind the Cape Canaveral sea-breeze front[J]. Monthly Weather Review,128,3437-3458.

SAVIJÄRVI H,1985. The sea breeze and urban heat island circulation in a numerical model[J]. Geophysica,21:115-126.

SARKAR A,SARASWAT R,CHANDRASEKAR A,1998. Numerical study of the effect of urban heat island on the characteristic features of the sea breeze circulation[J]. Proc Indian Acad Sci-Earth Planet Sci,107:127-137.

SCHROEDER T A,1977. Meteorological analysis of an Oahu flood[J]. Monthly Weather Review,105:458-468.

SCHULTZ P,WARNER T T,1982. Characteristics of summer time circulations and pollutant ventilation in the Los Angeles basin[J]. Journal of Applied Meteorology,21:672-682.

SHA W M,KAWAMURA T,UEDA H,1991. A numerical study on sea/land breezes as a gravity current:Kelvin-Helmholtz billows and inland penetration of the sea-breeze front[J]. Journal of the Atmospheric Sciences,48:1649-1664.

SHIN H H,DUDHIA J,2016. Evaluation of PBL parameterizations in WRF at subkilometer grid spacings:Turbulence statistics in the dry convective boundary layer[J]. Monthly Weather Review,144(1):134-142.

SHIN H H,HONG S Y,DUDHIA J,2012. Impacts of the lowest model level height on the performance of planetary boundary layer parameterizations[J]. Monthly Weather Review,140:664-682.

SHIN H H,HONG S Y,2015. Representation of the subgrid-scale turbulent transport in convective boundary layers at gray-zone resolutions[J]. Monthly Weather Review,143(1):250-271.

SHI R,CAI Q,DONG L,et al,2019. Response of the diurnal cycle of summer rainfall to large-scale circulation and coastal upwelling at Hainan,South China[J]. Journal of Geophysical Research:Atmospheres,124:3702-3725.

SIMPSON J E,1997. Gravity Currents:In the Environment and the Laboratory[M]. New York:Cambridge Vniversity Press.

SKAMAROCK W C,KLEMP J B,DUDHIA J,et al,2008. A Description of the Advanced Research WRF Version 3[J]. Quarterly Journal of the Royal Meteorological Society,137:250-263.

SKINNER T,TAPPER N,1994. Preliminary sea breeze studies over Bathurst and Melville islands,northern Australia,as part of the island thunderstorm experiment (ITEX)[J]. Meteorology and Atmospheric Physics,53(1-2):77-94.

SOW K S,JUNENG L,TANGANG F T,et al,2011. Numerical simulation of a severe late afternoon thunderstorm over peninsular Malaysia[J]. Atmospheric Research,99(2):248-262.

TIJM A B C,HOLTSLAG A A M,VAN D A J,1999. Observations and modeling of the sea breeze with the return current [J]. Monthly Weather Review,127:625-640.

TU X L,ZHOU M Y,SHENG S H,1993. The mesoscale numerical simulation of the flow field of the Hainan Island and the Leizhou Peninsula[J]. Acta Oceanologica Sinica,12(2):219-235.

UIJLENHOET R,2001. Raindrop size distributions and radar reflectivity-rain rate relationships for radar hydrology[J]. Hydrology and Earth System Sciences,5(4):615-627.

WANG D,MIAO J,TAN Z,2013. Impacts of topography and land cover change on thunderstorm over the Huangshan (Yellow Mountain) area of China[J]. Natural Hazards,67(2):675-699.

WANG D,MIAO J,ZHANG D L,2015. Numerical simulations of local circulation and its response to land cover changes over the Yellow Mountains of China[J]. Journal of Meteorological Research,29(4):667-681.

WANG Y,YU L L,LI Y W,et al,2011a. The role of boundary layer convergence line in initiation of severe weather events [J]. Journal of Applied Meteorology,22:724-731.

WANG Y,YU L L,ZHU N N,et al,2011b. Sea breeze front in Bohai Bay and thunderstorm weather[J]. Plateau Meteorology,30,245-251.

WEISMAN M L,DAVIS C,WANG W,et al,2008. Experiences with 0-36-h explicit convective forecasts with the WRF-ARW model[J]. Weather Forecasting,23:407-437.

WISSMEIER U,SMITH R K,GOLER R,2010. The formation of a multicell thunderstorm behind a sea-breeze front[J]. Quarterly Journal of the Royal Meteorological Society,136(653):2176-2188.

XU J H,GUO M Z,LIANG H M,1992. Features of sea and land breezes along the coast of the Guangdong province and their distribution patterns[J]. Scientia Meteorologica Sinica,12:188-199.

XU X C,XIN J W,LIANG G F,et al,2010. Observation and analysis of sea surface wind over the Qiongzhou Strait[J]. Journal of Tropical Meteorology,16(4):402-408.

XUE M,HU M,SCHENKMAN A D,2014. Numerical prediction of the 8 May 2003 Oklahoma city tornadic supercell and embedded tornado using ARPS with the assimilation of WSR-88D data[J]. Weather and Forecasting,29:39-62.

YOSHIKADO H,1992. Numerical study of the daytime urban effect and its interaction with the sea breeze[J]. Journal of Applied Meteorology,31:1146-1164.

YOSHIKADO H,1994. Interaction of the sea breeze with urban heat island of different sizes and locations[J]. J Meteor Soc Japan,72:139-143.

YU R,ZHOU T,XIONG A,et al,2007. Diurnal variations of summer precipitation over contiguous China[J]. Geophysical Research Letters,34 (1):223-234.

YU E H,CHEN B,BAI Y R,1987. Land and sea breezes in the western Bohai Wan[J]. Acta Meteorologica Sinica,45:379-381.

ZHANG Y X,CHEN Y L,Schroeder T,2005. Numerical simulations of sea-breeze circulations over Northwest Hawaii[J]. Weather Forecasting,20:827-846.

ZHANG Z Z,CAO C X,SONG Y,et al,2014. Statistical characteristics and numerical simulation of sea-land breezes in Hainan Island[J]. Journal of Tropical Meteorology,20:267-278.

ZHONG S Y,IN H J,BIAN X,et al. 2005. Evaluation of real-time high-resolution MM5 predictions over the Great Lakes region[J]. Weather and forecasting,20(1):63-81.

ZHU L,MENG Z Y,ZHANG F Q,et al,2017. The infiuence of sea-and land-breeze circulations on the diurnal variability in precipitation over a tropical island[J]. Atmospheric Chemistry and Physics,17(21):1-46.

ZHU L,CHEN X,BAI L,2020. Relative roles of low-level wind speed and moisture in the diurnal cycle of rainfall over a Tropical Island under monsoonal fiows[J]. Geophysical Research Letters,47.